高等院校机械类创新型应用人才培养规划教材

机械工程材料(第2版)

主　编　戈晓岚　招玉春
副主编　钟利萍　谭群燕
参　编　孙步功　胡世华　冯瑞宁
主　审　张学政

北京大学出版社
PEKING UNIVERSITY PRESS

内 容 简 介

本书注重能力培养，强调应用，将内容和学习指导有机融合，书中的基本术语和材料牌号等均采用了最新标准。全书内容共分8章，分别讲述了材料的结构与组成、材料的力学行为、二元合金相图及相变基础知识、材料的改性、工业用钢及铸铁、有色金属及其合金、非金属材料、材料的选用。每章都安排有帮助读者掌握、巩固、深化学习内容和应用的教学提示、教学要求及习题。

再版教材在第1版教材的基础上，强化了塑变理论的相关内容，并在每章前增加了与本章内容有关的小故事、历史、生活实例、应用实例——导入案例，在每章后增加了内容丰富且与本章内容有关的阅读材料——知识链接。

本书可作为高等院校本科机械类和近机类专业的教材，也可作为高等职业技术学院、高等专科院校相关专业的教材和有关专业人员的参考书。

图书在版编目(CIP)数据

机械工程材料/戈晓岚，招玉春主编. —2版. —北京：北京大学出版社，2013.6
(高等院校机械类创新型应用人才培养规划教材)
ISBN 978-7-301-22552-3

Ⅰ. ①机… Ⅱ. ①戈…②招… Ⅲ. ①机械制造材料—高等学校—教材 Ⅳ. ①TH14

中国版本图书馆CIP数据核字(2013)第105913号

书　　名：机械工程材料(第2版)
著作责任者：戈晓岚　招玉春　主编
策 划 编 辑：童君鑫　宋亚玲
责 任 编 辑：宋亚玲
标 准 书 号：ISBN 978-7-301-22552-3/TH·0349
出 版 发 行：北京大学出版社
地　　址：北京市海淀区成府路205号　100871
网　　址：http://www.pup.cn　新浪官方微博：@北京大学出版社
电 子 信 箱：pup_6@163.com
电　　话：邮购部010-62752015　发行部010-62750672　编辑部010-62750667
印 刷 者：北京虎彩文化传播有限公司
经 销 者：新华书店
720毫米×1020毫米　16开本　19.25印张　441千字
2006年8月第1版
2013年6月第2版　　2023年7月第5次印刷
定　　价：59.00元

第 2 版前言

《机械工程材料》一书，坚持以加强学生素质教育和创新能力培养作为教材编写的目标，突出培养应用型人才的特色，强调理论教学以工程应用为目的。全书以培养学生对材料及其改性方法的选择能力作为教材编写的主线，对工程材料及其相关理论进行适当的提炼、精简和整合，引导学生学以致用，培养学生分析和解决问题的能力。基本理论部分将金属材料与非金属材料的基本理论尽可能结合在一起，既突出共性，又兼顾个性；应用知识方面注重工程材料及改性方法的选择，在保证基础知识的前提下，引入了较多的应用实例，突出应用，强调能力培养。

诸多院校使用第 1 版教材后，普遍认为内容安排有新意，取舍合理、深度适宜、定位准确、适用面广，思路清晰，理论阐述清楚、正确、系统、完整，符合认识规律，反映了本课程特有的思维方法，完整地表达了本课程应包含的知识，反映其相互联系及发展规律，结构严谨；举例丰富、得当，强调应用、注重引导，便于学生理解及知识向能力的转化；习题量较合理，有一定的启发性，有利于激发学生的学习兴趣及各种能力的培养。

再版教材在第 1 版教材的基础上，强化了塑变理论的相关内容，并在每章前增加了与本章内容有关的导入案例，在每章后增加了内容丰富且与本章内容有关的阅读材料——知识链接。

全书由江苏大学戈晓岚、招玉春、中南林业科技大学钟利萍、华北水利水电学院谭群燕、甘肃农业大学孙步功、九江学院胡世华、德州学院冯瑞宁编写，戈晓岚、招玉春任主编，钟利萍、谭群燕任副主编，由戈晓岚教授统一修改并统稿。清华大学张学政教授担任主审，并对全书提出了宝贵的修改意见，在此表示衷心感谢。在编写过程中，编者还参考了国内外许多相关教材、科技著作和论文，在此向这些资料的作者们表示深深的谢意。

由于编者水平有限，书中难免存在缺点和不足，敬请读者批评指正。

编　者

2013 年 4 月

第2版前言

目　录

绪 论

工程材料(表 0-1)是指工程上使用的材料，其种类繁多。金属材料是目前应用最广泛的工程材料，包括纯金属及其合金。在工业上，把金属材料分为两类：一类是黑色金属，指铁、锰、铬及其合金，其中以铁为基的合金(钢和铸铁)应用最广；另一类是有色金属，指除黑色金属以外的所有金属及其合金。按照特性的不同有，有色金属又分为轻金属、重金属、贵金属、稀有金属和放射性金属等。

非金属材料是近几十年来发展很快的工程材料，预计今后还会有更大的发展。非金属材料包括有机高分子材料和无机非金属材料两大类。有机高分子材料的主要成分是碳和氢，按其应用可分为塑料、橡胶、合成纤维；而无机非金属材料是指不含碳、氢的化合物，其中以陶瓷应用最广。两种或两种以上的不同性质或不同组织结构的材料以微观或宏观的形式组合在一起构成了复合材料。复合材料是一种新型的、具有很大发展前途的工程材料。它不仅保留了组成材料各自的优点，而且具有单一材料所没有的优异性能。

表 0-1　工程材料的基本特点

分类	基本组成	原子间结合键	结构类型	材料举例	弹性模量	弹性变形量	强度	硬度	塑韧性	耐热性	熔点	耐蚀性	导电、导热性	成形性	其他性能
金属材料	金属元素为主	金属键为主	晶体	钢、铸铁、铜合金、铝合金	较高	较小	较高	较高	良好(除铸铁等)	较高	较高	一定程度	良好	良好	密度大、不透明、有金属光泽
有机高分子材料	有机高分子化合物为主	分子内共价键，分子间弱键或共价键交联	无定形态、晶态(混有无定形态区)	塑料、橡胶	小	很大或较大	较低	较低	变化大	较低	较低	高	绝缘、导热不良	良好	密度小、热膨胀系数大、抗蠕变性能低、减摩性好
陶瓷材料	硅酸盐、氧化物、碳化物等	离子键为主，也有共价键	晶体为主	陶瓷器、Al_2O_3、MgO、BN、TiC、WC、SiC	高	极小	抗压强度高	高	脆	高	高	高	绝缘、导热不良	差	耐磨性好、抗热振性差、抗拉强度低
复合材料	几种材料的组合	复杂	混合	硼、碳、玻璃、金属等纤维复合材料	高于单一材料		高于单一材料			高于单一材料		高于单一材料	技术复杂		

我国古代在金属及加工工艺方面的成就极其辉煌。商朝(公元前16世纪至公元前11世纪)已是青铜器的全盛时期，当时青铜冶铸技术精湛，在河南安阳武官村出土的后母戊鼎(图0.1)是商朝的大型铸件，鼎重875kg，其上花纹精致。战国时制剑术已相当高明，说明当时已掌握了锻造和热处理技术。明朝宋应星所著《天工开物》一书，论述了冶铁、铸钟、锻造、淬火等金属加工的方法，是世界上有关金属加工的最早的科学著作之一。

图0.2说明通过基础学科已有的知识指导材料成分、结构与性能的研究，也指导了工艺流程的发展，通过工艺流程生产出可供使用的工程材料，而工程材料在使用过程中所暴露的问题，再反馈到成分、结构与性能的研究，进而改进工艺过程，得到更为合适的工程材料。如此反复，使材料不断改进而更加成熟。

图0.1　后母戊鼎

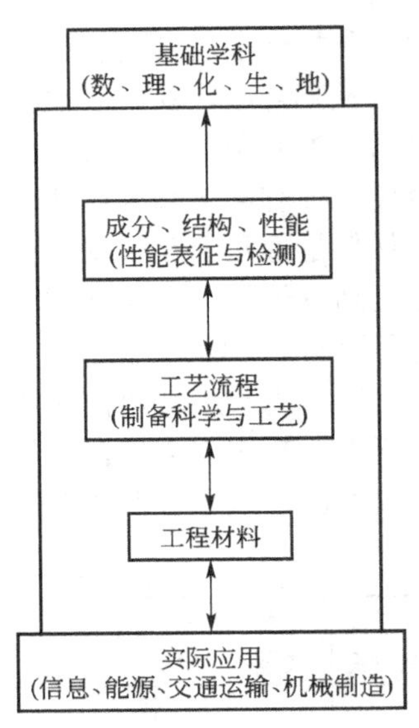

图0.2　材料科学及其基础科学与使用间的关系

为开发新的工程材料，材料学家们先是设计出新的材料结构，再开发出新的制造方法，使材料的种类呈几何级数增长。据粗略统计，目前我们共拥有45000种金属合金，15000种聚合物，还有近千种陶瓷、木材、复合材料和纺织品。让我们看一下一辆小轿车所用材料的更新情况。以1986年梅塞德斯-奔驰轿车为例，使用了67%的钢铁，12%的聚合物，4%的铝合金和12%的纺织品。而一辆1996年的同牌号汽车，钢铁下降到62%，聚合物增加到18%，铝合金增加到6%。不仅是汽车行业，其他行业中使用聚合物的比例也在增高。在日常生活中更不必说，每个人都能感受到身边的塑料用品越来越多。图0.3是材料成熟曲线，它是根据了解到的发展规划绘制的。从图中可以看出，聚合物、陶瓷、复合材料的应用将大幅度增加。复合材料是一种或多种材料的结合体。玻璃钢与混凝土是两个最熟知的例子。当然今天的复合材料不会那样简单，而是集高强度、低重量于一身的工程化材料。

在材料的使用过程中有一部分会自动回到最初在大自然中的存在形式，在物品的使用寿命过后，大部分材料可以被重新利用。物质在这一系列过程中，从一种存在形式转化为另一种存在形式，生生不息。这一过程可以看做一个循环圈，称为材料环。从图0.4所示

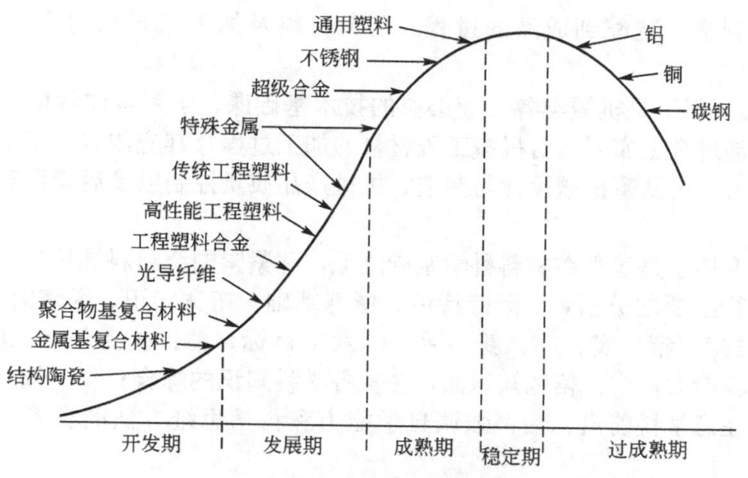

图 0.3　材料成熟曲线

的材料环中，我们可以看到物质如何被转化成为材料、材料的存在形式如何转变，更重要的是我们可以看到材料被发掘利用的各个阶段，由此可以看到材料在日常生活中和工程技术中的重要性。

材料环是不完整的，不是完美的圆形，它存在缺口。材料的发掘利用给自然界、人类社会带来了后遗症。采矿、钻井、森林砍伐都会造成破坏性的后果。矿尾经雨水的冲刷给植物、动物、河流、湖泊造成污染；钻井会造成有害物质的溢出；森林砍伐更会造成水土流失，并使动物无家可归。

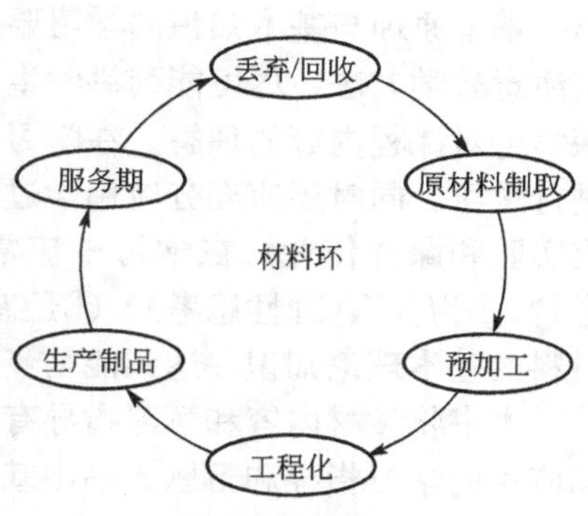

图 0.4　材料环

但另一方面，如果不采矿，不钻井，不砍伐森林，我们无法拥有今天巨大的物质财富，不可能拥有今天繁荣的世界。但我们必须认识到资源是有限的，可丢弃废物的空间更是有限的。每个人都应该利用材料学的知识，最大程度地合理利用自然资源，保护自然环境，保护我们唯一的家园。

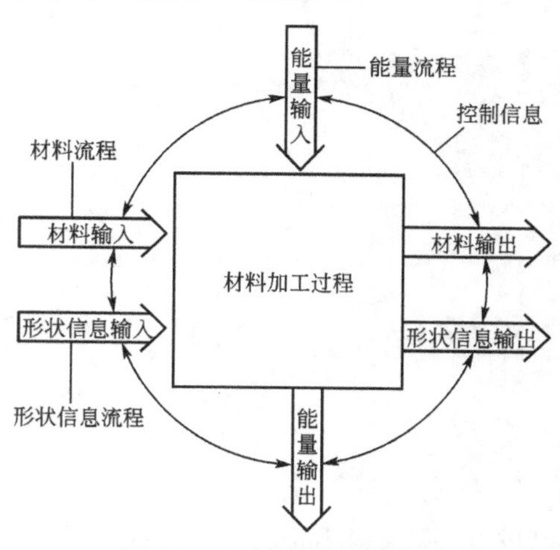

图 0.5　机械制造系统流程

从日常生活用具到高、精、尖的产品，从简单的手工工具到技术复杂的航天器、机器人，都是由不同种类、不同性能的材料加工而成的。材料只有经过各种加工(包括材料的成形、改性、连接等)最终形成产品，才能体现其功能和价值。对机械制造业而言，其生产过程就是将原材料加工成为产品的过程。而不同的产品，则应选择相应的材料，采用与之相适应的成形方法及加工过程。在现代生产中，整个制造系统流程总是与信息流、材料流、能量流联系起来的(图 0.5)。这里的信息流主要是指计划、管理、设计、工艺等方面的信息；能量流主要是指动力能源系统；而物质流则主要指从原材料经过加工、制造、装配到成品的过程。可见材料及加工工艺在制造业中占有重要的位置。

“机械工程材料”是机械类各专业必修的技术基础课。学习本课程前，学生应先学完材料力学，参加过金工实习，对机械工程材料的加工过程及其应用有一定的感性认识。通过本课程的学习，为从事机械设计与制造、机械产品质量控制以及后续课程的学习奠定必要的基础。

本书的内容体系是建立在材料科学基础之上，并紧紧围绕材料选用这一主线，对现有的相关教材进行必要的分析，“保持特色、精炼基础；拓宽知识、跟踪时代；注重应用、强化能力”，坚持“精、实、广、新、活”的六字目标。精：提高起点、精炼基础；实：注重应用，培养能力；广：拓宽知识面，注重各学科知识的综合；新：知识适当更新，既保持特色，又注意学科前沿；活：强调自学能力和科学思维方法的训练，变“学会”为“会学”。

本课程是一门理论和实践性很强的课程，机械工程材料的工程应用是本教材的核心内容。基本原理与基本知识的学习要落实在机械设计与机械制造的具体工程应用上。讲授时应注意教学方法，尽可能列举学生能接受的生产应用实例，辅以课堂讨论，强化实验，加深学生对课程内容的理解。在学习中，学生应以成分→工艺→结构→性能→应用这条主线进行学习。同时还应充分应用学过的知识，及时复习，认真阅读每章的学习指导，认真完成实验和课外作业，在学习中应常进行“①对不对(判断性思考)？②是什么(叙述性思考)？③为什么(理性思考)？④还有什么(扩散性思考)？”的检查，尽可能消化和理解工程材料的基本理论知识，达到能初步应用的目的。

本书将教材内容和学习指导有机融合，每章都有帮助读者消化、巩固、深化学习内容和应用的学习指导和习题。书中基本术语和材料牌号等采用了最新国家标准。

第1章 材料的结构与组成

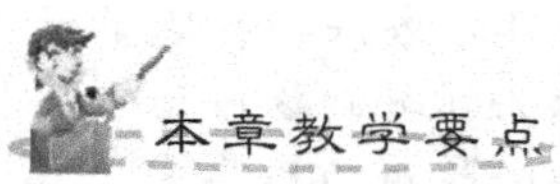

知识要点	掌握程度	相关知识
晶体结构	重点掌握	晶格、晶胞、晶面、晶向，以及三种常见晶格；实际晶体的结构和晶体的三种缺陷
合金的组成与结构	掌握	组元、相、组织、合金；固溶体与化合物的本质区别和它们的性能特点
固溶强化和弥散强化	重点掌握	固溶强化和弥散强化的概念和实际意义
高分子化合物的组成与结构	掌握	大分子链的结构、构象及柔顺性、高分子材料的聚集态结构和微区结构
陶瓷材料的组成与结构	了解	陶瓷的典型组织和结构
金属的结晶过程	重点掌握	金属的结晶过程、过冷度、晶核、晶粒、晶界及晶粒细化方法；纯铁的同素异构转变，同素异构及同分异构对材料的性能产生的影响

导入案例

沙漠的诱惑

历史称物理学中的第一片沙漠为晶体。在西游记中猪八戒有36变，孙悟空能72变。晶体按方向对称有32变，按平移构造有230变；数学家分别称之为32种点群和230种空间群。连西游记的作者也想不到36和72之外还有没有别的变化，数学上却已严格证明了32和230之外不可能再存在别的晶体点群或晶体空间群。徒弟们的36变和72变确保了唐僧平安到达西天，晶体的32变和230变帮助人类发展出今天的科学技术文明。历史记载下科学家参悟出32变和230变的研究晶体的艰难历程，使得17世纪中叶以后的二三百年间，晶体学被欧洲人称为物理学中的沙漠，在物理学渡越这第一片大沙漠的旅程中，曾经留有多少英雄为之折腰。关于晶体的研究，数学家将代数进一步加以抽象，发展成为抽象数学的一个新分支，称为群论，而代数、几何和函数分析等，只不过是初等具体的数学。从牛顿时期到20世纪30年代，物理学形成了从宏观到微观的系统的基本原理。在20世纪四五十年代，物理学家以之为基础，加上运用群论的抽象数学方法，创建了一整套的固体理论，后者是研究材料和设计其巧妙应用的依据，被称为材料的物质几乎都是固体，半导体的能带理论就是其中的重要成果之一。在这些物理学知识的指导下，工程师才能够做出锗和硅等特种人工晶体，用来加工复杂的芯片，并组装成各种电子设备和计算机，这就是信息时代文明的由来。人们已经乐于在满园春色的信息网络中漫游；两三百年间在沙漠中挣扎的科学家的辛酸苦辣，可为丰盛的晚餐提供调味品。

1.1 材料的结构

1.1.1 晶体与非晶体

固态物质按其内部原子或分子的排列是否有序，可分为晶体和非晶体两大类。

晶体是原子(离子或分子)在三维空间作有规则的周期性排列的物体。非晶体中这些质点则呈无规则排列。自然界中绝大多数固体都是晶体，如常用的金属材料、半导体材料、磁性薄膜及光学材料等。晶体材料被广泛应用于各个领域。

1.1.2 晶体中的化学键合

各种材料都由不同元素的原子、离子或分子结合而成。原子间的结合力称为结合键。材料的许多性能在很大程度上都取决于其键合方式。根据结合键的强弱可把结合键分为两大类：

(1) 一次键(又称主价键)：结合力较强，包括离子键、共价键和金属键。

(2) 二次键(又称次价键)：结合力较弱，包括范德华键(分子键)和氢键。

1. 金属键及金属晶体

金属原子之间的结合键称为金属键。金属原子间依靠金属键结合形成金属晶体。

金属键的基本特点是电子共有化。在金属原子相互紧密接近时，由于原子间的相互作用，金属原子的价电子便从各个原子中脱离出来，为整个金属所共用，形成“电子云”。金属正离子与自由电子间的静电作用，使金属原子结合起来，形成金属晶体，这种结合方式称为金属键，如图 1.1 所示。

除铋、锑、锗、镓等亚金属为共价键结合外，绝大多数都是金属晶体。

在金属晶体中，价电子弥漫在整个体积内，所有的金属离子都处于同样的环境中，全部离子(原子)均可看成具有一定体积的圆球，所以金属键无所谓方向性和饱和性。金属晶体具有良好的导电性、导热性、正的电阻温度系数及排列紧密和呈现特有的金属光泽等都直接起因于金属键结合。

2. 离子键及离子晶体

当正电性金属原子与负电性非金属原子形成化合物时，通过外层电子的重新分布和正、负离子间的静电作用而相互结合，从而形成离子晶体，这种结合键为离子键，如图 1.2 所示。大部分盐类、碱类和金属氧化物都属离子晶体，部分陶瓷材料(MgO、Al_2O_3、ZrO_2 等)及钢中的一些非金属夹杂物也以此键结合。

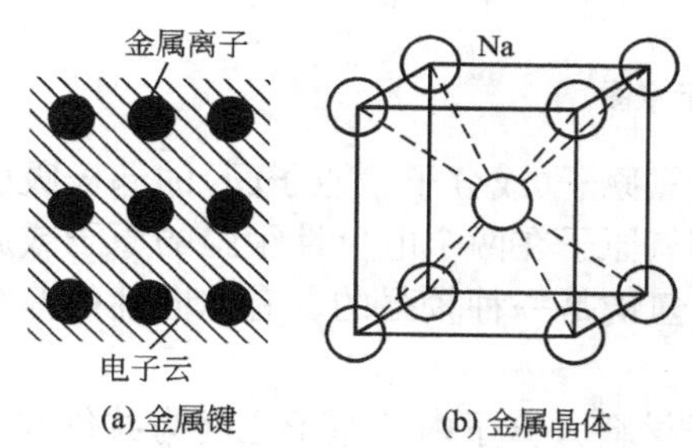

图 1.1 金属键及金属晶体

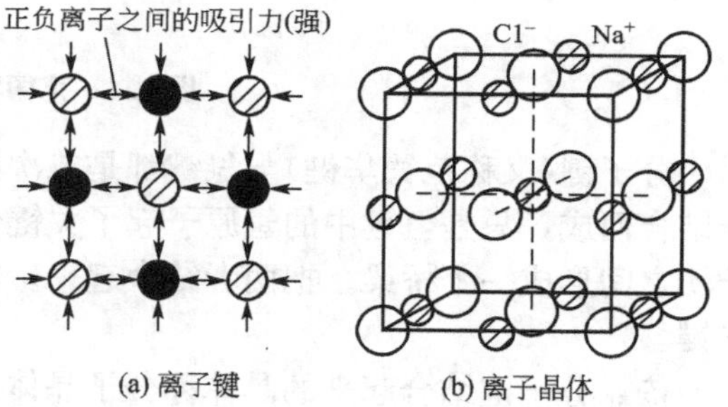

图 1.2 离子键及离子晶体

离子键的结合力很大，因此离子晶体的硬度高、强度大、热胀系数小，但脆性大。离子键中很难产生自由电子，所以离子晶体都是良好的绝缘体。

3. 共价键及共价晶体

当两个相同的原子或性质相差不大的原子相互接近时，它们的原子间不会有电子转移。此时相邻原子各提供一个电子形成共用电子对，以达到稳定的电子结构。这种由共用电子对所产生的力称为共价键(图 1.3(a))，以此键结合的称为共价晶体(图 1.3(b))。

共价键结合时，由于电子对之间强烈的排斥力，使共价键具有明显的方向性。由于方向性不允许改变原子之间的相对位置，使材料不具有塑性且比较坚硬，如金刚石就是材料中最坚硬的物质之一。共价键的结合力很大，熔点高，沸点高，挥发性低。锡、锗、铅等亚金属及金刚石、SiC、Si_3N_4、BN 等非金属材料都是共价晶体。

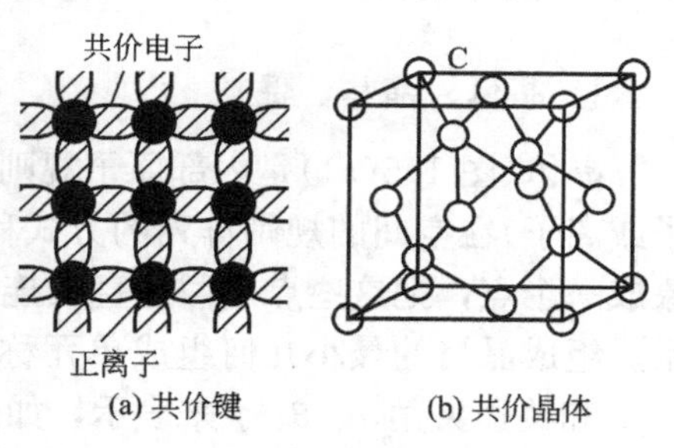

图 1.3 共价键及共价晶体

4. 分子键与分子晶体

一次键的结合方式都是依靠外层电子的转移或形成共用电子对而形成稳定的电子结构，从而使原子相互结合起来。在另外一些情况下，原子和分子本身已具有稳定的电子结构，如已经形成稳定电子壳层的惰性气体 He、Ar、Ne 等和分子状态的 CH_4、H_2、H_2O 等在低温时能凝聚成液体或固体。它们不是依靠电子的得失或共享结合，而是借助于原子之间的偶极吸引力结合而成的。这种存在于中性原子或分子之间的结合力称为二次键。图 1.4 为范德华键结合示意图。

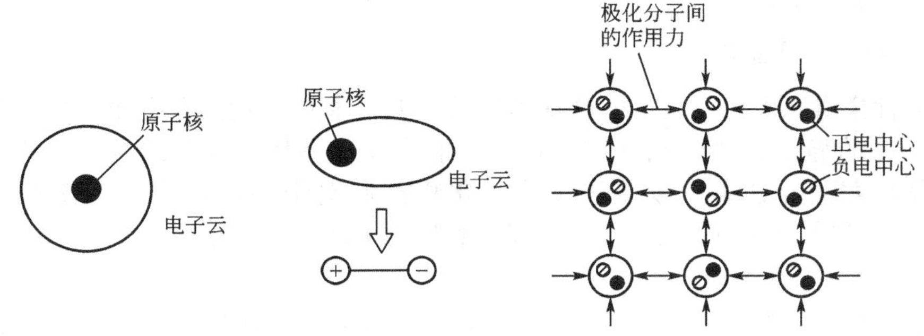

图 1.4　范德华键结合示意图

分子键(又称范德华键)与氢键都是二次键，即依靠原子(或分子、原子团)的偶极吸引力结合而成，只是氢键中的氢原子起了关键作用，即氢原子在两个电负性很强的原子或原子团之间形成一个桥梁，把两者结合起来。或者说，氢键是一种较强的、有方向性的范德华键。

依靠分子键结合起来的晶体称分子晶体。高分子材料大分子内的原子之间为共价键结合，而大分子链与大分子链之间结合成固体则依靠范德华键结合；在带有—COOH、—OH、—NH_2 原子团的高聚物中常依靠氢键将长链分子结合起来。

5. 混合键

实际上，大多数材料内部原子的结合键往往是几种键的混合，其中以一种结合键为主，如金属主要是金属键结合，但也会出现一些非金属键；陶瓷化合物则常为离子键和共价键混合。

1.1.3　晶体结构

1. 晶体、晶格、晶胞

晶体(图 1.5(a))是内部原子规则排列的物体，但排列的方式有多种。晶体中原子(分子或离子)在空间的规则排列的方式称为晶体结构。为便于描述晶体结构，把每个原子抽象成一个点，把这些点用假想直线连接起来，构成空间格架，称为晶格，如图 1.5(b)所示。组成晶格的最小几何组成单元称为晶胞，晶胞的大小和形状可用晶胞的棱边长度 a、b、c 和棱边夹角 α、β、γ 来表示，如图 1.5(c)所示，它们被称为晶格常数，其长度单位为 10^{-10}m。晶格中的每个点称为结点。

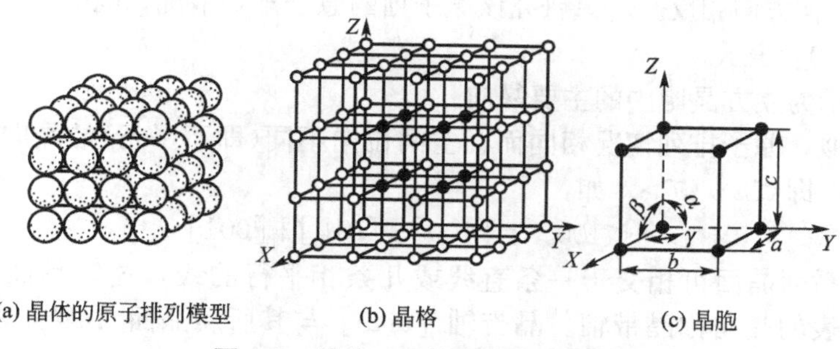

(a) 晶体的原子排列模型　　(b) 晶格　　(c) 晶胞

图 1.5　晶体、晶格和晶胞示意图

2. 晶面和晶向的表示方法

在晶体中，任意两个原子之间的连线称为原子列，其所指方向称为晶向；由一系列原子所组成的平面称为晶面。为了分析方便，通常用一些晶体学指数来表示晶面和晶向，分别称为晶面指数和晶向指数，其确定方法如下。

1）晶面指数

晶面指数的确定步骤如下：

① 选取三个晶轴为坐标系的轴，各轴分别以相应的晶格常数为量度单位，其正负关系同一般常例；

② 从欲确定的晶面组中，选取一个不通过原点的晶面，找出它在三个坐标轴上的截距；

③ 取各截距的倒数，按比例化为简单整数 h、k、l，而后用括号括起来成(hkl)，即为所求晶面的指数。(hkl) 实际表示一组原子排列相同的平行晶面。

当某晶面与一晶轴平行时，它在这个轴上的截距可看成是∞，则相应的指数为 0。

当截距为负值时，在相应的指数上边加以负号。

图 1.6 所示为立方系的几个晶面和它们的指数。

在立方晶系中，由于原子的排列具有高度的对称性，往往存在有许多原子排列完全相同但在空间位向不同(即不平行)的晶面，这些晶面总称为晶面族，用大括导表示，即 $\{h\ k\ l\}$。如立方晶胞中(111)、($\bar{1}11$)、($1\bar{1}1$)、($11\bar{1}$)等同属 {111} 晶面族，可用式(1－1)表示：

$$\{111\}=(111)+(\bar{1}11)+(1\bar{1}1)+(11\bar{1}) \qquad (1-1)$$

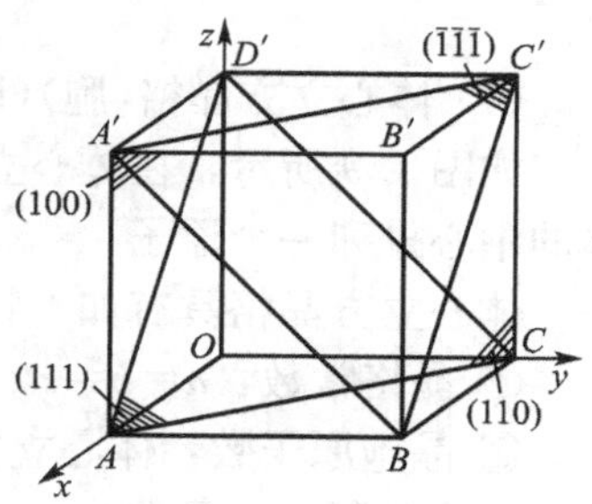

图 1.6　立方系的几个晶面和它们的指数

2）晶向指数

晶向指数的确定步骤如下：

① 以晶胞的三个棱边为坐标轴 x、y、z，以棱边长度(即晶格常数)作为坐标轴的长度单位；

② 通过坐标原点作一与所求晶向平行的另一晶向；

③ 求出这个晶向上任一结点的矢量在三个坐标轴上的分量(即求出任一结点的坐标数)；

④ 将此数按比例化为简单整数 u、v、w，而后用方括号括起来成 $[u\,v\,w]$，即得所求的晶向指数。如坐标数为负值，即在相应指数上边加负号，例如 $[u\bar{v}w]$。

若两组晶向的全部指数数值相同而符号相反，如 [110] 与 [$\bar{1}\bar{1}0$]，则它们相互平行或为同一原子列，但方向相反。若只研究该原子列的原子排列情况，则晶向［110］与［$\bar{1}\bar{1}0$］可用一指数［110］表示。

图 1.7 所示为立方晶胞中的主要晶向。

与晶面相似，原子排列情况相同而在空间位向不同(即不平行)的晶向统称为晶向族，用尖括导表示，即$<u\ v\ w>$。如：

$$<100>=[100]+[010]+[001] \tag{1-2}$$

晶体中一系列晶面可相交于一条直线或几条相平行的线，这些晶面合称一个晶带，这些直线所代表的晶向称晶带轴。晶带轴［uvw］与其所属晶面｛hkl｝之间各指数满足式(1－3)：

$$hu+kv+lw=0 \tag{1-3}$$

在立方晶系中，晶面指数与晶向指数在数值上完全相同或成比例时，它们是互相垂直的，例如［111］⊥(111)，如图 1.8 所示。

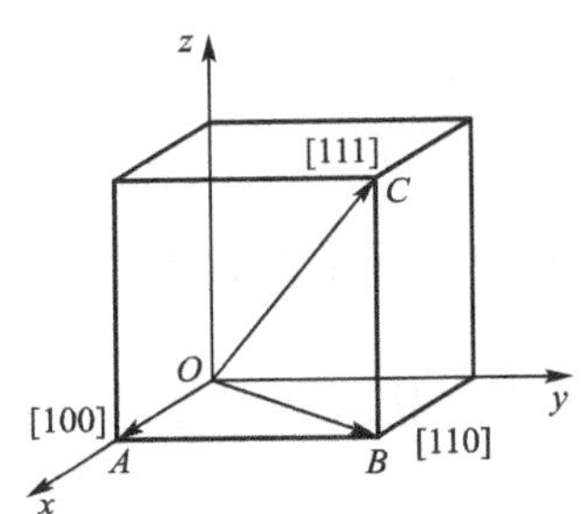

图 1.7　立方晶胞中的主要晶向

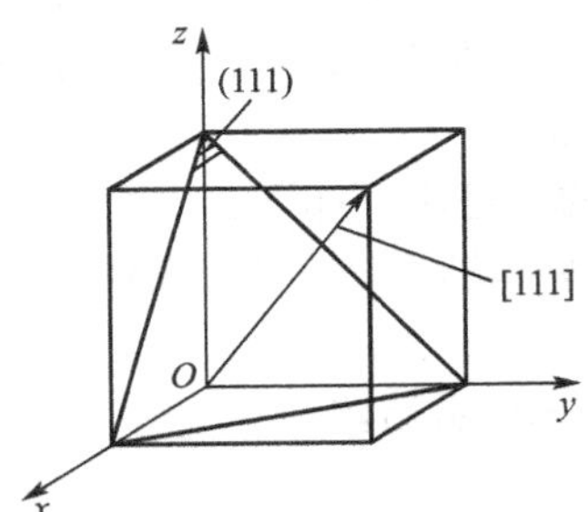

图 1.8　晶面与晶向互相垂直

3. 金属的晶体结构

金属中由于原子间通过较强的金属键结合，原子趋于紧密排列，构成少数几种高对称性的简单晶体结构。在金属元素中，约有 90%以上的金属晶体结构都属于下列三种晶格形式。

(1) 体心立方晶格(胞)(body－centered cubic lattice，B. C. C. 晶格)

如图 1.9 所示，在体心立方晶格的晶胞中，立方体的 8 个角上各有一个原子，在立方体的中心排列一个原子。

体心立方晶格具有如下特征：

① 晶格常数：$a=b=c$，$\alpha=\beta=\gamma=90°$。

② 晶胞原子数：体心立方晶胞每个角上的原子为相邻的八个晶胞所共有，因此实际上每个晶胞所含原子数为：1/8×8 ＋ 1＝ 2(个)(图 1.9(c))。

③ 原子半径：因其体对角线方向上的原子彼此紧密排列(图 1.9(a))，显然体对角线长度$\sqrt{3}a$ 等于四个原子半径，故体心立方晶胞的原子半径 $r=\frac{\sqrt{3}a}{4}$。

④ 致密度：晶胞中原子排列的紧密程度可用致密度来表示，致密度是指晶胞中原子所占的体积与该晶胞体积之比。体心立方晶胞中原子所占的体积为$\frac{4}{3}\pi r^3\times 2$，晶胞体积为$a^3$，故可算出其致密度为 0.68。即在体心立方晶格金属中，有 68%的体积被原子所占据，

其余 32%的体积为空隙。

⑤ 配位数：配位数为晶格中与任一原子相距最近且距离相等的原子数目。配位数越高，原子排列紧密程度就越高。体心立方晶格的配位数为 8。

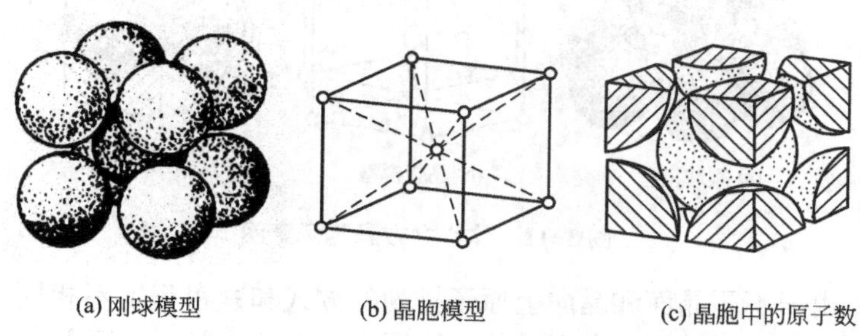

(a) 刚球模型　　(b) 晶胞模型　　(c) 晶胞中的原子数

图 1.9　体心立方晶胞示意图

属于体心立方晶格的金属有 a - Fe、Cr、Mn、Mo、W、V、Nb、β - Ti 等。

(2) 面心立方晶格(胞)(face - centered cubic lattice，F. C. C. 晶格)

面心立方晶格如图 1.10 所示。在晶胞八个角及六个面的中心各分布着一个原子，在面对角线上，面中心的原子与该面四个角上的各原子相互接触，紧密排列，其原子半径 $r=\frac{\sqrt{2}}{4}a$。每个面心位置的原子同时属于两个晶胞所共有，故每个面心立方晶胞中仅包含 $1/8\times8+1/2\times6=4$ 个原子，其致密度为 0.74。面心立方晶格配位数为 12。

具有面心立方晶格的金属有 r - Fe、Al、Cu、Ni、Au、Ag、Pt、β - Co 等。

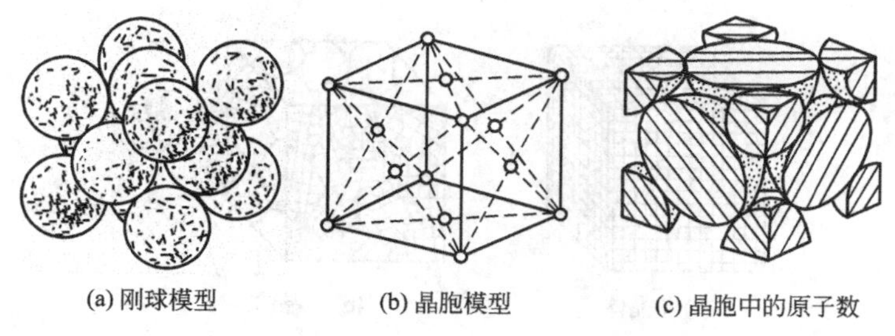

(a) 刚球模型　　(b) 晶胞模型　　(c) 晶胞中的原子数

图 1.10　面心立方晶胞示意图

(3) 密排六方晶格(胞)(hegxaganal close - packed lattice，H. C. P. 晶格)

如图 1.11 所示，六方晶格的晶胞是六方柱体，由六个呈长方形的侧面和两个呈六边形的底面组成，所以要用两个晶格常数表示，一个是上、下底面间距 c 和六边形的边长 a，在紧密排列情况下 $c/a=1.633$。在密排六方晶胞中，在六方体的 12 个角上和上、下底面的中心各排列着一个原子，在晶胞中间还有三个均匀分布的原子。密排六方晶胞的原子半径为 $\frac{a}{2}$；因其每个角上的原子为相邻的六个晶胞所共有，上、下底面中心的原子为两个晶胞所共有，晶胞内部三个原子为该晶胞独有，所以密排六方晶胞中原子数为 $12\times1/6+2\times1/2+3=6$(个)；其致密度为 0.74。密排六方晶格配位数为 12。

具有密排六方晶胞的金属有 Mg、Zn、Be、Cd、a - Co、a - Ti 等。

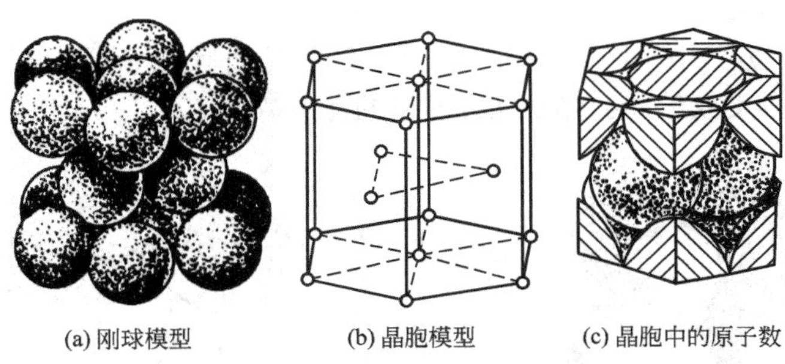

(a) 刚球模型　　(b) 晶胞模型　　(c) 晶胞中的原子数

图 1.11　体心立方晶胞示意图

在晶体中，由于不同晶面和晶向上原子排列的方式和紧密程度不相同，不同方向上原子结合力的大小也就不同，所以金属晶体在不同方向上的力学、物理及化学性能也有一定的差异，此特性称为晶体的各向异性。

1.1.4　晶体中的缺陷

上述晶体结构是一种理想的结构，可看成是晶胞的重复堆砌，这种晶体称为单晶体，即原子排列的位向或方式均相同的晶体，如图 1.12(a)所示。由于许多因素的作用，实际金属远非理想完美的单晶体，结构中存在许多类型的缺陷，绝大多数的是多晶体，即由若干个小的单晶体组成，这些小的单晶体称为晶粒，每个晶粒的原子位向各不相同，晶粒之间的边界称为晶界，如图 1.12(b)所示。按照缺陷在空间的几何形状及尺寸，晶体缺陷可分为点缺陷、线缺陷和面缺陷。结构的不完整性会对晶体的性能产生重大的影响。特别是对金属的塑性变形、固态相变以及扩散等过程都起着重要的作用。

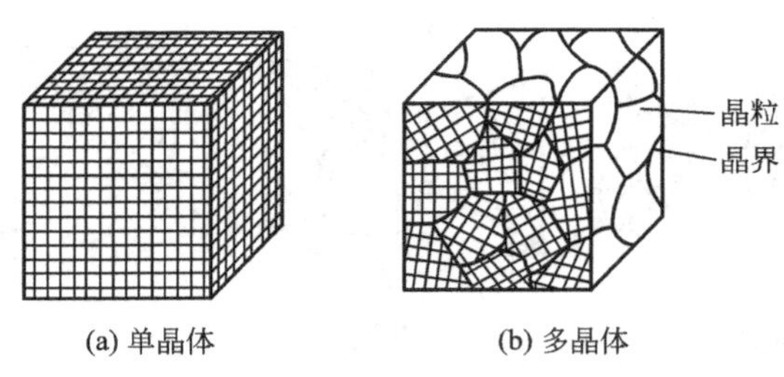

(a) 单晶体　　(b) 多晶体

图 1.12　单晶体与多晶体

1. 点缺陷

点缺陷是指在三维空间各方向上尺寸都很小，约为一个或几个原子间距的缺陷，属于零维缺陷，如空位、间隙原子、异类原子等。

晶格中没有原子的结点称为空位(图 1.13(a))，位于晶格间隙之中的原子称为间隙原子(图 1.11(b))，挤入晶格间隙或占据正常结点的外来原子称为异类原子(图 1.13(c)～(d))。在上述点缺陷中，间隙原子最难形成，而空位却普遍存在。

空位的形成主要与原子的热振动有关。当某些原子振动的能量高到足以克服周围原子的束缚时，它们便有可能脱离原来的平衡位置(晶格的结点)而迁移至别处，结果在原来的结点上形成了空位。塑性变形、高能粒子辐射、热处理等也能促进空位的形成。

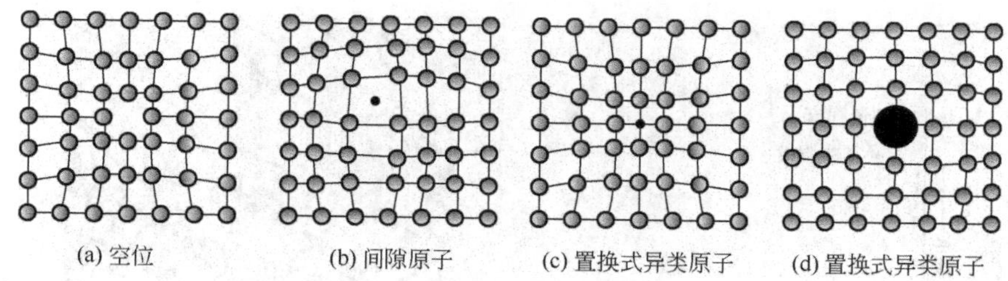

图 1.13　点缺陷的类型

在金属中，或多或少会存在一些杂质原子，即异类原子。当异类原子半径比金属的半径小得多时，容易挤入晶格的间隙中，成为异类间隙原子(图 1.13(b))。当异类原子与金属原子的半径接近或尺寸较大时，便会取代正常结点原子而形成置换原子(图 1.13(c)、(d))。

由图 1.13 可看出，在点缺陷附近，由于原子间作用力的平衡被破坏，使其周围的其他原子发生靠拢或撑开的不规则排列，这种变化称为晶格畸变。晶格畸变将使材料产生力学性能及物理化学性能的改变，如强度、硬度及电阻率增大，密度减小等。

2. 线缺陷

线缺陷是指在二维尺寸很小而第三维尺寸相对很大的缺陷，属于一维缺陷。晶体中的线缺陷就是各种类型的位错。这是晶体中极为重要的一类缺陷，它对晶体的塑性变形、强度和断裂起着决定性的作用。

位错是晶体原子平面的错动引起的，即晶格中的某处有一列或若干列原子发生了某些有规律的错排现象。位错的基本类型有两种：刃型位错和螺型位错。

① 刃型位错：图 1.14 为刃型位错示意图。由图可见，晶体的上半部多出一个原子面(称为半原子面)，它像刀刃一样切入晶体，其刃口即半原子面的边缘便为一条刃型位错线。位错线周围会造成晶格畸变。严重晶格畸变的范围约为几个原子间距。

② 螺型位错：晶体右边的上部原子相对于下部的原子向后错动一个原子间距，即右边上部相对于下部晶面发生错动，若将错动区的原子用线连起来，则具有螺旋型特征，故称为螺型位错，如图 1.15 所示。

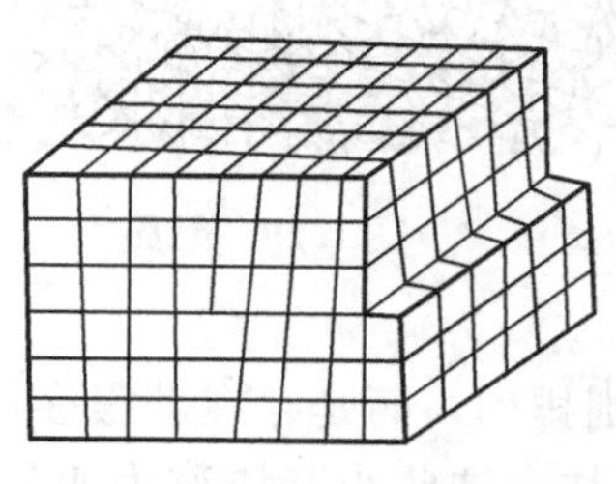

图 1.14　刃型位错

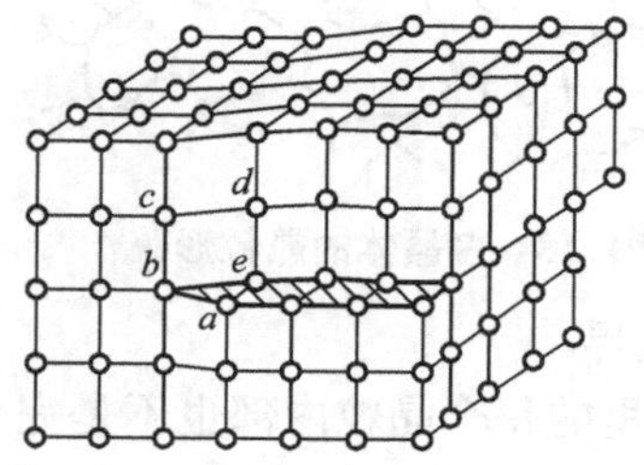

图 1.15　螺型位错

晶体中的位错密度以单位体积中位错线的总长度来表示，单位是 cm/cm^3(或 cm^{-2})。在退火金属中，位错密度一般为 $10^6 \sim 10^{10}\ cm^{-2}$。在大量冷变形或淬火的金属中，位错密度增加，屈服强度 R_{eL} 将会增高，如图 1.16 所示。提高位错密度是金属强化的重要途径之一。图 1.17 所示为透射电子显微镜观察到的晶体中的位错。

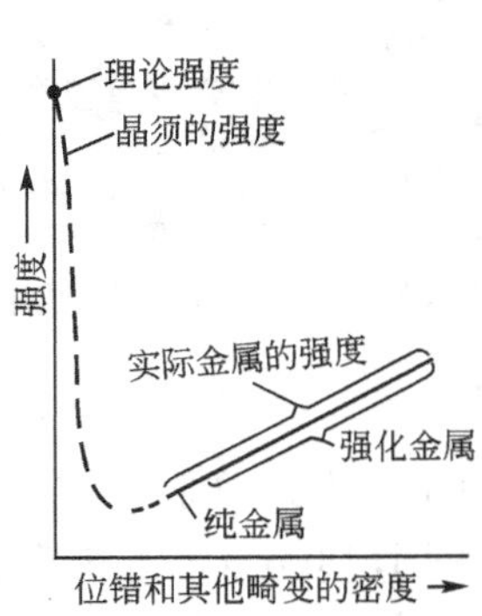

图 1.16　晶体强度与晶体缺陷的关系图

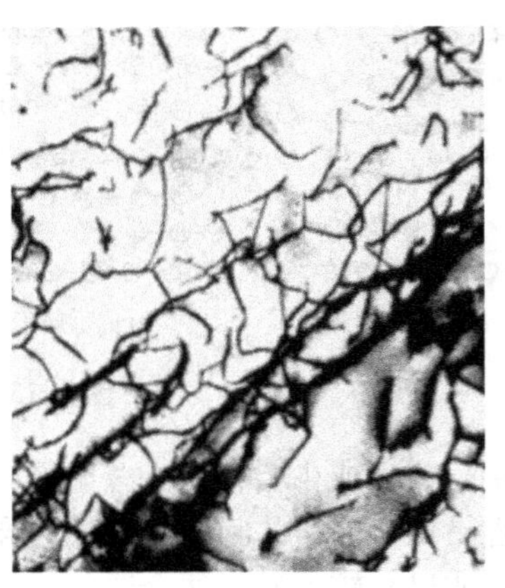

图 1.17　透射电子显微镜观察到的晶体中的位错

3. 面缺陷

面缺陷属于二维缺陷，它在两维方向上尺寸很大，第三维方向上尺寸很小。最常见的面缺陷是晶体中的晶界和亚晶界。

1）晶界

实际金属为多晶体，有大量外形不规则的多边形小晶粒组成(图 1.18)。晶界处原子排列混乱，晶格畸变程度较大，如图 1.19 所示。在多晶体中，晶粒间的位向差大多为 30°～40°，晶界宽度一般在几个原子间距到几十个原子间距内变动。

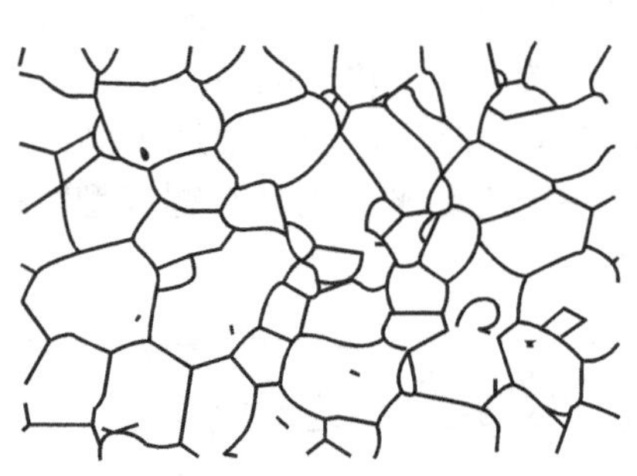

图 1.18　多晶体的晶粒形貌

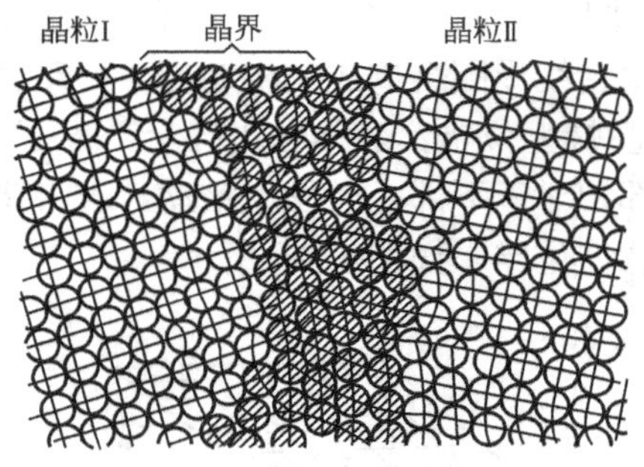

图 1.19　晶界

2）亚晶界

多晶体里的每个晶粒内部也不是完全理想的规则排列，而是存在着很多尺寸很小(边长 10^{-8}～10^{-6}m)位向差也很小(小于 1°～2°)的小晶块，这些小晶块称为亚晶粒。亚晶粒之间的交界称为亚晶界，它实际上由垂直排列的一系列刃型位错(位错墙)构成，如图 1.20 和图 1.21 所示。

晶界和亚晶界均可以同时提高金属的强度和塑性。晶界越多，位错越多，强度越高；晶界越多，晶粒越细小，金属的塑性变形能力越大，塑性越好。

在实际晶体结构中，上述晶体缺陷并不是静止不变的，而是随着温度及加工过程等各种条件的改变而不断变动。它们可以产生运动和交互作用，而且能合并和消失。

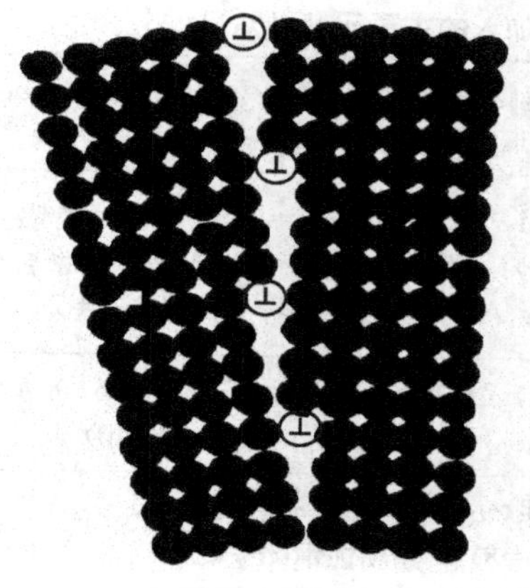

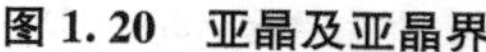

图 1.20 亚晶及亚晶界

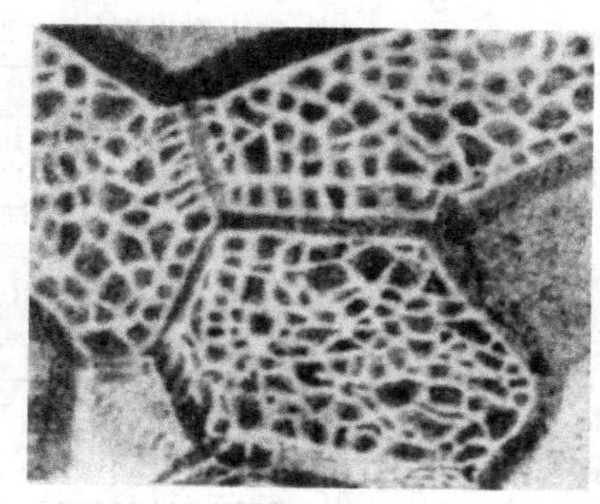

图 1.21 Au－Ni 合金的亚晶界

结构的不完整性会对晶体的性能产生重大的影响，特别是对金属的塑性变形、固态相变以及扩散等过程都起着重要的作用。

1.2 合金的组成与结构

材料的组成是指构成材料的基本单元的成分及数目；材料的结构是指材料的组成单元(原子或分子)之间在空间的几何排列，包括构成材料的原子的电子结构、分子的化学结构及聚集态结构及材料的显微组织结构。不论其种类及形状大小如何，材料的宏观性能都是由其化学组成和组织结构决定的。

1.2.1 金属及合金的化学组成

金属材料的特点是其具有其他材料无法取代的强度、塑性、韧性、导热性、导电性以及良好的可加工性等。为了获得所需性能，必须控制材料的成分与组织。

1. 纯金属

金属是指元素周期表中的金属元素。存在于自然界中的 94 种元素中，有 72 种是金属元素。工业上习惯于将金属分为黑色金属和有色金属两大类。有色金属又分为轻金属、重金属、贵金属及稀有金属等。

2. 合金

纯金属具有良好的导电性、导热性、塑性及金属光泽等物理化学特性，但强度、硬度等力学性能一般都很低，且熔炼困难，价格昂贵，难以满足现代工业对金属材料提出的多品种、高性能的要求。因此，工业上应用较多的是都是合金。

合金是指由两种或两种以上的金属元素或金属元素与非金属元素组成的具有金属特性的物质。形成合金所加入的元素称为合金元素，如铁(Fe)、铝(Al)、铜(Cu)、钛(Ti)、碳(C)、硅(Si)、氮(N)等。表 1－1 列出了主要金属合金的化学组成。

表 1-1　主要金属合金的化学组成

种类	母相金属	材料名称(加入的主要元素/(%))
钢	Fe	结构钢(w_C=0.1～0.6)；高速钢(w_W=13～20，w_{Cr}=3～6，w_C=0.6～0.7)；高强钢(w_C<0.2，w_{Mn}<1.25，w_S<0.05)
铝合金	Al	Al-Cu合金(w_{Cu}=4～8)；Al-Si合金(w_{Si}=4.5～13)；硬铝(w_{Cu}=4，w_{Mn}=0.5，w_{Mg}=0.3，w_{Si}=0.5)；超硬铝：Al-Zn-Mg-Cn系合金；耐热铝：Al-Cu-Li系合金；防锈铝：AL-Mg系合金；铸铝(w_{Zn}=0.5，w_{Cu}=3)
铜合金	Cu	黄铜：[顿巴黄铜(w_{Zn}=8～20)，7-3黄铜(w_{Zn}=25～35)，6-4黄铜(w_{Zn}=35～45)]；白铜(w_{Ni}=25)；青铜(w_{Sn}=4～12，$w_{Zn}+w_{Pb}$=0～10)
不锈钢、耐蚀钢	Fe	不锈钢[铬系(w_{Cr}≥12)；铬镍系(w_{Cr}=17～19，w_{Ni}=8～16，w_{Mo}<2.0，w_{Cu}<2.0)，18—8不锈钢(w_{Cr}=18，w_{Ni}=8)]；耐腐蚀钢(w_{Cr}<12，w_C<0.30)
耐热钢	Fe	Fe-Cr系合金(w_{Cr}=4～10)；Fe-Cr-Ni系合金(w_{Cr}=18～20，w_{Ni}=8～70，w_{Mn}=0.5～2，w_S=0.5～3，w_C<0.2)；Fe-Cr-Al系合金(w_{Cr}=5～30，w_{Al}=0.6～5，w_{Mn}=0.5，w_{Si}=0.5～1.0，w_C=0.1～0.12，w_{Co}=1.5～3.0)
低熔点合金		铅-锡合金(w_{Sn}=39～40)；黄铜焊料(w_{Zn}=40)；铜合金(w_{Sn}=60～70，w_{Pb}=40～30)；银-铜-磷合金(w_{Ag}=15，w_{Cu}=80，w_P=5)，磷-铜合金(w_P=4～8)
钛合金	Ti	高强度钛合金(Ti-8Mo-8V-2Fe-3A1)；高塑性钛合金(Ti-6AI-4V)
非晶态合金		Fe78Sil0B12；Pd40Ni40P20；Fe80P13C7；Ti50Be40Zrl0；Co70Fe5Si15B10

1.2.2　合金材料组元的结合形式

1. 组元、相、组织、合金

组成合金的最基本的、独立的单元称为组元。组元可以是纯元素(金属或非金属)，也可以是稳定的化合物。

由两个组元组成的合金称为二元合金，例如工程上常用的铁碳合金、铜镍合金、铝铜合金等；由三个组元组成的合金称为三元合金，由多个组元组成的合金称为多元合金。

合金的组元相互作用可形成一种或几种相。所谓相是指合金中化学成分相同、晶体结构相同并有界面与其他部分分开的均匀组成部分。液态物质为液相，固态物质为固相。一个相必须在物理性质和化学性质上都是完全均匀的，但不一定只含有一种物质。例如，纯金属是单相材料，而钢(Fe-C合金)在室温下由铁素体(碳在α-Fe中的固溶体)渗碳体(Fe_3C)两相组成。

由于合金的成分及加工处理工艺不同，其合金相将以不同的类型、形态、数量、大小与分布相组合，构成不同的合金组织状态。所谓组织是指用显微镜观察到的材料内部的微观形貌。即组织由数量、形态、大小和分布方式不同的各种相组成。材料的组织可以由单相组成，也可以由多相组成，组织是决定材料性能的一个重要因素。工业生产中常通过控制和改变合金的组织来改变和提高合金的性能。

固态合金中有两类基本相：固溶体和金属化合物。

2. 合金的相结构

1）固溶体

合金中的固溶体是指组成合金的一种金属元素的晶格中包含其他元素的原子而形成的固态相。如α-Fe中溶入碳原子便形成称为铁素体的固溶体。固溶体中含量较多的元素称为溶剂或溶剂金属；含量较少的元素称为溶质或溶质元素。固溶体保持其溶剂金属的晶格形式。

按溶质原子在溶剂晶格中所处的位置不同，固溶体可分为置换固溶体和间隙固溶体两类。溶质原子置换部分溶剂晶格结点上原子而形成的固溶体称为置换固溶体(图1.22)。溶质原子位于溶剂晶格结点的晶隙中所形成的固溶体称为间隙固溶体(图1.23)。

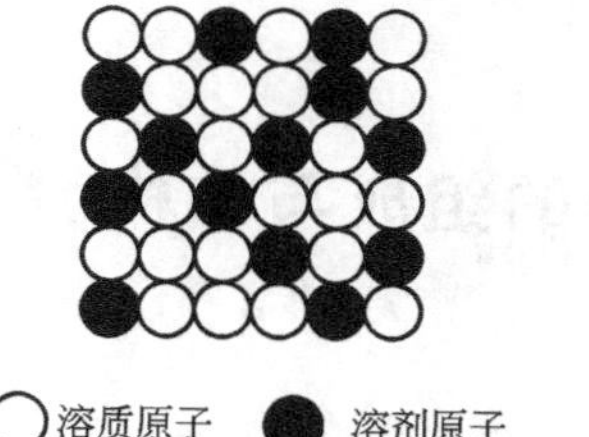

图1.22 置换固溶体示意图

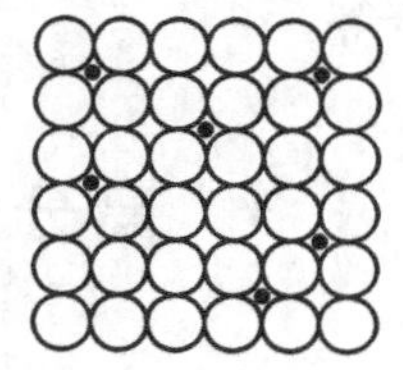

图1.23 间隙固溶体示意图

由于溶质原子的溶入，使固溶体的晶格发生畸变(图1.13的(c)、(d))，变形抗力增大，强度和硬度升高。这种通过形成固溶体使金属的强度与硬度提高的现象称为固溶强化。适当控制固溶体中溶质的含量，可以显著提高金属材料的强度及硬度，同时保持良好的塑性和韧性。所以固溶体的综合力学性能很好，常常作为结构合金的基体相。

2）金属化合物

合金中溶质含量超过固溶体的溶解极限后，会形成晶体结构和特性完全不同于任一组元的新相，即金属化合物。所谓金属化合物是金属与金属或金属与非金属(N、C、H、B、Si等)之间形成的多具有金属特性的化合物的总称。如铁碳合金中的Fe_3C，黄铜中的CuZn等。金属化合物是许多合金的重要强化相，如Fe_3C是铁碳合金中的重要组成相，具有复杂的斜方晶格(图1.24)。

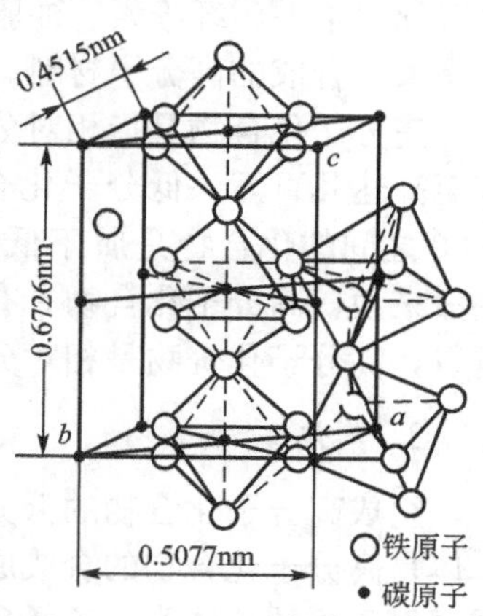

图1.24 Fe_3C的晶体结构

金属化合物晶格形式比纯金属更复杂，故其熔点高、硬而脆。而要求强韧兼备的结构材料则往往采用以固溶体为基，其上弥散分布着细小化合物硬质点。这种利用细小弥散的稳定质点提高合金强度的方法称为弥散强化。

3. 聚集体

一般金属材料或无机非金属材料等，不论是由“单一的元素构成的”、“固溶体构成的”或者由“两种以上不同元素的结晶相构成的”抑或是“结晶相与玻璃相的共存状态”，都是由无数的原子或晶粒聚集而成的固体，处于这类状态的材料称为聚集体。其中，有的是晶粒间呈连续变化牢固地结合在一起(如金属或固溶体等)，有的是晶粒间的结合较微弱(如铸铁、花岗岩等)。后者受外力作用时，在晶粒的界面会发生破坏。

一般纯金属将看成是微细晶体的聚集体；而合金则可看成是母相金属原子的晶体与加入的合金晶体等聚合而成的聚集体。晶粒间的结合力要比晶粒内部的结合力小。

4. 复合体

复合体(复合材料)指由两种或两种以上的不同材料通过一定的方式复合而构成的新型材料，各相之间存在着明显的界面。复合材料中各相不但保持各自的固有特性而且可最大限度发挥各种材料的特性，并赋予单一材料所不具备的优良特殊性能。

复合材料的结构通常是一个相为连续相，称为基体材料；而另一个相是不连续的，以独立的形态分布在整个连续相中，也称为分散相。与连续相相比，这种分散相的性能优越，会使材料的性能显著增强，故常称为增强材料。材料增强的种类有颗粒增强、晶须和纤维增强、层板复合等。

1.3 高分子化合物的组成与结构

1.3.1 高分子化合物的组成

1. 高分子化合物

高分子材料又称为高分子化合物或高聚物，是以高分子化合物为主要组成的有机材料，即许多由大分子组成的物质，其分子量高达 $10^4 \sim 10^6$。

高分子材料可分为天然高分子材料和人工合成高分子材料两大类。天然高分子材料包括蚕丝、羊毛、纤维素、油脂、天然橡胶、合成纤维、胶黏剂和涂料等。工程上使用的主要是人工合成的高分子材料。

高分子化合物是指相对分子质量很大的化合物，其相对分子质量在 5000 以上，有的甚至高达几百万。低分子化合物的相对分子质量在 500 以下。相对分子质量介于 500～5000 之间的化合物是属于低分子还是高分子，这主要由它们的物理、力学性能来决定。一般来说，高分子化合物具有较好的弹性、塑性和强度，而低分子化合物这些性能较低。所以，高分子化合物是相对分子质量大到使其力学性能具有工程意义的化合物。

2. 单体

组成高分子化合物的低分子化合物称为单体。即高分子化合物是由单体聚合而成的，单体是高分子化合物的合成原料。例如聚乙烯是由乙烯($CH_2=CH_2$)单体聚合而成的，合成聚氯乙烯的单体为氯乙烯($CH_2=CHCl$)。

3. 链节

高聚物的化学组成并不复杂，往往由许多相同结构单元通过共价键重复连接(聚合)而成。高聚物的相对分子质量很大，主要呈长链形，因此常称为大分子链或分子链。大分子链极长，长度可达几百纳米以上，而截面一般小于 1nm。组成大分子链的结构相同的重复单元称为链节。例如，聚乙烯大分子链的结构式为：

$$—CH_2—CH_2 \vdots CH_2—CH_2 \vdots CH_2—CH_2—\cdots$$

可以简写为：$\left[CH_2-CH_2\right]_n$。它是由许多$-CH_2-CH_2-$结构单元重复连接构成的，这个结构单元就是聚乙烯的链节。

同样，聚氯乙烯的结构式为：

$$\cdots-CH_2-\underset{\substack{|\\Cl}}{CH}\vdots CH_2-\underset{\substack{|\\Cl}}{CH}\vdots CH_2-\underset{\substack{|\\Cl}}{CH}\vdots\cdots$$

或简写为：$\left[CH_2-\underset{\substack{|\\Cl}}{CH}\right]_n$。$-CH_2-\underset{\substack{|\\Cl}}{CH}-$即为聚氯乙烯的链节。

链节的重复数量称为聚合度，以 n 表示。聚合度是衡量高分子大小的指标。链节的分子量与聚合度的乘积即为大分子的分子量。

4. 链段

由若干个链节所组成的具有独立运动能力的最小单元称为链段。链段常包含几个甚至几十个链节。大分子链内各原子之间由共价键结合，而链与链间则通过分子键结合。大分子往往含有不同的取代基，例如乙烯类聚合物中，$\left[CH_2-\underset{\substack{|\\R}}{CH}\right]_n$ R即为取代基。取代基R的种类及其在分子链中的排列方式对性能均有一定的影响。

1.3.2 高分子链的组成与结构

大分子链的结构首先决定于其化学组成。组成大分子链的化学元素主要是碳、氢、氧，另有氮、氯、氟、硅、硫等。其中碳是形成大分子链的主要元素。

高聚物的性能也取决于其组成与结构，高聚物的组织与结构的微观层次可分为两个：一是大分子链内结构；二是大分子链间结构。

1. 大分子链结构

高聚物的链结构形成，按其几何形状，可分为线型结构和体型结构，如图 1.25 所示。

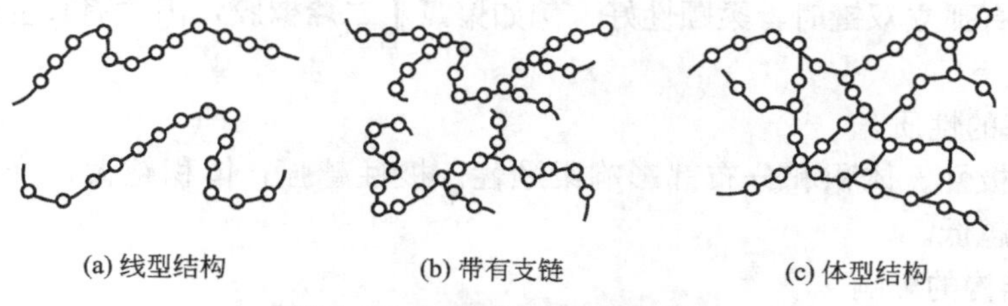

(a) 线型结构　(b) 带有支链　(c) 体型结构

图 1.25　高聚物的结构示意图

1）线型结构

线型结构是由许多链节用共价键连接起来的长链，如图 1.25(a)所示。其分子直径与长度之比可达到 1∶1000 以上。这种细而长的结构，通常卷曲成不规则的线团状，在拉伸时呈直线状。具有线型结构的高聚物在加工成形时，表现出良好的塑性和弹性。在适当的溶剂中能溶解或溶胀，加热可软化或熔化，冷却后变硬，并可反复进行。因此线型高聚物易于加工成形，并可反复使用。一些合成纤维和热塑性塑料(如聚氯乙烯、聚苯乙烯等)就属于此类结构。

有些高聚物的大分子链还带有一些小的支链(图 1.25(b))，这些支链的存在使线型高聚物的性能发生变化，如熔点升高、黏度增加等。

2）体型结构

在这种结构中，分子链与分子链之间有许多链节相互交联在一起，形成网状或立体结构(图 1.25(c))。具有体型结构的高聚物，硬度、强度高，弹性、塑性低，对溶剂和热的作用都比线型高聚物稳定，呈现不溶不熔的特点，具有良好的耐热性和强度，只能在形成网状结构前进行一次成形，固化后硬而脆，不能重复使用。热固性塑料(如酚醛塑料、环氧塑料等)就属于此类结构。

2. 大分子链的构象及柔顺性

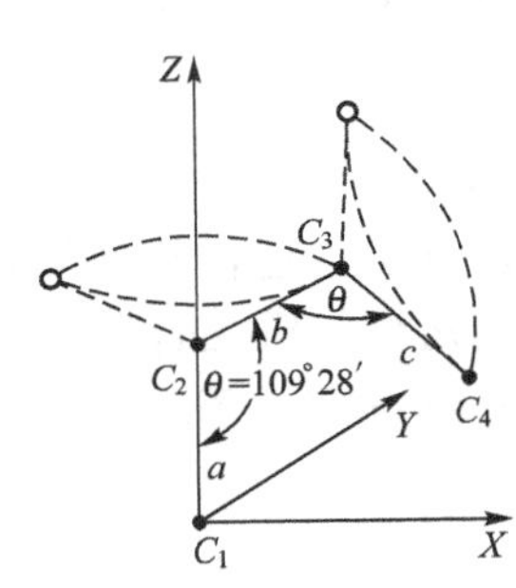

图 1.26　C—C 键的内旋转示意图

和其他物质一样，聚合物的大分子链也会不停地运动，这种运动是由单键的内旋转引起的。大分子链可以在保持共价键键长和键角不变的前提下进行自旋转，称为单键的内旋转。图 1.26 是 C—C 键内旋转示意图。当单键 a 在保持键角 $\theta=109°28'$不变的情况下自旋转时，键 b 将沿以 C_2 为顶点的锥面旋转，即 C_3 可以在 C_2 为顶点的圆锥底边的任意位置出现；同样，C_4 又可能在以 C_3 为顶点的圆锥底边的任一位置出现，以此类推。

由于高分子含有成千上万个单键，众多单键的内旋转使高分子的形态瞬息万变，因而分子链会出现许多不同的形象。这种由于单键内旋转引起的原子在空间占据不同位置所构成的分子链的各种形象，称为大分子链的构象。由于大分子链构象的频繁变化，使得大分子链既可扩张伸长，又可卷曲收缩。大分子这种能由构象变化获得不同卷曲程度的特性称为大分子链的柔顺性。

影响大分子链柔顺性的因素主要有主链结构、取代基及交联程度等。

1）主链结构

主链长，柔顺性好。当主链全部由单键组成时，分子链的柔顺性最好。在常见的三大类主链结构中，以 Si—O 键最好，C—O 键次之，C—C 键再次。

主链中含有芳杂环时，由于它不能内旋转，故柔顺性下降而显示出刚性，能耐高温。

主链中含有孤立双键时，柔顺性好。例如聚氯丁二烯橡胶，因含有孤立双键而使柔顺性增大。

2）取代基的性质

取代基的极性、体积和分布都影响柔顺性。极性越强，体积越大，分布的对称性越差，则柔顺性越低。

3）交联结构的影响

交联结构的形成，特别是交联度较大(如大于 30%)时，将限制单键的内旋转，使大分子链的柔顺性减弱。

1.3.3　高分子链的聚集态结构

高分子链间通过分子间的相互作用，由微观的单个分子链聚集而成宏观的聚合物。高聚物的聚集态结构是指高分子材料内部大分子链之间的几何排列和堆砌结构，也称为超分子结构，是在加工成形和后处理过程中形成的。大分子链之间以范德华力和(或)氢键结合，键虽弱，但因分子链很长，故链间总作用力为各链节作用力与聚合度之积，故大大超过链内共价键。显然，大分子链的聚集态结构与高分子材料的性能有直接关系。

高聚物按照大分子排列是否有序，分成结晶型和无定型(非结晶)两类。结晶型高聚物的分子排列规整有序，无定型高聚物的分子排列杂乱不规则。

结晶型高聚物由晶区(分子作规则紧密排列的区域)和非晶区(分子处于无序状态的区域)组成，如图1.27所示。由于分子链很长，在每个部分都呈现规则排列是很困难的，通常用结晶度来表示高聚物中晶区所占的重量百分数(或体积百分数)。一般结晶型高聚物的结晶度为50%～80%。

无定型高聚物的结构，并非真正是大分子排列呈杂乱交缠状态，实际上其结构只是大距离范围内无序，而小距离范围内有序，即远程无序，近程有序，如图1.28所示。结晶型高聚物的分子排列紧密，分子间作用力很大，所以使高聚物的密度、强度、硬度、刚度、熔点、耐热性、耐化学性、抗液体及气体透过能力等性能有所提高，而依赖链运动的有关性能，如弹性、塑性和韧性则较低。实际生产中，通过控制影响结晶的诸多因素，可以得到不同聚集态的聚合物，满足所需的性能要求。

图1.27 高聚物的晶区示意图

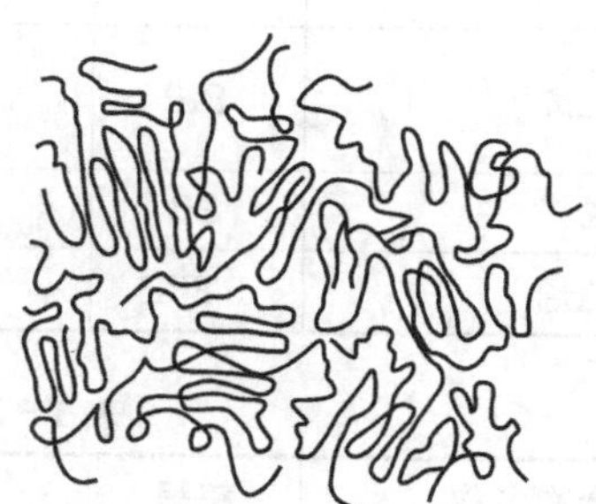

图1.28 高聚物的非晶区示意图

1.3.4 高分子材料的组成和织态结构及微区结构

1. 高分子材料的组成

按照主链结构，可将聚合物分成碳链、杂链和元素有机高分子三类，表1-2列出了一些常用的碳链聚合物品种。按照聚合物在加热状态下的行为又可分为热塑性聚合物和热固性聚合物。热塑性聚合物固化前受热时可以塑化和软化，冷却时则凝固成形，温度改变时可以反复变形。表1-2中的塑料如聚乙烯、聚苯乙烯、聚四氟乙烯等均为热塑性高聚物。热固性聚合物固化前受热时塑化和软化，发生化学变化，并固化定型，冷却后如再次受热时，不再发生塑化变形。表1-2、表1-3和表1-4所列的是合成聚合物的主要品种，其中表1-4列出的是一些热固性聚合物品种，如酚醛树脂等。

表1-2 碳链聚合物

聚合物名称	符号	重复结构单元	应用类型
聚乙烯	PE	$—CH_2—CH_2—$	塑料、纤维
聚丙烯	PP	$—CH_2—CH(CH_3)—$	塑料、纤维

(续)

聚合物名称	符号	重复结构单元	应用类型
聚苯乙烯	PS	$-CH_2-CH(C_6H_5)-$	塑料
聚氯乙烯	PVC	$-CH_2-CH(Cl)-$	塑料、纤维
聚乙烯醇	PVA	$-CH_2-CH(OH)-$	纤维
聚甲基丙烯酸甲酯	PMMA	$-CH_2-C(CH_3)(COOCH_3)-$	塑料
聚丙烯腈	PAN	$-CH_2-CH(CN)-$	纤维
聚异戊二烯	PIP	$-CH_2-C(CH_3)=CH-CH_2-$	橡胶
聚丁二烯	PB	$-CH_2-CH=CH-CH_2-$	橡胶
聚四氟乙烯	PTFE	$-CF_2-CF_2-$	塑料、涂料

表 1-3　杂链和芳杂环聚合物

聚合物名称	符号	重复结构单元	应用类型
聚己内酰胺	PA-6	$-NH(CH_2)_6CO-$	塑料
聚己二酸己二胺	PA-66	$-NH(CH_2)_6NH-CO(CH_2)_6CO-$	塑料、纤维
聚对苯二甲酸乙二醇酯	PET	$-OCH_2CH_2O-\overset{O}{\overset{\parallel}{C}}-C_6H_4-\overset{O}{\overset{\parallel}{C}}-$	塑料、纤维
聚甲醛	POM	$-O-CH_2-$	塑料
聚氨酯	PU	$-O(CH_2)_2O-\underset{O}{\underset{\parallel}{C}}NH(CH_2)_6NH\underset{O}{\underset{\parallel}{C}}-$	塑料、涂料、橡胶
聚醚醚酮	PEEK	$-O-C_6H_4-O-C_6H_4-\overset{O}{\overset{\parallel}{C}}-C_6H_4-$	塑料
聚酰亚胺	PI	$-C_6H_4-O-C_6H_4-N(CO)_2C_6H_2(CO)_2N-$	
聚对苯二甲酸对苯二胺	PI	$-NH-C_6H_4-NH-\overset{O}{\overset{\parallel}{C}}-C_6H_4-\overset{O}{\overset{\parallel}{C}}-$	纤维

（续）

聚合物名称	符号	重复结构单元	应用类型
纤维素		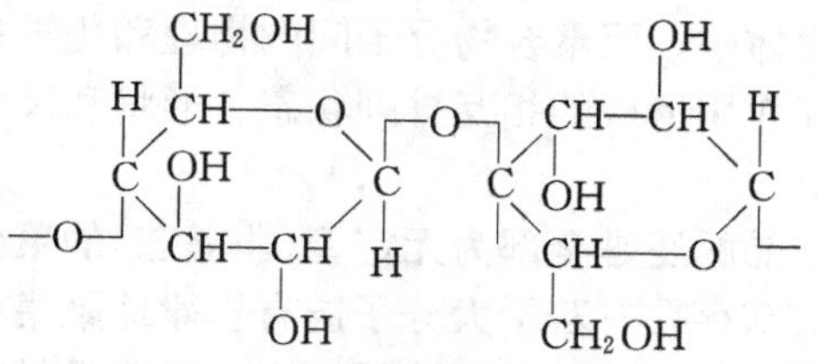 CH_2OH OH H CH—O —O— CH—CH H C OH C C OH C —O— CH—CH H CH—O— OH CH_2OH	塑料、纤维

表1-4 热固性高聚物

聚合物名称	符号	重复结构单元	应用类型
酚醛树脂	PF	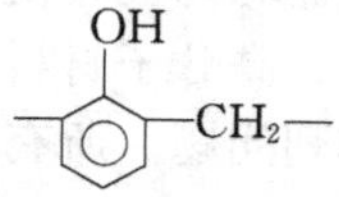 OH —⟨苯环⟩—CH_2—	黏合剂、涂料、复合材料
环氧树脂	EP	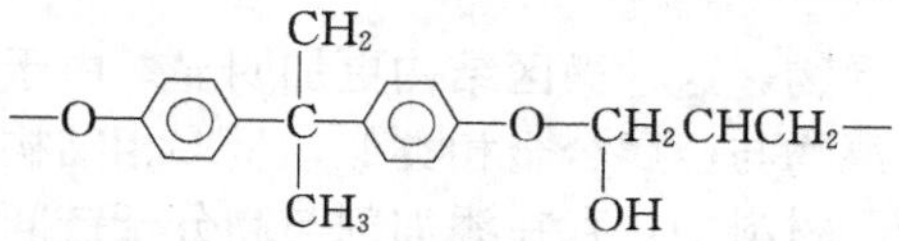 CH_3 —O—⟨苯环⟩—C—⟨苯环⟩—O—CH_2CHCH_2— CH_3 OH	黏合剂、涂料、复合材料、塑料
不饱和聚酯		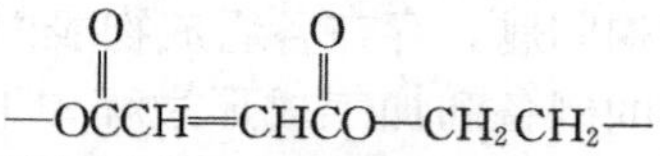 O O ‖ ‖ —OCCH=CHCO—CH_2CH_2—	塑料
脲醛树脂		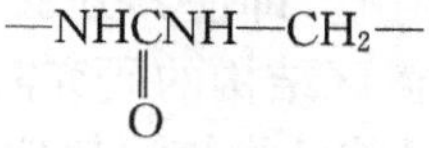 —NHCNH—CH_2— ‖ O	塑料、复合材料
双马来酰亚胺	BMI	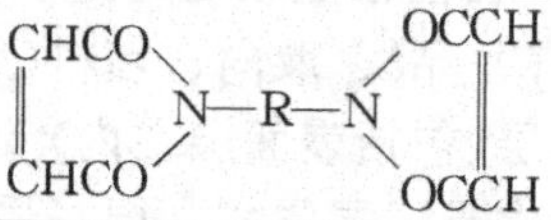 CHCO OCCH ‖ N—R—N ‖ CHCO OCCH	塑料、复合材料
有机硅塑料	SI	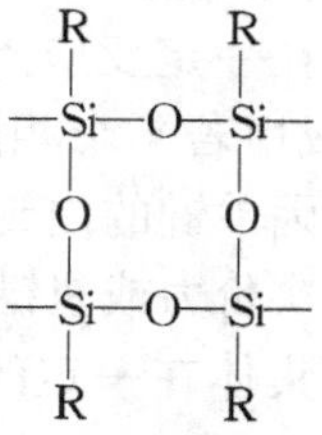 R R —Si—O—Si— O O —Si—O—Si— R R	塑料

从应用角度讲，虽然某些高分子材料是由纯聚合物构成的，但大多数高分子材料是除基础组分聚合物之外，还需加入其他一些辅助组分。根据高分子材料的不同类型，除基础组分聚合物外，其他成分举例如下。

塑料：增塑剂、稳定剂、填料、增强剂、颜料、润滑剂、增韧剂等。

橡胶：硫化剂、促进剂、防老剂、补强剂、填料、软化剂等。

涂料：颜料、催干剂、增塑剂、润湿剂、悬浮剂、稳定剂等。

可见，高分子材料是组成相当复杂的一种体系，每种组分都有其特定的作用。要全面了解一种高分子材料，不但需要研究其基础组分聚合物，尚需了解其他组分的性能和作用。

2. 高分子材料的织态结构和微区结构

在聚合物聚集体中，因聚合物分子间的物理和化学相互作用，以及聚合物分子与非聚合物分子间的相互作用形成的相互排列状态、形状和尺寸等，称为高分子材料的织态结构和微区结构。

无论是部分结晶的还是全部为无定型(非晶态)的聚合物，无论是均聚体系还是共聚体系或是复合体系，都存在有若干大分子链有规律地聚集在一起，形成不同紧密程度、不同形状和尺寸的若干微区。就结晶高分子而言，一般只是部分结晶，大分子链穿过多个微晶区和非晶态区域，微晶区由非晶区所隔开。同样，非晶态聚合物也存在不同的区域性结构，例如：室温下，非晶态结构的顺丁橡胶内部并非完全均匀，而是由一定规整度的区域所组成的。由于聚合物结构的非均匀性，使同一高分子材料内存在晶区和非晶区、取向和非取向部分的排列问题，此外，高分子材料中由于加有其他物质，因此还存在聚合物与这些物质间的相互作用和相互排列问题。所有这些排列状态涉及高分子材料的织态结构和微区结构。

对于聚合物共混物，这种微区结构更加明显。由于绝大多数聚合物之间是热力学不相容的，使聚合物共混物与金属合金相类似，呈多相结构，并且有不同的相区结构形态。在加有添加剂的高分子材料中，存在添加剂与高分子链间如何以其化学物理的状态互相堆砌成整块高分子材料的结构问题，存在各组成物表面间的界面问题。

微区结构是在材料的制备和加工成形过程中形成的，对于高分子材料的宏观性能(主要是力学性能)有着直接的影响。即使其分子结构和组成都相同，但当其微区结构不同时，其材料性能也会显著不同。微区结构的研究需要先进的分析测试手段如电子显微镜、电子探针及X-射线衍射仪等。目前已能较清楚地观察到几十至几千埃尺度范围内的各种结构形态，包括结晶、无定型(非晶)、取向、填料(纤维和颗粒)等与聚合物之间，以及聚合物与聚合物之间形成的界面层(包括表面层在内)等的结构。

高分子材料的结构层次是一层紧扣一层。最先由不同原子构成具有反应活性和固定化学结构的小分子，这种小分子在一定反应条件下，通过能生成高分子的聚合反应(加聚或缩聚)，按一定的形成机理生成由若干个相同的结构单元依照一定顺序和空间构型键接而成的高分子链；这些高分子链因单键的内旋转而构成具有一定势能分布的高分子构象；具有一定构象的高分子链再通过次价力或氢键的作用，聚集成有一定规则排列的高分子聚集体；这些微观状态的高分子聚集体在一定的物理条件下，或与其他添加物质(如填料、增塑剂、颜料、染料、稳定剂等)配合，通过一定的成形加工手段，达到由若干微区结构构成的更高一级的宏观聚集态结构层次(高次结构、微区结构)，最终成为具有使用性能的高分子材料。

1.4 陶瓷材料的组成与结构

陶瓷是无机非金属材料中的一个重要种类，是由金属(类金属)和非金属及非金属之间形成的化合物。通常陶瓷是一种多晶多相聚集体。

陶瓷的一般生产工艺为：原料配制→坯料成形→高温烧结→烧结后处理。在高温烧结(或烧成)和冷却过程中，组成陶瓷的各胚体将发生复杂的物理化学变化，如氧化、分解、晶型转变、晶体相的析出与长大等。故陶瓷的晶体结构比金属复杂得多，它们可以是以离子键为主的离子晶体，也可以是以共价键为主的共价晶体。完全由一种键组成的陶瓷是不多的，大多数是二者的混合键。如离子键结合的 MgO，离子键比例占 84%，还有 16%是共价键结合。而共价键为主的 SiC 仍有 18%的离子键结合。键的性能与材料的结构和性能密切相关，如以离子键为主的无机材料呈结晶态，而以某些共价键为主的无机材料则易形成非晶态结构。

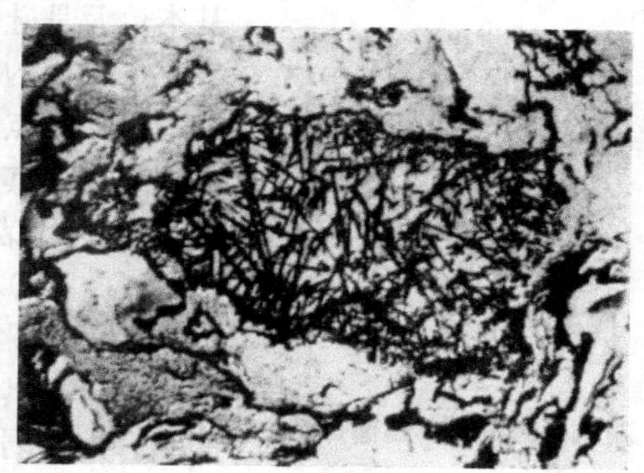

图 1.29 陶瓷的组织(电子显微照片)

陶瓷的组织在室温下如图 1.29 所示，其中包括点状一次莫来石、针状二次莫来石、块状残留石英、小黑洞气孔和玻璃基体。所以，陶瓷的典型组织为晶体相(莫来石和石英)、玻璃相和气相。各相的结构、数量、形状与分布，都对陶瓷的性能有直接影响。

1.4.1 晶体相

晶体相是陶瓷的主要组成相，其结构、数量、晶粒大小及形状和分布等决定陶瓷的主要性能和应用。例如，氧化铝瓷(刚玉瓷)，由于 Al_2O_3 晶体氧和铝以很强的离子键结合，结构紧密，具有强度高、耐高温、绝缘耐蚀的优良性能，是很好的工具材料和耐火材料；而钛酸钡等则是很好的介电陶瓷。陶瓷的晶相通常不止一个，组成陶瓷晶相的晶体一般有两类：氧化物(如氧化铝、氧化钛)、含氧酸盐(如硅酸盐、钛酸盐等)和非氧化物等。

1. 晶体相的种类

1) 氧化物结构

氧化物是大多数陶瓷尤其是特种陶瓷的主要组成和晶体相，主要由离子键结合，有时也有共价键。氧化物结构的特点是较大的氧离子紧密排列成晶体结构，构成骨架，较小的金属正离子规则地分布在它们的间隙中，依靠强大的离子键，形成稳定的离子晶体。根据正离子所占空隙的位置和数量的不同，形成各种不同结构的氧化物，见表 1-5。

表 1-5 常见陶瓷的各种氧化物晶体结构

结构类型	晶体结构	陶瓷中主要化合物
AO 型	面心立方	碱土金属氧化物 MgO、BaO 等，碱金属卤化物，碱土金属硫化物
AO_2 型	面心立方 简单四方	CaF_2(萤石)、ThO_2、CaO_2、VO_2、ZrO_2 等 TiO_2(金红石)、SiO_2(高温方石英)等
A_2O_3	菱形晶体	$\alpha-Al_2O_3$(刚玉)、Fe_2O_3、Cr_2O_3 等
ABO_3	简单立方 菱形晶系	$CaTiO_3$(钙钛矿)、$BaTiO_3$、$ZrTiO_3$ 等 $FeTiO_3$(钛铁矿)、$LiNbO_3$、$FeTiO_3$ 等
AB_2O_4	面心立方	$MgAl_2O_4$(尖晶石)等 100 多种

2）含氧酸盐结构

含氧酸盐的典型代表是硅酸盐。硅酸盐是普通陶瓷的主要原料，同时也是陶瓷组织中重要的晶体相，如莫来石、长石等。硅酸盐的结合键主要为离子键与共价键的混合键。

硅酸盐材料在自然界中大量存在，约占已知矿物的三分之一。组成各种硅酸盐结构的基本单元是硅氧四面体［SiO_4］，其结构特征是硅总是位于四个氧离子组成的四面体中心，如图1.30所示。在硅氧四面体之间由通过共顶点氧离子以不同方式相互连接起来，形成不同的硅酸盐结构，其基本类型有以石棉类矿物为代表的链状硅酸盐、以云母为代表的层状硅酸盐、以电学性能优异的镁橄榄石（$2MgO \cdot SiO_2$）为代表的岛状硅酸盐及以陶瓷中非常重要的石英为代表的骨架状硅酸盐。硅酸盐结构见表1-6。石棉和云母之类是分别具有链状和层状结构的晶体，因纤维和层与层之间的结合力较弱，可以将其分散成细纤维和薄片。

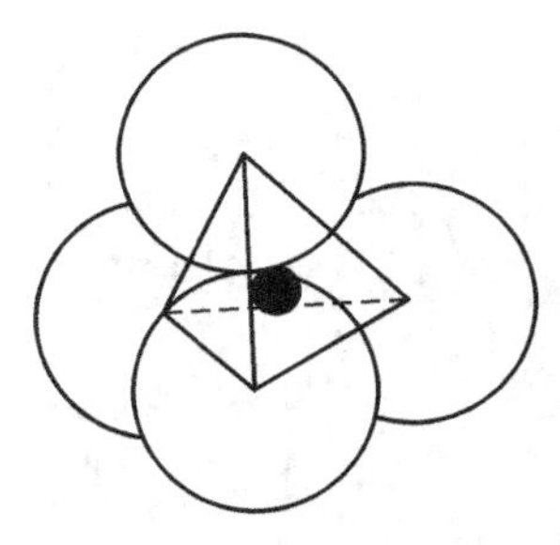

图1.30 Si-O四面体结构

3）非氧化合物结构

非氧化合物指不含氧的金属碳化物、氮化物及硼化物等。它们是特种陶瓷特别是金属陶瓷的主要组成和晶体相，主要由强大的共价键结合，但也有一定成分的金属键和离子键。

金属碳化物主要是共价键和金属键之间的过渡键，以共价键为主。结构主要有两大类，一类是间隙相碳原子嵌入紧密立方或六方金属晶格的间隙中，如TiC、ZrC、VC及TaC等；另一类是复杂碳化物，由碳原子或碳原子链与金属构成各种复杂结构，如斜方结构的Co_3C，立方结构的$Cr_{23}C_6$、$Mn_{23}C_6$，六方结构的WC、MoC及Fe_3W_3C等。

氮化物的结合键与碳化物相似，但金属性稍弱，并且有一定比例的离子键。氮化硼（BN）有立方和六方两种晶格；氮化硅（Si_3N_4）氮化铝（AlN）都属于六方晶系。

表1-6 硅酸盐结构

架桥氧数	单位离子	离子式	形状
0		$[SiO_4]^{4-}$	点状
1	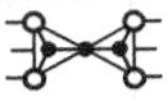	$[Si_2O_7]^{6-}$	
2		$[SiO_3]^{2-}$	链状@
2	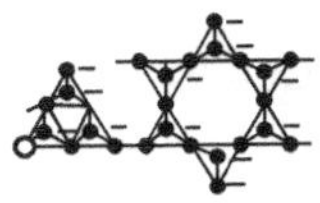	$[Si_3O_9]^{6-}$ $[Si_6O_{18}]^{12-}$	岛状@
2.5	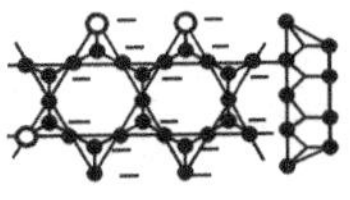	$[Si_4O_{11}]^{6-}$	双链状@

（续）

架桥氧数	单位离子	离子式	形状
3		$[Si_2O_5]^{2-}$	层状@
4		$[SiO_3]^{2-}$	立体网状@

注：● 代表 Si，○代表 O。

2. 晶粒和晶界

陶瓷主要由晶粒构成，且因陶瓷中的晶粒取向是随机的，不同的晶粒取向各异，故在晶粒与晶粒之间形成大量的晶界。相邻晶粒由于取向度的差异造成原子间距的不同，在晶界处结合时，形成晶格畸变或界面位错而在晶界处造成应力。同时，由于晶体的各向异性，在陶瓷烧成后的冷却过程中，晶界上会出现很大的晶界热应力，其晶界热应力的大小与晶粒大小成正比。晶界应力的存在将使晶界处出现微裂纹，从而大大降低陶瓷的断裂强度。因此，陶瓷中一般要求尽可能小的晶粒尺寸。

1.4.2 玻璃相

玻璃相是陶瓷原料中部分组分及其他杂质在高温烧结过程中产生一系列物理、化学反应后形成的一种非晶态物质。玻璃相通常富含氧化硅和碱金属化合物。

玻璃相的主要作用是将分散的晶相粘接在一起，同时包裹晶相能有效抑制晶粒长大使陶瓷保持细晶粒结构，降低烧成温度及填充气孔使陶瓷致密等。但玻璃相的强度比晶相低，热稳定性差，在较低温度下便会引起软化。此外，由于玻璃相结构疏松，空隙中常有金属离子填充，因而降低了陶瓷的电绝缘性，增加介电损耗。所以工业陶瓷中的玻璃相应控制在一定范围，一般为15％～40％。

1.4.3 气相

由于材料和工艺等原因，在陶瓷中有一部分孔隙，俗称气相。由于陶瓷坯体成形时，粉末间不可能达到完全的致密堆积，或多或少会存在一些气孔。在烧成过程中，这些气孔能大大减小，但不可避免会有一些残留。

陶瓷中的气孔对陶瓷性能的影响十分显著。过多的气孔会使陶瓷的强度及其他性能变差。同时，气孔的形状及分布也会影响陶瓷的性能。如果是表面开口的，会使陶瓷质量下降。如果存在于陶瓷内部(闭孔)，则不易被发现，这常常是产生裂纹的原因，使陶瓷性能大幅下降，如组织致密性下降，应力集中，脆性增加，介电损耗增大等。所以，应力求降低气孔的大小和数量，使气孔呈细小球形并均匀分布。普通陶瓷的气孔率为5％～10％，特种陶瓷在5％以下，金属陶瓷要求在0.5％以下。若要求陶瓷材料密度小、绝热性好，则希望有一定量的气相存在。

1.5　晶体的结晶

1.5.1　金属的结晶

1. 液态金属的结构和性质

研究结果表明，液态物质内部的原子并非像气态原子那样完全呈无规则的排列。在短距离小范围内，原子呈现出近似于固态结晶的规则排列，即形成所谓近程有序的原子集团，如图 1.31 所示。这些原子集团尺寸不等，取向各异，且不稳定，时聚时散，瞬时形成又瞬间消失。由此可知，结晶实质上是原子由近程有序状态转变成长程(远程)有序状态的过程。广义上讲，物质从一种原子排列状态(晶态或非晶态)过渡为另一种原子规则排列状态(晶态)的转变过程称为结晶。通常将液态转变成固态晶体称为一次结晶，而由一种固态转变成另一种固态晶体称为二次结晶或重结晶。

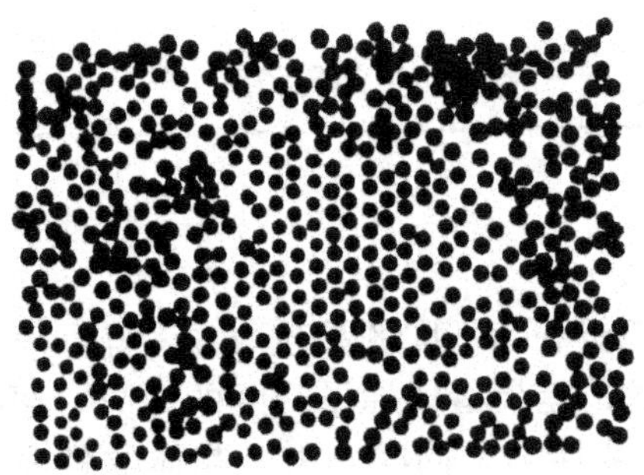

图 1.31　液态金属结构示意图

2. 金属的结晶过程

1) 纯金属结晶的条件

图 1.32 所示为纯金属结晶的温度-时间关系曲线——冷却曲线，由图可见，当液体金属缓慢冷却至理论结晶温度(熔点)T_0 时，金属液体并没有开始凝固，当温度降低至该温度以下某个温度 T_n 时，开始结晶，T_n 称为金属的实际开始结晶温度；随后，由于液态金属变为固态金属(结晶)时释放出结晶潜热超过了液体向周围环境散发的热量，使金属的温度迅速回升，直至放出的潜热与散发的热量相等，曲线上出现低于 T_0 的结晶“平台”，此时结晶在恒温下进行，一直到金属完全凝固，温度才继续下降。

纯金属结晶时，实际结晶温度 T_n 总是低于理论结晶温度 T_0 的现象，称为过冷现象。理论结晶温度 T_0 与实际结晶温度 T_n 之差称为过冷度 ΔT，即：$\Delta T = T_0 - T_n$。

热力学定律指出：自然界的一切自发转变过程，总是由一种较高能量状态趋向于能量较低的状态。所以，在恒温下，只有那些引起体系自由能降低的过程才能自发进行。

图 1.33 是液态金属和固态金属自由能-温度关系曲线，图中自由能 F 是物质中能够自动向外界释放出其多余的(即能够对外做功的)那部分能量。在一般情况下，在聚集状态时的自由能随温度的提高而降低。由于液态金属中原子排列的规则性比固体金属中的差，所以液态金属的自由能变化曲线比固态的自由能曲线更陡，于是二者必然会相交。在交点所对应的温度 T_0，液态和固态的自由能相等，处于动态平衡状态，液态和固态可以长期共存。T_0 即为理论结晶温度或熔点。显然，在 T_0 温度以上，液态的自由能比固态低，金属的稳定的状态为液态，在 T_0 温度以下，金属稳定状态为固态。

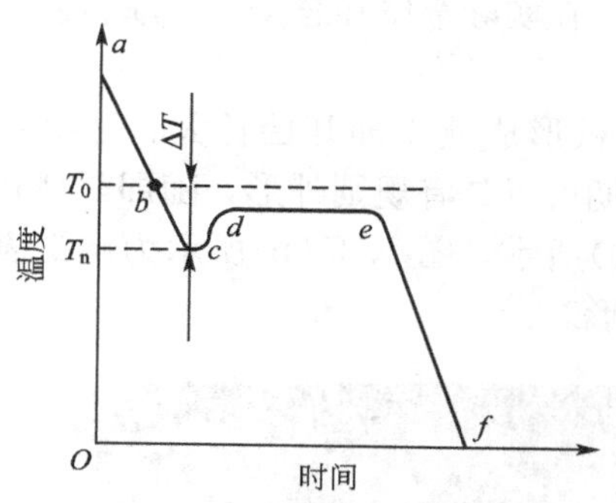

图 1.32 纯铜的冷却曲线

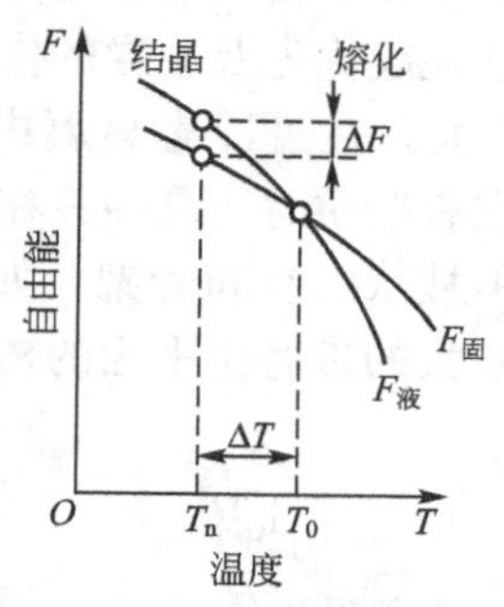

图 1.33 液态金属和固态金属自由能-温度关系曲线

因此，液态金属要结晶，就必须冷却到 T_0 温度以下，即必须冷却到低于 T_0 以下的某一温度 T_n 才能结晶。而且，过冷度 ΔT 越大，液态和固态之间自由能差 ΔF 就越大，促使液体结晶的驱动力就越大。只有当结晶的驱动力(ΔF)达到一定值时，结晶过程才能进行。因此结晶的必要条件是具有一定的过冷度。过冷度的大小与金属的纯度及冷却速度有关，金属纯度越高，过冷度越大；冷却越快，过冷度越大。

2) 纯金属的结晶过程

金属的结晶过程包括晶核形成和晶核长大两个基本过程。如图 1.34 所示。在液态金属中，存在着大量尺寸不同的短程有序的原子集团，它们是不稳定的，当液态金属过冷到一定温度时，一些尺寸较大的原子集团开始变得稳定而成为结晶核心，称为晶核；形成的晶核都是按各自方向吸附周围原子自由长大，在已形成的晶核长大的同时，又有新的晶核形成并逐渐长大，如此不断形核不断长大，直至液相耗尽，各晶核长成的晶体(晶粒)相互接触为止，全部结晶完毕。

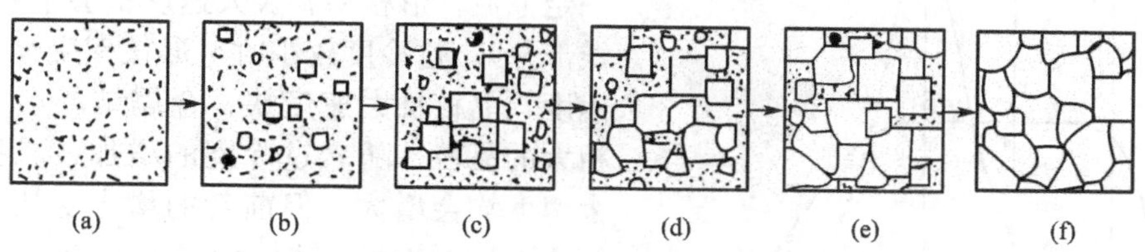

图 1.34 纯金属结晶过程示意图

结晶后的固态金属一般是由许多外形不规则、位向不同、大小不同的晶粒组成的多晶体。每个晶粒由一个晶核长大而成，晶粒间的界面称为晶界。结晶过程中晶核数目越多，晶粒越细小；反之，晶粒越粗大。

(1) 形核。晶核的形成有两种形式：一种是自发形核(均质形核)，即晶体核心是从液体结构内部自发长出的；另一种为非自发形核(异质形核)，即晶核依附于金属内存在的各种固态的杂质微粒而生成。能起非自发形核作用的杂质，必须满足“结构相似，尺寸相当”的原则，只有当杂质的晶体结构及晶格参数与结晶金属的相似或相当时，它才能成为非自发核心的基底并在其上长出晶核。此外，有些难熔杂质虽然其晶格结构与结晶金属的晶体结构相差很远，但在这些杂质表面上存在着一些细微的凹孔和裂缝，这些凹孔和裂缝因有时能残留未熔金属也可能成为非自发形核的中心。

通常自发形核和非自发形核是同时存在的，在实际金属和合金中，非自发形核比自发形核更重要，往往起优先及主导的作用。

(2) 晶核长大。在过冷态金属中。一旦晶核形成就立即开始长大。过冷度稍大一些时，特别是存在有杂质时，晶核只在生长的初期可以具有规则外形，随即晶体优先沿一定方向长出类似树枝状的空间骨架，如图 1.35(a)所示。图 1.35(b)所示为锑锭表面的树枝状结晶，具有较大的带有小平面的树枝状长大形态。

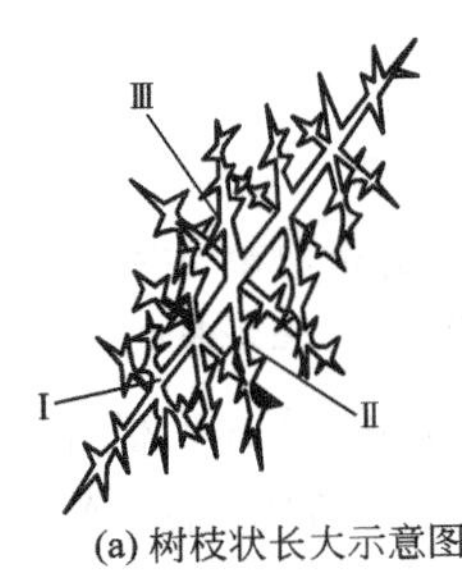

(a) 树枝状长大示意图

(b) 树枝状结晶

图 1.35 晶体的长大方式

3. 影响形核和长大的因素及晶粒大小的控制

金属的结晶过程是晶核不断形成和长大的过程。晶粒的大小是形核率 N(成核数目/$cm^3 \cdot s$)和长大速度 G(cm/s)的函数，影响形核率和长大速度的重要因素是冷却速度(或过冷度)和难熔杂质。

金属结晶时的形核率 N 及长大速度 G 与过冷度密切相关，如图 1.36 所示。在一般过冷度下(图中实线部分)，成核率与长大速度都随着过冷度的增加而增大；但当过冷度超过一定值后，形核率和长大速度都会下降(图中虚线部分)。过冷度较小时，形核率变化低于长大速度，晶核长大速度快，金属结晶后得到比较粗大的晶粒。随着过冷度的增加，成核率与长大速度均会增大，但前者的增大更快，因而比值 N/G 也增大，结果使晶粒细化。改变过冷度，可控制金属结晶后晶粒的大小，而过冷度可通过冷却速度来控制。在实际工业生产中，液态金属一般达不到极值时的过冷度，所以冷却速度越大，过冷度也越大，结晶后的晶粒也越细。

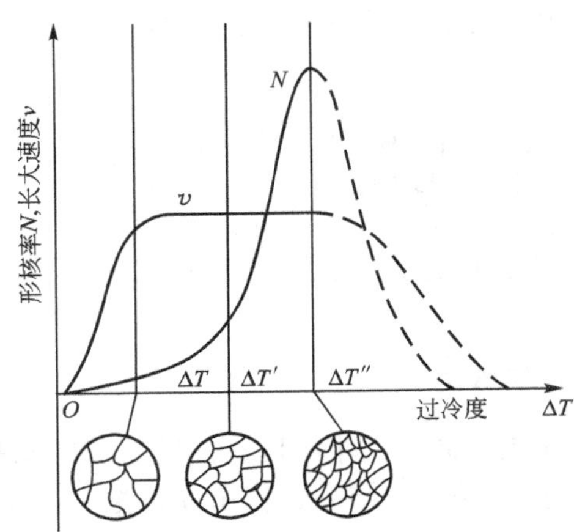

图 1.36 晶体形核率、长大速度与过冷度的关系

1.5.2 结晶理论的应用

1. 细化晶粒的措施

金属结晶后，获得由大量晶粒组成的多晶体。一个晶粒是由一个晶核长成晶体，实际金属的晶粒在显微镜下成颗粒状。晶粒大小可以用晶粒度(表 1-7)来表示，晶粒度等级越高，晶粒越细小。通常在放大100倍的金相显微镜下观察分析，用标准晶粒度图谱进行比较评级。在实际生产中，一般将1～5级的晶粒视为粗晶，6～8级视为细晶，9～12级为超细晶。

表1－7 晶粒度

晶粒度	1	2	3	4	5	6	7	8
单位面积晶粒数/(个/mm^2)	15	32	64	128	256	512	1024	2048
晶粒平均直径/mm	0.250	0.177	0.125	0.088	0.062	0.044	0.031	0.022

金属的晶粒大小对其力学性能有显著影响。一般来说，晶粒越细小，金属的强度、硬度、塑性及韧性都越高。表1－8为钝铁的晶粒度与力学性能的关系。

表1－8 纯铁的晶粒度与力学性能的关系

晶粒度（每平方毫米中的晶粒数）	R_m/(N/mm^2)	R_{eL}/(N/mm^2)	A/(%)
6.3	237	46	35.3
51	274	70	44.8
194	294	108	47.5

因此，细化晶粒是提高金属材料性能的重要途径之一。通常把通过细化晶粒来提高材料性能的方法称为细晶强化。细化晶粒的方法主要如下：

(1) 增大过冷度。由前述结晶理论可知，提高液态金属的冷却速度是增大过冷度从而细化晶粒的有效方法之一。如在铸造生产中，采用冷却能力强的金属型代替砂型、增大金属型的厚度、降低金属型的预热温度等，均可提高铸件的冷却速度，增大过冷度。此外，提高液态金属的冷却能力也是增大过冷度的有效方法。如在浇注时采用高温出炉、低温浇注的方法也能获得细的晶粒。

近20年来，随着超高速(达10^5～10^{11}K/s)急冷技术的发展，已成功地研制出超细晶金属、亚稳态结构的非晶态金属等具有优良力学性能和特殊物理、化学性能的新材料。如将液态金属连续流入旋转的冷却轧辊之间，急冷后可获得几毫米宽的非晶态金属材料薄带。非晶态金属具有特别高的强度和韧性、优异的软磁性能、高的电阻率、良好的抗蚀性等优良性能。

(2) 变质处理。变质处理就是向液态金属中加入某些变质剂(又称孕育剂、形核剂)，以细化晶粒和改善组织，达到提高材料性能的目的。变质剂的作用有两种：一种是变质剂加入液态金属时，变质剂本身或它们生成的化合物，符合非自发晶核的形成条件，大大增加晶核的数目，这一类变质剂称为孕育剂，相应处理称为孕育处理，如在钢水中加钛、钒、铝，在铝合金液体中加钛、锆等都可细化晶粒；在铁水中加入硅铁、硅钙合金，能细化石墨。另一种是加入变质剂，虽然不能提供人工晶核，但能改变晶核的生长条件，强烈地阻碍晶核的长大或改善组织形态，如在铝硅合金中加入钠盐及CuP等，钠等能在硅表面上富集，从而降低初晶硅的长大速度，阻碍粗大硅晶体形成，细化了组织。

(3) 振动。在金属结晶过程中，采用机械振动、超声波振动等方法可破碎正在长大的树枝晶，形成更多的结晶核心，获得细小的晶粒。但应注意，铸型振动使金属的晶粒细化只是靠近型壁的振动和液面的振动在起作用，而消耗大量的能量使铸型整体振动是没必要的。振动的时间应该使游离的晶粒不会由于熔化而消失，能多形成沉淀为止。

(4) 电磁搅拌。将液态金属置于一个交变的电磁场中，由于电磁感应的结果，液体金属会翻滚起来，冲断正在结晶的树枝状晶体，破碎的枝晶尖端又成为新的晶核，使结晶核心增多，从而细化了晶粒，改善了性能。

2. 铸锭的组织及控制

铸态组织包括晶粒的大小、形状和取向、合金元素和杂质分布及铸造缺陷等。

金属结晶晶粒的形状主要有等轴状和柱状两种。当液态金属有一定的冷却速度，从而在各处形成大量晶核并向各方向长大时，形成各方向尺寸相当的等轴晶粒。而当液态金属只能沿某一定方向逐步冷却，且冷却速度不大，从难以形核时，便只有在原有晶核的基础上沿该方向长大，从而形成柱状晶粒。如金属结晶形成单方向柱状晶，其性能便会呈方向性，沿柱状晶的轴向性能较高。这在生产上已获得实际应用，如涡轮机的精密铸造叶片。

由上述可知，如金属液体各处的结晶条件不完全相同，结晶后各处晶粒大小与形状也会不均匀，图 1.37 所示的铸锭组织中，便出现了表面的细等轴晶区、中部柱状晶区及心部粗等轴晶区。

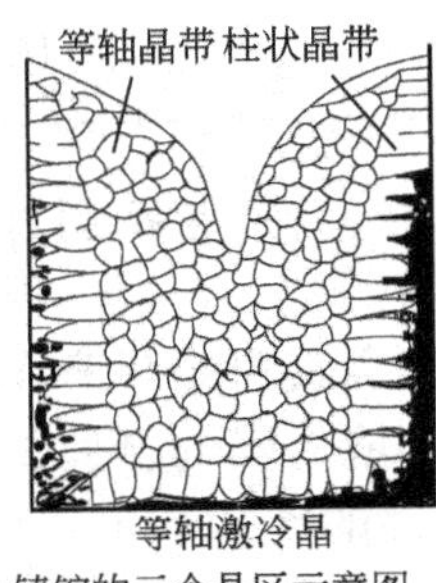

(a) 铸锭的三个晶区示意图

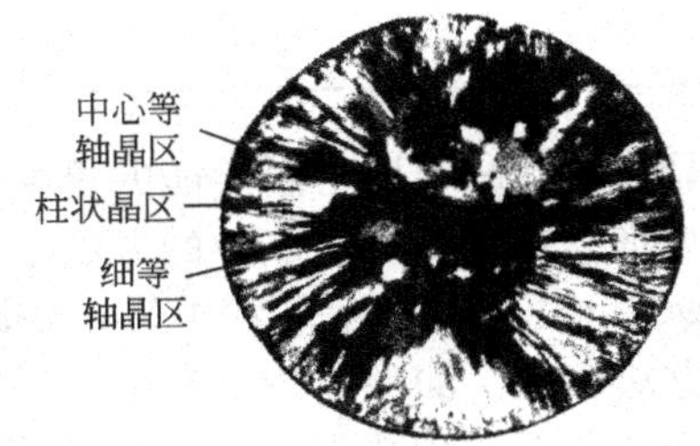

(b) 有三个晶区的铸锭的宏观组织

图 1.37　铸锭组织

1.5.3　材料的同素异构现象

1. 晶体的同素异构

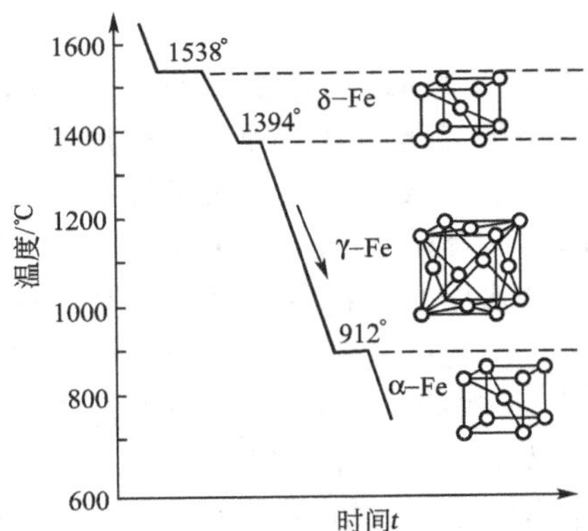

图 1.38　纯铁的冷却曲线及晶体结构的变化

某些金属，如 Fe、Ti、Co、Mn、Sn 等过渡族金属及大多数镧系元素在固态下存在两种或两种以上的晶体结构。同种材料具有两种或两种以上的晶体结构，这种性质被称为多晶型性或同素异构性。金属在固态下晶体结构随外界条件(如温度、压力)改变而变化的现象，称为同素异构转变。

在金属晶体中，铁的同素异构转变尤为重要，图 1.38 所示为钝铁的冷却曲线及晶体结构的变化。液态纯铁在 1538℃开始结晶，得到具有体心立方的 δ-Fe。冷却到 1394℃时发生同素异构转变，δ-Fe 变为面心立方的 γ-Fe。γ-Fe 再冷却到 912℃时又发生一次同素异构转变，成为体心立方晶格的α-Fe。而在高压下，铁还可以呈现密排六方结构。即纯铁在结晶后冷却至室温的过程中，先后发生两次晶格转变，其转变过程如下：

$$\underset{\text{体心立方}}{\delta\text{-Fe}} \xrightleftharpoons{1394℃} \underset{\text{面心立方}}{\gamma\text{-Fe}} \xrightleftharpoons{912℃} \underset{\text{体心立方}}{\alpha\text{-Fe}}$$

同素异构转变实质上是一种广义的结晶过程，也就是原子重新排列的过程，与液态金属的结晶过程相似，也遵循核与长大的基本规律。故同素异构转变称为二次结晶或重结晶。同素异构的转变与液固结晶过程不同之处在于晶体结构的转变是在固态下进行的，原子扩散比液态慢得多，转变的时间较长，需要较大的过冷度。

正是由于铁的同素异构转变，加上碳在不同晶型的晶体中溶解能力有差别，才有可能对钢和铸铁进行各种热处理，以改变其组织与性能，得到性能多种多样、用途广泛的钢铁材料。

一些无机非金属多晶材料中，也存在着同素异构转变，有时称为同质多晶转变，典型例子就是石英，其转变过程如下：

$$\alpha\text{-石英} \xrightleftharpoons{870℃} \alpha\text{-鳞石英} \xrightleftharpoons{1470℃} \alpha\text{-方石英} \xrightleftharpoons{1713℃} \text{熔 } SiO_2$$

α-石英 ⇅ 573℃ β-石英

α-鳞石英 ⇅ 160℃ β-鳞石英 ⇅ 117℃ γ-鳞石英

α-方石英 ⇅ 180～270℃ β-方石英

熔 SiO_2 ⇅ 急冷 石英玻璃

石英的同质多晶转变也是形核和长大的过程，通过硅氧四面体的重新排列和组合形成各种晶体结构，从而改变石英的性质，见表1-9。

表1-9　石英同质多晶转变时晶格和性质的变化

		可能出现温度区间	晶格类型	相对密度
高温	方石英	1713℃以下到低温型转变区	立方	2.21
	磷石英	1470℃以下到低温型转变区	六方	2.31
	石英	573～870℃	六方	2.60
低温	方石英	180～270℃以下转变区	四方	2.32
	磷石英	117～163℃以下转变区	单斜	2.26
	石英	573℃以下转变区	菱形	2.65

2. 同分异构

化学成分相同，组成原子排列不同的分子结构的现象称为同分异构，同分异构在有机物质中经常出现。一种是结构异构体，另一种是立体异构体。

在高聚物中，同分异构是普遍存在的，许多共聚物，其单体相同，而单体在大分子链中的排列方式不同，如AB两种单体共聚：

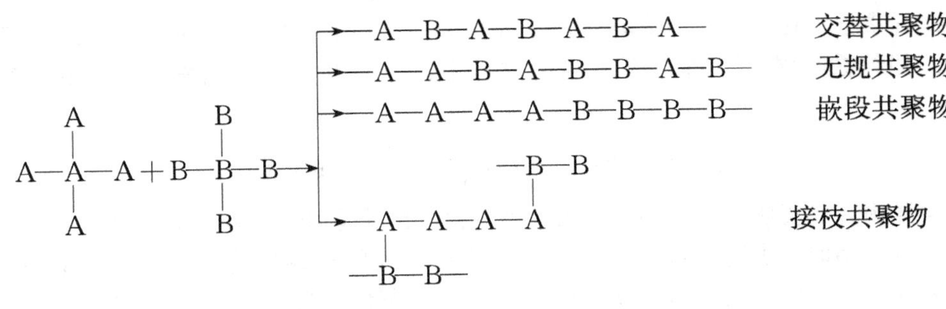

一些均聚物也有同分异构，如聚丙烯 $\left[CH_2 - \underset{}{\overset{CH_3}{\overset{|}{CH}}} \right]_n$ 由于—CH_3 的不同分布而有三种结构：①—CH_3 甲基在主链同侧，称为等规聚丙烯；②甲基交替在主链两侧排列，称为间规聚丙烯；③甲基任意取向，称为无规聚丙烯。

同分异构对高分子材料的性能影响很大，例如聚丙烯的甲基在主链中排列规整性高，结晶度也高，强度也高。而无规聚丙烯强度低，基本无实用价值。所以同分异构对高分子材料的开发和应用具有重要意义。

知识要点提醒

学习本章时，只要掌握和理解基本内容即可，着重理解晶体结构、金属的结晶过程及名词、术语的物理意义。有些内容一时不能理解的，可结合后面章节的学习进一步理解。

本章重点是金属的晶体结构、金属的结晶过程和纯铁的同素异构转变，实际晶体的结构和晶体缺陷，高分子材料的柔顺性和聚集态结构，陶瓷的典型组织和结构。本章难点是晶体的形核与长大；实际晶体的缺陷；高分子材料的柔顺性。

知识链接

1. 结晶组织及控制

1) 定向凝固技术

定向凝固是控制冷却方式，即通过单向散热，使凝固从铸件的一端开始，沿陡峭的温度梯度方向逐步向另一端发展，以获取方向性柱状晶和层片状共晶的一种凝固技术。实现定向凝固的方法有下降功率法和快速逐步凝固法。图 1.39 为这两种定向凝固方法所用装置的示意图。

因柱状晶细密并具有各向异性的特点，沿晶柱方向具有最佳的性能，所以目前利用定向凝固方法生产出了整个制件都是由同一方向的柱状晶构成的零件，如涡轮叶片、磁性材料等。使柱状晶的晶柱方向与涡轮叶片承受最大载荷的方向保持一致，可显著提高叶片的性能与使用寿命。

2) 急冷凝固技术

急冷凝固技术是指液态金属以 $10^5 \sim 10^{10}$K/s 的冷却速度(一般冷却速度 100K/s)进行凝固的液态急冷技术。采用急冷凝固时，设法将熔体分割成尺寸很小的部分，增大熔体的散热面积，再进行高强度冷却，使熔体在短时间内凝固以获得与模铸材料结构、组织、性能显著不同的新材料。

利用急冷凝固技术可以制备出非晶态合金、微晶(晶粒尺寸达微米和纳米的超细晶粒)合金及准晶态(具有准周期平移格子构造的固体，其中的原子常呈定向有序排列，但不作周期性平移重复)合金，为高技术领域所需的新材料的获取开辟了一条新路。图 1.40 为几种急冷凝固装置示意图。

微晶结构材料因晶粒细小，成分均匀，空位、位错、层错密度大，形成了新的亚稳相等因素而具有

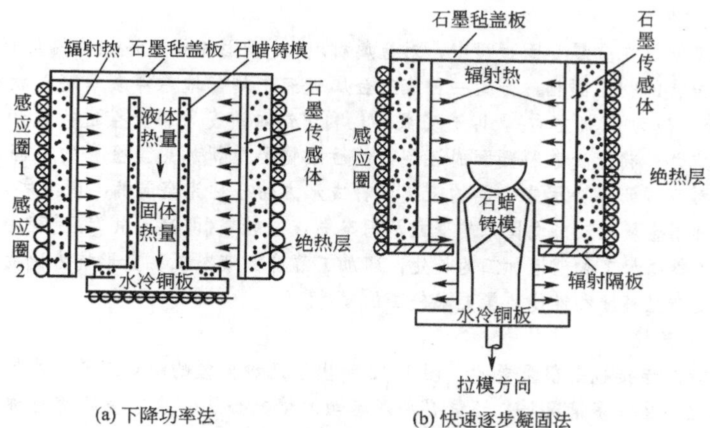

(a) 下降功率法　　(b) 快速逐步凝固法

图 1.39　定向凝固装置示意图

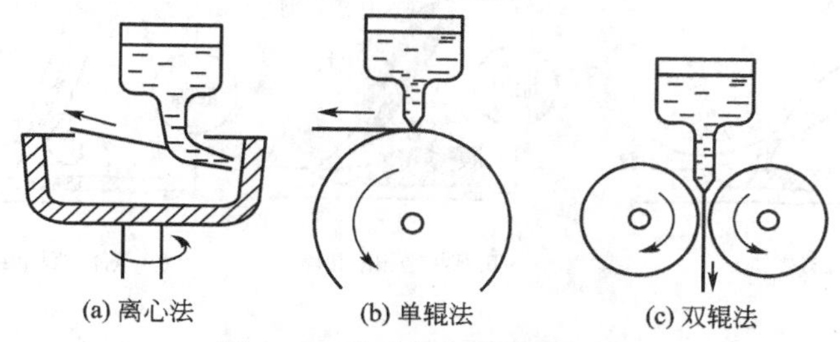

(a) 离心法　　(b) 单辊法　　(c) 双辊法

图 1.40　急冷凝固装置示意图

高强度、高硬度、良好的韧性、较高的耐磨性、耐蚀性及抗氧化性、抗辐射稳定性等优良性能。

若冷却速度足够快，可以将液态结构保留到室温，制得非晶态金属，目前液态急冷法是制备非晶态金属的主要方法，目前已经能够制备宽度为几个毫米的薄带非晶态金属材料。

3) 单晶的制取

单晶体不仅在研究工作中十分重要，而且在工业生产中的应用也越来越广泛。单晶硅和单晶锗是电子元件和激光元件的主要原料，在计算机、集成光学、光纤通信、红外成像等方面有重要应用；在航空喷气发动机叶片等特殊零件上也开始应用金属的单晶体，因此单晶体的制备是一项十分重要的技术。

单晶体就是由一颗晶粒构成的晶体。根据结晶理论，制备单晶的基本原理是液体结晶时只形成一个晶核，再由这个晶核长成一块晶体。为此要求材料必须非常纯净，要严格防止另外的形核，且工艺上必须控制结晶速度，要十分缓慢。单晶可用尖端形核法和垂直提拉法两种方法制取，如图 1.41 所示。

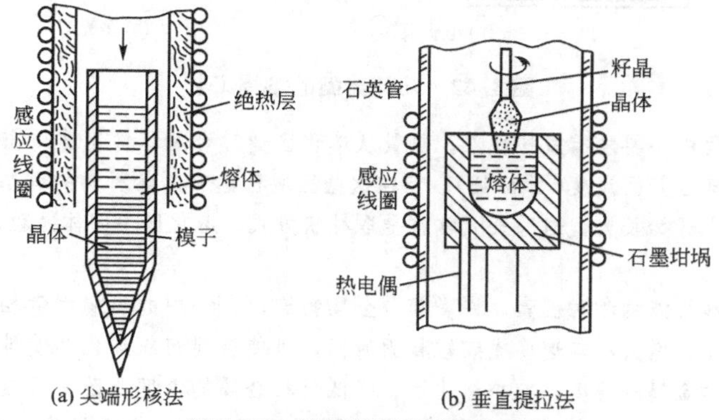

(a) 尖端形核法　　(b) 垂直提拉法

图 1.41　单晶体的制取原理图

4) 半固态(成形)加工

金属半固态加工就是在金属凝固过程中，对金属材料(处于固相线与液相线温度区间)施以剧烈的搅拌作用，充分破碎枝状的初生固相，得到一种液态金属母液中均匀地悬浮着一定球状初生固相的固—液混合浆料(固相组分一般为50%左右)，即流变浆料。利用这种流变浆料直接进行成形加工的方法称之为半固态金属的流变成形；将流变浆料凝固成坯锭，然后按需要重新加热至金属的半固态温度区进行成形加工的方法称之为触变成形。半固态金属的上述两种成形方法合称为金属的半固态成形或半固态加工。

半固态加工是利用金属从液态向固态转变或从固态向液态转变(即液固共存)过程中所具有的特性进行成形的方法，综合了凝固加工和塑性加工的长处，即加工温度比液态低、变形抗力比固态小，可一次大变形量加工成形形状复杂且精度和性能质量要求较高的零件。

2. 凝固和金属的连接

凝固对金属的熔焊连接也是很重要的。图1.42示出了几种典型的熔焊工艺。在熔焊过程中，部分待连接的金属发生熔化，在许多情况下，还需要加入熔融的填充金属。液态金属熔池称为熔化区。随后熔化区凝固时，原先的金属零件就被连接到一起。

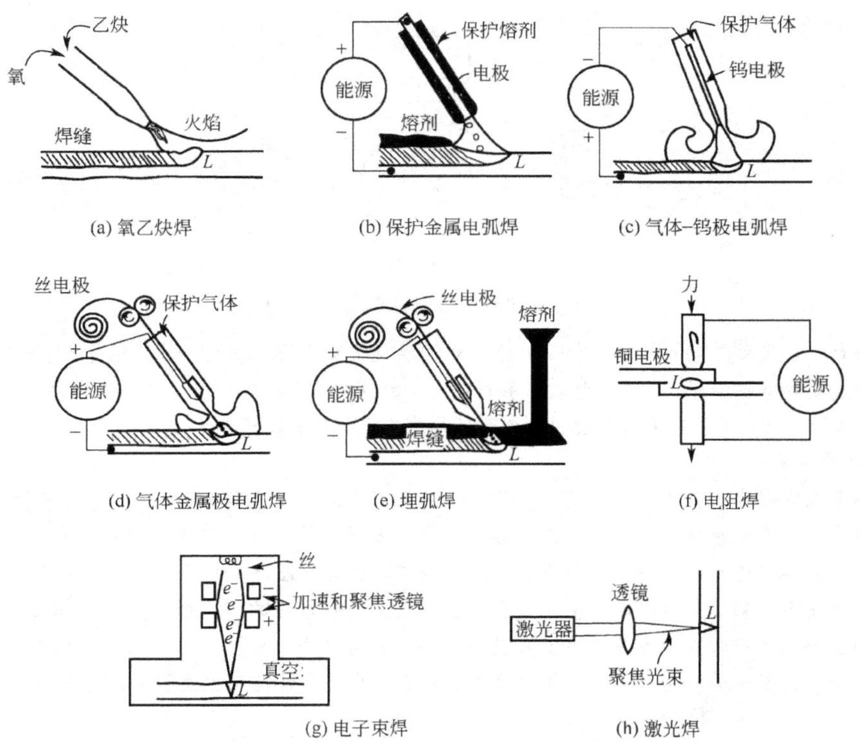

图1.42　几种典型的熔焊工艺

熔化区在凝固过程中不要求有成核现象。热量从熔化区通过金属零件迅速传出。熔化区中靠焊缝边缘的液态金属首先冷却至凝固温度(图1.43)。但在这些区域已经有原始材料的固态晶粒了，因此，固体只不过是从这些晶粒上开始长大，这种长大常常是取柱状方式。熔化区中固体晶粒从原有晶粒上的长大，称为外延长大。

决定熔化区组织和性能的种种因素，许多都与金属铸造(结晶)中的影响因素相同。在熔化带中加入孕育剂可使晶粒变细小。增大冷却速度或缩短凝固时间，可使微观组织细化并使性能得以改善，提高冷却速率的因素包括增加金属的厚度、减小熔化区、降低母材金属的温度及改变焊接工艺类型等。例如氧乙炔焊就采用较低强度的火焰，因而焊接时间很长，周围的固态金属变得很热，难以成为有效的热沉。

电弧焊提供较强的热源，从而使周围金属受热量减少并使冷却速率加快。电阻焊、激光焊、电子束焊都具有强度极高的热源，因而可产生极高的冷却速度，并可能获得具有很高强度的焊接件。

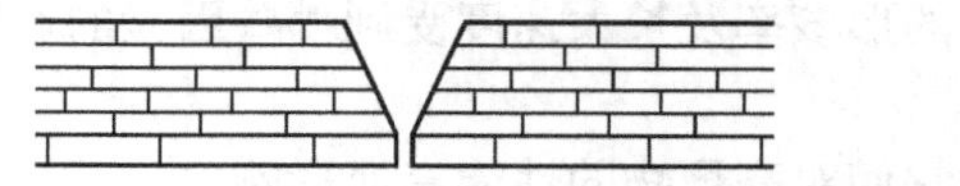

(a) 初始接头

(b) 在最高温度下进行焊接，接头中加入填充金属

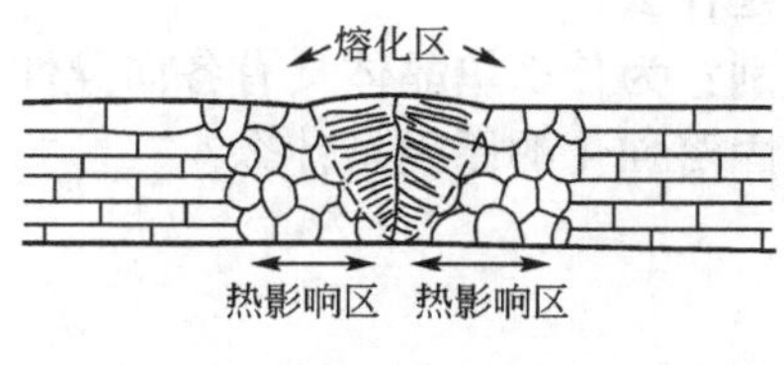

(c) 凝固后的焊缝

图 1.43　熔焊过程中焊缝的熔化区及凝固过程示意图

习　题

1. 列举离子键、共价键、金属键及分子键结合的材料各 1～2 种，并说明其性能有何不同。

2. 填写出下表中三种典型金属的基本参数：

晶格类型	晶胞内平均原子数	原子半径 r 和 a 的关系	配位数	晶格致密度
B. C. C				
F. C. C				
H. C. P				

3. 根据刚性模型，计算体心立方、面心立方及密排六方晶格的致密度。

4. 晶粒的大小对材料力学性能有哪些影响？用哪些方法可使液态金属结晶后获得细晶粒？

5. 什么是过冷度？过冷度和冷却速度有何关系？

6. 如果其他条件相同，试比较在下列铸造条件下铸件晶粒的大小：

(1) 金属模浇注与砂模浇注；

(2) 变质处理与未变质处理；

(3) 铸成薄件与铸成厚件；

(4) 浇注时采用振动或搅拌与不采用振动或搅拌。

7. 实际金属晶体存在哪些缺陷？对材料性能有何影响？

8. 什么是同素异构转变？试说明同素异构的转变和液态金属结晶的异同点。

9. 高聚物的分子结构有几种？各有何特征及性能特点？

10. 陶瓷的典型组织是由哪几部分构成的？它们对性能各起什么作用？

11. 陶瓷中的晶体相有哪些？试说明它们的主要特点。
12. 结晶理论有哪些应用？
13. 金属结晶的基本规律是什么？晶体的形核率及长大速度受到哪些因素的影响？
14. 陶瓷的典型组织由哪几种相组成？
15. 简述高聚物大分子链的结构形态，它们对高聚物的性能有何影响？
16. 说明晶态聚合物与非晶态聚合物性能上的差别，并从材料结构上分析其原因。
17. 何谓变质处理？其作用是什么？
18. 单晶体与多晶体有何差别？为什么单晶体具有各向异性而多晶体则无各向异性？
19. 什么是固溶强化？造成固溶强化的原因是什么？

第2章 材料的力学行为

知识要点	掌握程度	相关知识
拉伸曲线	掌握	强度和塑性，屈服点和抗拉强度，注意两者的区别
硬度	掌握	布氏硬度和洛氏硬度，两者的应用范围
冲击韧性及应用	了解	
疲劳强度及应用	了解	
单晶体金属塑性变形的主要形式	重点掌握	滑移变形的主要特点与本质和滑移过程的位错机制。多晶体金属塑性变形的特点和晶界、晶粒位向对塑性变形的影响，细晶强化和冷变形强化的现象、本质与实际意义
金属塑性变形	重点掌握	金属塑性变形过程中结构、组织和性能的变换规律。回复与再结晶对冷变形后的金属组织与性能的影响，再结晶的实质、再结晶温度的概念
金属冷热变形	掌握	金属冷热变形的概念及其对金属组织性能的影响
高聚物的力学行为	掌握	大分子链的运动方式、三种力学状态及结晶和交联的影响

导入案例

一个美丽的传说

传说在2000多年前的春秋战国时期，吴国有一对勤劳聪明的夫妇。男的名叫干将，女的名叫莫邪。他们在一座山上以打铁为生，是天下闻名的铸剑能手。

一次，国王夫差得到一块宝铁，它颜色纯青，纯净得近乎透明。夫差决定用它铸造一把宝剑，一把天底下最锋利的宝剑。

干将和莫邪夫妇入选了，受命铸剑。他们夫妇俩特别珍惜这一块难得一见的宝铁，精心琢磨铸剑的最好方法，花了整整3年的时间，终于制成了两把削铁如泥的宝剑。就以自己夫妇的名字命名，一把叫干将，一把叫莫邪。

要去献剑了，干将知道，吴王夫差是个心地狭窄，又极其残忍的家伙。他有了这把宝剑之后，很可能会杀了自己，以免自己再去为别人铸剑，造出比这更好的宝剑。于是，干将把名叫“干将”的宝剑让妻子收藏起来，一旦国王杀死自己，就让儿子眉间尺将来用它为自己报仇。自己只带着名叫“莫邪”的宝剑去献给国王夫差。

果然不出干将所料。贪婪而又残忍的夫差拿到宝剑后，问明只有一把剑，就一剑砍下了干将的头颅，用他的鲜血来祭剑。

莫邪听到消息，悲痛欲绝。但她记住了丈夫的话，精心培育儿子。16年后，眉间尺已长大成人，妈妈莫邪把他爸爸被害的事告诉了他。眉间尺刻苦练功，精心打听消息，最后不惜牺牲自己，刺杀了吴王夫差，为父亲报了仇。

后来，人们为了纪念这个动人的传说、就把干将和莫邪炼剑的那座山改名为“莫干山”。

这个故事在三国时曹丕写的《列异传》、晋朝干宝写的《搜神记》等书中都有记载。传说当然不一定是真的，但它证明了我国劳动人民在很早以前就掌握了冶炼钢铁的精湛技艺。

2.1 材料的性能

材料的性能可分为物理性能、化学性能、力学性能和工艺性能等。

物理性能包括密度、熔点、热膨胀性、导热性、导电性和磁性等。

化学性能表现为材料在室温、高温下抵抗各种化学作用的性能，如耐蚀性等。

工艺性能指材料对某种加工工艺的适应性，包括铸造性能、锻造性能、焊接性能、热处理性能和切削加工性能等。

力学性能是指材料在受力作用时所表现出来的各种性能。它们是通过标准试验来测定的。

2.1.1 静态力学性能

1. 拉伸试验

按GBT 288.1—2010制作标准拉伸试样，在拉伸试验机上缓慢地进行拉伸，使试样

承受轴向拉力 F，并引起试样沿轴向伸长 $\Delta L = L_u - L_0$，直至试验断裂。将拉力 F 除以试样原始截面积 S_0，即得拉应力 R，即 $R = F/S_0$，单位 N/mm^2；将伸长量 ΔL 除以试样原始长度 L_0，即得应变 ε。以 R 为纵坐标，ε 为横坐标，则可画出应力-应变图，如图 2.1 所示。此图已消除试样尺寸的影响，从而能直接反映材料的性能。

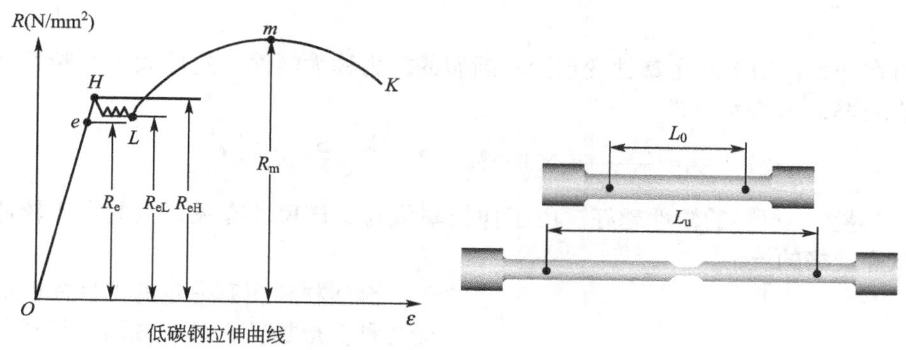

图 2.1 拉伸试样及低碳钢的应力-应变图

1) 弹性和刚度

试验时，如加载后应力不超过 R_e，则卸载后试样即恢复原状，这种不产生永久变形的能力称为弹性。R_e 为不产生永久变形的最大应力，称为弹性极限。

在弹性范围内，应力与应变成正比时，其比例常数 E 称为弹性模量，单位 N/mm^2，此值仅与材料有关，反映了材料弹性变形抗力的大小，即材料的刚度。E 越大，刚度越大。

弹性模量 E 是一个结构不敏感参数，即 E 主要取决于基体金属的性质，如钢铁材料是铁基合金，不论其成分和组织结构如何变化，室温下的 E 值均在$(20 \sim 21.4) \times 10^4 N/mm^2$ 范围内。

材料在使用中，如刚度不足，会由于发生过大的弹性变形而失效。

2) 强度

图 2.1 中出现一屈服平台，即应力不增加而变形继续进行。此时若卸载，试样变形不能完全消失，将保留一部分残余的变形。这种不能恢复的残余变形称为塑性变形。在试验过程中，载荷不增加(保持恒定)仍能继续伸长的应力，称为屈服强度，分为上屈服强度和下屈服强度。上屈服强度(R_{eH})是试样发生屈服而应力首次下降前的最高应力，下屈服强度(R_{eL})是指在屈服期间，不计初始瞬时效应时的最低应力。上屈服强度对微小应力集中、试样偏心和其他因素很敏感，试验结果相当分散，因此，常取下屈服强度作为设计计算的依据。

对大多数零件而言，塑性变形就意味着零件丧失了对尺寸和公差的控制。工程中常根据屈服强度确定材料的许用应力。

工业上使用的多数金属材料，在拉伸试验过程中，没有明显的屈服现象发生。按 GB/T 288.1—2010 规定，可用规定残余伸长应力 R_r 表示，它表示材料在卸除载荷后，标距部分残余伸长率达到规定数值时的应力。如规定伸长率为 0.2%时，则用 $R_{r0.2}$ 表示。

应力超过屈服强度时，整个试样发生均匀而显著的塑性变形。当达到 m 点时，试样开始局部变细，出现“颈缩”现象。此后，应力开始下降，变形主要集中于颈部，直到最后在“缩颈”处断裂。可见，m 点处应力达到峰值，此点对应的 R_m 称为材料的抗拉强度。此值反映了材料产生最大均匀变形的抗力。R_m 可用式(2-1)计算：

$$R_m=\frac{F_m}{S_0}(\mathrm{N/mm^2}) \tag{2-1}$$

3) 塑性

材料在外力作用下产生塑性变形而不断裂的能力称为塑性。塑性大小用断后伸长率 A 和断面收缩率 Z 来表示。即

$$A=\frac{L_U-L_0}{L_0}\times100\% \quad Z=\frac{S_0-S_U}{S_0}\times100\% \tag{2-2}$$

A、Z 越大，材料的塑性越好。由于伸长率值与试样尺寸有关，因此，比较伸长率时要注意试样规格的统一。

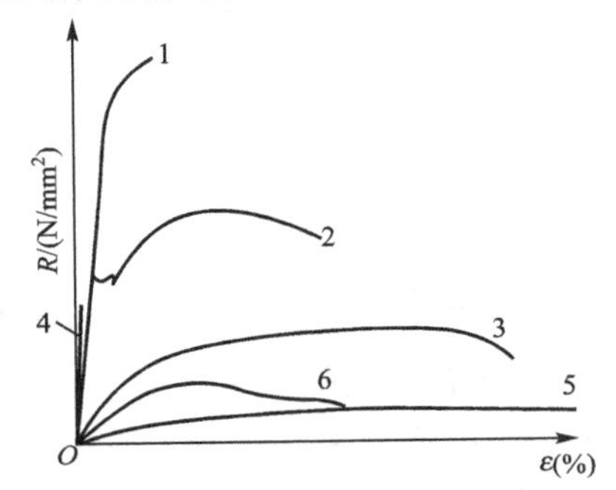

图 2.2 几种典型材料在室温下的应力-应变曲线

1—高碳钢；2—低合金结构钢；3—黄铜；4—陶瓷、玻璃类材料；5—橡胶；6—工程塑料

金属材料应有一定的塑性才能顺利地承受各种变形加工；另一方面，材料具有一定塑性，可以提高零件使用的可靠性，防止突然断裂。

图 2.2 所示为几种典型材料在室温下的应力-应变曲线。可见铜也是塑性材料，但曲线上不出现明显的屈服段。低碳钢和陶瓷不发生明显塑性变形，属脆性材料。

图 2.3 给出了天然橡胶、塑料和石英玻璃的应力-应变曲线。可见，不同类型的材料，应力-应变曲线有很大差异，反映它们具有不同的性能特点。如：

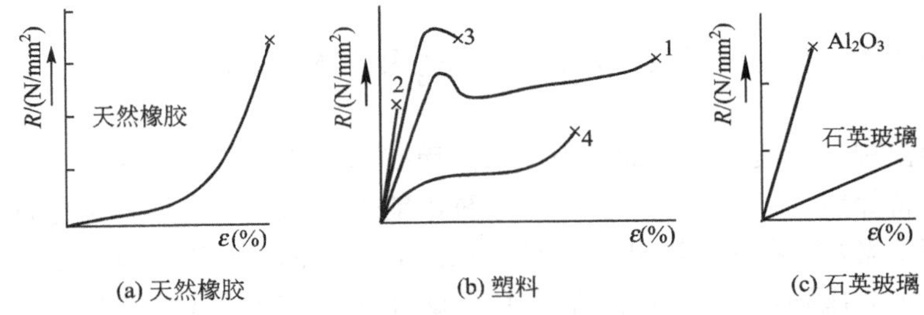

图 2.3 天然橡胶、塑料和石英玻璃的应力-应变曲线

(1) 橡胶弹性模量小，强度低，断裂前一直是弹性变形，弹性应变可达百分之几百，是典型的应力与应变呈非线性关系的高弹体，如图 2.3(a)所示。

(2) 塑料的应力-应变曲线基本上可分为四类，如图 2.3(b)所示。第一类，强而韧的塑料，如尼龙、ABS、聚氯乙烯等，其应力-应变曲线如图中曲线 1，其强度和延伸率均较好；第二类塑料的应力-应变曲线如曲线 2 所示，这类塑料硬而脆，延伸率很小，如聚苯乙烯、有机玻璃等；第三类塑料的应力-应变曲线如曲线 3 所示，这类塑料硬而强，抗拉强度高，如纤维增强的热固性塑料，某些硬聚氯乙烯等；第四类塑料的应力-应变曲线如曲线 4 所示，这类塑料软而韧，延伸率大，如有增塑剂的聚氯乙烯，聚四氟乙烯等。

(3) Al_2O_3(属陶瓷)、石英玻璃的变形是纯弹性的，几乎不发生永久变形，并在微量变形后就断裂，为脆性材料，但其弹性模量和强度很高。

本章中的符号和单位均采用GB/T 228.1—2010的标准，新旧标准的性能名称及其符号对照见表2-1。

表2-1 新旧标准的性能名称及其符号对照

新标准(GB/T 228.1—2010)		旧标准(GB/T 228—1987)	
性能名称	符号	性能名称	符号
弹性极限	R_e	弹性极限	σ_e
—		屈服点	σ_s
上屈服强度	R_{eH}	上屈服点	σ_{sU}
下屈服强度	R_{eL}	下屈服点	σ_{sL}
抗拉强度	R_m	抗拉强度	σ_b
断后伸长率	A	断后伸长率	δ
断面收缩率	Z	断面收缩率	ψ

2. 硬度

材料抵抗其他更硬物体压入其表面的能力称为硬度。它反映了材料抵抗局部塑性变形的能力，是一个综合的物理量。

通常，硬度越高，耐磨性越好。故常将硬度值作为衡量材料耐磨性的重要指标之一。测量硬度常用布氏法(HB)、洛氏法(HRC)和维氏法(HV)，见表2-2。

表2-2 三种硬度实验

实验	压头	压头形状		硬度计算公式	备注
		侧视图	顶视图		
布氏硬度	φ10mm硬质合金球	D, d	d	$HB=\dfrac{2F}{\pi D[D-\sqrt{D^2-d^2}]}$ (F为载荷)	$0.25D<d<0.60D$ 有效
维氏(显微)硬度	金刚石圆锥	136°	d_1, d_1	$HV=1.854F/d_1^2$ (F为载荷)	维氏硬度与显微硬度所用载荷不同
洛氏硬度	金刚石圆锥 直径$\frac{1}{16}$，$\frac{1}{8}$，$\frac{1}{4}$，$\frac{1}{2}$in. (HRA或HRC)	120°, h		$HR=\dfrac{K-h}{0.002}$ (K为常数)	反应范围 HRA 70～85 HRB 25～100 HRC 20～67
	钢球(HRB)	h			

(1) 布氏硬度。按照 GB/T 231.1—2009《金属布氏硬度试验第一部分：试验方法》，以一定大小载荷 F(N)把一直径为 D(mm)的硬质合金球压头压入试样表面(图 2.4)，保持一定时间后卸载，在放大镜下测量试样表面的压痕直径 d(mm)，求出压痕球形表面积 S(mm^2)，乘以 0.102，定义为布氏硬度值，记为 HBW。显然，材料越软，压痕直径越大，布氏硬度越低；反之，布氏硬度越高。测量压痕直径后，布硬度值可并根据所测直径查表得到。布氏法优点是测定结果较准确，缺点是压痕大，不适于成品检验。目前布氏硬度计一般均以淬火钢球为压头，因此，主要用于测量较软的金属材料。

(2) 洛氏硬度。洛氏硬度以顶角为 120°的金刚石圆锥体(图 2.5)或直径 1.588mm 的淬火钢球作为压头，以一定的压力使其压入材料表面，测量压痕深度来确定其硬度。压痕越深，材料越软，硬度值越低；反之，硬度值越高。被测材料硬度，可直接在硬度计刻盘读出。

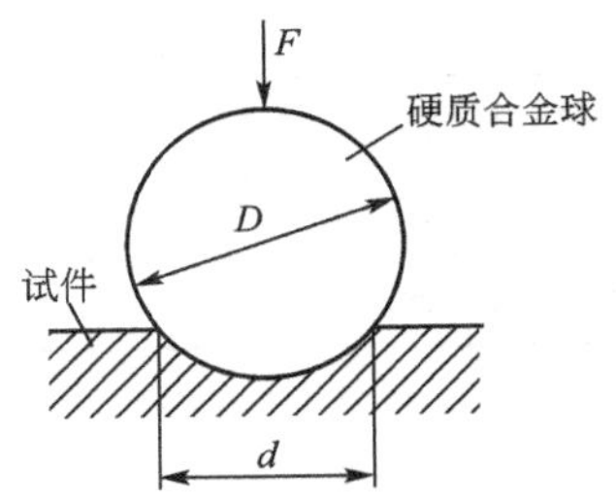

图 2.4　布氏硬度试验原理简图

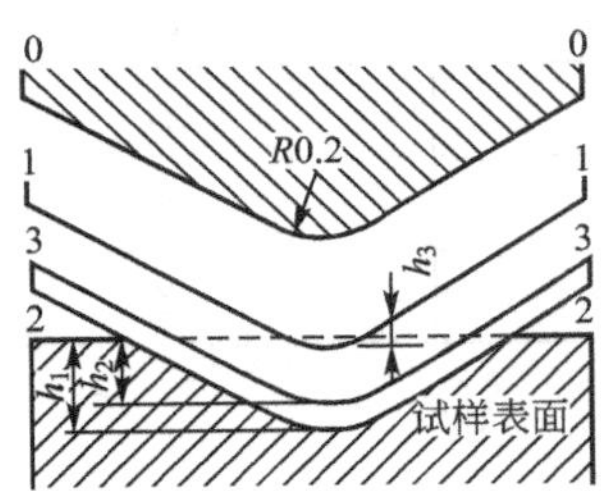

图 2.5　洛氏硬度试验原理示意图

洛氏硬度常用的有三种，分别以 HRA、HRB、HRC 来表示。它们测试时所用压头类型、主要载荷及适用范围见表 2-3。

表 2-3　洛氏硬度符号、试验条件和应用举例

硬度符号	压印头类型	总载荷/N	硬度值有效范围	应用举例
HRA	120°金刚石圆锥	588.4	70 HRA 以上(相当 350HBW 以上)	硬质合金、表面淬火钢
HRB	ϕ1.588 淬火钢球	980.7	25～100HRB(相当 60～230HBW)	软钢、退火钢、铜合金
HRC	120°金刚石圆锥	1471	20～67HRC(相当 350HBW 以上)	淬火钢件

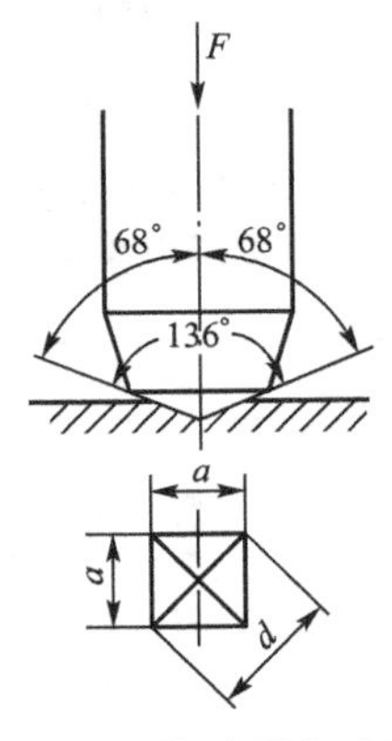

图 2.6　维氏硬度试验压头压痕示意图

以上三种洛氏硬度中，以 HRC 应用最多，一般经淬火处理的钢或工具都用它。

(3) 维氏硬度。维氏硬度的测定原理基本上和布氏硬度相同，区别在于压头采用锥面夹角为 136°的金刚石正四棱锥体，压痕是四方锥形(图 2.6)。维氏硬度值用 HV 表示。

维氏法所用载荷小，压痕深度浅，适用于测量零件的薄表面硬化层、金属镀层及薄片金属的硬度，这是布氏法和洛氏法所不及的。此外，因压头是金刚石角锥，载荷可调范围大，故对软硬材料均适用，测定范围为 0～1000HV。

应指出，各硬度试验法测得硬度值不能直接进行比较，必须通过硬度换算表换算成同一种硬度值后，方可比较其大小。图 2.7给出了三种硬度体系的相互关系。

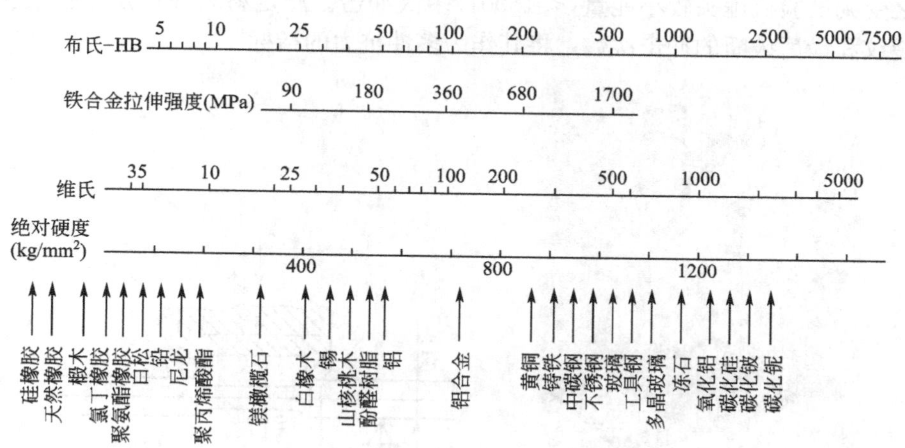

图 2.7　三种硬度体系

由于硬度值综合反映了材料在局部范围内对塑性变形等的抵抗能力，故它与强度值也有一定关系。工程上，通过实践，对不同材料的 HBW 与 R_m 关系得出了一系列经验公式（R_m 单位为 N/mm^2）：

低碳钢	$R_m \approx 3.53$HBW；	高碳钢	$R_m \approx 3.33$HBW；
调质合金钢	$R_m \approx 3.19$HBW；	灰铸铁	$R_m \approx 0.98$HBW；
退火铝合金	$R_m \approx 4.70$HBW。		

2.1.2　动态力学性能

1. 韧性

（1）冲击韧性。许多零件在工作中受冲击载荷作用，由于外力瞬时冲击作用能引起的变形和应力要比静载荷所引起的应力大得多，因而选用制造这类零件的材料时，必须考虑材料抵抗冲击载荷的能力，即冲击韧性。

冲击韧性值的大小习惯上常用材料在冲击力打击下遭到破坏时单位面积所吸收的功来表示。这可用一次性摆锤弯曲冲击试验来测定。

如图 2.8 所示，试验时，把试样放在试验机的两个支承上，试样缺口背向摆锤冲击方向，将重量为 G(N)的摆锤放至规定高度 H_1(m)，然后下落将试样击断，并摆过支承点升至高度 H_2(m)。依摆锤重量和冲击前后摆锤高度，可算出击断试样所耗冲击功 A_k。

此 A_k 值可由刻度盘直接读出，单位为 J。

冲击韧性值 a_k 即为单位截面积所吸收的功。

$$a_k = \frac{A_k}{S}\,(\mathrm{J/cm^2}) \tag{2-3}$$

式中　S——试样缺口处截面积(cm^2)。

(2) 多冲抗力。在生产中，冲击载荷下工作的零件，往往是受小能量多次重复冲击而破坏者居多，很少是受大能量一次性冲击破坏的。因此，在这种情况下，仅用 a_k 值来衡量材料的抗冲能力是不合理的，应进行多次重复冲击试验以测定其多次冲击抗力。

图 2.9 是一种多次重复冲击弯曲试验示意图，将材料制成专用试样放在多冲试验机上，使之受到试验机锤头较小能量(<1500J)多次冲击。测定材料在一定冲击能量下，开始出现裂纹和最后破断的冲击次数，将其作为多冲抗力的指标。

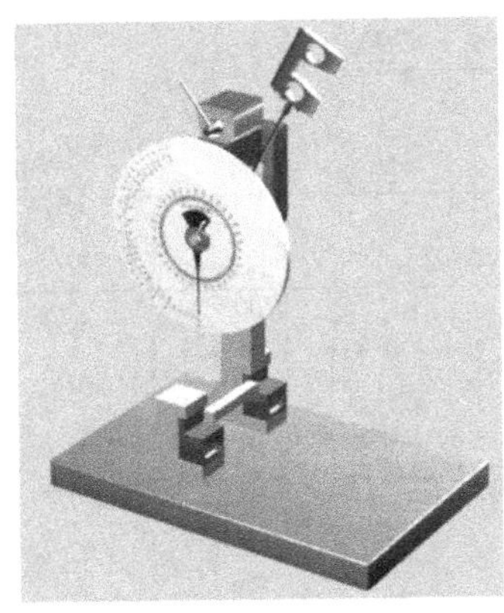

图 2.8　冲击试验简图

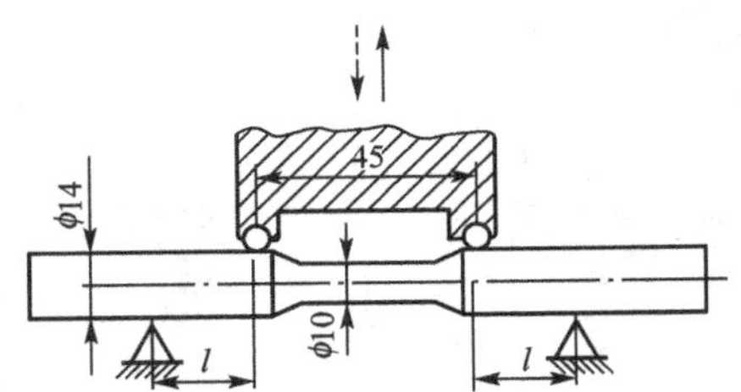

图 2.9　多次重复冲击弯曲试验示意图

应指出，材料仅在冲击次数很少的大能量冲击载荷作用下，其冲击抗力主要决定于 a_k 值。而冲击能量不大时，材料承受多次重复冲击的能力，主要取决于强度。因此，a_k 值一般不直接用于冲击强度计算，而仅作参考。

2. *疲劳强度*

疲劳强度指的是被测材料抵抗交变载荷的性能。交变载荷是指大小和(或)方向重复循环变化的载荷。

在交变载荷作用下，材料发生破坏时的应力值比静载荷拉伸试验的屈服强度还低，这种现象称疲劳破坏。各种机器中因疲劳失效的零件达总数的 60%～70%。

材料在无数次重复的交变载荷作用下而不致破裂的最大应力，称为疲劳强度极限，记为 R_{-1}。

实际上并不可能做无数次交变载荷试验，所以，一般试验时规定，钢在经受 10^6～10^7 次、有色金属经受 10^7～10^8 次交变载荷作用而不破裂的最大应力为疲劳强度极限。图 2.10列举了几种材料的实测疲劳曲线。

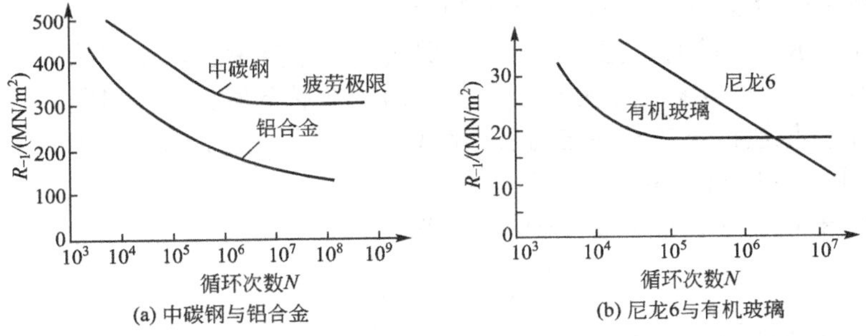

图 2.10　几种材料的实测疲劳曲线

金属的疲劳强度与抗拉强度之间存在近似的比例关系：

碳素钢 $R_{-1}\approx(0.4\sim0.55)\ R_m$； 灰铸铁 $R_{-1}\approx0.4R_m$；

有色金属 $R_{-1}\approx(0.3\sim0.4)R_m$。

3. 断裂韧性

现代工业要求许多零件在高速重负荷下工作，要求高强度材料。大型结构——桥梁、船舶、化工容器以及飞机、导弹、人造卫星等为了减轻自重，也需要高强度材料。正是在各种高强度材料相继涌现的同时，意外事故不断发生。如：二次世界大战中美国5000艘自由轮共发生1000次破坏事故，有238艘完全报废(图2.11)；1938—1942年，有四十多座桥梁突然倒塌；1950年代，美国北极星导弹和英国彗星飞机失事；1968年，日本两台大球罐(ϕ1610mm和ϕ1245mm)在水压实验时爆炸等。据事后鉴定，破坏时应力远小于屈服强度，也低于许用应力[R]（通常[R] $\leqslant R_{r0.2}/n$，n为安全系数），属低应力脆断。按传统的强度设计，工作应力小于许用应力时即认为是安全的。所以，这些事故显然不能用传统的强度观点来解释。

研究表明，这种低应力脆断的根本原因是材料宏观裂纹的扩展。由于材料冶炼、加工和使用等原因，材料中不可避免地存在裂纹(缺陷)。裂纹本身并不可怕，缓慢扩展也不可怕，可怕的是后期的高速扩展。

外力作用下，裂纹端部必然存在应力集中。裂纹的危险在于应力集中。

只要裂纹很尖锐，顶端前沿各点的应力就按一定形状分布(图2.12)，即外加应力增大时，各点的应力按相应比例增大，这个比例系数称为应力强度因子K_1，表示为

图2.11 1943年美国T-2油轮发生断裂

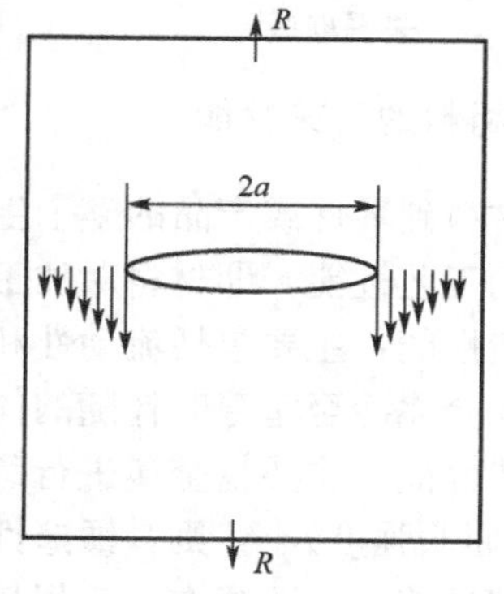

图2.12 具有张开形裂纹的试样

$$K_1=R\sqrt{\pi a}\quad (\mathrm{MN/m^{3/2}})$$

裂纹失稳起始扩展时的K_1临界值记为K_{1C}，表示裂纹起始扩展抗力，称为断裂韧性。

应用举例：

原铁道部规定，机车主轴不允许有横向裂纹，废品率很高。实验表明：其裂纹起始扩展的临界尺寸为7mm，裂纹扩展速度(<7mm)为1mm/10×10^4km，机车运行大修期为30×10^4km，故应允许有3mm的横向裂纹。

2.1.3 高低温性能

1. 高温性能

随着温度的升高，许多材料出现强度、硬度下降而软化的现象。而且在温度的长时间

作用下还会出现蠕变现象。

蠕变现象的特征是，材料在恒定应力的作用下，随时间增长发生持续变形，直至断裂。金属材料在高于一定温度下，受到应力即使小于屈服强度，也会出现蠕变现象，因此在高温下使用的金属材料，应具有足够的抗蠕变能力。

工程塑料在室温下受到应力作用就可能发生蠕变，这在应用塑料受力件时应予注意。

蠕变的另一种表现形式是应力松弛。这是承受弹性变形的材料，随时间增长，总应变保持不变，但却因弹性变形逐步转变为塑性变形，从而使应力自行逐渐衰减的现象。对机械紧固件，若出现应力松弛，将会使紧固失效。

2. 低温性能

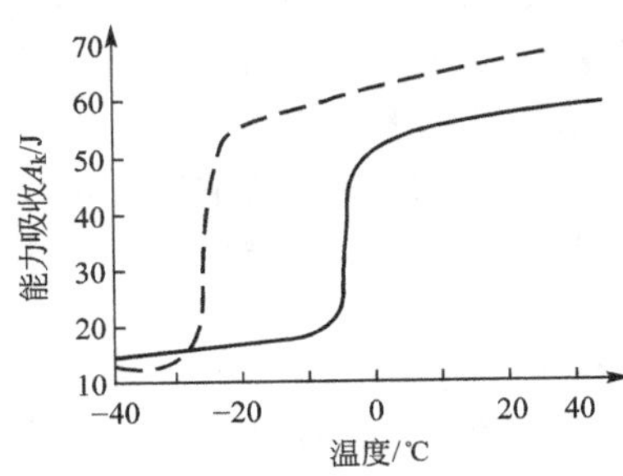

图 2.13　两种钢的温度-冲击功关系曲线

随着温度的下降，多数材料会出现脆性增加的现象，严重时甚至发生脆断。通过在不同温度下对材料进行一系列冲击试验，可得材料的冲击功与温度的关系曲线。图 2.13 为两种钢的温度-冲击功关系曲线。由图可知，材料的冲击功 A_k 值随温度下降而减小。当温度降到一定值时，A_k 会突然变得很小，这称为冷脆。材料由韧性状态变为脆性状态的温度 T_k 称为冷脆转化温度。材料的 T_k 低，表明其低温韧性好，图中虚线表示的钢的 T_k 低于实线表示的钢，故前者低温韧性好。低温韧性对于在低温条件下使用的材料是很重要的。

2.1.4　材料的工艺性能

从材料到零件或产品的整个生产过程比较复杂，涉及多种加工方法，因而要求材料具有相应的工艺性能，即材料对加工方法的适应性。主要包含以下几个内容：

铸造性能：主要包括流动性和收缩性。前者是指熔融金属的流动能力；后者是指浇注后的熔融金属冷至室温时伴随的体积和尺寸的减小。

锻造性能：主要指金属进行锻造时，其塑性的好坏和变形抗力的大小。塑性高、变形抗力(即屈服强度)小，则其锻造性好。

焊接性能：主要指在一定焊接工艺条件下，获得优质焊接接头的难易程度。它受到材料本身的特性和工艺条件的影响。

切削加工性能：工件材料接受切削加工的难易程度称为材料的切削加工性。材料切削性能的好坏与材料的物理、力学性能有关。

热处理工艺性能：这对于钢是非常重要的性能，将在第 4 章讨论。

2.1.5　工艺过程对材料性能的影响

机械零件的性能是由许多因素确定的，其中结构因素、加工工艺因素和材料因素起主要作用，此外使用因素对寿命也起很大作用。结构因素指零件在整机中的作用、零件的形状和尺寸，以及与其他连接件的配合关系等。加工工艺因素指全部加工工艺过程中对零件强度所产生的影响。材料因素指材料的成分、组织结构与性能。这三个因素各自有独立的作用，又相互影响。在解决与零件强度有关的问题时必须综合加以考虑。

在结构因素正确合理的条件下，材料工程师就运用材料内部结构、材料的加工工艺和最终性能之间的复杂关系来满足其成形和使用要求。当改变这三者关系中任何一方时，其余一或两个方面也会改变。因此，为了最终生产出合格的产品，有必要弄清这三方面是如何关联的。

1. 材料的结构

材料的结构可以分几个层次来考虑，所有这些层次都影响产品的最终行为。最小层次是组成材料的单个原子结构。原子核四周电子的排列方式在很大程度上影响材料的电、磁、热和光的行为，并可能影响到原子彼此结合的方式，因而也决定着材料的类型—金属、陶瓷还是聚合物。

第二层次是原子的空间排列。金属、许多陶瓷和有些聚合物材料具有晶体结构，原子排列有序。晶体结构影响材料的力学性能，如面心立方结构的金、铜具有良好的塑性，而密排六方结构的镁塑性较差。其他的陶瓷和大多数聚合物具有无序的原子排列，即属于非晶态或无定形的材料，其行为与晶体材料有很大的差别。如无定形态的聚乙烯透明且质地柔软，而结晶聚乙烯则半透明且质地坚硬。原子排列中存在缺陷，对这些缺陷进行控制，就能使性能发生显著的变化。

第三层次是材料的组织形貌。在大多数金属、许多陶瓷以及某些聚合物材料中可以发现晶粒组织。晶粒之间原子排列的变化，改变了它们之间的取向，从而影响材料性能。在这一层次上，晶粒大小和形状起着关键的作用，如细晶强化等。

最后，大多数材料是多相组成的，每个相有着它自己的、独特的原子排列方式和性能。因而控制材料主体内的这些相的类型、大小、分布和数量就成为控制性能的一种有效方法。

2. 材料的性能

对机械材料而言，力学性能至关重要。力学性能描述材料对外力的响应。力学性能不仅决定着材料的服役能力，也决定着材料成形加工的难易。

物理性能包括电、磁、光、热、弹性和化学行为。物理性能由材料的结构和制造工艺两方面决定。对于许多半导体金属和陶瓷而言，即使成分稍有改变，也会引起导电性的很大变化。过高的加热温度有可能显著降低耐火砖的绝热特性。少量的杂质会改变玻璃或聚合物的颜色。

3. 工艺方法

利用材料的加工工艺可以将未经成形的坯料加工成零件所要求的形状。金属的加工方法很多，有将液态金属浇入铸型中凝固后成形的方法(铸造)，有在外力下使固体金属产生塑性变形获得所需形状的方法(锻压)，有将分离的金属通过原子结合连接在一起的方法(焊接)，有将金属粉末压制并烧结出固态制品的方法(粉末冶金)，或通过去除多余材料(机械加工)将固态金属加工成所需形状的方法。陶瓷则可通过压注、压制、拉挤等方法使其成形，然后经高温烧结获得所需产品。聚合物可采用将黏流态的原材料注入模具、拉制和成形等方法获得所需产品。为了使材料的内部结构发生相应的变化以使其性能满足服役要求，往往在起熔点以下的某温度进行热处理。所采用的工艺类型，至少在一定程度上取决于材料的性能，其次是材料的结构。

4. 组织-性能-加工工艺间的相互作用

材料的加工工艺影响材料的组织。如铸件的组织与锻压件组织有很大区别。铸件组织晶粒较粗大，可能含有收缩或气泡生成的孔洞，且组织内部可能夹带非金属夹杂物；锻压件组织致密，晶粒较铸件细小，可能含有被拉长的非金属夹杂物和较多的晶体缺陷(位错等)。因此铸件的力学性能不如锻压件。对铸件而言，不同的冷却条件其组织也有区别(图2.14)，冷却速度越大，晶粒越细，力学性能越好。

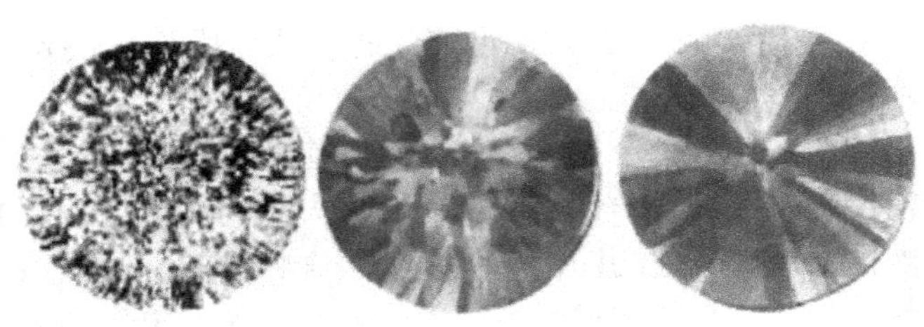

图 2.14　不同冷却条件下的铝铸锭的宏观组织(1×)

另一方面，材料的原始组织和性能决定着其选用的成形方法。含有大量缩孔的铸件，在随后的加工过程中容易开裂；通过增加晶体缺陷而强化的合金，在成形过程中也会因塑性降低而变脆和破裂；产生较大塑性变形的金属，因晶粒被拉长等原因，在以后的成形过程中可能获得不均匀的形状；铸铁因塑性太差，不能进行塑性加工；金属在特定的组织条件、温度条件和变形速度下变形时，其塑性可比常态提高几倍到几十倍，而变形抗力降低到常态的几分之一甚至几十分之一(超塑性)，很容易获得复杂形状的零件；热固性聚合物不能进行成形加工，而热塑性聚合物则很容易成形。

2.2　金属的塑性变形与再结晶

在了解了力学性能和材料内部结构的基础上，进一步深入材料的微观世界，了解它在外力下的微观行为，对于控制材料的性能，充分发挥其特长和潜力，无疑是有益的。

2.2.1　单晶体的弹性及塑性变形

1. 单晶体的弹性变形

材料的力学性能在很大程度上取决于其晶体结构。因而，了解外力作用下晶体的反应方式是很重要的。通过对精心制备的单晶体研究，在这方面已有了很多了解。一般说来，观察的结果表明金属晶体的性能取决于①晶格类型；②原子间的力；③晶面间隔；④各原子面上的原子密度。

若所加外力较小，则晶体仅简单地产生原子间距的拉长和压缩，如图2.15所示。晶格类型不变，保持其基本位置。所加外力仅仅稍微破坏了原子键的力平衡，以便通过晶体传递所加外力。外力一旦去除，则平衡恢复，晶格恢复原来的大小及形状。在这种外力下，晶体产生的是弹性应变，伸长量和压缩量与所加外力的大小成正比。

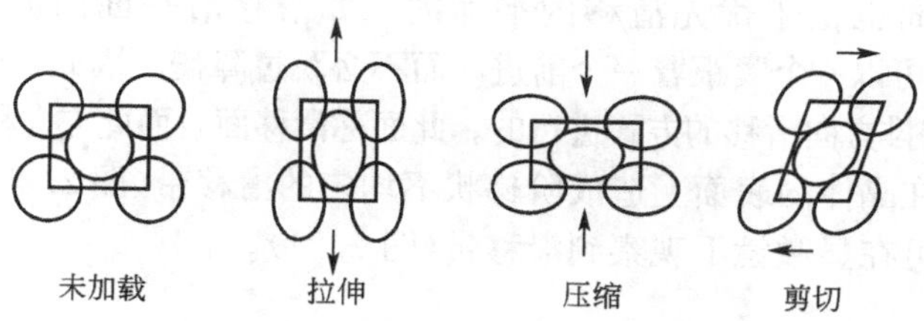

图 2.15 在弹性载荷作用下的晶格畸变

2. 单晶体内的塑性变形

当对单晶体施加切应力时，随着外力的增加，变形增加到这样的程度：要么原子键被破坏而发生断裂，要么原子之间发生相对滑移而产生永久性的原子位移。对金属材料而言，第二种现象在较小外力下即出现，故优先出现，结果产生了塑性变形。

研究表明，塑性变形的机理是通过原子平面(即晶面)相对滑移而产生一定位移的结果，如图 2.16 所示。这类似于一组扑克牌由各张之间相对滑移而产生的变形。

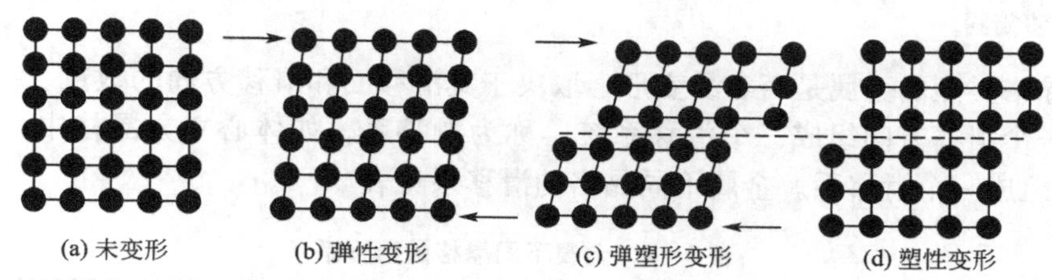

图 2.16 单晶体的变形过程

如前所述，晶体结构是原子在空间规则和周期性的排列，这便可能有无数种方式将原子连成平面。以晶胞为基准，不同方位的原子平面中的原子密度不同，且相邻平行原子面间距也不同，如图 2.17 所示。对于所有可能的选择来说，塑性变形最易沿原子密度最大，平行晶面间距最大的平面发生。其原理可从简化了的图 2.18 看出，Ⅰ-Ⅰ比Ⅱ-Ⅱ有更大的原子密度及晶面间距，故Ⅰ-Ⅰ两平面间原子结合力比Ⅱ-Ⅱ平面弱，滑移阻力小。

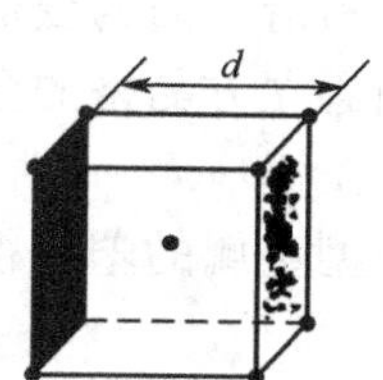

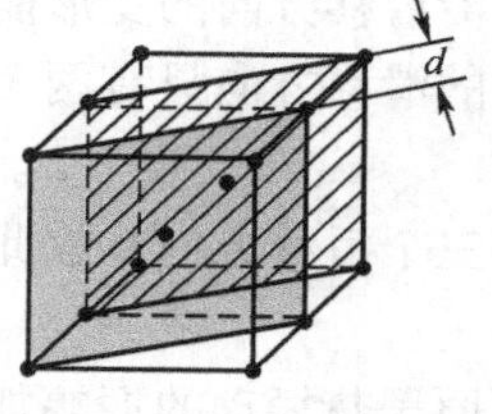

图 2.17 说明具有不同的原子密度和晶面间距的晶面示意图

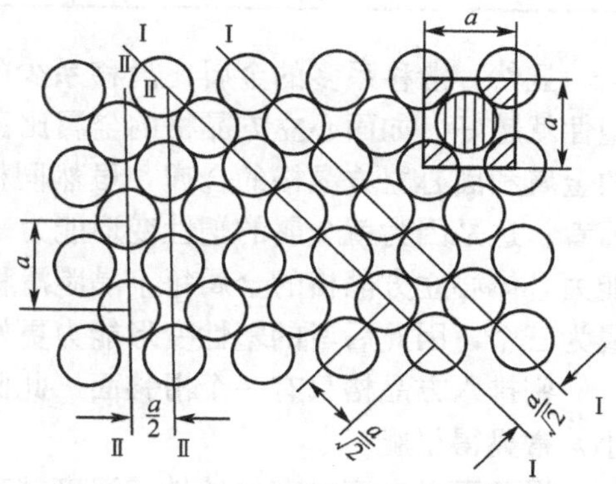

图 2.18 说明原子密度小且晶面间距小的平面具有较大的变形阻力的简图

优先滑移的方向也位于优先滑移的平面内。如滑移沿平面内原子密排的方向进行(图 2.19)，则原子可以一个紧跟着一个前进，而不必跳过障碍。因此，塑性变形是以在原子最密排平面内沿最密排方向滑移的方式进行的。此面称滑移面，而此方向称滑移方向。

滑移的结果会在晶体的表面上造成阶梯状不均匀的滑移带(图 2.20)。抛光后的金属试样经拉伸变形后，可在显微镜下观察到滑移带(图 2.21)。

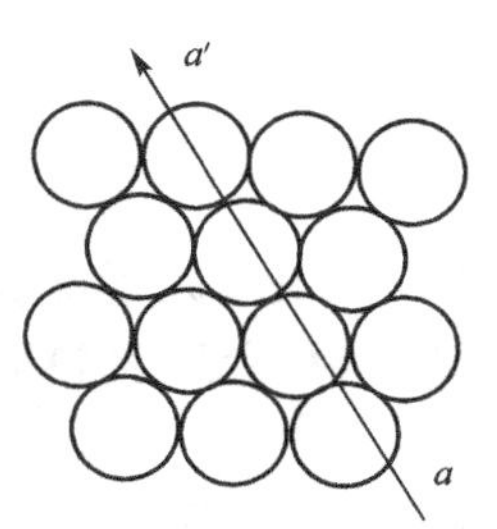

图 2.19　说明沿最密晶向滑移简图

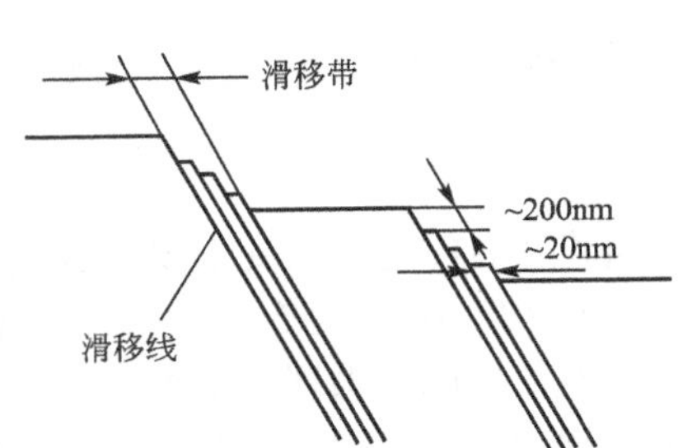

图 2.20　滑移线与滑移带

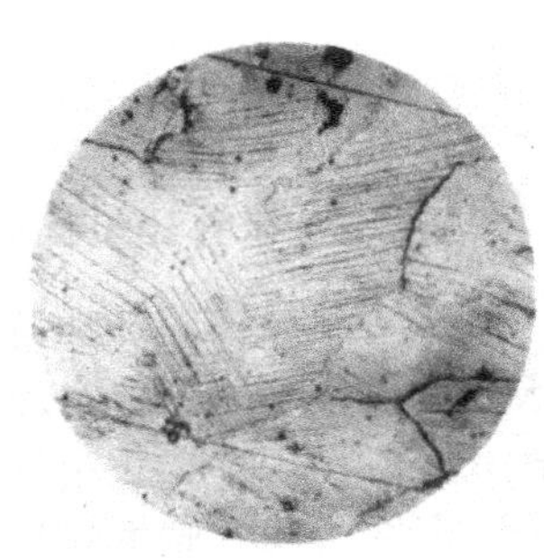

图 2.21　钢中的滑移带

某种晶格类型的金属是否容易变形，取决于其滑移面和滑移方向的数量。一个滑移面和该面上一个滑移方向组成一个滑移系统，称为滑移系。如体心立方晶格中，{110} 和 $\langle 11\bar{1}\rangle$即组成一个滑移系。金属不同晶格的滑移系见表 2-4。

表 2-4　金属不同晶格的滑移系

晶格	体心立方晶格	面心立方晶格	密排六方晶格
滑移面	{110}×6	{111}×4	{0001}×1
滑移方向	⟨111⟩×2	⟨110⟩×3	⟨$\bar{1}\bar{1}20$⟩×3
滑移系	6×2=12	4×3=12	1×3=3
金属	α-Fe，Cr，W，V，Mo	Al，Cu，Ag，Ni，γ-Fe	Mg，Zn，Cd，α-Ti

显然，滑移系多的金属比滑移系少的金属变形协调性好，其发生滑移的可能性越大，塑性就越好，如面心立方晶格的金属比密排六方晶格的金属的塑性好。至于体心立方晶格的金属和面心立方晶格的金属，虽然同样具有 12 个滑移系，但是后者的塑性却明显优于前者。这是因为就金属的塑性变形能力来说，沿滑移方向的变形能力大于沿滑移面的变形能力。体心立方晶格的金属每个晶胞滑移面上的滑移方向只有两个，而面心立方晶格的金属为三个，因此后者的塑性变形能力更好。

密排六方晶格只有一个滑移面，此面上有三个滑移方向，故此晶格类型金属的塑性很小，常显得很脆。

滑移面对温度具有敏感性。温度越高时，原子热振动的振幅加大，促使原子密度次大的晶面也参与滑移。例如铝高温变形时，除 {111} 滑移面外，还会增加新的滑移面 {001}。正因为高温下可出现新的滑移系，所以金属的塑性也相应地提高。

滑移系的存在只说明金属晶体产生滑移的可能性。要使滑移能够发生，需要在沿滑移面的滑移方向上作用有一定大小的切应力，称为临界切应力。临界切应力的大小取决于金属的类型、纯度、晶体结构的完整性、变形温度、应变速率和预先变形程度等因素。

3. 滑移的位错理论

以上所讲的滑移概念认为晶格是理想而规则的，滑移时，整个滑移面上原子同时移动，这与实际情况不相符。实验证明，实际滑移时，所需的切应力要比整体滑移所需的切应力小得多。这是由于金属晶体通常并非都是完整无缺的，总存在一定的局部缺陷。刃型位错和螺型位错就是两种这样的缺陷。

位错是指原子排列规律性错排现象。其中刃型位错是多余半原子面的边缘，由于多余半原子面的挤入，将引起晶格的局部畸变。螺型位错对应于晶体平面的撕裂。两种位错都是偏离原子规则排列的一个区域，这个区域的原子在较小的应力下即可移动。因为位错移动一个原子距离时，只是位错附近少数几个原子移动不大的距离(图 2.22)，故只需较小的应力。这样，位错便由左向右一格格移动，当位错达到晶体边缘时，晶体上半部就相对下半部滑移了一个原子间距。可作图 2.23 所示的一个比喻，当人们打算移动地毯时，拉其一端使地毯沿地板滑移需较大的力，而先使地毯产生一横向折皱，然后使此折皱横过地板，则可用较小的力即可使地毯移过一定距离。

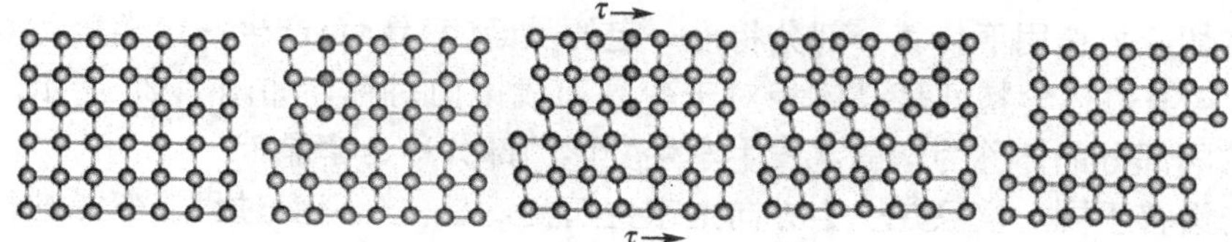

图 2.22　位错滑移示意图

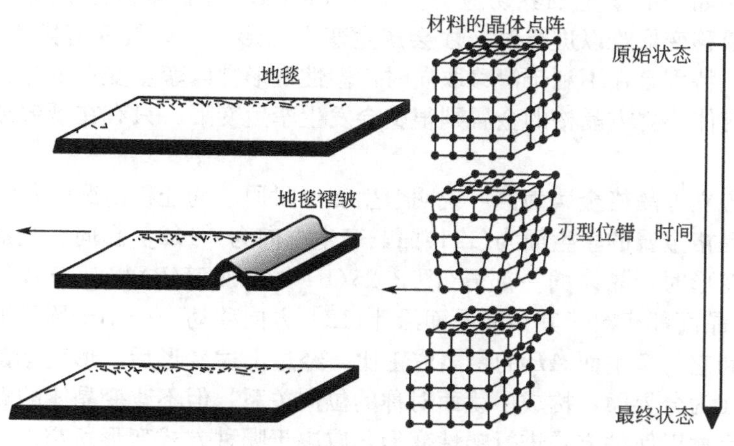

图 2.23　滑移时位错运动示意图

由于滑移是位错运动引起的，因此根据位错运动方式的不同，会出现不同类型的滑移，主要有单滑移、多滑移和交滑移，其示意图如图 2.24 所示。一般金属在塑性变形的开始阶段，仅有一组滑移系开动，此种滑移称为单滑移。由于位错的不断移动和增殖，大量的位错沿着滑移面不断移出晶体表面，形成滑移量为Δ的滑移台阶(图2.24(a))。随着变形的进行，晶体发生转动，当晶体转动到有两个或几个滑移系相对于外力轴线的取向因子相同时，这几个滑移系的切应力分量都达到临界切应力值，它们的位错源便同时开动，产生在多个滑移系上的滑移，滑移后在晶体表面所看到的是两组或多组交叉的滑移线(图2.24(b))。对于螺型位错，由于它具有一定的灵活性，当滑移受阻时，可离开原滑移面而沿另一晶面继续移动，且在另一晶面上滑移时仍保持原来的滑移方向和大小。例如，体心立方晶格金属的变形，可在〈111〉方向上的任一个晶面(如{110}、{112}、{113}等)发生滑移，因此滑移后在晶体表面上所看到的滑移线就不再如单滑移时的直线，而是呈折线或波纹线(图2.24(c))。交滑移与许多因素有关，通常是变形温度越高，变形量越大，交滑移越显著。

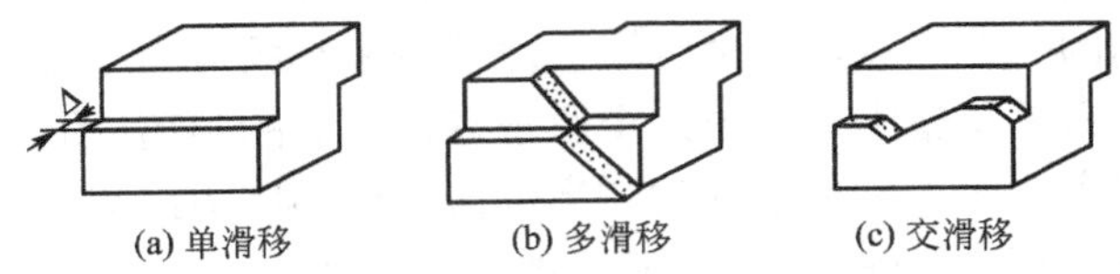

图2.24　不同滑移类型滑移线形态示意图

4. 孪生变形

晶体在切应力作用下，其一部分将沿一定的晶面(孪晶面)产生一定角度的切变，称为孪生(twin)，其晶体学特征是晶体相对于孪晶面成镜面对称，如图2.25所示。以孪晶面为对称面的两部分晶体称为孪晶。发生孪生变形的部分称为孪晶带。

孪生与滑移不同，它只在一个方向上产生切变，是一个突变过程，孪晶的位向将发生变化。孪生所产生的形变量很小，一般不一定是原子间距的整数倍。孪生萌发于局部应力集中的地方，且孪生变形较滑移变形一次移动的原子较多，故其临界切应力远高于滑移所需的切应力。例如镁的孪生临界切应力为5～35MPa，而滑移临界切应力仅为0.5MPa。因此，只有在滑移变形难以进行时，才会产生孪生变形。一些具有密排六方结构的金属，由于滑移系少，特别是在不利于滑移取向时，塑性变形常以孪生变形的方式进行。而具有面心立方晶格与体心立方晶格的金属则很少会发生孪生变形，只有在低温或冲击载荷下才发生孪生变形。

下面以面心立方晶格金属为例，说明孪生变形时原子的迁移情况(图2.25(b))。

面心立方晶格金属的孪生面为(111)面，孪生方向为$[11\bar{2}]$晶向。当晶体在切应力作用下发生孪生变形时，晶体的一部分(图2.25(b)中的$AGHB$)相对于另一部分作均匀切变。每层(111)晶面都相对于其相邻晶面沿$[11\bar{2}]$方向移动一个小于原子间距的距离，每层的总切变量和它与孪生面AB的距离成正比。经过上述变形后，形变孪晶与未变形部分(母体)以孪生面为分界面，构成了镜面对称的位向关系，但不改变晶体的点阵类型。

金属晶体究竟以何种方式进行塑性变形，取决于哪种方式变形所需的切应力较小。在常温下，大多数体心立方晶格的金属滑移的临界切应力小于孪生的临界切应力，所以滑移是优先的变形方式；只有在很低的温度下，由于孪生的临界切应力小于滑移的临界切应力，孪生才能发生。对于面心立方晶格金属，孪生的临界切应力远比滑移的大，因此一般不发生孪生变形，但在极低温度(4～78K)或高速冲击载荷下，也不排除这种变形方式。

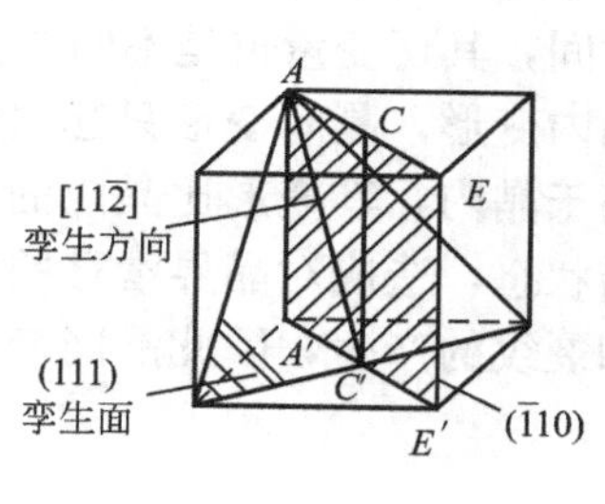

(a) 孪生面和孪生方向

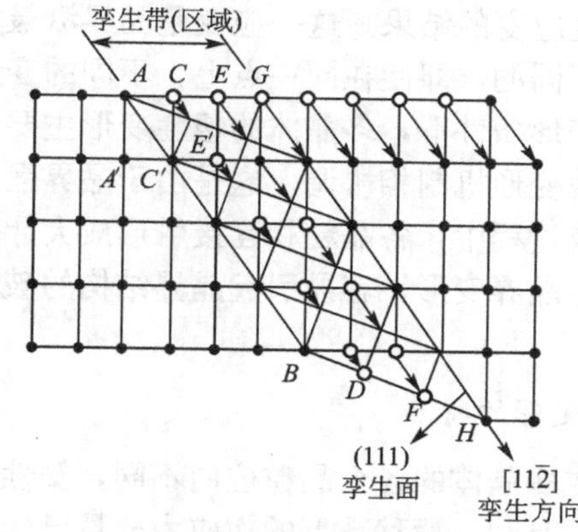

(b) 孪生变形时原子的移动

(c) 钛合金六方相中的形变孪晶

图 2.25 孪生变形示意图

再者，当金属滑移变形剧烈进行并受阻时，往往在高速应力集中处会诱发孪生变形。孪生变形后由于变形部分位向改变，可能变得有利于滑移，于是晶体又开始滑移，二者交替地进行。至于密排六方晶格金属，其孪生与滑移相似，也是通过位错运动来实现的。

2.2.2 实际金属的塑性变形

实际使用的金属材料主要是多晶体，其塑性变形与单晶体无本质上的差别。但由于晶界的存在及各晶粒位向不同，从而使多晶体塑性变形更为复杂。

1. 晶间变形

晶间变形的主要方式是晶粒之间相对滑动和转动。如图 2.26 所示，多晶体受力变形时，沿晶界处可能产生切应力，当此切应力足以克服晶粒彼此间相对滑动的阻力时，便发生相对滑动。另外，由于各晶粒所处位向不同，其变形情况及难易程度也不相同。这样，在相邻晶粒间必然引起力的相互作用而可能产生一对力偶，造成晶粒间的相互转动。

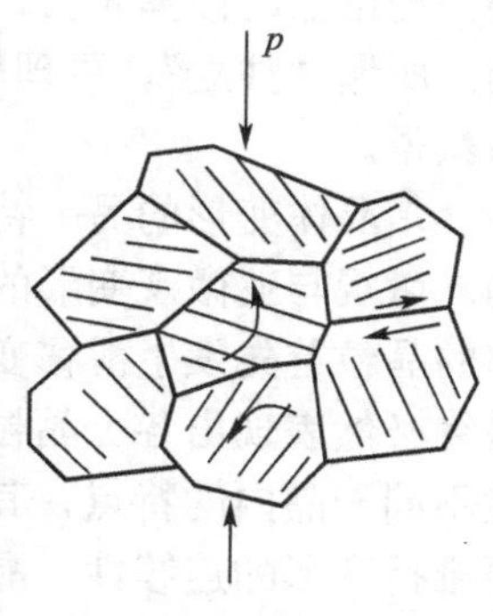

图 2.26 晶粒间的滑动与转动

对于晶间变形不能简单地看成是晶界处的相对机械滑移，而是晶界附近具有一定厚度的区域内发生应变的结果。这一应变是晶界沿最大切应力方向进行的切应变，切变量沿晶界不同点是不同的，即使在同一点上，不同的变形时间，其切变量也是不同的。

在冷态变形条件下，多晶体的塑性变形主要是晶内变形，晶间变形只起次要作用，而且需要有其他变形机制相协调。这是由于晶界强度高于晶内，其变形比晶内的困难。还由于晶粒在生成过程中，各晶粒相互接触形成犬牙交错状态，造成对晶界滑移的机械阻碍作用，如果发生晶界变形，容易引起晶界结构的破坏和裂纹的产生，因此晶间变形量只能是很小的。

2. 塑性变形的特点

由于组成多晶体的各个晶粒位向不同，塑性变形不是在所有晶粒内同时发生，而是首先在那些位向有利、滑移系上的切应力分量已优先达到临界值的晶粒内进行。对于周围位向不利的晶粒，由于滑移系上的切应力分量尚未达到临界值，所以还不能发生塑性变形。此时已经开始变形的晶粒，其滑移面上的位错源虽然已经开动，但位错尚无法移出这个晶粒，仅局限在其内部运动，这样就使符号相反的位错在滑移面两端接近晶界的区域塞积起来，如图 2.27 所示。位错塞积群会产生很强的应力场，它越过晶界作用到相邻的晶粒上，使其得到一个附加的应力。随着外加的应力和附加的应力的逐渐增大，最终使位向不利的相邻晶粒(如图 2.27 中的 B、C 晶粒)中的某些取向因子较小的滑移系的位错源也开动起来，从而发生相应的滑移。而晶粒 B、C 的滑移会使位错塞积群前端的应力松弛，促使晶粒 A 的位错源继续开动，进而位错移出晶粒，发生形状的改变，并与晶粒 B 和 C 的滑移以某种关系连接起来。这就意味着越来越多的晶粒参与塑性变形，塑性变形量也越来越大。

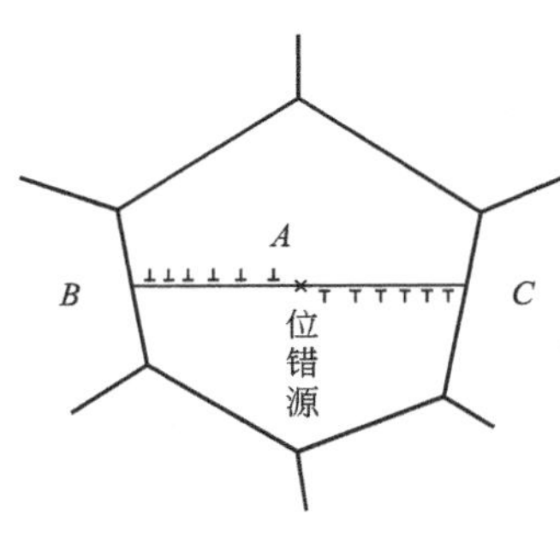

图 2.27　多晶体滑动示意图

由于多晶体中的每个晶粒都是处于其他晶粒的包围之中，它们的变形不是孤立和任意的，而是需要相互协调配合，否则无法保持晶粒之间的连续性。因此，要求每个晶粒进行多系滑移，即除了在取向有利的滑移系中进行滑移外，还要求其他取向并非很有利的滑移系也参与滑移。只有这样，才能保证其形状作各种相应的改变，而与相邻晶粒的变形相协调。理论上的推算表明，为保证变形的连续性，每个晶粒至少要求有五个独立的滑移系启动。所谓“独立”，可理解为每一个这样的滑移系所引起的晶粒变形效果不能由其他滑移系获得。

多晶体变形的另一特点是变形不均匀性。宏观变形的不均匀性是由于外部条件所造成的。微观与亚微观变形的不均匀性则是由多晶体的结构特点所决定的。前面已提到，软取向的晶粒首先发生滑移变形，而硬取向的晶粒继之变形，尽管它们的变形要相互协调，但最终必然表现出各个晶粒变形量的不同。另外，由于晶界的存在，考虑到晶界的结构、性能不同于晶内的特点，其变形不如晶内容易，且由于晶界处于不同位向晶粒的中间区域，要维持变形的连续性，晶界势必要起折中调和作用。也就是说，晶界一方面要抑制那些易于变形的晶粒的变形，另一方面又要促进那些不利于变形的晶粒进行变形。所有这些，最终也必然表现出晶内和晶界之间变形的不均匀性。

综上所述，多晶体塑性变形的特点，一是各晶粒变形的不同时性；二是各晶粒变形的相互协调件；三是晶粒与晶粒之间和晶粒内部与晶界附近区域之间变形的不均匀性。

3. 合金的塑性变形

工程上使用的金属大多数是合金。合金与纯金属相比，具有纯金属所达不到的力学性能，有些合金还具有特殊的物理和化学性能。

合金的相结构有两大类，即固溶体(如钢中的铁素体、铜锌合金中的 α 相等)和化合物(如钢中的 Fe_3C 和铜锌合金中的 β 相等)。常见的合金组织有两种：一种是单相固溶体合金，另一种是两相或多相合金。它们的塑性变形特点各不相同，下面分别进行讨论。

1) 单相固溶体合金的塑性变形

单相固溶体合金与多晶体纯金属相比，在组织上无甚差异，而且其变形机理与多晶体纯金属相同，也是滑移和孪生，变形时也同样会受到相邻晶粒的影响。不同的是固溶体晶体中有异类原子存在，这种异类原子(即溶质原子)无论是以置换还是间隙方式溶入基体金属，都会对金属的变形行为产生影响，表现为变形抗力和加工硬化(冷变形强化)率有所提高，塑性有所下降。这种现象称为固溶强化，它是由于溶质原子阻碍金属中的位错运动所致。

金属中的位错使位错区域的点阵结构发生畸变，产生了位错应变能，而固溶体中的溶质原子却能减小这种畸变，结果使位错应变能降低，并使位错比原来的更稳定。如果溶质原子大于基体相原子(即溶剂原子)，那么溶质原子倾向于置换位错区域晶格伸长部分的溶剂原子(图 2.28(a))。反之，如果溶质原子小于基体相原子，则溶质原子倾向于置换位错区域晶格受压缩部分的溶剂原子(图 2.28(b))，或力图占据位错区域晶格伸长部分溶剂原子间的间隙(图 2.28(c))。溶质原子在位错区域的这种分布，通常称为“溶质气团”或“柯氏气团”，它们都会使位错能降低，位错比没有“气团”时更加稳定，也就是说对位错起“钉扎”作用。这时，要使位错脱离“溶质气团”而移动，势必要增大作用在位错上的力，从材料性能上即表现为具有更高的屈服强度。

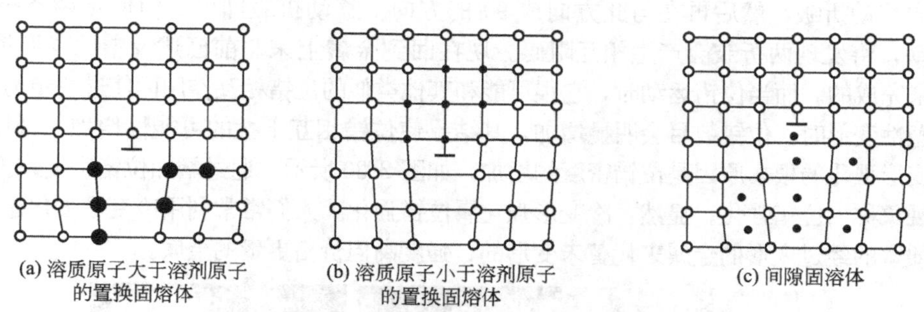

图 2.28 溶质其他气团对位错的“钉扎”

如果将已经过少量塑性变形的低碳钢卸载后立即重新拉伸，这时由于位错已脱离“溶质气团”，因此不再出现屈服效应(图 2.29(a))，但是当试样卸载后，经 200℃加热或室温长期放置，则碳原子通过扩散再次进入位错区的铁原子间隙中，形成气团将位错“钉扎”，这时试样在拉伸过程中就会再次出现屈服效应(图 2.29(b))，这种现象称为应变时效。

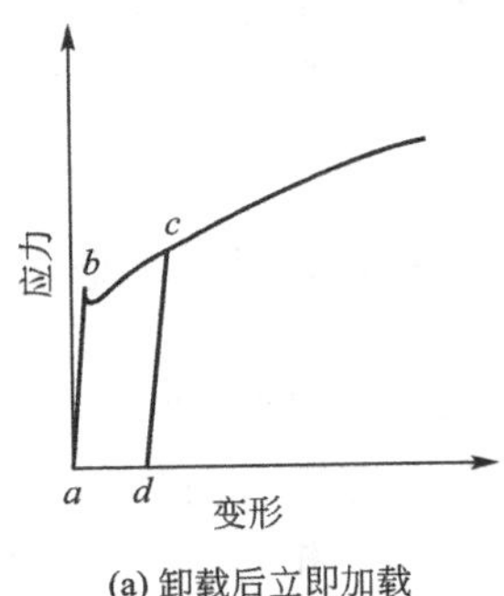

(a) 卸载后立即加载

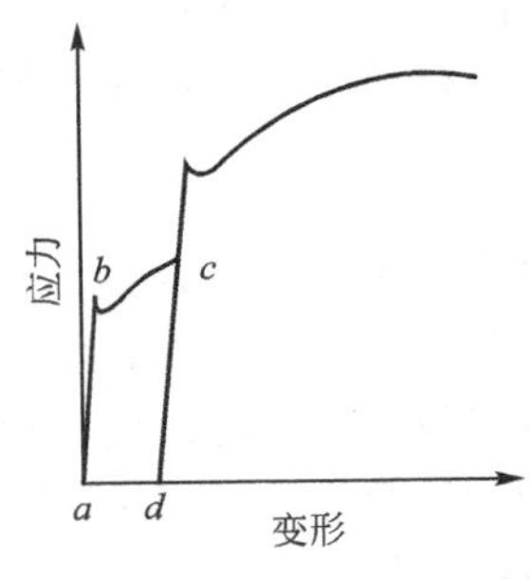

(b) 卸载后加热或室温长期放置

图 2.29　应变时效示意曲线

2）多相合金的塑性变形

单相固溶体合金的强化程度有限，因此，实际使用的合金材料大多是两相或多相合金，通过合金中存在的第二相或更多的相，使合金得到进一步的强化。多相合金与单相固溶体合金的不同之处是除基体相外，尚有其他相(统称第二相)存在。但由于第二相的数量、形状、大小和分布的不同，以及第二相的变形特性和它与基体相(体积分数约高于70%的相)间的结合状况的不同，使得多相合金的塑性变形更为复杂，但从变形机理来说，仍然是滑移和孪生。

2.2.3　塑性变形对金属组织与性能的影响

1. 冷变形强化

许多金属有一种特异性能：即它们在承受一定变形后，对进一步的塑性流动产生更大的抗力。这种塑性变形中金属强度增加而塑性下降的现象称为冷变形强化或形变硬化。

进一步考虑一下地毯移动模型即可理解这一现象。如要沿对角方向移动地毯，则可先在一个方向移动折皱，然后再在与此方向成 90°的方向上移动折皱即可。但假定两条折皱同时开始移动，将发现两折皱会产生相互阻碍。现在回到金属上来。前已述及塑性变形是通过位错运动来完成的。而当位错运动时，它很可能和其他类似的位错相互作用而使进一步运动受阻。另外，塑性变形时，位错数目会明显增加，其结果使位错相互干扰的可能性增加。可见，造成这种冷变形强化的根本原因是位错密度的增加，如图 2.30 所示。通过增加位错密度来提高金属强度的现象称为位错强化。显然，冷变形强化属位错强化。人们常常利用冷变形强化这一特性，用一种便宜的经过变形的金属来代替未变形的、强度高但价格更贵的金属。

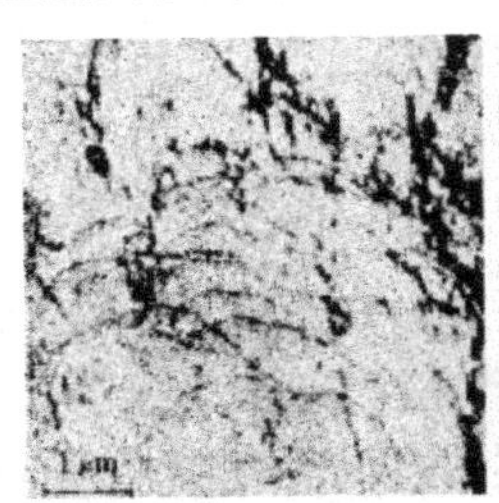
(a) 退火纯铁中的位错

(b) 变形后的位错

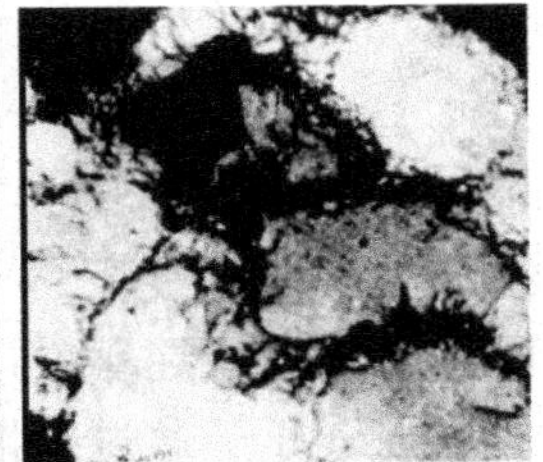
(c) 变形后纯铝中的位错网络

图 2.30　冷变形后金属中的位错

2. 纤维组织

当金属发生很大变形时，晶粒沿金属流动方向被拉长而成纤维状，晶界变模糊；同时，金属中夹杂物也被拉长，形成所谓纤维组织，如图 2.31 所示。这使金属在不同方向上表现出不同的性能，即出现各向异性。在设计和制造中，正确利用材料的方向性是很重要的。

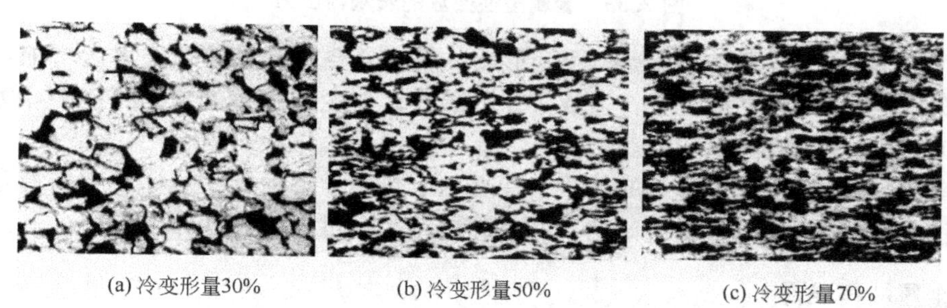

(a) 冷变形量30%　(b) 冷变形量50%　(c) 冷变形量70%

图 2.31 低碳钢冷变形后的组织

3. 织构现象

由于多晶体在滑移的同时伴随着晶粒的转动，故在变形量达到一定程度(70%～90%)时，金属中各晶粒的位向会大致趋于一致，出现所谓的织构现象。

当金属产生织构时，其力学和电磁性能也呈各向异性。在大多数情况下，形成织构是有害的，由于材料性能不一致造成变形分布不均匀，使冲压件厚度不均，如杯形件出现"制耳"现象(图 2.32)。

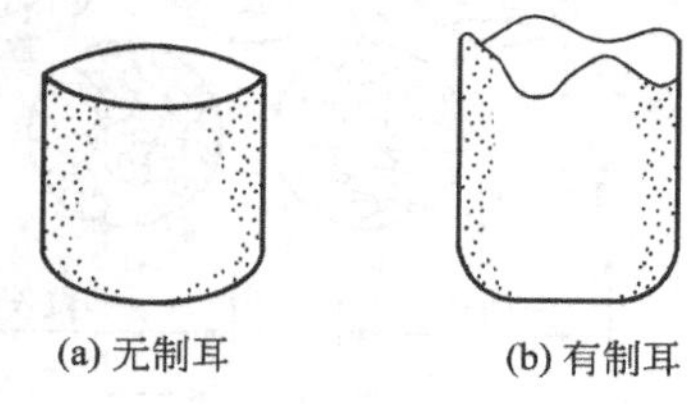

(a) 无制耳　(b) 有制耳

图 2.32 制耳现象

但是织构现象在有些方面是可以利用的，例如，生产变压器硅钢片时，其结构为体心立方，沿特定晶向(〈100〉)最易磁化，如采用具有织构取向的硅钢片制作铁心，使其〈100〉晶向平行磁场方向，则其磁导率显著增大，从而提高变压器效率，减少铁心重量和铁损。

4. 残余应力

实验证明，施加外力使金属变形所消耗的机械功，大部分以热能形式散失，只有约10%以位错能形式储存于金属内部，其表现为大量金属原子偏离原来的平衡位置而处于不稳定状态。因此，在金属内各部分之间就有力的作用，以恢复到原来的稳定状态。这种在外力消除后仍然保留在金属内部的应力，称为残余应力或形变内应力，简称内应力。

(1) 宏观内应力。它是由于在塑性变形时，工件各部分之间的变形不均匀性所产生的。例如，金属拉丝加工后，因外缘部分的变形较心部少，结果使外缘受张应力，心部受压应力(图 2.33(a))；弯曲一金属棒后，则上部受压应力，下部受拉应力(图 2.33(b))。一般来说，不希望金属件内部存在宏观内应力，但有时利用零件表面残留的压应力来提高其疲劳寿命。

(2) 微观内应力。它是由于在塑性变形时，各晶粒或各亚晶粒之间的变形不均匀而产生的。虽然这种内应力所占比例不大(占全部内应力的1%～2%)，但在某些局部区域有时内应力很大，以致使工件在不大的外力作用下产生显微裂纹，并进而导致工件的断裂。

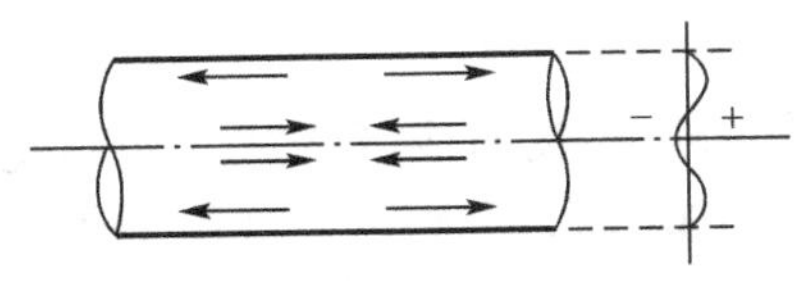

(a) 金属拉丝后的残余应力

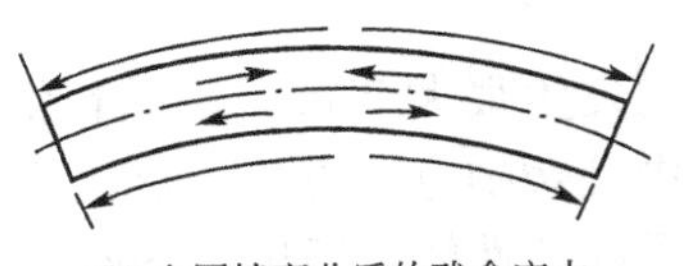

(b) 金属棒弯曲后的残余应力

图 2.33　金属塑性变形的宏观内应力

(3) 点阵畸变。金属和合金经塑性变形后，位错、空位等晶体缺陷大大增加，使点阵中的一部分原子偏离其平衡位置，造成了点阵畸变。在变形金属的总储存能中，绝大多数(80%～90%)是属于点阵畸变能。

点阵畸变能提高了变形金属的能量，使之处于热力学不稳定状态，具有向稳定状态转变的自发趋向，这就是下节要讨论的“回复和再结晶”过程的驱动力。

2.2.4　金属的再结晶

塑性变形后，金属中晶体缺陷密度增大，金属处于能量较高的不稳定状态，其组织和结构具有恢复到稳定状态的倾向。通过加热和保温，可使这种倾向成为现实。对经过冷塑性变形的金属进行加热，其组织和性能将发生如图 2.34 所示的回复、再结晶和晶粒长大的变化过程。

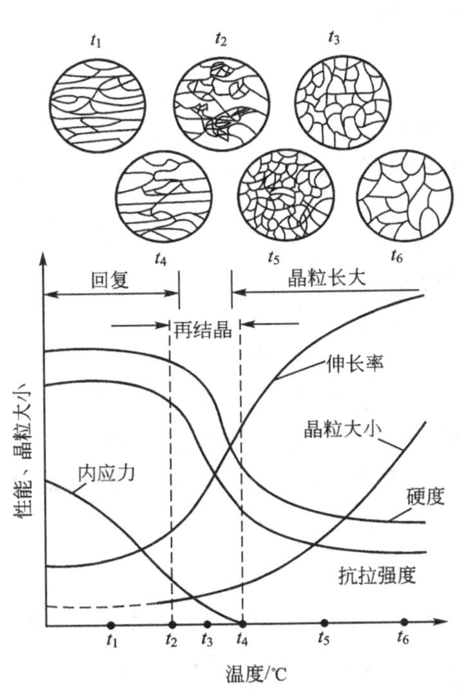

图 2.34　加热温度对冷变形金属组织性能的影响

1. 回复

当变形金属的加热温度不太高时，变形引起的晶格畸变减弱。但此时的显微组织(晶粒的外形)尚无变化。把经过冷变形的金属加热时，在显微组织发生变化前所发生的一些亚结构的改变过程称为回复。由于在回复过程中晶格畸变显著减弱，因此，回复后残余内应力明显下降。但由于晶粒外形未变，位错密度降低很少，因而回复后，力学性能变化不大，冷变形强化状态基本保留。工业上“消除内应力退火”就是利用回复现象，以稳定变形后的组织，消除残余应力，而保留冷变形强化状态。例如，用冷拉钢丝卷制的弹簧在卷成之后，要进行一次 250～300℃的低温退火，以消除内应力，使其定型。

2. 再结晶

若塑性冷变形后的多晶金属进一步加热到足够高的温度，通过新晶核的形成及长大，原来变了形的晶粒将形成新的、等轴的、无应变的晶粒，这一过程称再结晶，如图 2.35 所示。各种金属发生再结晶的温度是不同的，而且随冷变形量而变化。通常，变形量越大，再结晶温度越低。然而存在一个最低温度，低于此温度，再结晶不易发生，此温度称为再结晶温度($T_{再}$)。对纯金属而言，$T_{再} \approx 0.4T_{熔}$(式中 T 为绝对温度)。

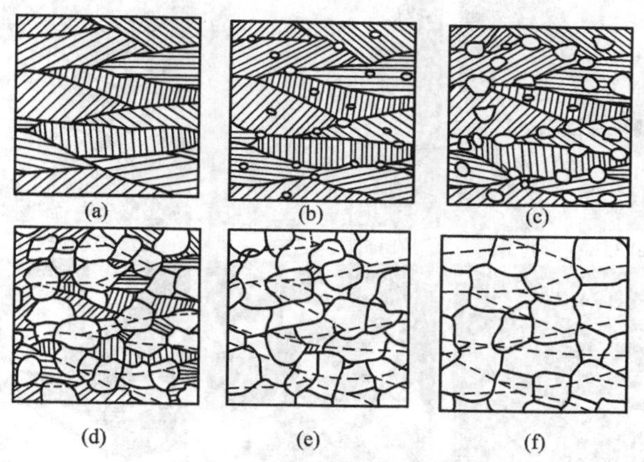

图 2.35 再结晶过程示意图

在变形过程中，由于冷变形强化，将引起变形抗力的增加，如变形太大，甚至出现断裂。为此，可在金属承受一定量初始冷变形后使之再结晶，使其塑性得以恢复而可经受进一步变形，这一工艺称为再结晶退火。通过此工艺可使金属产生很大变形而不断裂。如果金属在再结晶温度以上发生变形，则变形和再结晶同时发生，因而不产生冷变形强化，可产生很大变形。

再结晶也可作为控制晶粒尺寸的手段。在不发生同素异晶转变的金属中，再结晶可使一种粗晶粒组织转变成细晶粒。但必须对材料先进行塑性变形以提供再结晶驱动力。

再结晶过程倾向于产生尺寸较小的均匀晶粒。如金属在再结晶温度或再结晶温度以上长时间保温，新晶粒将开始长大。这是靠“吞并”邻近晶粒而实现的，如图 2.36 所示。提高温度，增加长大倾向。

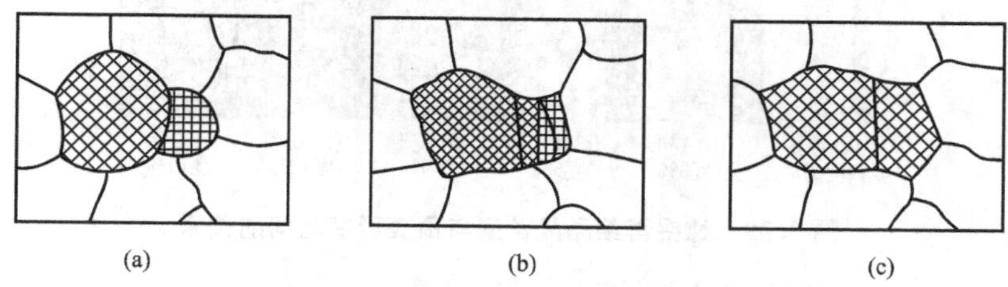

图 2.36 再结晶晶粒长大示意图

金属的冷塑性变形程度是影响再结晶晶粒度的最重要因素之一。在其他条件相同时，再结晶晶粒度与预变形度及温度之间的关系如图 2.37 所示，图 2.38 是黄铜的再结晶晶粒度与再结晶温度、时间的关系，图 2.39是纯铝再结晶晶粒度与预变形度之间的关系。

应该指出，在再结晶过程中，晶粒形状改变了，但杂质仍呈条状保留下来，故再结晶过程不能消除纤维组织。

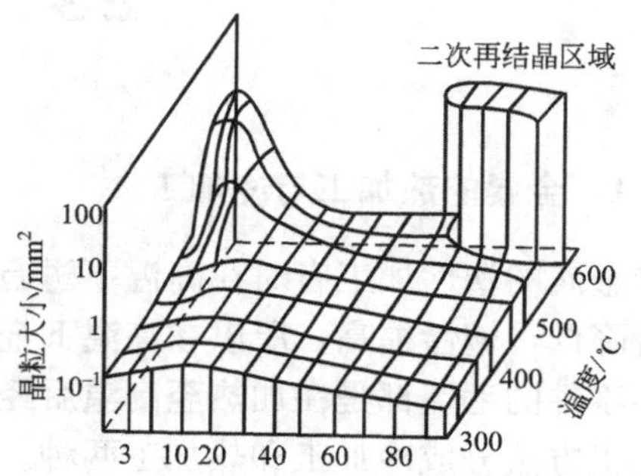

图 2.37 再结晶晶粒度与预变形度及温度之间的关系

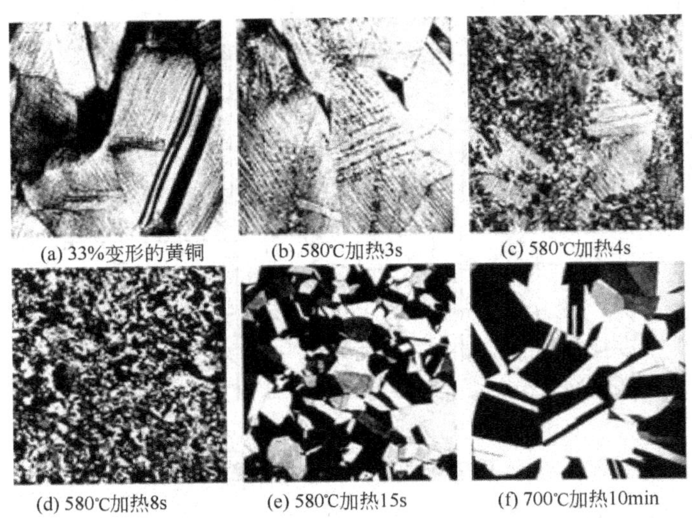

图 2.38　黄铜的再结晶晶粒度与再结晶温度、时间的关系(75×)

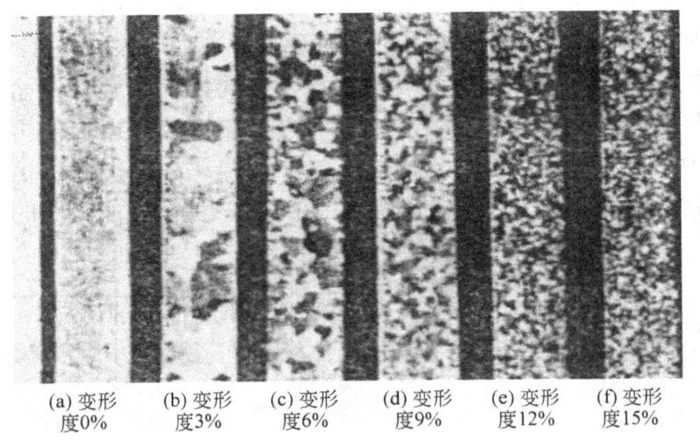

图 2.39　纯铝再结晶晶粒度与预变形度之间的关系

2.3　金属的热加工

2.3.1　金属的热加工与冷加工

金属的塑性加工有时在高温下进行，有时是在常温下进行。由于金属在高温下强度、硬度降低，塑性提高，所以在高温下金属成形较低温下容易得多。在工业生产中，钢材和许多零件的毛坯都是在加热至高温后经塑性加工(轧制、锻造等)而制成的。通常将金属塑性加工方法分成冷加工和热加工两种。

热加工与冷加工的区分应以金属的再结晶温度为界限，在再结晶温度以上的加工过程称为热加工，在再结晶温度以下的加工过程称为冷加工，而不以具体的加工温度高低来划分。如铅的再结晶温度低于室温(表 2－5)，在室温下对铅进行加工仍属于热加工；钨的再结晶温度约为 1200℃，即使在 1000℃拉制钨丝仍属于冷加工；铁的再结晶温度约为 450℃，可见，对铁在低于 450℃以下的加工变形均属于冷加工。冷加工变形时，在组织上伴随有晶粒的变形，如图 2.40(a)所示。同时由于晶粒内和晶界上位错数量的增加，还会引起冷变形强化。而热加工中，因为冷变形强化和再结晶两个过程同时发生，加工中发生变形的晶粒也会立即发生再结晶，通过形核、长大成为新的等轴晶粒，如图 2.40(b)所示。故热加工后，冷变形强化现象消失。

表 2－5　金属的再结晶温度

金属名称	$T_{再}$/℃	$T_{熔}$/℃	$T_{再}/T_{熔}$	实用再结晶温度/℃
铅	～3	327	0.45	—
锡	—7～25	232	0.54	—
锌	7～75	419	0.4～0.5	50～100
镁	～150	651	0.45	—
铝	150～240	660	0.4～0.55	370～400
银	～200	960	0.38	—
铜	～230	1083	0.37	500～700
铁	～450	1535	0.40	650～700
铂	～450	1773	0.35	—
镍	530～660	1455	0.46～0.54	700～800
钼	～900	2500	0.42	—
钽	～1000	3030	0.39	—
钨	～1200	3399	0.40	—
镉	～7	321	0.47	—

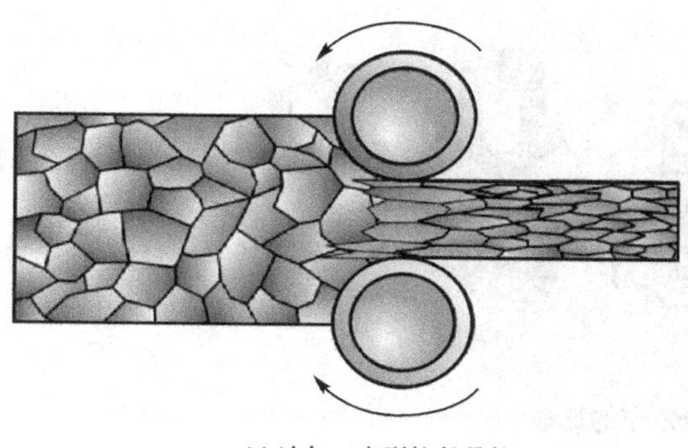

(a) 冷加工变形拉长晶粒

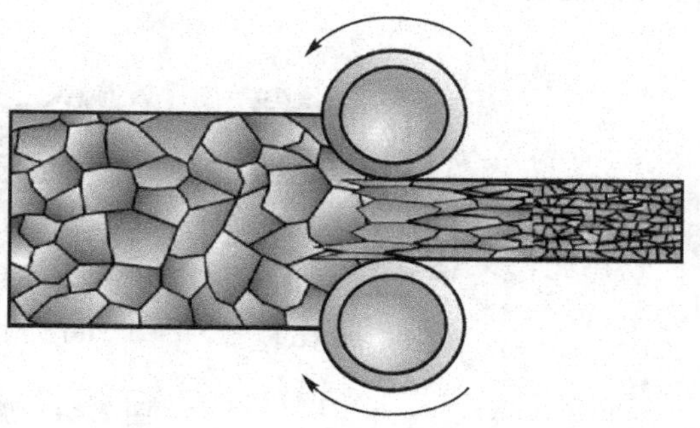

(b) 热加工再结晶成等轴晶粒

图 2.40　冷、热加工的组织比较

2.3.2 热加工对金属组织和性能的影响

热加工是在再结晶温度以上进行的，因塑性变形引起的冷变形强化可立即被再结晶过程所消除，使金属的组织和性能发生显著的变化。在一般情况下，正确的热加工可以改善金属材料的组织和性能。

(1) 改善钢锭和钢坯的组织和性能。通过热加工，使铸造时在钢锭中形成的组织缺陷明显减少，如气孔焊合，分散缩孔压实，金属材料的致密度增加。经过热加工之后，一般都会使晶粒变细。由于在温度和压力的作用下，扩散速度快，因而钢锭中的偏析可以部分消除，使成分比较均匀。这些变化都使金属材料的性能有明显提高(表 2-6)。

表 2-6 含碳 0.3%的碳钢锻态和铸态时的力学性能比较

状态	R_m/(N/mm²)	R_{eL}/(N/mm²)	A/(%)	Z/(%)	a_k/(J/cm²)
锻态	530	310	20	45	70
铸态	500	280	15	27	35

(2) 锻造流线。在锻造时，金属的脆性杂质被打碎，顺着金属主要伸长方向呈碎粒状或链状分布，塑性杂质随着金属变形沿主要伸长方向呈带状分布(回复和再结晶不能改变这种分布特点)。这种热锻后的金属组织称为锻造流线，也称流线。流线使金属材料的性能呈现明显的各向异性，拉伸时沿着流线伸长的方向(纵向)具有较高的力学性能，垂直于流线方向的抗拉性能较差(表 2-7)。

表 2-7 45 钢力学性能与测定方向的关系

取样方向	R_m/(N/mm²)	R_{eL}/(N/mm²)	A/(%)	Z/(%)	a_k/(J/cm²)
纵向	715	470	17.5	62.8	62
横向	672	440	10	31	30

在生产中必须严格控制工件的加工工艺，使流线分布合理。图 2.41(a)所示的锻造曲轴，其流线沿曲轴轮廓分布，它在工作时的最大拉应力将与其流线平行，流线分布合理。而图 2.41(b)所示的是由切削加工而成的曲轴，其纤维大部分被切断，故工作时极易沿轴肩处发生断裂。

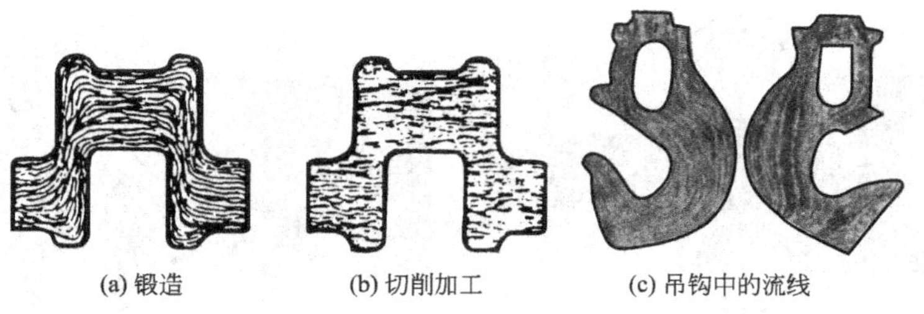

(a) 锻造　(b) 切削加工　(c) 吊钩中的流线

图 2.41 流线分布的比较

(3) 带状组织。金属材料经过锻造或热轧等加工变形后，常会出现具有明显层状特性的组织，称为带状组织(图 2.42)。其形成原因主要是铸态中的成分偏析在压力加工时未被充分消除。带状组织不但会使金属材料的力学性能呈现各向异性，使塑性和韧性显著降低，而且会使其切削加工性恶化。

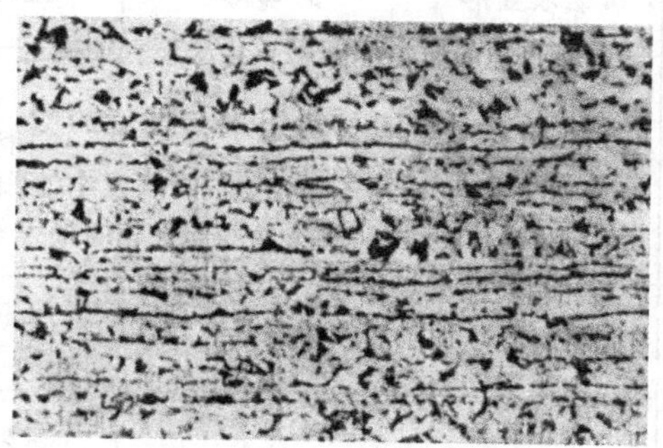

图 2.42 钢中的带状组织

2.4 高聚物的力学状态

2.4.1 线型无定型高聚物的力学状态

材料的力学状态由其呈现的力学特性来确定，如弹性很高的状态称为高弹态等。在一定温度，不同的高聚物会呈现不同的力学状态；而同一高聚物在不同温度，或在一定温度下随外力作用时间的延长，也会呈现不同的力学状态。高聚物力学状态变化的幅度之大，是其他材料望尘莫及的。这是由于大分子链结构特点，使其可以不同的运动方式响应外力作用所致。

1. 大分子链的运动方式

线型无定型高聚物中，大分子链的运动方式具有多重性，主要有：

(1) 整链的运动。整链的运动是指大分子链作为一个整体作质量中心的移动，即发生原子链间的相对移动。反映在性能上是高聚物呈现延性，会出现由黏性流动引起的永久变形。

(2) 链段的运动。链段是由几个至几十个链节组成的一小段分子链。由于主链的内旋转，使大分子链具有柔顺性，在整链质量中心不移动的情况下，一部分链段相对另一部分链段而运动，出现可逆伸缩，反映在性能上是高聚物呈现独有的高弹性。

(3) 链节的运动。链节、原子团、原子在平衡位置作小范围运动，反映在性能上是高聚物呈现普弹性(应力与应变成正比)。

2. 高聚物力学状态随温度的变化

为了解高聚物在不同温度的力学状态，可测定高聚物在恒力作用下的变形与温度的关系曲线，如图 2.43 所示。由图可知，线型无定型高聚物在不同温度会呈现玻璃态、高弹态、黏流态三大力学状态。其特点比较列于表 2-8。

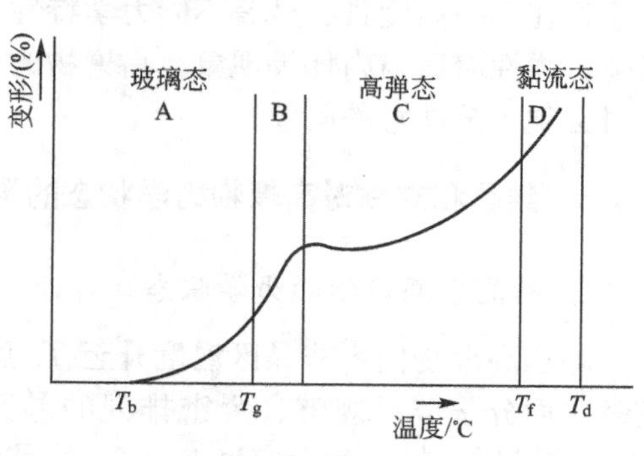

图 2.43 线型无定型高聚物温度-形变曲线

表 2-8 线型无定型高聚物三种力学状态特点比较

力学状态	温度范围	分子运动方式	宏观变形	力学特性	工程价值	备注
玻璃态	T_g 以下	链节的运动	普弹变形	呈现普弹性、刚硬性，有较高强度与弹性模量	塑料使用状态(刚硬性)	低于 T_b 发生脆化
高弹态	$T_g \sim T_f$	链段的运动	高弹变形	呈现高弹性，低弹性模量	橡胶使用状态(高弹体)	高聚物特有状态
黏流态	T_f 以上	整链的运动	黏性流动伴有弹性变形	呈现黏性	高聚物的成形加工态；胶黏剂使用态(黏性流体)	包括可黏性流动的固体与黏性流体

一般将高弹态与玻璃态的转变温度 T_g 称为玻璃化温度，而由高弹态到黏流态的转变温度 T_f 称为黏流温度。前者决定塑料的最高使用温度，后者决定高聚物加工成形的难易程度。此二温度因各种材料而异。

3. 力学状态与外力作用时间的关系

高聚物在不同外力作用时间下与不同温度下显示出一样的三种力学状态和两个转变，表明时间与温度对高聚物力学状态的影响有某种等效作用，这是时间与温度对分子链运动具有等效影响的反映。如：用作飞机轮胎的橡胶在室温下处于高弹态，具有高弹性。但当飞机猛然着落，轮胎接触地面的瞬间，链段运动来不及作出响应，轮胎就不显示出高弹性，而显示出玻璃态的普弹性。

4. 高聚物的力学特点

高聚物力学性能的最大特点是高弹性和黏弹性。由上面的介绍可知，链段运动这一大分子链特有的运动方式，使高聚物出现独有的高弹性。而且，由于分子链运动的多重性，使同一高聚物在不同温度和受力时间能表现出普弹性固体、高弹性橡胶和黏性流体的各种特征，弹性和黏性在高聚物身上同时呈现得特别明显，这一特性称黏弹性。黏弹性不仅使高聚物在不同温度具有显著不同力学特性，而且使高聚物在力的作用下表现出蠕变、应力松弛、弹性滞后与内耗等现象。高聚物的力学性能与时间、温度的密切关系，是使用高聚物时必须十分注意的问题。

2.4.2 结晶和交联对高聚物力学状态的影响

1. 结晶态高聚物的力学状态

晶态高聚物内，非晶区温度升至 T_g 后，要由玻璃态转变为高弹态。至 T_f 后转变为黏流态。而分子链呈规整、紧密排列的晶区，则一直保持坚硬的晶态，直至一定温度 T_m($T_m > T_g$)后，转变为无定型态，T_m 称晶区熔点。因此，晶态高聚物受力时的行为是晶区与非晶区受力时行为的复杂叠加。

(1) 低于 T_g，晶态高聚物处于玻璃态，性刚硬，如－70℃以下的聚乙烯。

(2) 在 T_g～T_m 温度范围，晶区仍处于坚硬的晶态，而非晶区已转变为柔韧的高弹态。所以，高聚物在整体上表现为既硬且韧的力学状态，称为皮革态。如室温下的聚乙烯，随结晶度的提高，皮革态刚硬性提高，柔韧性下降。

(3) T_m 温度以上，晶态高聚物处于橡胶或黏流态。若高聚物聚合度很大，则非晶区的 T_f 会高于晶区的 T_m，故 T_m～T_f 间，高聚物呈现高弹态，至 T_f 以上才呈黏流态。若高聚物的聚合度低时，T_f 会低于 T_m，故 T_m 以上高聚物呈黏流态。

图 2.44 所示为温度对晶态高聚物的力学状态的影响，随着温度的升高，高聚物的力学状态发生变化。在脆化温度 T_b 以下，高聚物处于硬玻璃态；在 T_b～T_g 之间处于软玻璃态；在略高于 T_g 时处于皮革态；在高于 T_g 时处于橡胶态；在接近于黏流温度 T_f 时处于半固态。相应地，高聚物的性能由硬脆逐渐变为强韧、柔软。有机玻璃具有这类典型的变化规律。温度低，强度较高；温度高，强度较低。

结晶高聚物的分子量通常要控制得低一些，分子量只要能满足机械强度要求即可。图 2.45所示为非晶态与晶态聚合物的温度-形变曲线汇总。

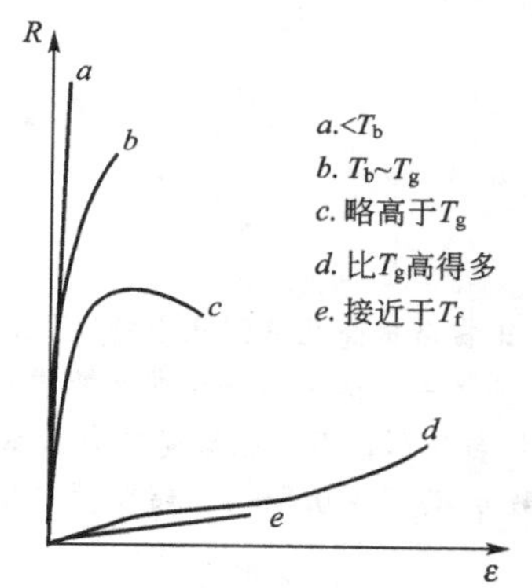

图 2.44 温度对晶态高聚物的力学状态的影响

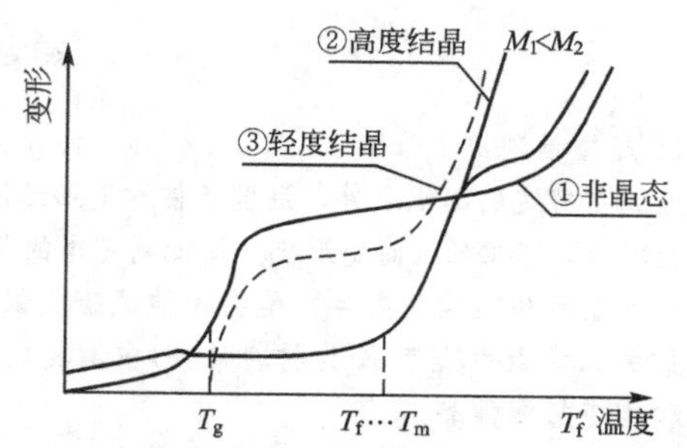

图 2.45 非晶态与晶态聚合物的温度-形变曲线汇总

2. 交联对高聚物力学状态的影响

当卷曲的长分子链间轻度交联时，偶有的交联点并不妨碍其间大量链段的运动，所以在 T_g 以上很宽度范围，高聚物仍呈高弹性。但交联点的存在可阻止分子链之间在力的作用下产生相对移动，防止了高聚物因黏性流动产生永久变形，从而形成具有工程使用价值的高弹体。如聚异戊二烯(天然橡胶)是一种乳胶液体，必须通过硫化形成硫桥交联(图 2.46)，才能获得既具有高弹性，又不会产生“冷流”(室温下因受力产生黏性流动引起永久变形)的具有使用价值的硫化橡胶。随分子链交联密度增加，链段运动变困难，玻璃化温度 T_g 提高，弹性区范围缩小。在弹性区，弹性降低，而强度提高。如硫化橡胶可通过含硫量的改变，形成不同密度的硫桥交联，获得不同硬度，弹性的橡胶。

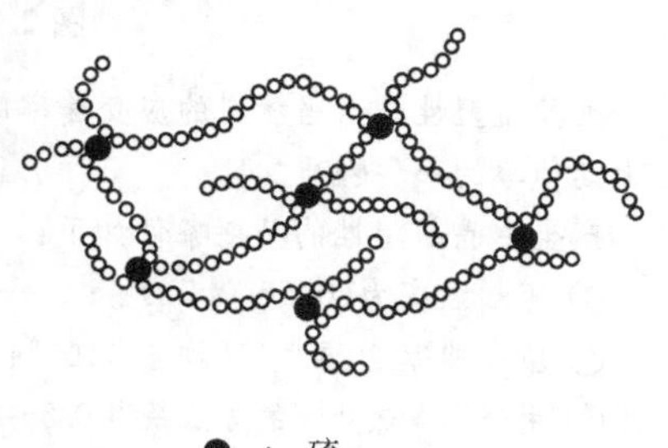

图 2.46 交联的高分子网状结构示意图

交联密度增至一定程度，形成密网型分子链，链段运动完全被阻止，高聚物不再出现高弹态，而只存在刚硬的玻璃态，直至很高温度发生分解。如酚醛塑料(电木)、环氧树脂等。

知识要点提醒

对于材料的力学性能，只要掌握和理解基本内容即可，着重理解力学性能指标及名词、术语的物理意义。

对金属的塑变，首先应理解单晶体金属塑性变形的主要方式——晶面间的滑移，进而了解位错对塑性变形的贡献；在此基础上，了解晶界和晶粒位向对滑移的影响，即可理解多晶体的塑性变形；结合地毯模型理解位错的作用和位错密度增加对性能的影响。

理解了大分子链的运动方式，有利于高聚物的三种力学状态等方面知识的掌握。

力学性能的重点是金属材料力学性能的物理意义，有关材料的物理性能、化学性能和工艺性能只要求做一般了解。

金属塑变的重点是塑性变形的实质、位错滑移机理、冷变形强化和细晶强化，难点是多晶体的塑性变形过程。

高聚物的力学状态的重点是大分子链的运动方式及三种力学状态，难点是结晶和交联的影响。

知识链接

材料的超塑性

1. 超塑性现象

金属在特定的组织条件、温度条件和变形速度下变形时，塑性比常态提高几倍到几十倍(图 2.47)，有的伸长率 $A>1000\%$，而变形抗力降低到常态的几分之一甚至几十分之一，这种异乎寻常的性质称为超塑性。材料显示超塑性的条件，是在拉伸试验中试样要在长度方向均匀变形；而且在流变应力 R 和应变速率 $\dot{\varepsilon}$ 的关系式 $R=K\dot{\varepsilon}^m$(K 为材料常数)中，其应变速率敏感性指数 m 必须在 0.5～1。超塑性包括细晶超塑性和相变超塑性等。

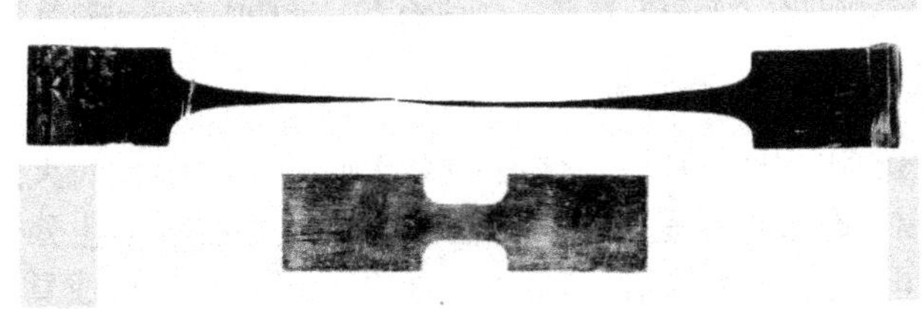

图 2.47　超塑性拉伸前后试样对比

细晶超塑性是指当材料的应变速率敏感指数 m 值的范围大时，在低应力状态下，拉伸变形时能产生巨大延伸率的一种性质。

产生细晶超塑性的必要条件如下：

① 变形温度为$(0.5～0.7)T_{熔}$；

② 应变速率 $\dot{\varepsilon}$ 要小(平均 $\dot{\varepsilon}\leqslant 10^{-3}\mathrm{s}^{-1}$)；

③ 用变形或热处理的方法获得 0.5～5μm 的超细等轴晶，且要求晶粒直径稳定，以使超塑性状态能持续。

通常当材料具有微细化(<10μm)、等轴化、稳定化的“三化”组织，变形温度在 $0.5T_{熔}$ 以上时才能实现超塑性。

这类超塑性具有下列特征：

① 超塑性在 $0.5 \leqslant m \leqslant 0.7$ 时产生；

② 当晶粒变小时，超塑性区域向应变速率高的方向移动；

③ 即使延伸率超过1000%，单个晶粒不发生变形，仍为等轴晶；

④ 存在大规模晶间界面滑动。

相变超塑性是指在小的应力作用下，使材料在相变温度附近进行多次热循环时产生大的累积延伸的一种性质。

相变超塑性出现的条件如下：

① 不一定需要超细晶粒，在普通组织的材料中也可产生；

② 相变是在应力下进行的；

③ 作用应力要小。

相变超塑性的特点如下：

① 拉伸载荷下不产生颈缩，而产生几倍的伸展；

② 作用应力和周期性发生的相变应力之间为线性关系；

③ m 值在0.3以上，一般取 $m \approx 1$；

④ 应变速率与相变速度有关，具有相变速率敏感性等。

利用超塑性现象，可在不破坏材料的情况下，以小的外力可使复杂的形状成形，但超塑性加工的成形速度较慢。近年来，高应变速率超塑性的研究引起了人们的高度重视。

2. 合金超塑性的应用

最早发现的超塑性合金是Zn-22Al合金，其成形温度范围为250～270℃，压力为0.39～1.37686N/mm^2。主要适用于制作强度要求不高、在室温附近使用、不需要二次加工的制品。

超塑性铝合金的蠕变强度较高，设计强度达686N/mm^2，克服了锌合金的不足，最适合于形状复杂、质轻、使用温度可达150℃的制品。如超塑性铝合金Al-6Cu-0.5Zr，可在400～500℃气压成形，成形时屈服强度为125N/mm^2，抗拉强度为230N/mm^2，延伸率可达2000%。这种合金已成功地用于飞机舱壁等复杂形状的零件的制造。

镍基耐热合金是高温强度大的合金，但难以锻造，利用超塑性作精密锻造，则很好地解决了其难以成形的问题，现已成功地用于汽轮机的制造。

以Ti-6Al-4V合金为代表的超塑性钛合金有时可呈现2000%的最大伸长，但在实际的超塑性加工中，该合金以50%～150%的延伸率成形。在超塑性钛合金中，由于超塑性加工和扩散焊接的组合，合金部件更易于整体化，因此其应用范围不断扩大，尤其是大型复合构造物的制造成为可能，开拓了航空用部件的道路，采用组合加工方法制作的钛合金飞机部件，和过去的加工方法相比，成品价格可节约40%～60%，材料重量减轻30%～50%。

超塑性钢的研究也取得一定的进展，尤其是含碳1.25%的碳钢特别引人注目。这类钢预计在汽车驱动机构部件中将得到一定的应用。

3. 陶瓷材料的超塑性

20世纪80年代，人们对陶瓷材料的超塑性的研究引起了极大的兴趣，发现几种材料在单轴向或者双轴向拉伸下有超塑性现象发生，这些陶瓷材料是Y-TZP，氧化铝和羟基磷灰石及复相陶瓷 ZrO_2/Al_2O_3，ZrO_2/莫来石，Si_3N_4 和 Si_3N_4/SiC 等。陶瓷的加工成形和陶瓷的增韧问题是人们一直关注亟待解决的关键问题。陶瓷超塑性的发现，为解决这个问题打开了新途径。有人把陶瓷超塑性的发现称为陶瓷科学的第二次飞跃。

陶瓷材料超塑性主要是材料界面所贡献的，陶瓷材料中包含界面的数量和界面本身的性质对超塑性起着重要作用。通常，陶瓷材料的超塑性对界面数量的要求有一个临界范围，界面数量太少，没有超塑性。界面能及界面的滑移也是影响陶瓷超塑性的重要因素。在拉伸过程中，超塑性的产生是界面不发生迁移，不发生颗粒长大，仅仅是界面内部原子的运动，从而在宏观上产生界面的流变。界面缺陷，例如孔洞、微裂纹会造成界面结构的不连续性，不利于陶瓷超塑性的产生。

关于陶瓷材料超塑性的机制至今并不十分清楚，目前有两种说法，一是界面扩散蠕变和扩散范性，二是晶界迁移和黏滞流变。这些理论都还很粗糙，仅仅停留在经验的、唯象的描述上，进一步搞清陶瓷超塑性的机理是陶瓷物理学的一个重要研究课题。

习　题

1. 说明下列力学性能指标的名称、单位及其含义：E、R_e、R_m、R_{eL}、$R_{r0.2}$、R_{-1}、A、Z、a_k、HBW、HRC。

2. 金属材料刚度与金属机件刚度两者含义有何不同？

3. 试绘出低碳钢的高应力-应变曲线，指出在曲线上哪点出现颈缩现象？如果拉断后试棒上没有颈缩，是否表示它未发生塑性变形？

4. 举例说明在日常生活用品中，哪些是用钢铁制造的？哪些是用有色金属及合金制造的？

5. 在什么条件下，布氏硬度试验比洛氏硬度试验好？

6. 什么是金属的疲劳？疲劳破坏有哪些特点？

7. 与静载相比，冲击载荷有何特点？

8. 在什么情况下应考虑材料的高低温性能？它们的主要性能指标是什么？

9. 某仓库内 1000 根 20 钢和 40 钢热轧钢棒被混在一起，试问可用何种方法加以鉴别，并请说明理由。

10. 晶体中弹性变形和塑性变形有何区别？

11. 滑移面和滑移方向的特点是什么？

12. 为什么不同晶格类型的金属显示出不同的变形特征？三种金属晶体结构中哪一种的塑性最大？为什么？

13. 什么叫位错？什么叫刃型位错？简述滑移的位错理论。

14. 产生冷变形强化的实质是什么？有何实用价值？

15. 晶粒的大小对室温强度和塑性变形有什么影响？为什么？

16. 简述回复、再结晶及晶粒长大过程。

17. 试区别重结晶和再结晶。

18. 怎样区分冷加工和热加工？钨板在 1100℃加工变形和锡板在室温加工变形时，它们的组织和性能会有怎样的变化？热加工会造成哪些组织缺陷？

19. 某厂欲用一较薄的高强度材料代换原 08 钢生产一种冲压件，以降低产品重量，并要求在可能的情况下保留原设计，因而可保留原来的冲模。一青年工程师接受了此任务。他首先对新材料进行拉伸试验，得到延伸率为 6%，然后他在 08 钢板上划方格，使它变形成要求形状，得出最大应变为 4%，于是认为新材料完全可代用 08 钢。但生产时发现最大应变区出现许多破裂损坏，即塑性不够，试问该工程师忽略了什么？

20. 用冷拔铜丝制作导线，冷拔之后应如何处理？为什么？

21. 高聚物有哪几种聚集状态？对高聚物的性能有什么影响？

22. 线型无定型高聚物有哪几种力学状态？其性能特征如何？

23. 何谓黏弹性？高聚物的黏弹性表现在哪几个方面？对高聚物的应用带来什么不利影响？

第3章 二元合金相图及相变基础知识

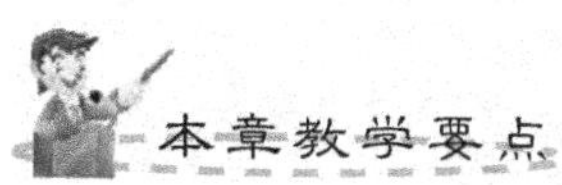

知识要点	掌握程度	相关知识
二元相图	掌握	二元相图与合金性能(力学性能、物理性能及工艺性能)带规律性的一些关系；杠杆定律
铁碳合金相图	重点掌握	铁碳合金系中存在的基本相和组织，以及它们的本质、构造、性质及其形成条件； 典型成分铁碳合金的结晶过程及相关的冷却曲线及其室温下的平衡组织分析； 铁碳合金成分、组织结构和性能间的关系； 钢在加热时的组织转变； C曲线和CCT曲线的分析与应用； P、S、T、$B_{上}$、$B_{下}$、M等符号的含义，过冷奥氏体转变产物的形成条件、组织形态和性能特点

导入案例

如果没有铁

1910年，在斯德哥尔摩举行了国际地质学家代表大会。学者们面临的一个重要问题，就是如何解决缺铁问题。大会委托一个小组计算世界上的铁矿储量。这个权威小组提交给大会一份资源平衡表。他们估计，大约再过六十年，即到1970年，世界铁的储藏将消耗完。

幸好这些科学巨子没有说中，在今天，人类还没有面临限制用铁需求量的必要性。而假如他们的预言不幸实现了，世界将是什么样子呢？如果铁在地球上全部消失，甚至连1g也没有剩下，那又会怎么样呢？

“……街头出现了毁灭性惨相。无论是电车的铁轨、车厢、车头，也无论是汽车……都没有了，甚至连造桥的石头也变成了腐土，植物因为没有了生长所必需的铁而开始枯萎。毁灭的风暴席卷全球，人类也不可避免地死亡。”

其实，人们也活不到这个时刻，因为等不到失去血液中的全部铁，而只要丢掉3g铁，人就会死去。这个重量只占人体重的千分之零点零五。

为了想说明铁在我们生活中起着多么重要的作用，著名的前苏联矿物学家A. E. 费尔斯曼院士描述了上面这样一幅“三生有幸”的情景。

3.1 相图的概念

合金的性能取决于其内部的组织结构，而组织又由基本相所组成，因此，为了研究合金组织与性能的关系，合理制订合金热加工工艺，必须探求合金中各种组织形成及变化的规律。合金相图正是研究这些规律的有效工具，也是本课程的重点内容之一。

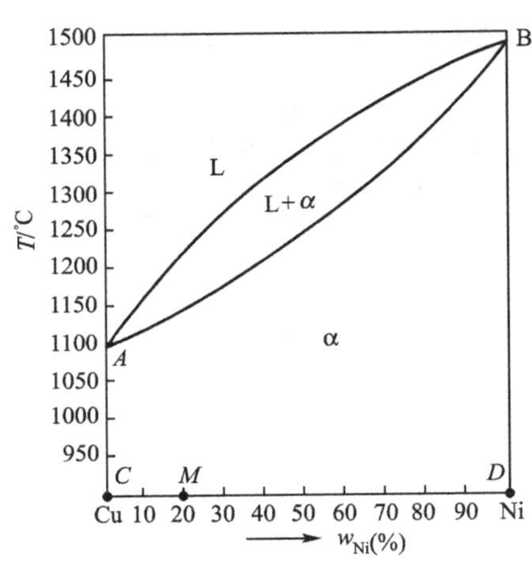

图3.1 Cu-Ni二元合金相图

3.1.1 平衡相图

相图是用图解的方法描述缓慢冷却条件下合金状态、温度、压力和成分之间的关系，所以相图又称为状态图或平衡图。相图的形式和种类很多，如温度-成分图、温度-压力-成分图、温度-压力图等。由于金属材料绝大多数都是凝聚态的，压力的影响极小，因此常见的二元合金相图没有压力参数，是只用温度和成分两个参数分别作为纵、横向坐标轴来表示的平面图形，如图3.1为Cu-Ni二元合金相图。纵坐标表示温度，横坐标表示成分，横坐标左端*C*点表示纯铜，右端*D*点表示纯镍，其余每一点均表示一种合金成分，如*M*点表示20%Ni+80%Cu的Cu-Ni合金。

3.1.2 冷却曲线

通过对具有固定成分的材料冷却曲线的观察，可获得材料结晶过程的大量信息。所谓冷却曲线是以温度作为时间的函数画出的冷却循环曲线，相变点在曲线上以特征点形式出现。

对于铅-锡合金系，在图 3.2 中给出了六条不同成分的冷却曲线。曲线Ⅰ表示纯铅由液态开始冷却，在液态时观察到一光滑曲线。当达到结晶点 a 时，开始结晶。由于结晶潜热的放出，出现 $a-a'$温度保持线。从 a'开始，刚生成的固相继续冷却，温度沿一光滑曲线下降。这种曲线的特点是纯金属及具有确定熔点物质的共同特性，如曲线Ⅵ所示的纯锡冷却曲线。

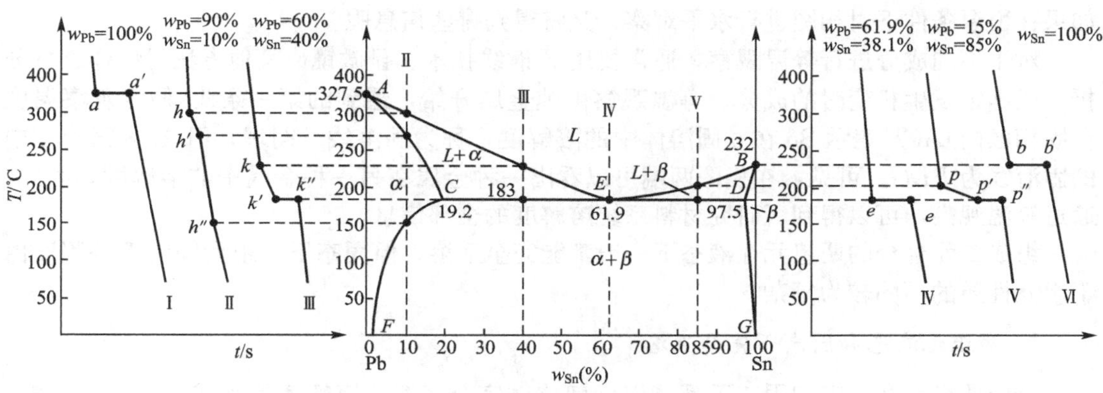

图 3.2 用冷却曲线绘制 Pb-Sb 合金相图示意图

对于 61.9%Sn 的合金，可观察到一个如图中曲线Ⅳ所确定的熔点。与纯金属的区别在于自合金液中同时结晶出两种成分和结构不同的固相形成的机械混合物，此过程称共晶反应，即

$$L_C \xrightleftharpoons{183℃} \alpha_C + \beta_D \tag{3-1}$$

应指出，共晶反应在固定温度发生，且反应中，合金液及结晶后两固相成分固定。

图 3.2 中曲线Ⅲ是 40%Sn 合金的冷却曲线。合金液连续冷却到 K 点，液相中开始形成 Sn 在 Pb 中的固溶体(α)的小晶粒，并释放出能量，因而曲线斜率突然减小。这些小晶粒的形成，使得剩下的合金液中 Sn 浓度增大，从而结晶点下降。为了继续形成新的固相，必须继续冷却。更多的固相不断生成使得剩余合金液中 Sn 浓度更高，使结晶点进一步下降，因此出现了一凝固温度范围，相应的上特征温度为始结晶温度，下特征温度为终结晶温度。当温度达到 k'点时，剩余合金液成分达 E 点(61.9%Sn)成分，所以，此时发生共晶反应，剩余合金液结晶形成两成分和结构不同的固相形成的机械混合物，冷却曲线上也可观察到一段等温保持线。随后，固相混合物继续冷却。图 3.2 中冷却曲线Ⅴ与Ⅲ相似，分析方法也相同，区别在于先析出的是 Pb 在 Sn 中的固溶体 β。

图 3.2 中曲线Ⅱ是 13%Sn 合金冷却曲线。合金冷却至 h 点时结晶出固相(固溶体 α)，

随着温度下降，α 固溶体量不断增加，液相量不断减少，温度降到 h' 点时，液相全部结晶成固溶体，其成分为原合金成分。在 $h'\sim h''$ 点温度范围内，固溶体不发生变化。而自 h'' 点开始，曲线斜率又突然下降。这是由于自 h'' 点开始，自 α 固溶体中析出二次相 β 固溶体，同时放出能量所引起的。

现在可以把各相变点按冷却曲线上相同的温度转移到温度-成分坐标上，并将物理意义相同的特征点连成曲线，便得到图 3.2 所示的铅-锡相图。图中 *AEB* 线为所有合金处于液态时的最低温度，称为液相线；*ACEDB* 线是所有合金处于固态的最高温度，称为固相线。液相线和固相线之间，液固两相共存，为液-固两相区。

3.1.3 溶解度与相图的基本类型

上述冷却曲线的讨论，实际上是在成分固定的条件下，对相图进行垂直观察。那么，如果在恒温条件下对相图进行水平观察，又将得到哪些信息呢?

对于不同成分进行等温观察，通常要用 X 射线技术、显微镜或其他方法对试样进行分析，以确定发生相变时的成分。等温观察由纯金属开始，遇到的第一条线(假定观察温度在固相区内)*ACF* 表示 Sn 在 α 固溶体中的溶解度，称为固溶线。同理，Pb 在 β 固溶体中的固溶线为 *BDG*。可见，在相图两端可以看出一种金属在另一种金属中的溶解度。因此，通过等温观察，可以得到所研究材料系统溶解度的全部信息。

组成二元合金的两组元在液态下一般都能完全互溶，但固态下，组元间的溶解程度由于组元性质的不同较为复杂。

1. 两组元液态和固态下完全互溶

合金两组元在液态和固态下都能以任何比例完全互溶，溶解度不受成分变化的影响，温度超过液相线形成液态，低于固相线也可形成连续的单相固溶体，这类合金系构成的相图称为匀晶相图，其转变过程称为匀晶转变。

图 3.1 所示的 Cu-Ni 合金相图就是典型的匀晶相图。其基本特征是合金系中有液相 L 和 Cu、Ni 互溶形成的无限固溶体 α 两种相。整个相图被液相线和固相线分割成三个区域，其中两个单相区：L 区和 α 区；一个液、固两相共存区：L+α 区。固相线的两个端点 *A* 和 *B* 是两个纯金属组元 Cu 和 Ni 的熔点。匀晶转变在 L+α 两相区内完成。

2. 两组元液态下完全互溶固态下部分互溶

多数合金尽管在液态下能无限互溶，这类合金系中，固态下一个组元在另一组元中却存在一定的溶解度或饱和点，且溶解度是温度的函数。它们可以构成共晶相图或包晶相图。

由图 3.2 可知，在固态时，锡在铅中的最大溶解度为 19.2%(质量比，后同)，类似地，铅在锡中最大溶解度为 2.5%。如温度从最大溶解度点下降，则固溶体的溶解度通常要下降。因此，如锡在铅中固溶体由 183℃开始冷却，则合金由单相区转成两相区，一些富锡的第二相(β)将从固溶体中析出。这一特性可用来控制许多工程合金的性质。

如果当合金组元的含量超出固溶体的最大溶解度时，合金从液态冷却到某一温度会同时结晶出两种不同的固相，形成机械混合物，即能发生共晶转变，这类合金系的相图就称为共晶相图。具有共晶相图的合金系有图 3.2 所示的 Pb-Sn 以及 Al-Cu、Al-Si 等。

共晶相图的基本特征是合金系中有液相 L、Sn 溶于 Pb 形成的有限固溶体 α、Pb 溶于 Sn 形成的有限固溶体 β 三种相。整个相图被液相线 *AEB* 和固相线 *ACEDB* 以及固溶线 *CF* 和 *DG* 分割成六个区域，其中三个单相区：L、α 和 β 区；三个两相区：L+α、L+β 和 α+β 区。*A* 和 *B* 点是两个纯金属组元 Pb 和 Sn 的熔点。在三个两相区间存在一条三相共存线 *CED*，称为共晶线，它是共晶相图中最重要的线，只要成分在 *CD* 间的合金溶液冷却到共晶温度(183℃)都会发生共晶转变，同时结晶出两种不同的固相 α 和 β。

共晶转变生成的(α+β)两相机械混合物称为共晶体，共晶体(α+β)的显微组织特征为两相呈层片状交替分布。*E* 点是共晶点，代表 α 和 β 共同结晶时液相的成分和温度。成分为 *C* 点的合金称为共晶合金，*CE* 之间的合金称为亚共晶合金，*ED* 之间的合金称为过共晶合金，*C* 点以左和 *D* 点以右的合金称为固溶体合金。

如果两组元在液态下无限互溶，固态下有限互溶，当液态合金冷却到某一温度时发生包晶转变，即一定成分的液相和一个一定成分的固相相互作用生成另一种成分一定的固相，这种合金系的相图称为包晶相图，如图 3.3 所示为 Pt-Ag 合金相图。*PE* 线表示 Ag 在 α 固溶体中的溶解度极限，随着温度的降低 Ag 在 α 固溶体中的溶解度不断减少，*P* 点是 Ag 在 α 固溶体中的最大溶解度点；同理，*DF* 线表示 Pt 在 β 固溶体中的溶解度极限，*D* 点是 Pt 在 β 固溶体中的最大溶解度点。

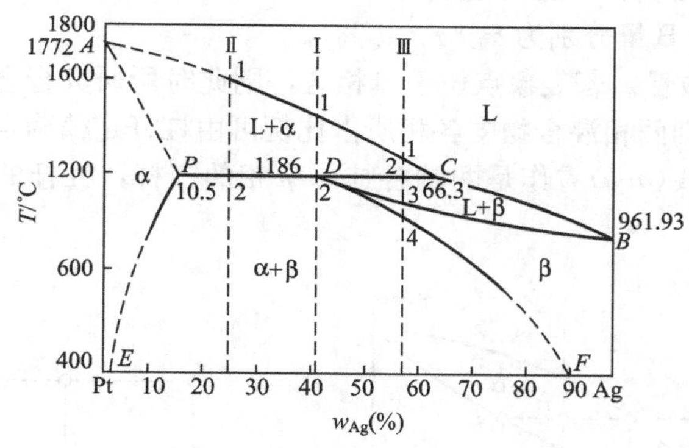

图 3.3 Pt-Ag 合金相图

包晶相图的基本特征是合金系中有液相 L、Ag 溶于 Pt 中形成的有限固溶体 α、Pt 溶于 Ag 形成的有限固溶体 β 三种相。整个相图被液相线 *ACB*、固相线 *APDB* 以及固溶线 *PE* 和 *DF* 分割成六个区域，其中三个单相区：L、α 和 β 区；三个两相区：L+α、L+β 和 α+β 区。*A* 和 *B* 点是两个纯金属组元 Pt 和 Ag 的熔点。在三个两相区间也存在一条三相共存线 *PDC*，称为包晶线，它是包晶相图中最重要的线，只要成分在 *PC* 间的合金溶液冷却到包晶温度(1186℃)都会发生包晶转变。其表达式为

$$L_C + \alpha_P \xrightleftharpoons{1186℃} \beta_D \tag{3-2}$$

D 点是包晶点。包晶转变终了时，成分为 *D* 点的合金组织中原来的 L、α 相全部转变成 β 相。但成分在 *PD* 之间的合金还有 α 相过剩，*DC* 之间的合金则有 L 相剩余。

3. 两组元液态完全互溶固态互不溶解

有些合金组元在液态下能够完全互溶，但在固态下彼此互不溶解，这类合金构成的相图称为简单共晶相图。简单共晶相图除了无固溶线外，其他的基本特征与 Pb－Sn 合金相图相同。

3.2 平衡相图的应用

3.2.1 表象点的研究

相图中的任意一点称为表象点，如图 3.4 中的 o 点。利用表象点可获得三个基本信息。下面以匀晶相图为例来讨论。

(1) 存在的相。找出要研究的表象点在相图中所处的相区，就能判定存在的相。

(2) 各存在相的成分。若表相点位于单相区，则相的成分即为所研究合金的成分，由表象点直接决定。若表象点位于两相区，则通过该点作一条水平等温连线，该线与相邻两相区边界线的交点的成分即为两相混合物中各相的成分。如图 3.4 中 $w_B=x\%$成分的合金在 T_x温度下的平衡相是液相 L 和固相 α。求两相的成分时可通过 o 点作一条代表 T_x温度的水平线，此线与液相线和固相线的交点 a、b 在横坐标上的投影 x_L、x_α则分别代表液、固两平衡相的成分(含 B 量分别为 $x_L\%$、$x_\alpha\%$)。

(3) 各存在相的数量。若表象点位于单相区，则此时所研究合金全部以此相存在。如表象点位于两相区，则两相混合物中各相所占比例可由杠杆定律确定。

杠杆定律把等温线(aob)看作是两端各挂一个相的杠杆，杠杆的支点在表象点 o 的垂直成分线上。

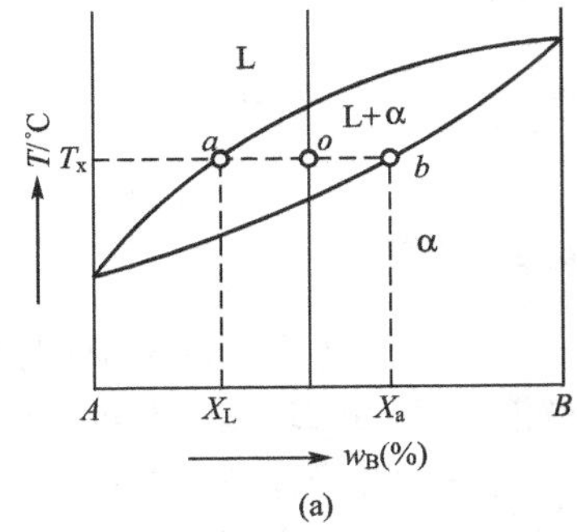

(a)

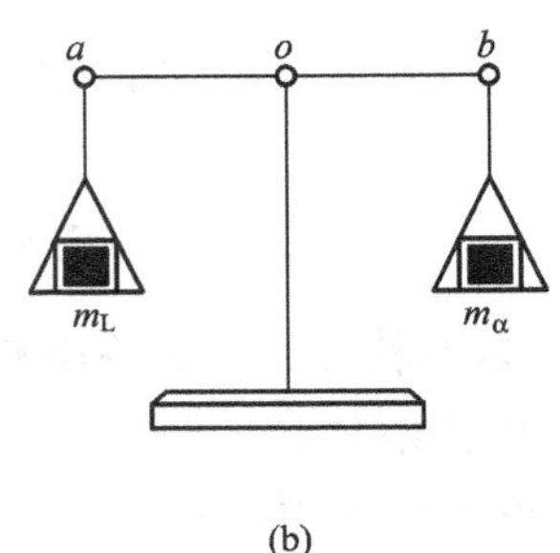

(b)

图 3.4 杠杆定律

设合金的总质量为 m，液相的质量为 m_L，固相的质量为 m_α，则可列出式(3－3)和式(3－4)。

$$m_L+m_\alpha=m \tag{3-3}$$

$$m_L\cdot x_L\%+m_\alpha\cdot x_\alpha\%=m\cdot x\% \tag{3-4}$$

解式(3-3)和式(3-4)，得

$$\frac{m_L}{m}=\frac{x_\alpha - x}{x_\alpha - x_L}=\frac{xx_\alpha}{x_L x_\alpha} \quad \frac{m_\alpha}{m}=\frac{x - x_L}{x_\alpha - x_L}=\frac{x_L x}{x_L x_\alpha}$$

所以，液相和固相的相对质量分别为

$$W_L=\frac{m_L}{m}\times 100\%=\frac{xx_\alpha}{x_L x_\alpha}\times 100\% \tag{3-5}$$

$$W_\alpha=\frac{m_\alpha}{m}\times 100\%=\frac{x_L x}{x_L x_\alpha}\times 100\% \tag{3-6}$$

液、固两相的质量比为

$$\frac{m_L}{m_\alpha}=\frac{xx_\alpha}{x_L x}=\frac{x_\alpha}{x_L} \quad 或 \quad m_L \cdot x_L = m_\alpha \cdot x_\alpha \tag{3-7}$$

对照图3.3(b)可以看出，式(3-7)的形式与力学中的杠杆原理相似，所以称为杠杆定律。

应该指出的是，杠杆定律只适用于二元合金平衡状态下的两相区。

在图3.5中，表象点M表示8%Sn+92%Pb的合金350℃时为液态；温度降至300℃时表象点变成了N，此时合金由液相和固相组成，两相的成分分别为a、b在横坐标上的投影；当温度降至200℃，表象点为K，合金全部转变成与原合金成分相同的单相α固溶体。表象点O则表示30%Sn+70%Pb的Pb-Sn合金，在100℃温度下由α和β两相组成，两相的成分分别为c、d在横坐标上的投影，两个相的相当量可在此基础上用杠杆定律确定。

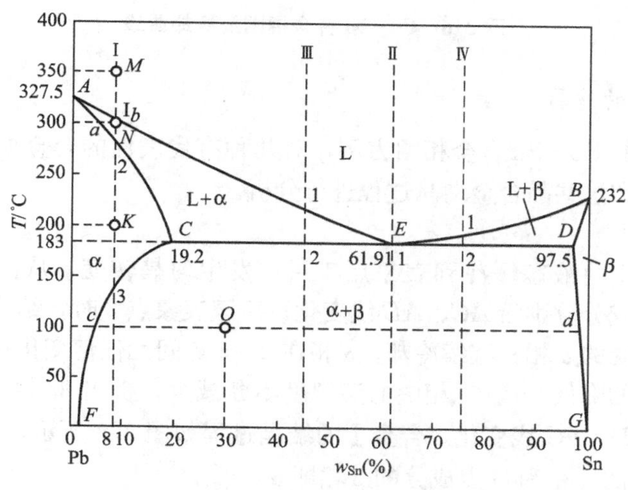

图3.5 Pb-Sn合金相图

3.2.2 合金的结晶过程分析

1. 匀晶系合金的结晶

对合金结晶过程的分析实质上就是对表象点的研究过程。下面以成分为x%的Cu-Ni合金Ⅰ为例来说明合金的平衡结晶过程。当液态合金缓冷至表象点1时，发生匀晶转变，从液态中开始结晶出 α 相，随着结晶的进行，液相成分沿 1A 变化，固相成分沿 1′A 变化，α 相量增加，L 相量减少；直至表象点 2 温度时，结晶结束，液相消失，合金获得与原合金成分相同的 α 相。继续冷却，表象点在固相区变化，组织不发生改变。因此，合金的室温组织和组成相都是 α 相。合金结晶过程如图 3.6(b)所示。

在实际生产中，合金溶液浇注后冷却速度较快，原子扩散不能充分进行，从而造成先后结晶的 α 相成分出现差异，最终导致晶粒内部成分不均匀，这种现象称为晶内偏析或枝晶偏析。晶内偏析使合金的力学性能、加工工艺性能和耐蚀性能降低，生产中广泛应用扩散退火来消除其不利影响。

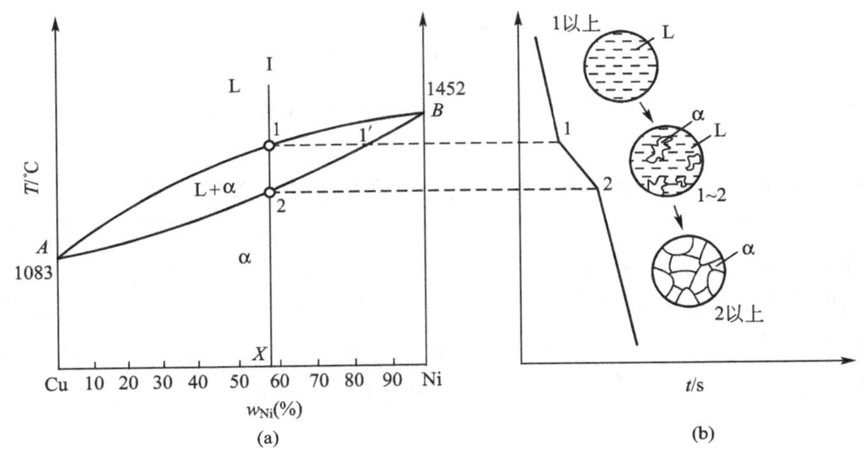

图 3.6　Cu－Ni 合金相图及冷却曲线

2. 共晶系合金的结晶

以图 3.5 所示的 Pb－Sn 合金相图为例，对几种有代表性的合金如固溶体合金、共晶合金、亚共晶合金和过共晶合金结晶过程进行分析。

1）固溶体合金

当固溶体合金Ⅰ由液态缓冷到表象点 1 后，发生匀晶转变，从液相中不断结晶出 α 相，液、固两相的成分分别沿 AC、AE 线变化；冷至表象点 2 时，结晶完成，液相全部转变成与合金成分相同的 α 相；继续冷却，α 相在 2～3 点间无任何变化；当合金冷却到表象点 3 时，随着温度的降低 Sn 在 α 相中的溶解度不断减少，析出 β_{II} 相，在此过程中，α 和 β_{II} 的成分分别沿 ED、FG 线变化。合金Ⅰ的结晶过程如图 3.7 所示。室温组织为 $\alpha+\beta_{\text{II}}$，组成相为 F 点成分的 α 相和 G 点成分的 β 相即 $\alpha_F+\beta_G$。

2）共晶合金

当共晶合金Ⅱ由液态缓冷到表象点 1 时发生共晶转变，在此温度下经过一定的时间到 1′转变结束，成分为 E 的液相全部转变成由成分为 C 的 α 相和成分为 D 的 β 相组成的共晶体(α＋β)，两相呈层片状相间排列，交错分布。随后继续冷却，共晶体中的 α 和 β 相的成分各自沿 CF、DG 线变化，分别析出 β_{II} 和 α_{II}。由于析出的次生相数量较少，且与初生相连在一起无法辨认，共晶体的形态基本不发生变化，可忽略不计。合金Ⅱ的结晶过程如图 3.8 所示。室温组织为(α＋β)共晶体，组成相仍是 $\alpha_F+\beta_G$。

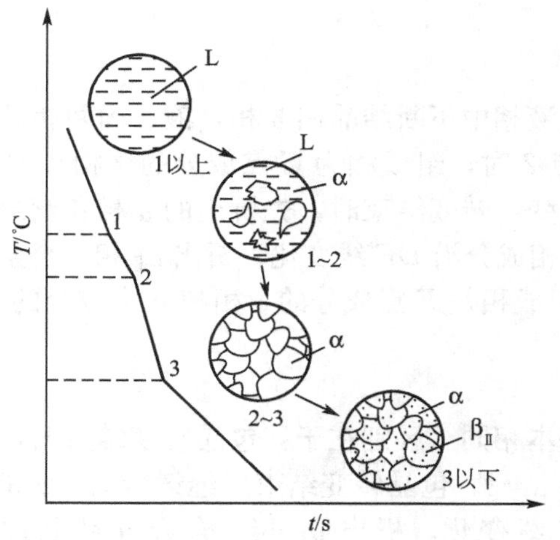

图 3.7 固溶体合金Ⅰ结晶过程示意图

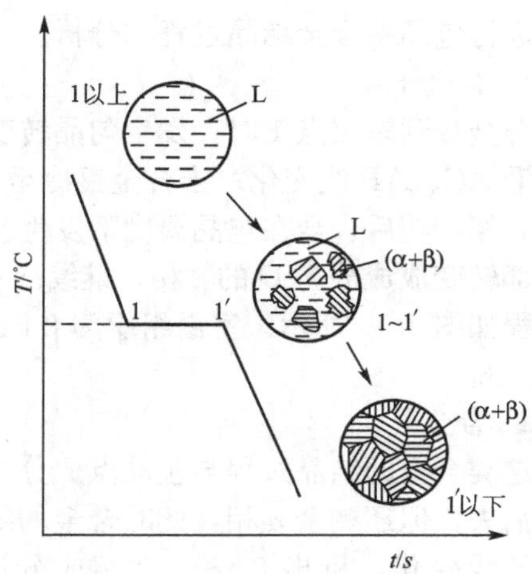

图 3.8 共晶合金Ⅱ结晶过程示意图

3）亚共晶合金

当亚共晶合金Ⅲ由液态缓冷到表象点 1 后，发生匀晶转变，从液相中不断结晶出 α 相，液、固两相的成分分别沿 AE、AC 线变化；刚刚冷至表象点 2 时，组成相为 C 点成分的 α 相和 E 点成分的液相。随后达到共晶成分的过剩液相在共晶温度下发生共晶转变，过剩液相全部转变成由成分为 C 的 α 相和成分为 D 的 β 相组成的共晶体(α＋β)。在共晶转变过程中，初生 α 相不发生变化。转变结束后继续冷却，共晶体(α＋β)显微组织特征保持不变，初生 α 相成分沿 CF 线变化，析出 β_{II} 相。合金Ⅲ的结晶过程如图 3.9 所示。室温组织为 $\alpha+\beta_{II}+(\alpha+\beta)$，组成相也是 $\alpha_F+\beta_G$。

4）过共晶合金

过共晶合金Ⅳ的结晶过程与亚共晶合金类似。所不同的是冷却到 1 点温度时析出 β 固溶体，低于共晶温度后会从 β 固溶体中结晶出 α_{II}。合金Ⅳ的结晶过程如图 3.10 所示。室温组织为 $\beta+\alpha_{II}+(\alpha+\beta)$，组成相还是 $\alpha_F+\beta_G$。

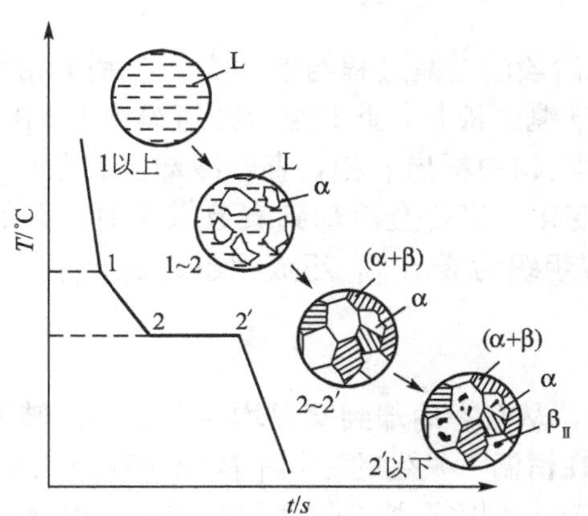

图 3.9 亚共晶合金Ⅲ结晶过程示意图

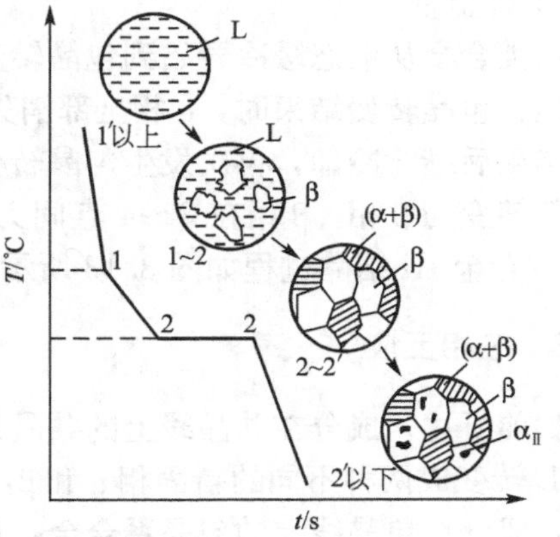

图 3.10 过共晶合金Ⅳ结晶过程示意图

3．包晶系合金的结晶

下面以图 3.3 中包晶点成分合金Ⅰ、成分在 PD 间的合金Ⅱ、成分在 DC 间的合金Ⅲ

为例进行包晶系合金结晶过程的分析。

1）合金Ⅰ

合金冷到表象点1时，发生匀晶转变，从液相中不断结晶出α相，液、固两相的成分分别沿 *AC*、*AP* 线变化；当合金钢冷至表象点2时，组成相为 *C* 点成分的液相和 *P* 点成分的α相，随后合金在包晶温度下发生包晶转变，转变结束时，先析出的α相和剩余的液相全部转变成成分为 *D* 的β相。继续冷却，β相成分沿 *DF* 线变化，析出 $\alpha_{\text{Ⅱ}}$ 相。合金Ⅰ结晶过程如图3.11所示。室温组织为 $\beta+\alpha_{\text{Ⅱ}}$，组成相是 *E* 点成分的α相和 *F* 点成分的β相，即 $\alpha_E+\beta_F$。

2）合金Ⅱ

这类合金的结晶过程与包晶点成分合金基本相同。区别在于：包晶转变结束时，液相全部消失，但还剩余α相，此时合金的组织为α+β。包晶转变结束后继续冷却，α相成分沿 *PE* 线变化，析出 $\beta_{\text{Ⅱ}}$ 相，β相成分沿 *DF* 线变化，析出 $\alpha_{\text{Ⅱ}}$ 相。合金Ⅱ结晶过程如图3.12所示。合金室温组织为 $\alpha+\beta+\alpha_{\text{Ⅱ}}+\beta_{\text{Ⅱ}}$，组成相仍是 $\alpha_E+\beta_F$。

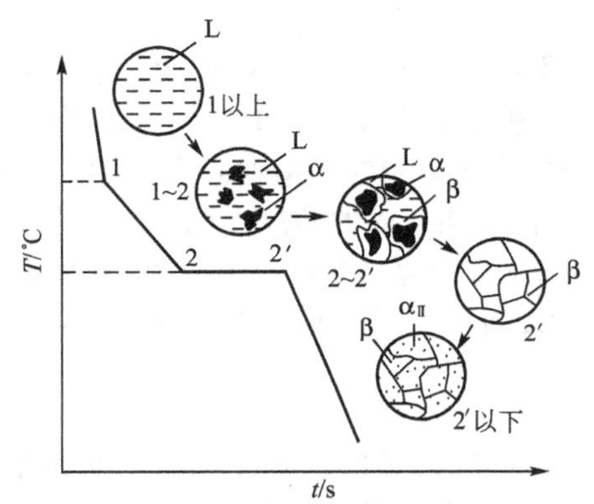

图3.11　合金Ⅰ结晶过程示意图

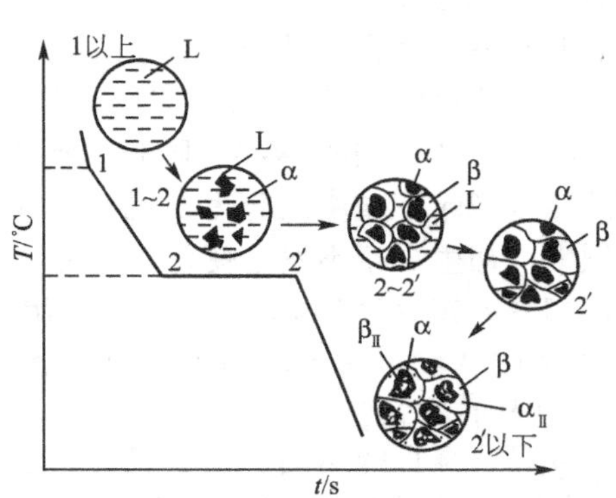

图3.12　合金Ⅱ结晶过程示意图

3）合金Ⅲ

这类合金从液态缓冷开始到包晶转变结束阶段的结晶过程与前两类合金基本相同。不同的是：包晶转变结束时，α相全部消失，但还剩余液相，此时合金的组织为L+β。包晶转变结束后继续冷却，再次发生匀晶转变，从液相中析出β相，直到冷却至表象点3，液相全部转变为β相。β相在3～4点间无任何变化。当合金冷却到表象点4时，开始析出 $\alpha_{\text{Ⅱ}}$ 相。合金III结晶过程如图3.13所示。室温组织为 $\beta+\alpha_{\text{Ⅱ}}$，组成相还是 $\alpha_E+\beta_F$。

3.2.3　三相反应

如前所述，成分在共晶线上的共晶系合金，从液态冷却到室温均会发生共晶转变，由液相L转变成两种不同的新固相α和β，这种在恒温下发生的三相平衡反应称为三相反应。同样，成分在包晶线上的包晶系合金，从液态冷却到室温均会发生包晶转变，由液相L和固相α转变成另一种新固相β，这种在恒温下完成的三相平衡反应也称为三相反应。三相反应在相图中的明显特征是有一条水平直线，如共晶线、包晶线，临界点的连线与该线相交并分别呈V形和倒V形。

共析反应也是二元合金中最常见的三相反应之一。它是在高温下通过匀晶反应或包晶反应形成的单相固溶体，在冷至某一温度时发生分解，同时析出两种新固相的反应，这类合金所构成的相图称为共析相图。共析反应也是在恒温下进行的，相图特征也为V形，如图 3.14 所示。由于共析反应的母相是固相而不是液相，固态中的原子扩散困难，所以共析反应较之共晶反应的过冷倾向性更大，形核率更高，得到的转变产物更细小、弥散。

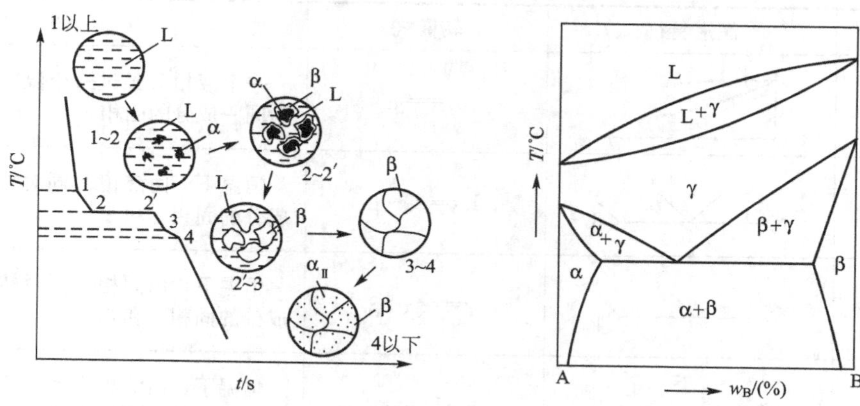

图 3.13　合金Ⅲ结晶过程示意图　　**图 3.14　共析相图**

3.2.4　金属化合物

在二元合金系中，如果两组元间有足够强的键合力，组元间常形成一种或几种稳定的金属化合物。这些化合物有固定的熔点和一定的化学成分，而且在熔点温度以下不发生分解，例如 Mg－Cu 合金中 Mg 和 Cu 形成的 Mg_2Cu 和 $MgCu_2$。

稳定的金属化合物在相图中的表现形式取决于它对组元在固态下的溶解程度。如图 3.15 所示，固态下金属化合物 $MgCu_2$ 对组元 Mg、Cu 有一定的溶解度，即能形成以 $MgCu_2$ 为基的固溶体 γ 相，因此，在相图中它是一个区域(γ 相区)。若化合物与组元互不溶解，化合物在相图中是一条与液相线相连的垂直线，比如 Mg_2Cu。相图分析时可以将它们视为独立的组元，整个相图则可看成由三个独立的共晶相图 Mg－Mg_2Cu、Mg_2Cu－$MgCu_2$ 和 $MgCu_2$－Cu 组成，此时，相平衡关系可以根据这三个简单相图来判定。

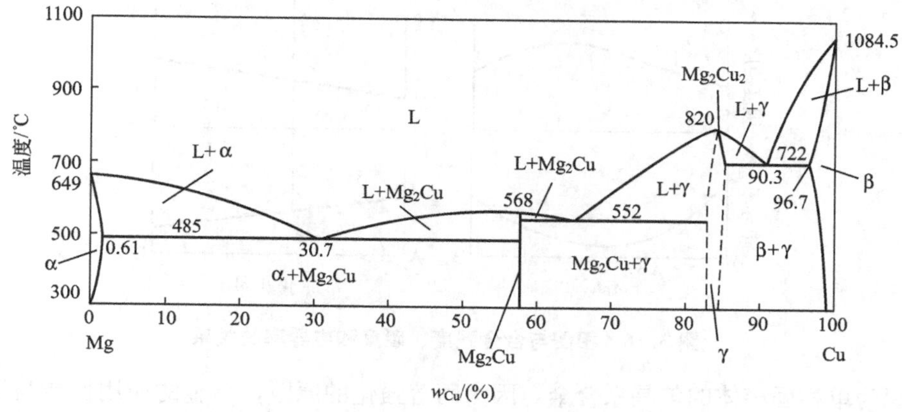

图 3.15　Mg－Cu 合金相图

在合金中，金属化合物通常是一种强化相，它能提高合金的强度、硬度和耐磨性，但会使塑性和韧性降低。

表 3-1 列出了几种主要二元合金相图及其转变特征。

表 3-1　几种主要二元合金相图及其转变特征

相图类型	图形特征	转变式	说　　明
匀晶转变		L⇌α	一个液相 L 经过一个温度范围转变为同一成分的固相 α
共晶转变	L α β	L⇌α+β	恒温下，由液相 L 同时转变为不同成分的固相 α 和 β
共析转变	γ α β	γ⇌α+β	恒温下，由固相 γ 同时转变为不同成分的固相 α 和 β
包晶转变	L α β	α+L⇌β	恒温下，由液相 L 和一个固相 α 相互作用生成一新的固相 β

3.2.5　相图与合金性能之间的关系

相图反映了不同成分合金的结晶特点以及平衡条件下组织和成分的变化规律，而成分和组织是决定合金性能的主要因素。显然，通过合金相图可以简单判断合金的性能。

1. 相图与使用性能的关系

匀晶系合金和共晶系合金相图与合金强度、硬度和电导率的关系如图 3.16 所示。

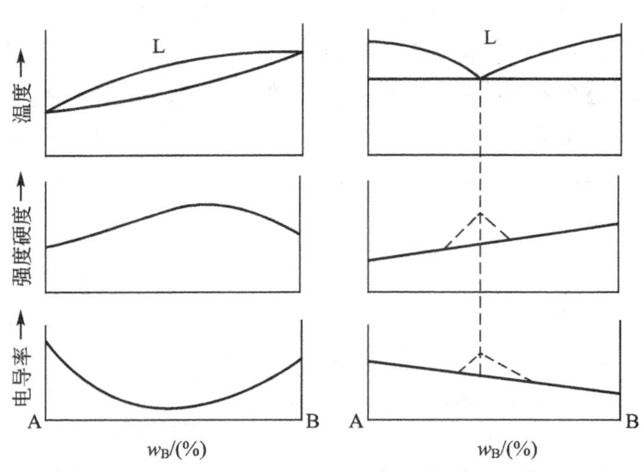

图 3.16　相图与合金强度、硬度和电导率的关系

组织为单相固溶体的匀晶系合金，因为固溶强化的原因，合金的使用性能与组成元素的性质和溶质元素的溶入量有关。溶剂和溶质一定时，溶入量越多，则合金的强度、硬度越高，电阻越大，电导率越小，并且在某一成分达到最大或最小值。

组织为两相混合物的共晶系合金，合金的使用性能大致为两个组成相的平均值，即与成分呈直线关系。但是随着两相晶粒的细化，弥散度增大，合金的使用性能显著提高，直线关系将被破坏。所以在共晶成分附近的合金力学性能和电导率最高，如图中突出的虚线小三角形部分。

2. 相图与铸造性能的关系

合金的铸造性能主要指流动性和收缩性。如图 3.17 所示，铸造性能与相图中的结晶温度范围有关。结晶温度范围宽时，初生的树枝状晶体发达，从而阻碍了液体金属的流动，同时在枝晶内部和枝晶间产生的分散缩孔，都会使铸造性能恶化。所以，工程上大多数铸造合金的成分常取共晶成分或接近共晶成分或选取结晶温度范围最小的成分。

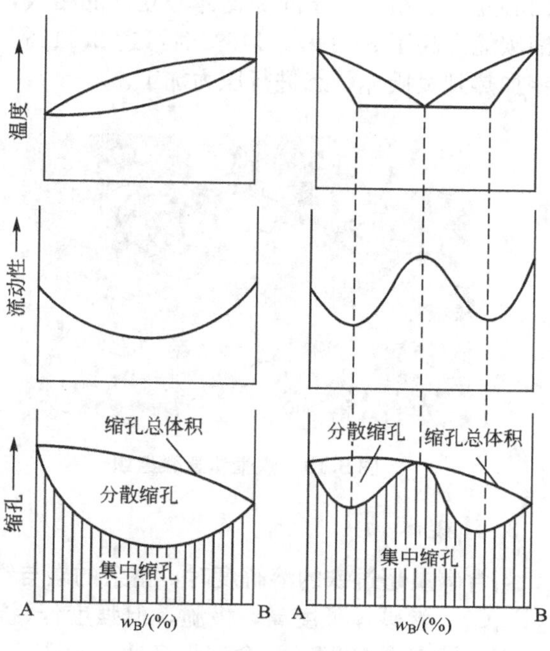

图 3.17　相图与合金铸造性能的关系

3. 相图与加工性能的关系

单相固溶体合金变形抗力小，塑性较好，因此，变形均匀，不易开裂，适于锻造、轧制等压力加工变形。当合金形成两相混合物时，变形抗力增大，特别是晶界处存在硬而脆的金属化合物时，更不利于变形。但两相合金比单相固溶体合金的切削加工性能好。

3.3　铁-碳平衡相图

碳钢和铸铁是以铁和碳两种元素为基本组元的合金，常称为铁碳合金。它们是在工业上应用最广泛的二元合金。铁碳合金平衡相图则反映了合金成分、组织及性能间的变化规律，是研究钢铁材料和热处理方法的理论基础，也是制订热加工工艺的重要依据。

3.3.1　铁碳合金的基本相和组织

1. 铁素体

碳溶于 α-Fe 形成的间隙固溶体称为铁素体(图 3.18)，用 F 或 α 表示。由于 α-Fe 是体心立方晶格，原子间隙很小，使得 α-Fe 的溶碳能力差，在 727℃时仅为 0.0218%，室温下为 0.0008%。因此，铁素体的性能与纯铁接近，塑性、韧性较好，强度、硬度较低。其抗拉强度为 180～260N/mm^2，屈服强度为 100～170N/mm^2，硬度为 50～80HBW，延伸率为 30%～50%，断面收缩率为 70%～80%，冲击韧性为 1.6×10^6～2×10^{6}J/m^2。

2. 奥氏体

碳溶于 γ-Fe 形成的间隙固溶体称为奥氏体(图 3.19)，用 A 或 γ 表示。由于 γ-Fe

是面心立方晶格，原子间隙比体心立方晶格大，并且 γ - Fe 的存在温度高，因而，γ - Fe 的溶碳能力高于 α - Fe，1148℃时可达 2.11%。奥氏体塑性好，变形抗力低，所以，通常把钢加热到奥氏体状态进行压力加工。

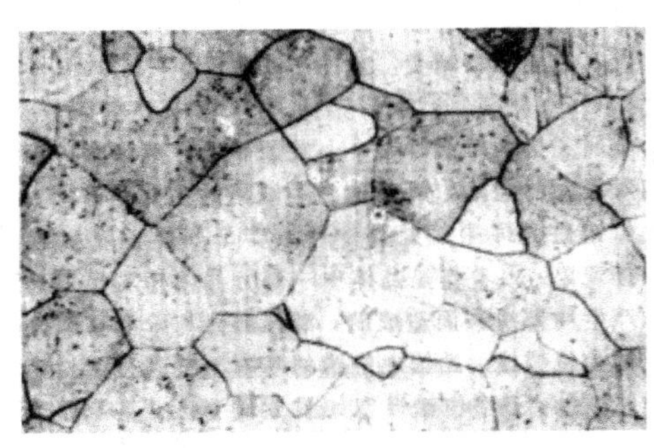

图 3.18 铁素体显微组织

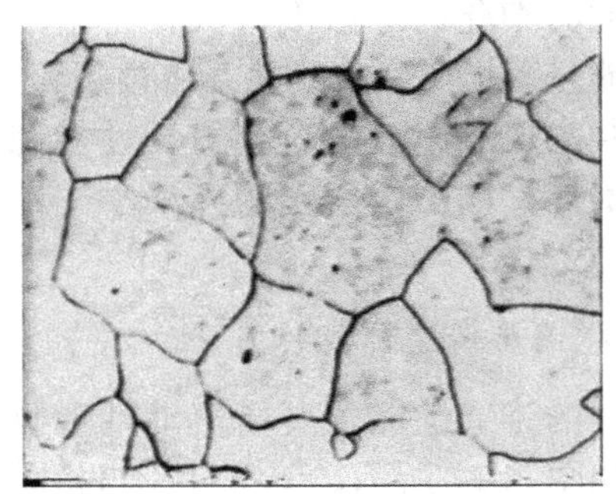

图 3.19 奥氏体显微组织

3. 渗碳体

当含碳量超过铁的溶解度时，富余的碳与铁形成具有复杂晶格的间隙化合物——渗碳体(Fe_3C)。渗碳体硬度高，极脆，但强度低(抗拉强度约为 $30N/mm^2$)，塑性、韧性几乎等于零，熔点为 1227℃，含碳量高达 6.69%。

4. 高温铁素体

碳溶于 δ - Fe 形成的间隙固溶体称为高温铁素体(用 δ 表示)。它仍具有 δ - Fe 的体心立方晶格，存在于 1394～1538℃温度范围内，是一种高温相。在 1495℃时，碳在 δ - Fe 中的最大溶解度为 0.09%。

5. 珠光体

奥氏体从高温缓慢冷却至 727℃时，分解出呈层片状相间排列、均匀分布的铁素体和渗碳体两相机械混合物，称为珠光体，用 P 表示。其碳的平均含量为 0.77%，力学性能介于渗碳体和铁素体之间，如抗拉强度约为 770 N/mm^2，硬度为 180HBW，延伸率为 20%～35%，冲击韧性为 $3\times10^5\sim4\times10^5 J/m^2$。

6. 莱氏体

碳的质量分数大于 2.11%的铁碳合金从液态缓慢冷却到 1148℃时，液相中结晶出的奥氏体和渗碳体共晶组织称为高温莱氏体，用 Ld 表示。在 727℃以下由高温莱氏体转变成的呈均匀分布的珠光体和渗碳体复相物称为低温莱氏体，用 Ld′表示。其碳的平均含量为 4.3%。莱氏体中的渗碳体是作为基体存在的，所以莱氏体的性能与渗碳体接近。

3.3.2 铁碳合金相图分析

铁碳合金相图是研究铁碳合金的基本相图。当碳含量超过 6.69%时，铁和碳几乎全部化合成 Fe_3C，脆性极大，在工业上没有使用价值。所以铁碳合金相图实际上就是 Fe - Fe_3C 相图，如图 3.20 所示。

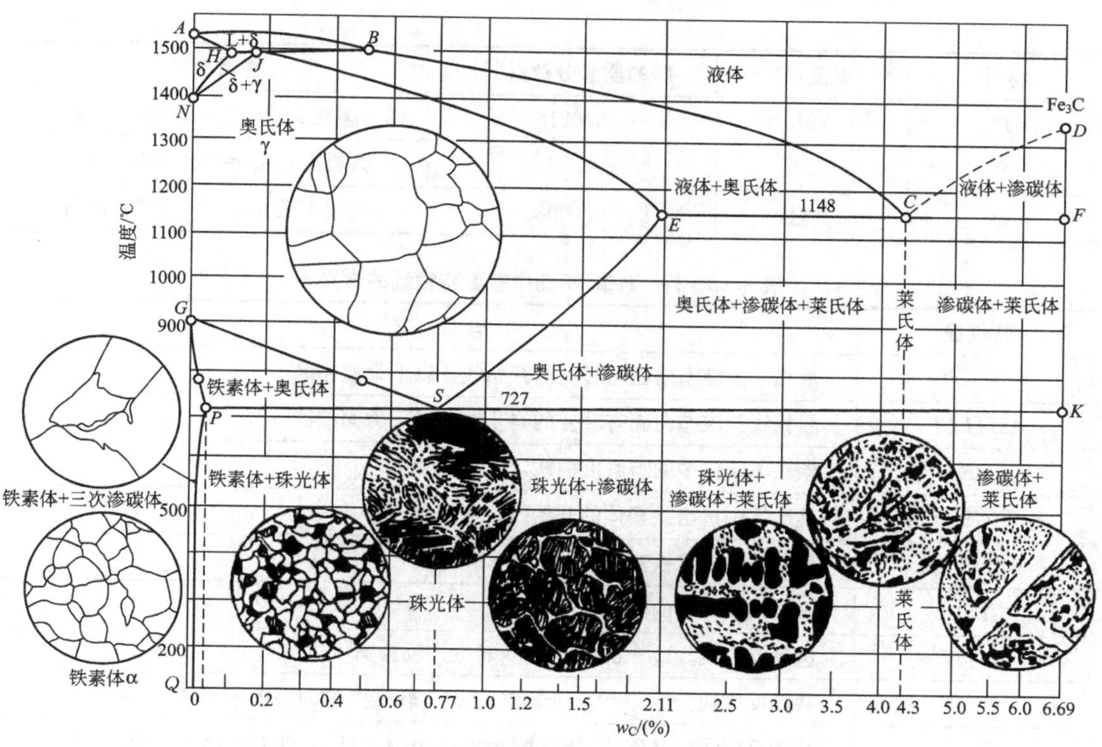

图 3.20 Fe－Fe_3C 相图及典型合金在相图中的位置

1. 相图中主要特性点和特性线的意义

为了便于学习和掌握 Fe－Fe_3C 相图，表 3－2 和表 3－3 分别归纳出了相图中各重要特性点及特性线的含义。

表 3－2 Fe－Fe_3C 相图中特性点的物理意义

符号	温度/℃	碳的质量分数/(%)	物理意义
A	1538	0	纯铁的熔点
B	1495	0.53	包晶转变时液态合金的成分
C	1148	4.3	共晶点，$L_C \rightleftharpoons A_E + Fe_3C(Ld)$
D	1227	6.69	渗碳体的熔点
E	1148	2.11	碳在 γ－Fe 中的最大溶解度
F	1148	6.69	渗碳体的成分
G	912	0	α－Fe⇌γ－Fe 同素异构转变点
H	1495	0.09	碳在 δ－Fe 中的最大溶解度
J	1495	0.17	包晶点，$L_B + \delta_H \rightleftharpoons A_J$
K	727	6.69	渗碳体的成分
N	1394	0	γ－Fe⇌δ－Fe 同素异构转变点

（续）

符号	温度/℃	碳的质量分数/(%)	物理意义
P	727	0.0218	碳在 α-Fe 中的最大溶解度
S	727	0.77	共析点，$A_S \rightleftharpoons F_P + Fe_3C(P)$
Q	室温	0.0008	室温下碳在 α-Fe 中的溶解度

表 3-3　Fe-Fe3C 相图中重要特性线的含义

特性线	含　　义[①]
ABCD	液相线。液态向固态转变的开始线，以上为液相区
AHJECF	固相线。液态向固态转变的终止线，以下为固相区
ES	碳在奥氏体中的溶解度曲线，又称 A_{cm} 线
GS	奥氏体中析出铁素体的开始线，又称 A_3 线
GP	奥氏体中析出铁素体的终止线
PQ	碳在铁素体中的溶解度曲线
HJB	包晶反应线。$L_B + \delta_H \rightleftharpoons A_J$，转变产物为奥氏体
ECF	共晶反应线。$L_C \rightleftharpoons A_E + Fe_3C(Ld)$，转变产物为莱氏体
PSK	共析反应线，又称 A_1 线。$A_S \rightleftharpoons F_P + Fe_3C(P)$，转变产物为珠光体

注：①表格中各特性线的含义是指缓慢冷却过程的相变情况。

另外，在铁碳合金相图中还有两条物理性能转变线。

(1) 铁素体磁性转变线(770℃)，又称为 A_2 线。合金温度低于铁素体磁性转变温度770℃时，铁素体出现磁性，否则磁性消失。

(2) 渗碳体磁性转变线(230℃)，又称为 A_0 线。合金温度低于渗碳体磁性转变温度230℃时，渗碳体出现磁性，否则磁性消失。

磁性转变过程中晶格类型不发生变化。

2. 相图中的相区及组织组成物

$Fe-Fe_3C$ 相图被特性线分割成以下几个区域。

(1) 五个单相区。*ABCD* 以上为 L 相区；*AHNA* 为 δ 相区；*NJESGN* 为 A 相区；*GPQG* 为 F 相区；*DFKL* 为 Fe_3C 相区。

(2) 七个两相区。*ABHA* 为 L+δ 相区；*JBCEJ* 为 L+A 相区；*DCFD* 为 $L+Fe_3C$ 相区；*HJNH* 为 δ+A 相区；*EFKSE* 为 $A+Fe_3C$ 相区；*GSPG* 为 A+F 相区；*QPSKLQ* 为 $F+Fe_3C$ 相区。

(3) 三个三相区。*HJB* 线为 L+δ+A 相区；*ECF* 线为 $L+A+Fe_3C$ 相区；*PSK* 线为 $A+F+Fe_3C$ 相区。

图 3.21 是用组织组成物表示的 $Fe-Fe_3C$ 相图。

3.3.3　铁碳合金在平衡冷却时的转变

根据 $Fe-Fe_3C$ 相图，按有无共晶转变以及含碳量、室温平衡组织特征铁碳合金可分

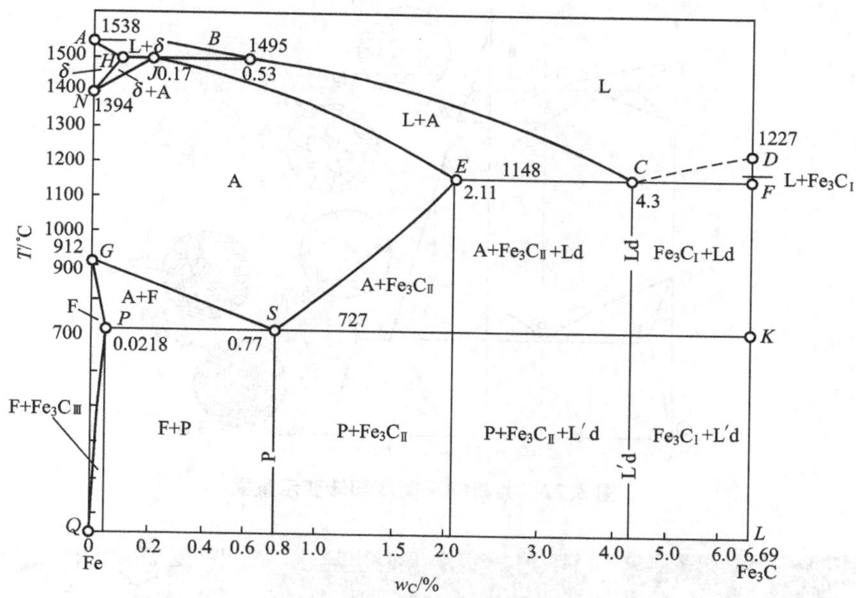

图 3.21 用组织组成物表示的 Fe－Fe_3C 相图

为以下三类：

(1) 工业纯铁($w_C \leqslant 0.0218\%$)。室温平衡组织为 F+$Fe_3C_{Ⅲ}$。

(2) 钢($0.0218\% < w_C \leqslant 2.11\%$)。钢可分为亚共析钢、共析钢和过共析钢。

① 亚共析钢($0.0218\% < w_C < 0.77\%$)，室温平衡组织为 F+P。

② 共析钢($w_C = 0.77\%$)，室温平衡组织为 P。

③ 过共析钢($0.77\% < w_C \leqslant 2.11\%$)，室温平衡组织为 P+$Fe_3C_{Ⅱ}$。

(3) 白口铸铁($2.11\% < w_C < 6.69\%$)。白口铸铁又可分为亚共晶、共晶和过共晶白口铸铁。

① 亚共晶白口铸铁($2.11\% < w_C < 4.3\%$)，室温平衡组织为 P+$Fe_3C_{Ⅱ}$+Ld′。

② 共晶白口铸铁($w_C = 4.3\%$)，室温平衡组织为 Ld′。

③ 过共晶白口铸铁($4.3\% < w_C < 6.69\%$)，室温平衡组织为 $Fe_3C_{Ⅰ}$+Ld′。

为了了解和掌握铁碳合金在平衡冷却时的转变规律，下面以几种典型合金为例，对平衡条件下铁碳合金的结晶过程进行分析。

1. 共析钢(合金Ⅰ)

如图 3.22 所示，液态合金在 1～2 点温度发生匀晶转变，结晶出奥氏体，2 点温度结晶完成，合金为单相奥氏体组织。直至冷却到 3 点温度(727℃)开始在恒温下发生共析转变形成珠光体，即 $A \rightleftharpoons F + Fe_3C$(P)。珠光体中的铁素体称为共析铁素体，渗碳体称为共析渗碳体，薄层片状的共析铁素体和共析渗碳体相间排列，均匀分布。共析转变结束后合金继续冷却，从共析铁素体中沿相界析出 $Fe_3C_{Ⅲ}$。由于 $Fe_3C_{Ⅲ}$ 数量少，且与共析渗碳体连接在一起，难以分辨，可忽略不计。因此，共析钢的室温组织为 P(显微组织如图 3.23(b)所示)，组成相为 F+Fe_3C。组成相 F 和 Fe_3C 的相对质量可用杠杆定律求得，设合金的含碳量为 w_C：

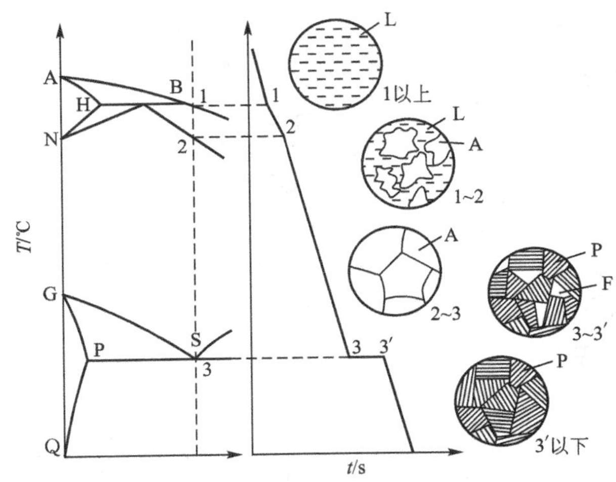

图 3.22　共析钢平衡冷却转变示意图

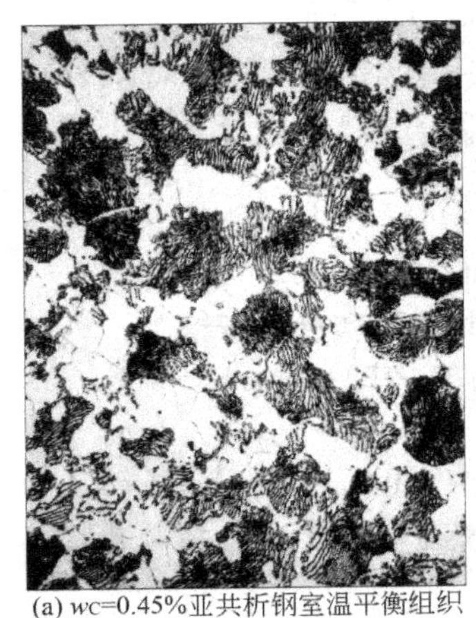

(a) w_C=0.45%亚共析钢室温平衡组织

(b) 共析钢室温平衡组织

(c) w_C=1.2%过共析钢室温平衡组织

图 3.23　铁碳合金中钢的平衡组织

$$w_F=\frac{6.69-w_C}{6.69-0}\times 100\% \tag{3-8}$$

$$w_{Fe_3C}=1-w_F \tag{3-9}$$

2. 亚共析钢(合金Ⅱ)

如图 3.24 所示，液态合金在 1～2 点温度发生匀晶转变，结晶出高温铁素体。冷却到 2 点温度(1495℃)开始在恒温下发生包晶转变，即 $L+\delta \rightleftharpoons A$，形成奥氏体，转变结束后仍有液相剩余。剩余的液相在 2～3 点发生匀晶转变，不断结晶出奥氏体，直至 3 点温度结晶完成，合金为单相奥氏体组织。3～4 点组织不发生变化。4～5 点发生同素异构转变，从奥氏体中析出铁素体。冷却至 5 点温度(727℃)时，开始在恒温下发生共析转变，剩余奥氏体全部转变为珠光体。在此过程中原先析出的铁素体(称为先共析铁素体)保持不变。共析转变结束后继续冷却，从先共析铁素体和共析铁素体中沿晶界析出 $Fe_3C_{Ⅲ}$，由于数量很少，同样忽略不计。因此，亚共析钢的室温组织为 F+P(显微组织如图 3.23(a)所示)，

组成相仍为 $F+Fe_3C$。组织组成物的相对量也可用杠杆定律求得

$$w_p=\frac{w_c-0.0218}{0.77-0.0218}\times 100\%$$

$$w_F=1-w_P$$

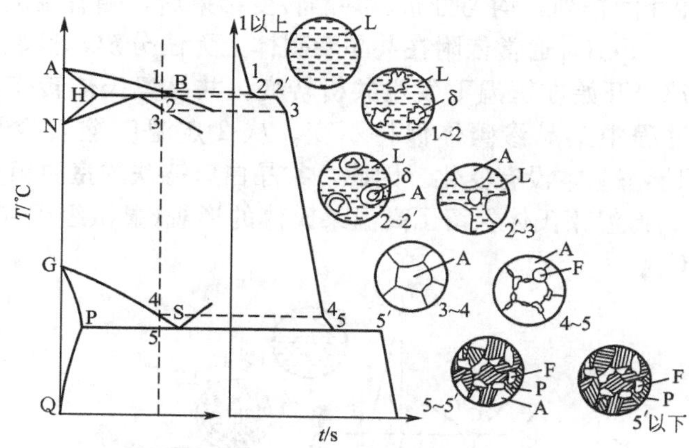

图 3.24 亚共析钢平衡冷却转变示意图

3. 过共析钢(合金Ⅲ)

如图 3.25 所示，过共析钢在 3 点温度以上的冷却转变与共析钢相同。当合金冷却至 3～4 点温度时从奥氏体中沿晶界析出 $Fe_3C_{Ⅱ}$，并呈网状分布。4 点温度(727℃)开始在恒温下发生共析转变，剩余奥氏体全部转变为珠光体。在此过程中原先析出的 $Fe_3C_{Ⅱ}$(称为先共析渗碳体)保持不变。共析转变结束后继续冷却，从共析铁素体中沿相界析出 $Fe_3C_{Ⅲ}$，与共析钢相同的原因，$Fe_3C_{Ⅲ}$ 可忽略。过共析钢的室温组织为 $P+Fe_3C_{Ⅱ}$。

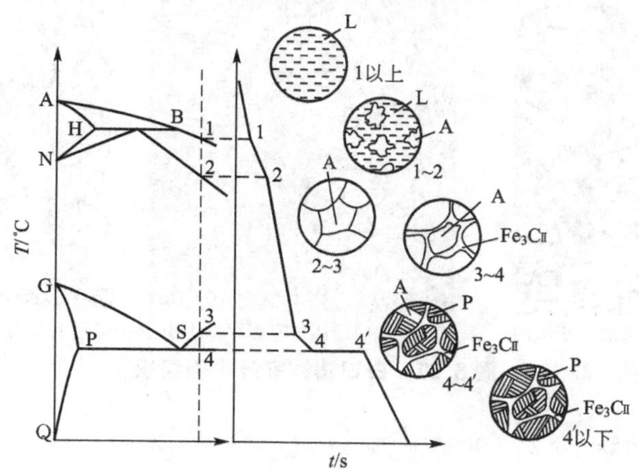

图 3.25 过共析钢平衡冷却转变示意图

(显微组织如图 3.23(c)所示)，组成相仍为 $F+Fe_3C$。组织组成物的相对量为：

$$w_P=\frac{6.69-w_c}{6.69-0.77}\times 100\%$$

$$w_{Fe_3C_{Ⅱ}}=1-w_P$$

4. 共晶白口铸铁(合金Ⅳ)

如图 3.26 所示，液态合金冷却到 1 点温度(1148℃)，开始在恒温下发生共晶转变，形成高温莱氏体，即 $L \rightleftharpoons A + Fe_3C$(Ld)。莱氏体中的奥氏体称为共晶奥氏体，渗碳体称为共晶渗碳体，两相相间排列，均匀分布。共晶转变结束后，随着温度的降低，从共晶奥氏体不断析出 Fe_3C_{II}，Fe_3C_{II} 通常依附在共晶渗碳体上无法分辨，且数量较少，一般忽略不计。2 点温度(727℃)开始在恒温下发生共析转变，共晶奥氏体转变为珠光体，直至共析转变结束，在此过程中共晶渗碳体保持不变。从 2 点温度继续冷却，同样可以忽略 Fe_3C_{III} 的析出，组织形态基本没有变化。因此，共晶白口铸铁的室温组织为 P+共晶 Fe_3C 即低温莱氏体(Ld′)，低温莱氏体保留了高温莱氏体的形貌(显微组织如图 3.27(b)所示)，组成相仍为 $F + Fe_3C$。

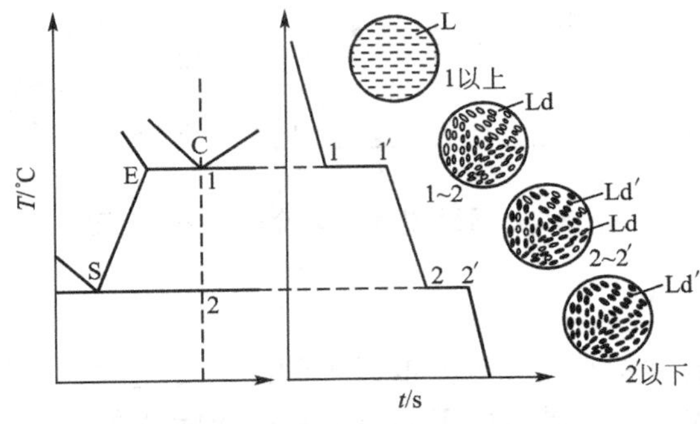

图 3.26　共晶白口铸铁平衡冷却转变示意图

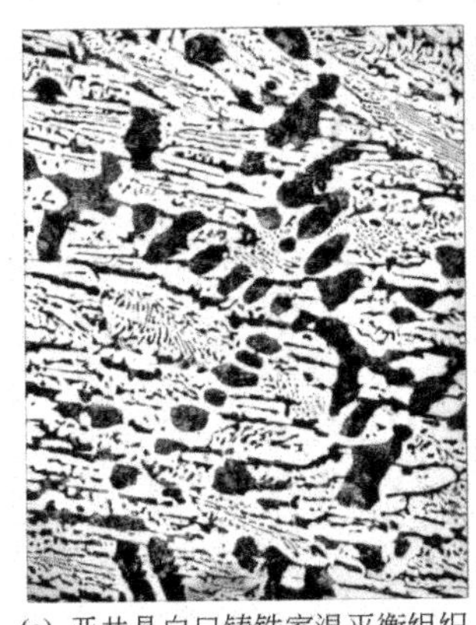

(a) 亚共晶白口铸铁室温平衡组织

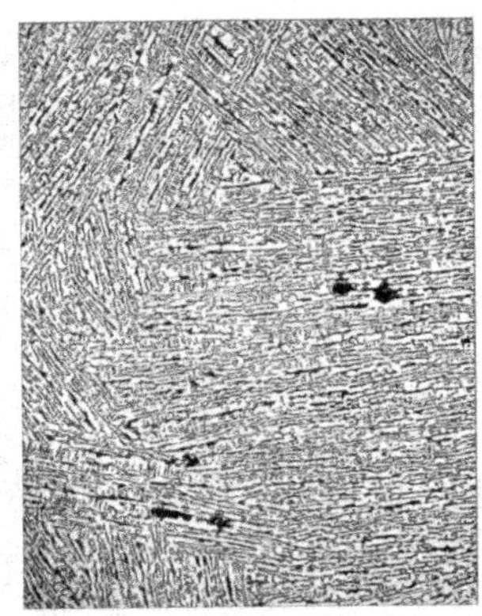

(b) 共晶白口铸铁室温平衡组织

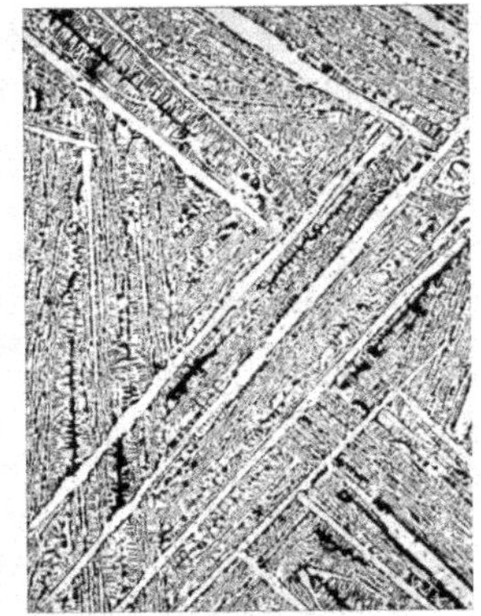

(c) 过共晶白口铸铁室温平衡组织

图 3.27　白口铸铁室温平衡组织

5. 亚共晶白口铸铁(合金Ⅴ)

如图 3.28 所示，液态合金在 1～2 点温度发生匀晶转变，结晶出奥氏体。2 点温度(1148℃)开始在恒温下发生共晶转变，剩余的液相全部转变为高温莱氏体。在此过程中初生的奥氏体保持不变，共晶转变结束后的组织为 A+Ld。2′～3 点从初生奥氏体和共晶奥氏体中析出 Fe_3C_{II}，但从共晶奥氏体中析出的 Fe_3C_{II} 可忽略不计，高温莱氏体组织基本没有变化。3 点温度(727℃)开始在恒温下发生共析转变，所有奥氏体全部转变为珠光体，高温莱氏体转变成低温莱氏体。合金继续冷却，与共析钢和共晶铸铁相同的原因，珠光体和低温莱氏体组织形态无实质性变化。亚共晶白口铸铁的室温组织为 $P+Fe_3C_{II}+Ld'$（显微组织如图 3.27(a)所示），组成相也为 $F+Fe_3C$。组织组成物的相对量为

$$w_{Ld'}=\frac{w_C-2.11}{4.3-2.11}\times 100\%$$

$$w_P=\frac{4.3-w_C}{4.3-2.11}\times\frac{6.69-2.11}{6.69-0.77}\times 100\%$$

$$w_{Fe_3C_{II}}=\frac{4.3-w_C}{4.3-2.11}\times\frac{2.11-0.77}{6.69-0.77}\times 100\%$$

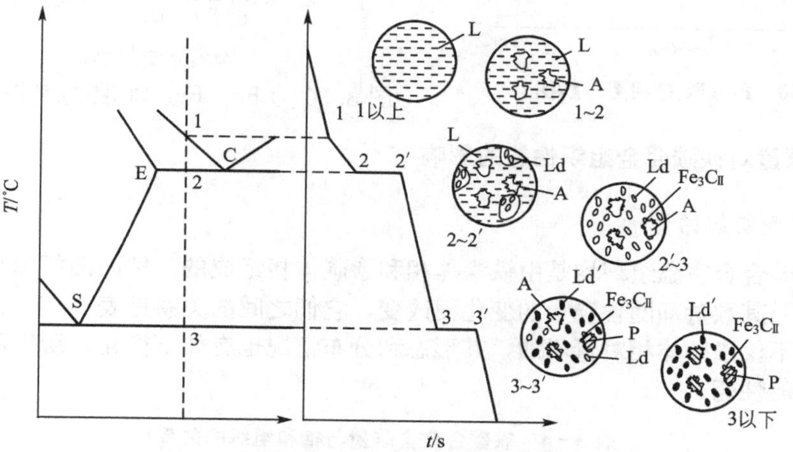

图 3.28 亚共晶白口铸铁平衡冷却转变示意图

6. 过共晶白口铸铁(合金Ⅵ)

如图 3.29 所示，过共晶白口铸铁平衡冷却时的转变与亚共晶白口铸铁基本相同，区别是发生匀晶转变时从液相中析出的是呈粗大片状的一次渗碳体 Fe_3C_I，继续冷却到室温，Fe_3C_I 不发生变化。因此，过共晶白口铸铁的室温组织为 Fe_3C_I+Ld'（显微组织如图 3.27(c) 所示），组成相还是 $F+Fe_3C$。组织组成物的相对量为

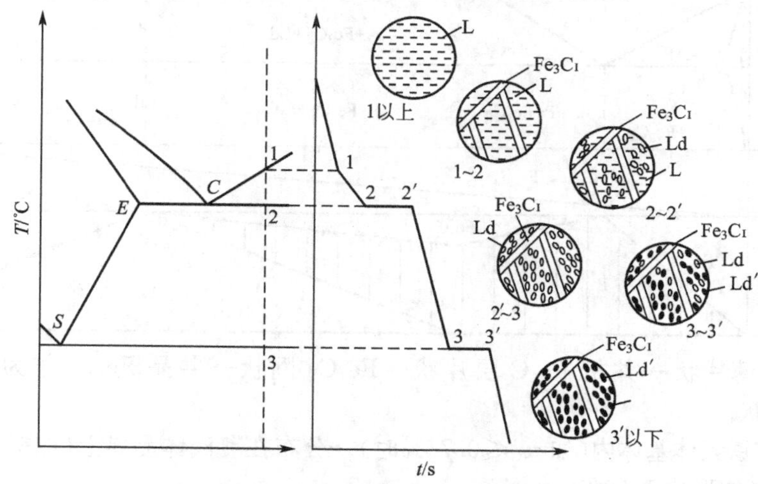

图 3.29 过共晶白口铸铁平衡冷却转变示意图

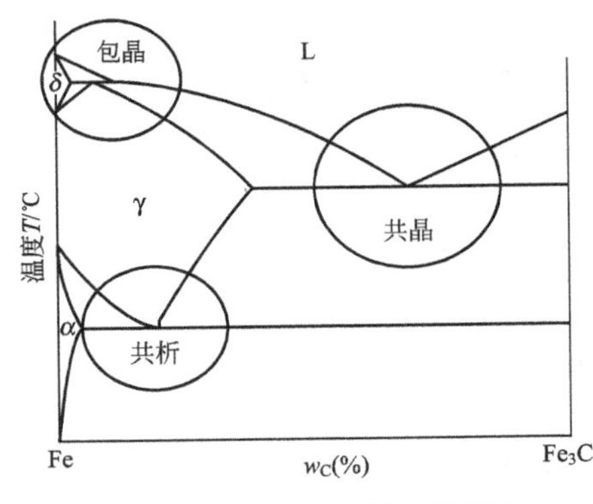

图 3.30　Fe－Fe_3C 相图分解图

$$w_{Ld'}=\frac{6.69-w_C}{6.69-4.3}\times 100\%$$

$$w_{Fe_3C_I}=1-w_{L'd}$$

根据上述分析可知，无论铁碳合金的含碳量如何变化，室温下的相组成全部为 Q 点成分的 F 和 L 点成分的 Fe_3C，因此，其相对量可按式(3－10)和式(3－11)计算。

$$w_F=\frac{6.69-w_C}{6.69-0.0008}\times 100\% \qquad (3-10)$$

$$w_{Fe_3C}=1-w_F \qquad (3-11)$$

图 3.30 为 Fe－Fe_3C 相图分解图。

3.3.4　含碳量对铁碳合金组织性能的影响

1. 对平衡组织的影响

尽管铁碳合金室温组织均是由铁素体相和渗碳体相组成的，然而两相的相对量、合金的平衡组织及其数量却随含碳量的变化而改变，它们之间的关系见表 3－4。此外，当碳含量增加时，不仅渗碳体相对量增加，其形态和分布情况也有如下变化，所以不同成分的合金具有不同的性能。

表 3－4　铁碳合金含碳量与相和组织的关系

钢铁分类	工业纯铁	钢			白口铸铁		
		亚共析	共析	过共析	亚共晶	共晶	过共晶
含碳量及组织特征	$w_C=0.218\%$		$w_C=0.77\%$	$w_C=2.11\%$	$2.11\%<w_C<4.3\%$	$w_C=4.3\%$	$w_C=6.69\%$
		高温固态组织为单相固熔体				组织中有共析莱氏体	
高温组织变化规律	F	A+F	A	$A+Fe_3C_{II}$	L+A $A+Fe_3C_{II}+Ld$	L Ld	Fe_3C_I Fe_3C_I+Ld
室温组织变化规律	$F+Fe_3C_{III}$	F+P		$P+Fe_3C_{II}$	$P+Fe_3C_{II}+Ld'$	Ld′	Fe_3C_I+Ld'
相组成物相对量	F					Fe_3C	
组织组成物相对量		F	P	Fe_3C_{II}		Ld′	Fe_3C_I

① Fe_3C_{III} 薄片状→共析 Fe_3C 层片状→Fe_3C_{II} 网状→共晶 Fe_3C(作为连续基体)→Fe_3C_I 粗大片状；

② 分布在铁素体基体内(如 $w_C\leqslant 0.77\%$时)→分布在奥氏体晶界上(如析出 Fe_3C_{II}时)→作为连续基体(如形成 Ld 时)。

2. 对性能的影响

1) 力学性能

铁碳合金的力学性能主要取决于软韧相铁素体和硬脆相渗碳体的相对量以及形态分布。这些影响因素又与含碳量密切相关。含碳量对平衡状态下钢的力学性能的影响如图 3.31 所示。

(1) 强度。如前所述，当含碳量低于 0.77%时，合金以铁素体为基体，随着含碳量的增加，组织中强度低的铁素体减少，强度高的渗碳体增多，所以，强度提高。但当含碳量超过 0.77%后，铁素体消失，组织中出现了网状的二次渗碳体，使合金强度增加变缓。在含碳量接近 1.0%时，其强度达到最高值，这是由于脆性的二次渗碳体在含碳量高于 1.0%时形成了连续的网状，使强度开始降低，并且含碳量越高，渗碳体网越厚，强度越低。当含碳量大于 2.11%时，组织中出现莱氏体，强度急剧降低到最低值，如果继续增加含碳量，基体变成渗碳体，此时强度变化不大，近似等于渗碳体的强度。

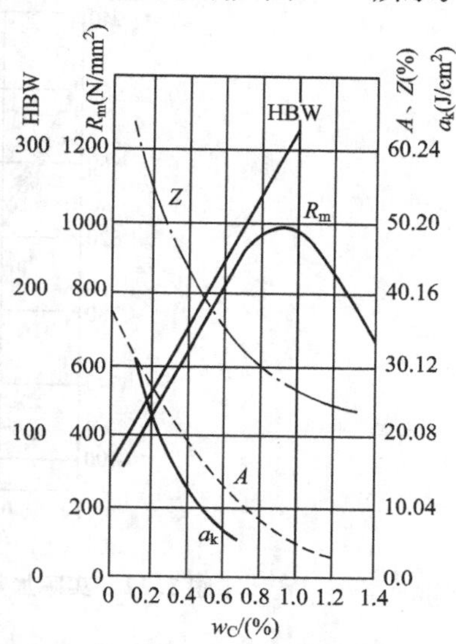

图 3.31 含碳量对平衡状态下钢的力学性能的影响

(2) 硬度。合金的硬度主要取决于组成相的硬度和相对量。由图 3.31 可以看出，随着含碳量的增加，硬度低的铁素体由 100%呈直线下降到 0，硬度高的渗碳体则由 0 呈直线上升到 100%，因此，合金的硬度直线上升。

(3) 塑性和韧性。由于渗碳体的塑性很差，合金的塑性变形主要由铁素体提供。随着含碳量的增加，组织中硬而脆的渗碳体增加，同时，基体由铁素体逐渐变为渗碳体，因此，铁碳合金的塑性和韧性是随含碳量的增加而降低的。工业上为了确保钢铁材料有足够的塑性与韧性，含碳量一般不超过 1.3%～1.4%。

2) 工艺性能

(1) 铸造性能。相图中共晶成分附近的铁碳合金熔点最低，结晶范围最窄，流动性最好，因而具有良好的铸造性能。所以，在铸造生产中，经常选用接近共晶成分的合金。

(2) 锻造性能。含碳量是影响铁碳合金锻造性能的首要因素。低碳钢的锻造性能优于高碳钢。白口铸铁因为含碳量较高，组织以渗碳体为基体，实际上不能锻造。钢加热到单相奥氏体区时，塑性好，变形抗力低，具有良好的锻造性能。因此，实际生产中通常把钢的始锻温度选择在奥氏体区。

(3) 切削性能。中碳钢由于塑性较好，硬度在 170～250HBW，切削性能较好。碳含量过高或过低，都会降低切削性能。

(4) 焊接性能。焊接性是指钢获得优质焊接接头的难易程度，即焊接的结合性能和焊接结合区的使用性能。通常含碳量越高，焊接性越差。

3.4 钢在加热时的转变

加热是热处理的第一道工序。加热方法分为两种，一种是在 A_1 以下加热，不发生相变；另一种是在临界点以上加热，使钢部分或全部处于奥氏体状态。Fe－Fe_3C 相图中的 A_1、A_3、A_{cm}是平衡条件下的临界点，但实际生产中加热和冷却速度较快，受过冷度的影响临界点出现了偏离。为了有所区别，通常将加热和冷却时的实际临界点用 A_{c_1}、A_{c_3}、$A_{c_{cm}}$ 和 A_{r_1}、A_{r_3}、$A_{r_{cm}}$ 表示，如图 3.32 所示。

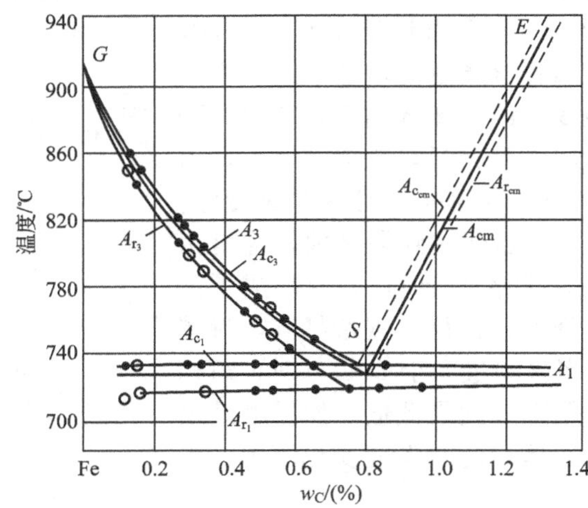

图 3.32　实际加热和冷却时 Fe－Fe_3C 相图上各相变点的位置

3.4.1　奥氏体形成过程及其影响因素

1. 奥氏体形成过程

钢在加热时珠光体向奥氏体的转变过程称为奥氏体化。该过程遵循形核和长大的相变基本规律，它通过以下四个基本阶段来完成，如图 3.33 所示。

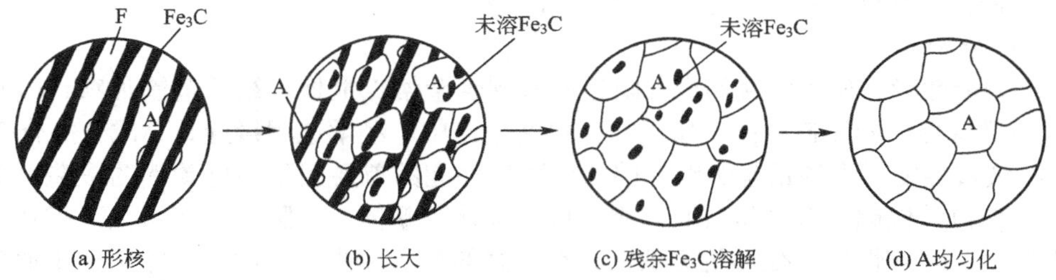

图 3.33　共析钢的奥氏体形成过程示意图

1）奥氏体形核

奥氏体总是在铁素体和渗碳体的相界面处优先形核。因为相界面处碳成分不均匀，原子排列也不规则，位错、空位密度较高，从浓度和结构方面都有利于奥氏体形核，如图 3.33(a)所示。

2）奥氏体晶核长大

奥氏体形核后，由于奥氏体晶核与铁素体和渗碳体接触处含碳量不同，晶核内出现了碳浓度梯度，导致奥氏体中的碳原子由高浓度向低浓度扩散，通过铁、碳原子扩散和铁素体晶格改组，使相界面逐渐向铁素体和渗碳体方向推移而长大，如图 3.33(b)所示。

3）残余渗碳体溶解

由显微组织观察得知，当奥氏体完全形成后，低碳的铁素体消失，高碳的渗碳体有剩余。随着保温时间的延长，奥氏体和渗碳体的相界面处的碳原子必然向奥氏体内部扩散，剩余的渗碳体继续溶解，直到消失，如图 3.33(c)所示。

4）奥氏体成分均匀化

刚刚形成的奥氏体成分不能立刻均匀，需要保温一段时间，通过碳原子的扩散达到成分均匀的目的，如图 3.33(d)所示。

亚共析钢、共析钢和过共析钢的奥氏体形成过程基本相同。不同的是，共析钢加热到 A_{c1} 以上就可获得单一的奥氏体组织，亚共析钢和过共析钢则必须加热到 A_{c3}、A_{ccm} 以上才能全部转变为奥氏体，即完全奥氏体化，在完全奥氏体化过程中伴有先共析相转变和溶解。

2. 影响奥氏体形成的因素

奥氏体的形核和长大需要通过原子扩散来实现。所以，只要是影响奥氏体形核、长大和原子扩散的因素，都会影响奥氏体的形成。

1）加热温度

提高温度会加剧原子的扩散运动，缩短转变所需的时间，表 3－5 证明了这一点。但温度过高会使奥氏体粗大，材料力学性能下降。

表 3－5 奥氏体形核率、长大速度和温度的关系

温度/℃	740	750	760	780	800
形核率/(N/(mm³·s))	2280	—	11000	51500	616000
长大速度/(mm/s)	0.0005	0.001	0.010	0.026	0.041

2）含碳量

随着含碳量的增加，渗碳体量增多，进而使铁素体和渗碳体相界面增多；此外，增加含碳量有利于提高碳在奥氏体中的扩散能力，加速奥氏体的形核与长大。

3）合金元素

除钴、镍和起细化晶粒作用的铝外，绝大多数合金元素都会降低奥氏体形成的速度，推迟奥氏体化进程。其次，合金元素不同的形态与分布会引起成分不均匀；碳化物形成元素的加入还会降低碳对奥氏体形成的影响。所以，与碳钢相比，合金钢的奥氏体化温度应更高，保温时间应更长。

4）原始组织

在钢的成分相同的情况下，原始组织弥散程度越大，晶粒越细，则相界面越多，越有利于奥氏体的形成。

3.4.2 奥氏体晶粒度及其影响因素

钢加热时所获得的奥氏体晶粒大小，对冷却转变后钢的性能影响很大。晶粒细小均匀，冷却后钢的组织则弥散，强度与塑性、韧性较高。

奥氏体化刚刚完成时的晶粒大小称为起始晶粒度，这种晶粒度难以测量，在实际生产中意义不大。钢在某一具体加热条件下获得的奥氏体晶粒大小称为实际晶粒度，它直接影响钢冷却后的力学性能。起始晶粒度一般比较细小均匀，但提高温度或延长保温时间会使晶粒长大。钢在规定加热条件下((930±10)℃保温 3~8h)加热时奥氏体晶粒长大的倾向称为本质晶粒度，必须指出，本质晶粒度并不表示奥氏体实际的晶粒大小。

实践证明，奥氏体晶粒长大的倾向主要取决于钢的成分和冶炼条件。

碳可加快碳原子在奥氏体中的扩散速度，因此，碳含量越高，晶粒度越大。但当碳含量超过一定限度时，形成过剩的二次渗碳体，反而阻碍了晶粒长大，晶粒长大的倾向性降低。此外，炼钢时适当加入一些能在奥氏体晶界上形成弥散分布的碳化物、氧化物或氮化物的合金元素(如钛、钒、钨、钼、铝等)，能限制奥氏体晶粒长大，有利于奥氏体晶粒细化。因而生产中用铝脱氧的钢一般是本质细晶粒钢。但是如果加热温度较高，使这些化合物溶入奥氏体，晶粒反而急剧长大。锰、磷等元素能促使奥氏体晶粒的长大，故仅用锰铁脱氧的钢为本质粗晶粒钢。因此，凡需热处理的工件，一般应选用本质细晶粒钢。

晶粒长大倾向与钢的原始组织及加热条件有关。原始晶粒越细，相界面越多，形核率越高，奥氏体晶粒越弥散。加热温度高，保温时间长，奥氏体晶粒长大越明显；加热速度越快，形核率越高，晶粒则越细小。

3.5 钢在非平衡冷却时的转变

钢经过加热获得均匀奥氏体组织的目的是为随后的冷却转变做准备。同一成分的钢即使奥氏体化条件相同，如果冷却条件不一样，获得的组织和力学性能差别也会很大。因此，了解钢在冷却时的转变规律十分重要。

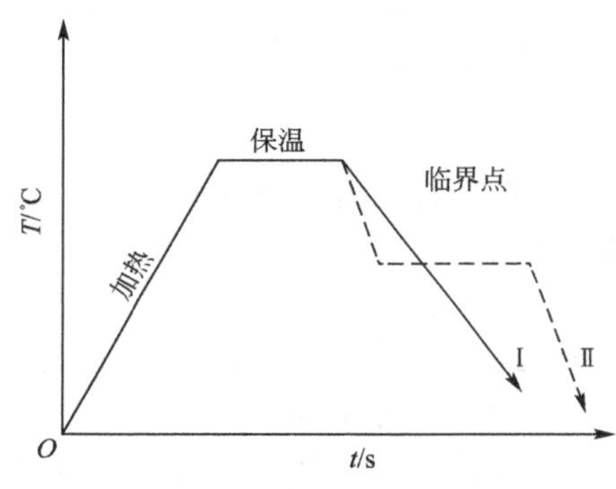

图 3.34 常用冷却方式工艺曲线

Ⅰ—连续冷却；Ⅱ—等温冷却

奥氏体从高温冷却到临界点以下，经过一段孕育时间后，将会发生分解。这种在临界点以下暂时存在的奥氏体称为过冷奥氏体。过冷奥氏体的转变产物决定于转变温度，而转变温度又取决于冷却方式和冷却速度。在工业生产中，常用的冷却方式有等温冷却和连续冷却两种，其工艺曲线如图 3.34 所示。由于大多数热处理从本质上讲是非平衡过程，Fe-Fe_3C 相图的转变规律已不再适用，这时可以用实验测得的过冷奥氏体等温转变曲线来分析奥氏体在不同冷却条件下的组织转变规律，为合理制订热处理工艺提供理论依据。

3.5.1 过冷奥氏体等温冷却转变

1. 过冷奥氏体等温冷却转变曲线

以共析钢为例。将奥氏体化的共析钢以不同的冷却速度急冷至 A_1 以下不同温度保温，测出过冷奥氏体在不同温度下发生转变的开始时间和终了时间，并把它们标注在温度-时间坐标中，然后分别连接转变开始点和转变终了点，就得到了图 3.35 所示的共析钢过冷奥氏体等温转变曲线。过冷奥氏体等温转变曲线反映了冷却条件与转变产物的关系。由于曲线的形状很像字母“C”，故称为C曲线，又称为TTT曲线(时间、温度和转变三词的字头)。

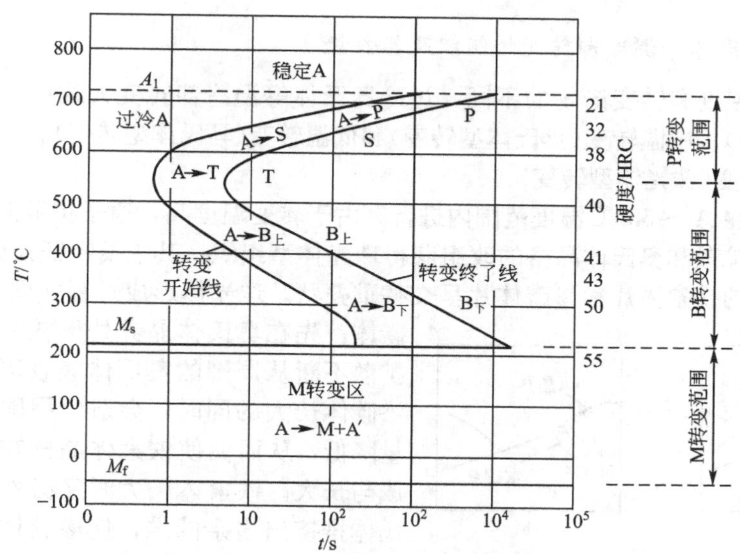

图 3.35　共析钢过冷奥氏体等温转变曲线图

图中左右两条 C 曲线分别为过冷奥氏体等温转变开始线和等温转变终了线，M_s、M_f 分别为过冷奥氏体向马氏体转变的开始温度线和终止温度线。A_1、M_s 两条温度线将曲线图分割成上中下三个区域，即稳定奥氏体区、过冷奥氏体等温转变区和马氏体转变区。等温转变区又被两条 C 曲线划分为左中右三个区，即过冷奥氏体区、过冷奥氏体转变区(过冷奥氏体和转变产物共存区)和转变产物区。

过冷奥氏体开始转变前等温停留的时间称为孕育期。孕育期的长短反映了过冷奥氏体的稳定性。冷却到 550℃温度左右孕育期最短，过冷奥氏体最不稳定。C 曲线上的这个位置称为"鼻尖"，以鼻尖为界，提高或降低等温温度，孕育期变长，过冷奥氏体稳定性增加，究其原因是相变驱动力和原子扩散两个因素综合作用的结果。

亚共析钢和过共析钢的 C 曲线与共析钢不同。这两类钢在过冷奥氏体转变成珠光体前有先共析相(铁素体和渗碳体)形成，因此，等温转变开始线的上方多了一条先共析相析出线，如图 3.36 和图 3.37 所示。

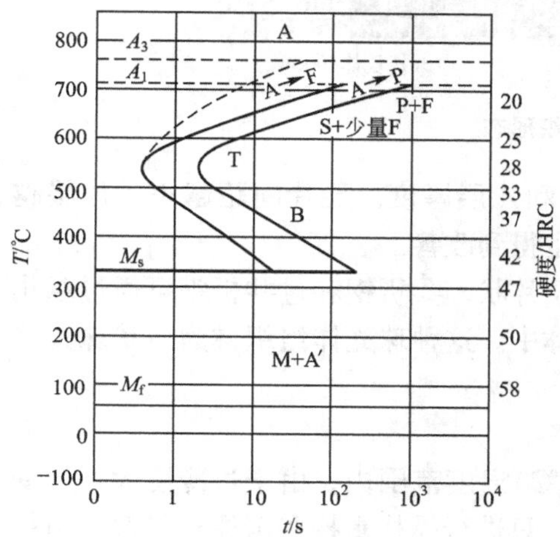

图 3.36　亚共析钢 C 曲线图

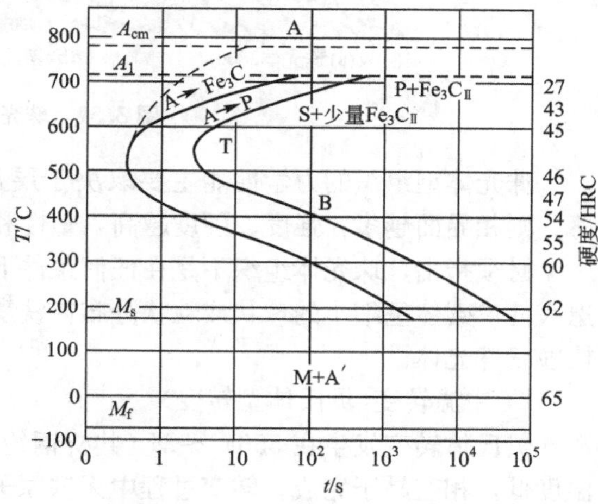

图 3.37　过共析钢 C 曲线图

2. 过冷奥氏体等温冷却转变的组织及其性能

根据转变温度和转变产物的不同，过冷奥氏体等温冷却转变大致可以分为高温转变(珠光体型转变)、中温转变(贝氏体型转变)和低温转变(马氏体型转变)。

1) 高温转变(珠光体型转变)

高温转变在 A_1～550℃温度范围内进行。由于转变温度高，原子扩散能力强，可通过铁、碳原子的扩散和奥氏体晶格的改组获得珠光体型组织。其主要特征是碳含量相差大，晶格完全不同的铁素体片和渗碳体片呈交替重叠状。珠光体形成过程如图 3.38 所示，渗碳体首先在奥氏体晶界处形核，并依靠原子的扩散不断从周围的奥氏体吸收碳原子长大。在渗碳体长大的同时，会造成周围的奥氏体含碳量降低，从而促使铁素体晶核在渗碳体两侧形成与长大。铁素体长大时又必然要向旁边的奥氏体排挤出多余的碳，使渗碳体在其两侧形核与长大。结果形成的铁素体和渗碳体呈层片相间。

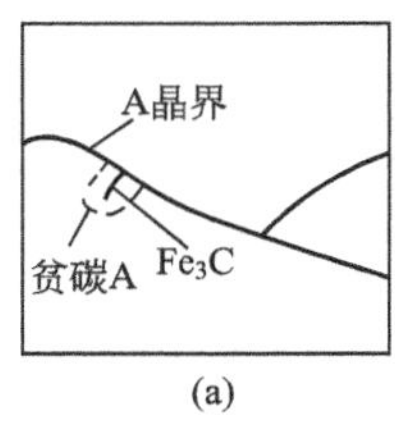

(a)

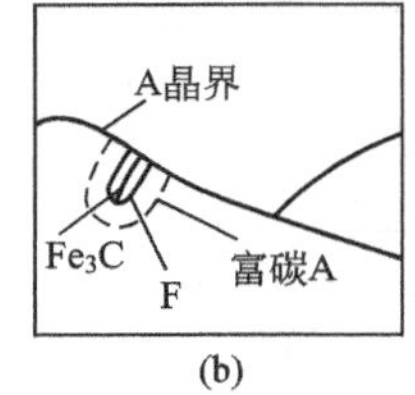

(b)

图 3.38　珠光体形成过程示意图

在高温转变温度范围内，由于过冷度不同，珠光体组织的层片间距和层片厚薄也不同。随着转变温度的下降，珠光体的层片变薄，间距变小。珠光体组织按层片间距的大小分为三类：在 A_1～650℃范围内等温转变获得的粗片状组织称为珠光体(P)，其层片间距大于 0.4mm，硬度达到 15～25HRC；在 650～600℃范围内等温转变获得的细片状珠光体称为索氏体(S)，其层片间距为 0.2～0.4μm，硬度可达 25～35HRC；在 600～550℃范围内等温转变获得的更细的片状珠光体称为托氏体(T)，其层片间距小于 0.2μm，硬度高达 35～40HRC。珠光体型组织形态如图 3.39 所示。

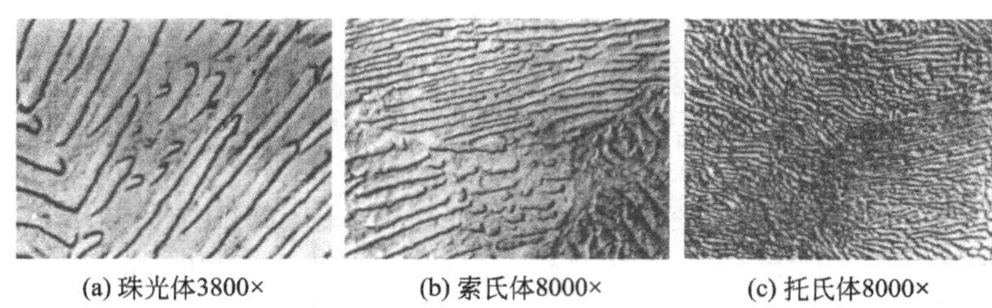

(a) 珠光体3800×　(b) 索氏体8000×　(c) 托氏体8000×

图 3.39　珠光体型组织形态

珠光体型组织的力学性能主要取决于层片间距和片层厚度。层片间距越小，片层越薄，则相界面越多，强度、硬度越高，塑性和韧性也得到改善。

必须指出，珠光体组织不是在任何条件下都呈层片状。共析钢和过共析钢可通过球化退火使渗碳体呈细小的球状或粒状分布在铁素体基体中。这种珠光体组织称为球状珠光体或粒状珠光体。

2) 中温转变(贝氏体型转变)

贝氏体转变发生在 550℃～M_s(共析钢约为 230℃)温度范围内。由于过冷度大，转变温度低，相变易于完成。转变过程中无铁原子扩散，只进行晶格重构和碳原子扩散，但扩散能力较弱，结果形成在含碳量过饱和的铁素体间弥散分布着碳化物的组织，称为贝氏体型组织(B)。由于在550℃～M_s内等温转变的过冷度不同，碳原子的扩散能力也不一样，从而使贝氏体的组织形态不同。550～350℃范围内碳原子尚有一定扩散能力，仅有部分碳原子扩散到相邻的奥氏体中，在铁素体片间析出不连续的短棒状或细条状渗碳体，形成羽毛状的上贝氏体($B_上$)。上贝氏体的强度、硬度比珠光体高，塑性及韧性差，生产中很少使用。在350℃～M_s之间碳原子扩散能力更差，只能在铁素体内就近形成细小的条状碳化物，即针状的下贝氏体($B_下$)。下贝氏体具有高强度和硬度，以及良好的塑形和韧性，生产中常用等温淬火的方法来获得$B_下$组织，以提高零件的强韧性。$B_上$与$B_下$的形成过程如图3.40所示，组织形态如图3.41和图3.42所示。

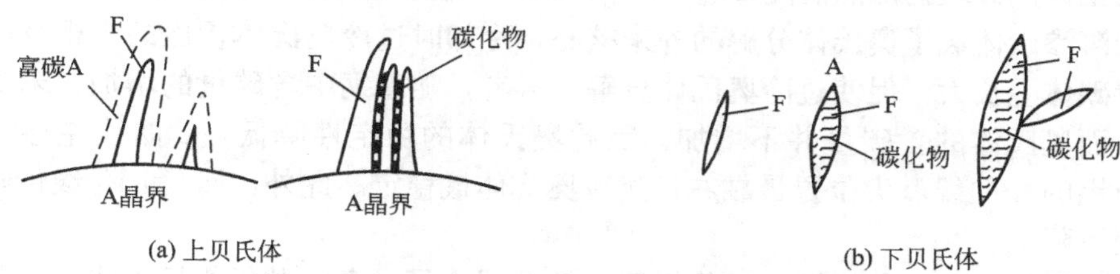

图3.40　贝氏体形成过程示意图

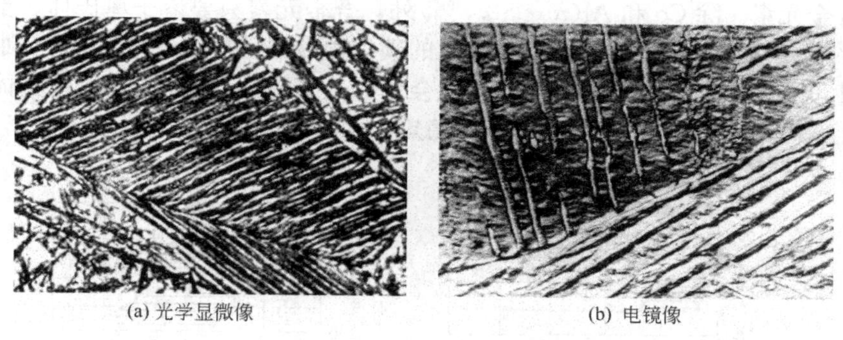
(a) 光学显微像　(b) 电镜像

图3.41　上贝氏体组织形态

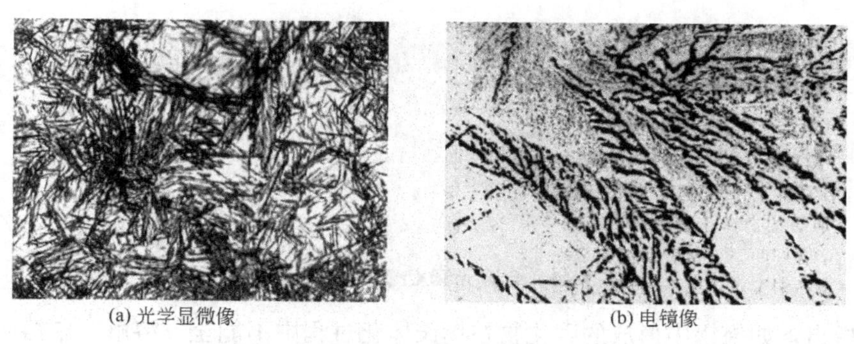
(a) 光学显微像　(b) 电镜像

图3.42　下贝氏体组织形态

3）低温转变(马氏体型转变)

过冷奥氏体在M_s～M_f(一般在室温以下)温度间的转变称为低温转变，转变产物为马氏体(M)，故又称为马氏体转变。马氏体转变必须用连续冷却的方式才能实现，所以该转变过程将在连续冷却转变中介绍。

3. 影响过冷奥氏体等温冷却转变的因素

C曲线的形状和位置反映了过冷奥氏体的稳定性和转变速度。因此，凡是影响C曲线形状和位置的因素都会影响过冷奥氏体的等温转变。

1）奥氏体成分的影响

（1）含碳量。碳溶入奥氏体时，碳是稳定奥氏体的元素，因此，亚共析钢随着碳含量的增加，奥氏体的含碳量增多，过冷奥氏体稳定性增大，C曲线右移。但是对于过共析钢而言，其正常热处理的加热温度($A_{c_1} \sim A_{c_{cm}}$)常在不完全奥氏体化温度范围内，此时加热组织中的未溶渗碳体成了奥氏体分解的外来核心，冷却时过冷奥氏体析出的先析渗碳体依附在未溶渗碳体上长大，促使过冷奥氏体分解。再者，随着钢中含碳量的增加，未溶的渗碳体增多，而奥氏体的含碳量并不增加，因此奥氏体的稳定性降低，C曲线左移。由此可见，共析钢的C曲线鼻尖位置最靠右，过冷奥氏体最稳定。此外，M_s 和 M_f 线伴随着含碳量增加而下降。

与共析钢相比，亚共析钢和过共析钢的C曲线多了一条先共析相析出线，说明过冷奥氏体在转变成珠光体前有先共析相生成。

（2）合金元素。除Co和Al(w_{Al}>2.5%)外，合金元素只要溶于奥氏体，都能增加过冷奥氏体的稳定性，使C曲线右移。当加入的碳化物形成元素较多时，将对C曲线的位置和形状产生双重影响，C曲线不但右移，还会分成上下两部分(分别表示珠光体转变和贝氏体转变)，中间出现一个过冷奥氏体较为稳定的区域，如图3.43所示。

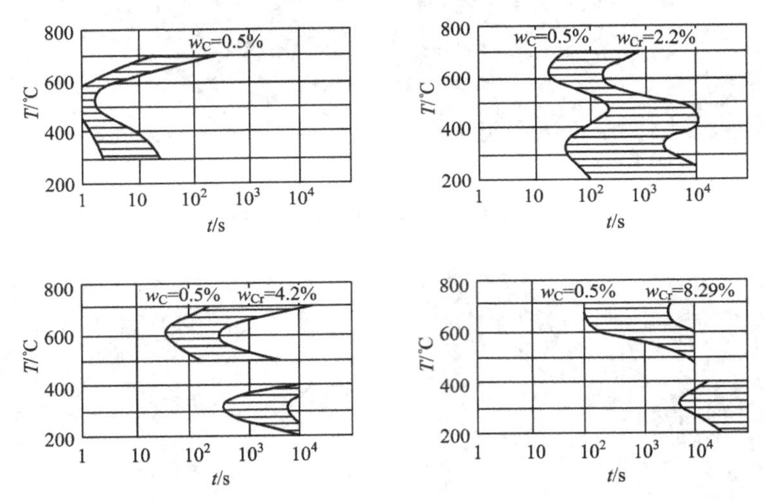

图3.43 合金元素Cr对C曲线的影响

必须指出，如果钢中形成的碳化物在奥氏体化过程中不能全部溶解，未溶碳化物同样会成为奥氏体分解的外来核心，降低过冷奥氏体的稳定性，使C曲线左移。

2）奥氏体化条件

提高奥氏体化温度或延长保温时间，有利于奥氏体成分的均匀，但同时会促使奥氏体晶粒长大，未溶渗碳体数量减少，从而降低过冷奥氏体分解的形核率，增大过冷奥氏体的稳定性，使C曲线右移。

3.5.2 过冷奥氏体连续冷却转变

1. 过冷奥氏体连续冷却转变曲线

实际生产中，过冷奥氏体大多是在连续冷却过程中转变的，因此，研究过冷奥氏体连续冷却转变曲线(CCT 曲线)对于制订热处理工艺更有意义。

CCT 曲线的建立方法与 TTT 曲线基本相同，区别是前者将奥氏体化的钢以不同的冷却速度连续冷却。图 3.44 中的虚线为共析钢 CCT 曲线，其中左右两条线分别表示过冷奥氏体向珠光体转变的开始线和终了线，下边一条线表示过冷奥氏体向珠光体转变的中止线。当以冷却速度 v_1(如炉冷)和 v_2(如空冷)连续冷却时，冷却曲线分别与珠光体转变开始线和终了线相交，表明转变结束形成的是珠光体型组织，只是冷却速度 v_2 获得的组织更细密，弥散度更大；以冷却速度 v_3(如油冷)连续冷却时，冷却曲线只与珠光体转变开始线和珠光体转变中止线相交，而不再与珠光体转变终了线相交，表明此时只有一部分过冷奥氏体转变成珠光体，另一部分则保留下来，直至冷却到 M_s 温度线以下才开始向马氏体转变，继续冷至 M_f 转变结束，所以最终组织为托氏体+马氏体+少量残留奥氏体(马氏体转变结束后残留下的少量奥氏体)；冷却速度增大到 v_K，冷却曲线与珠光体转变开始线相切，表明过冷奥氏体不发生珠光体转变，全部过冷到 M_s 温度线以下发生马氏体转变，最终组织为马氏体+少量残留奥氏体；以大于 v_K 的冷却速度 v_4(如水冷)连续冷却，冷却曲线不再与珠光体转变开始线相交，冷却转变与 v_K 相同。因此，冷却速度 v_K 是获得全部马氏体组织的最小冷却速度，称为临界冷却速度。显然，v_K 越小，连续冷却时越易获得马氏体组织。共析钢连续冷却时没有贝氏体转变。与共析钢相比，亚共析钢不仅多了一条先共析铁素体的析出线，还出现了贝氏体转变区；过共析钢则只多出一条先共析渗碳体析出线。

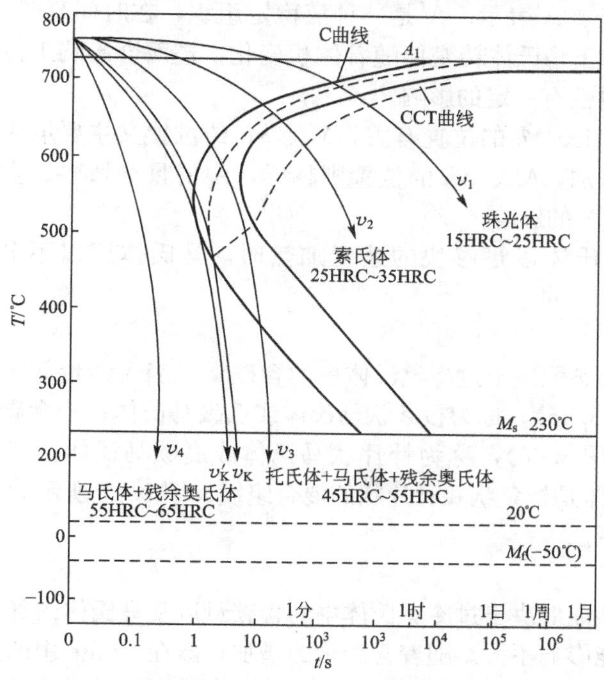

图 3.44 共析钢 TTT 曲线和 CCT 曲线的比较及其转变组织

2. 过冷奥氏体向马氏体的转变

当钢以大于临界冷却速度的速度连续冷却时，奥氏体被迅速过冷到 M_s 温度以下，发生马氏体转变，形成马氏体。由于马氏体转变温度极低，铁、碳原子完全失去了扩散能力，所以，这种转变是非扩散型转变。尽管如此，由于此时过冷度很大，相变驱动力仍足以改变过冷奥氏体的晶格结构，并将碳过饱和固溶于 α-Fe 晶格中。这种碳在 α-Fe 中的过饱和固溶体称为马氏体，晶体结构为体心正方晶格。

碳在 α-Fe 的过饱和固溶可以使钢产生固溶强化，因此，马氏体转变是强化金属的重要途径之一。

1) 马氏体转变的特点

在马氏体转变过程中，只发生 γ-Fe 向 α-Fe 的晶格改组，而无成分变化。它也是一个形核和长大的过程，其转变机制非常复杂，具有以下特点：

(1) 无扩散型转变。转变温度极低，铁、碳原子均无扩散能力，所以，马氏体成分与转变前的奥氏体相同。

(2) 变温形成。奥氏体过冷到 M_s 点以下后，随着温度的下降，过冷奥氏体不断转变为马氏体，冷却中断，转变停止，即冷却到一定温度立即形成一定数量的马氏体，但是，在某一温度下保温不会使马氏体数量增加。

(3) 形成速度快。奥氏体冷却到 M_s 点以下后，无孕育期，瞬时转变为马氏体。

(4) 体积膨胀。α-Fe 的比容比 γ-Fe 大，而马氏体是碳在 α-Fe 中的过饱和固溶体，因此，奥氏体转变为马氏体时，体积急剧膨胀，产生相变应力，严重时使工件开裂。

(5) 转变不完全。钢即使过冷到 M_f 以下仍有少量奥氏体残留下来，这部分奥氏体称为残留奥氏体，用符号 A′表示。A′是一种亚稳定组织，在时间延长或条件适合时，会继续转变为马氏体，由于马氏体转变伴随着体积变化，进而会影响工件尺寸的长期稳定性。此外，A′对钢的淬透性有一定的影响。

钢中 A′的量与 M_s、M_f 的位置有关，M_s、M_f 的位置又主要取决于奥氏体的碳含量。奥氏体中的碳含量增加，M_s、M_f 的位置则越低，A′的量会增多。实际生产中，当 $w_C<0.6\%$时，可以忽略 A′的影响。

(6) 可逆性。马氏体以足够快的速度加热时，马氏体可以不分解而直接转变成高温相。

2) 组织形态

马氏体的组织形态取决于过冷奥氏体中的含碳量。当含碳量低于 0.2%时，马氏体几乎全部为板条状(图 3.45)，称为板条状马氏体或低碳马氏体；当含碳量高于 1.0%时，马氏体基本呈针片状(图 3.46)，称为针片状马氏体或高碳马氏体；当含碳量介于 0.2%～1.0%之间时，马氏体是板条状和针片状的混合组织。图 3.47 所示为马氏体组织形态与奥氏体中含碳量的关系。

3) 力学性能

马氏体的力学性能取决于过冷奥氏体中的含碳量以及马氏体内部的亚结构，合金元素对马氏体的力学性能影响不大。随着含碳量的增加，碳在 α-Fe 中的过饱和度提高，晶格畸变增大，碳原子的固溶强化以及位错、孪晶的综合作用使马氏体的强度和硬度提高。如

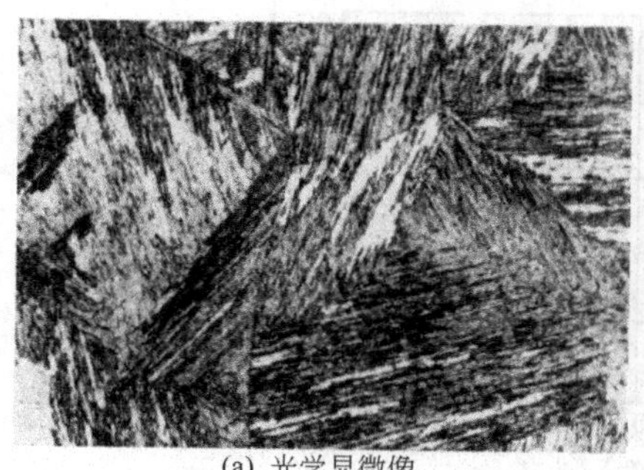
(a) 光学显微像

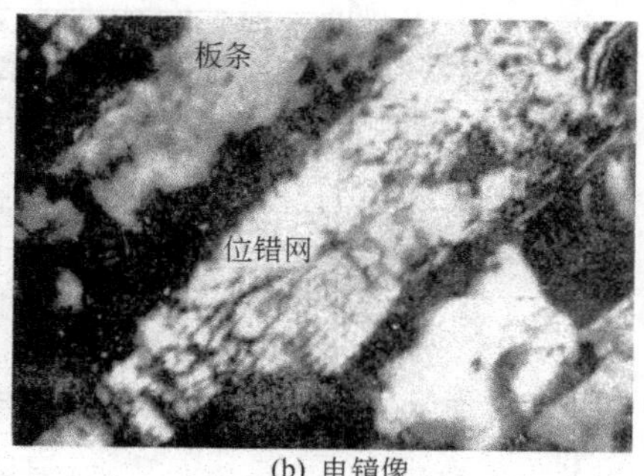

(b) 电镜像

图 3.45 板条状马氏体的组织形态

(a) 光学显微像

(b) 电镜像

图 3.46 针片状马氏体的组织形态

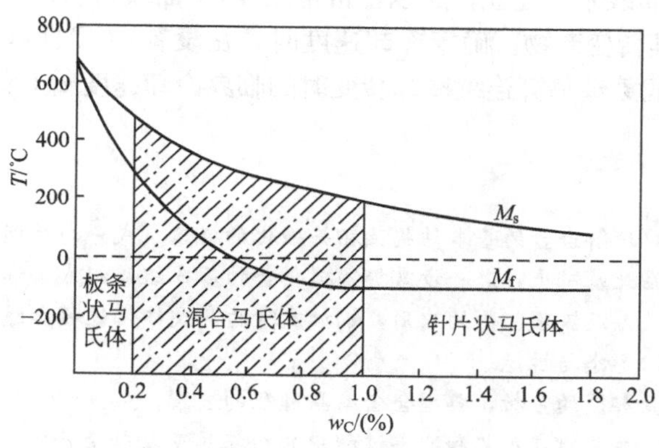

图 3.47 马氏体组织形态与奥氏体中含碳量的关系

图 3.48 所示，低碳钢含碳量的影响明显，但当含碳量超过 0.6%以后，由于钢中 A′量增多，致使淬火钢的硬度和强度增加趋于缓慢。针片状马氏体的亚结构以孪晶为主，滑移系少，塑性和韧性都很差。板条状马氏体的亚结构以位错为主，因此它不仅有较高的强度，还有较好的塑性和韧性。生产中常采用低碳钢淬火和低温回火工艺获得性能优良的低碳回火马氏体，既降低了成本又能得到良好的综合性能。

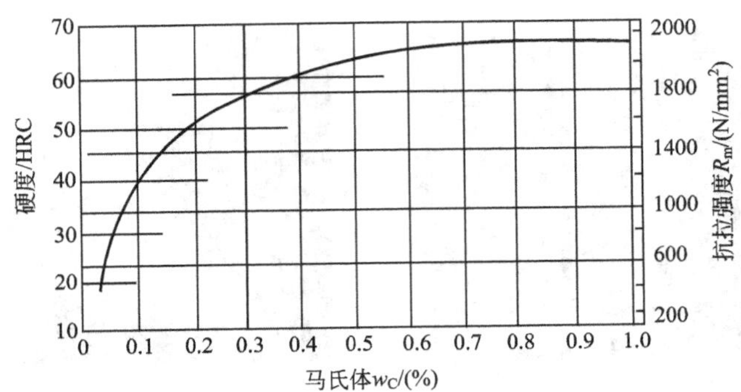

图 3.48　马氏体的强度和硬度与含碳量的关系

3.5.3　TTT 图与 CCT 图的比较

连续冷却转变过程可以看成是无数个温差很小的等温转变过程的总和，即转变产物是不同温度下等温转变组织的混合。但由于冷却速度的不同以及系列产物孕育期的差别，使某一温度下的转变得不到充分进行，因此连续冷却有不同于等温转变的特点。

图 3.44 同时标示出了共析钢的 TTT 曲线和 CCT 曲线。可以看出，CCT 曲线中的珠光体转变开始线和终了线在 TTT 曲线的右下方，说明连续冷却转变与等温冷却转变相比，一方面，转变温度低，孕育期长，过冷奥氏体更稳定；另一方面，前者的临界冷却速度 v_K 小于后者 v_K'，如果参照 TTT 曲线中的临界冷却速度可以得到更多的马氏体组织；此外，共析钢和过共析钢的 CCT 曲线没有下半部分，连续冷却时不能得到贝氏体型组织。

TTT 曲线图和 CCT 曲线图都是通过实验测得的。但是 CCT 曲线图的测定更加困难，目前仍有一些钢的 CCT 曲线未能建立，所以，常常用 TTT 曲线再参照 CCT 曲线的特点来定性分析连续冷却转变及其转变产物。确定冷却速度时，在没有 CCT 曲线的情况下，可用 TTT 曲线图中的临界冷却速度 v_K'估算连续冷却转变时的临界冷却速度 v_K(v_K'约为 v_K 的 1.5 倍)。

知识要点提醒

学习本章时，首先要理解合金的基本结构及相关强化的概念、成分与性能的关系以及匀晶、共晶和包晶相图分析方法；在此基础上，进一步掌握铁碳合金的基本组织组成物和相组成物的概念、力学性能、组织与性能间的关系及铁碳相图的应用，钢加热时的奥氏体化过程和随后冷却时过冷奥氏体的转变及其转变产物的组织形态与性能。

本章重点是铁碳合金相图的分析，典型合金结晶过程的理解，成分-组织-性能间的关系。本章难点是杠杆定律及其应用，共析钢在加热和冷却过程中的组织转变及转变产物，C 曲线的应用，马氏体的形成条件、组织形态及性能。

知识链接

磁 性 材 料

由于磁体具有磁性，所以在功能材料中备受重视。磁体能够进行电能转换(变压器)、机械能转换(磁铁、磁致伸缩振子)和信息存储(磁带)等。

传统的磁性材料分为金属磁性材料和铁氧体磁性材料两大类，近年来，聚合物磁性体的开发，开拓了新的研究领域。

1. 软磁材料

软磁材料对磁场反应敏感，易于磁化。软磁材料的矫顽力很小，磁导率很大，故也称为高磁导率材料或磁芯材料。大量使用软磁材料的有变压器、发动机、电动机等。此外，磁记录中的磁头材料、磁屏蔽材料也是软磁材料。使用场合不同，对材料的特性要求也不同。

铁是最早使用的磁芯材料，但只适用于直流电动机，作为交流电动机中的磁芯材料时，能量损耗(铁损)较大。在铁中加入Si可使磁致伸缩系数下降，电阻率增大，即可用作交流电动机磁芯材料。1%～3% Si-Fe合金用于转动机械中，3%～5% Si-Fe合金用于变压器。

Fe-Ni、Fe-Al-Si、Fe-Al及Fe-Al-Si-Ni合金作为磁芯材料，在电子器件中有很多应用。Fe-Ni合金通常称为坡莫合金(Permalloy，即具有高磁导率的合金)，它含有35%～80%Ni。因Ni含量的不同，Fe-Ni合金的各种磁性能及电学性能变化很大。但Fe-Ni合金的耐磨性较低。如加入Nb、Ta、Si等合金元素后，其饱和磁感应强度略有下降，但硬度可提高一倍(200HV)，耐磨性也提高。16% Al-Fe合金的磁致伸缩系数小，磁导率和电阻率大，适用于作交流磁芯材料；其耐磨性良好，可用于磁头材料。仙台Fe-Si-Al合金的磁性可与坡莫合金相媲美，且硬度高(500HV)、韧性低、易粉碎，一般作为压粉磁芯在低频下使用。

高速电动机中的铁心和电力系统中的晶闸管整流器的扼流圈，要求饱和磁束密度大、在高频范围内仍保持很高的有效导磁率、损耗小的铁心，为此开发了粉末铁心，即用有机物将铁粉黏合压制成粉末铁心，同时铁粉被有机物一个一个隔绝起来。粉末铁心的直流特性不如硅钢板，但400Hz以上的铁损变小，压缩方向和与它垂直方向的特性差也没有硅钢板那样大。

2. 硬磁材料

硬磁材料(永磁材料)不易被磁化，一旦磁化，则磁性不易消失。永磁材料主要用于各种旋转机械(如电动机、发动机)、小型音响机械、继电器、磁放大器以及玩具、保健器材、装饰品、体育用品等。

目前使用的永磁材料大体分为四类，即阿尔尼科磁铁、铁氧体磁铁、稀土类钴系磁铁及钕铁硼系稀土永磁合金。

阿尔尼科名称来源于构成元素Al、Ni、Co(余为Fe)，是强磁性相α_1(Fe、Co富相)在非磁性相α_2(Fe、Al的合金相)中以微晶析出而呈现高矫顽力的材料，对其进行适当处理，可增大磁积能。

铁氧体永磁材料是以Fe_2O_3为主要成分的复合氧化物，并加入Ba的碳酸盐。由于铁氧体是氧化物，因而耐化学腐蚀，磁性稳定。但其温度的稳定性低于阿氏磁铁，故不适用于精密仪器。此外，其承受机械冲击和热冲击能力较弱。但铁氧体的制造工艺成熟、成本低廉，所以是用量最大的永磁材料(占90%以上)。

含有稀土金属的钴合金系，具有非常强的单轴磁性各向异性，且饱和磁感应强度与阿氏合金相当，其磁积能的数值之高是划时代的。

钕铁硼永磁合金采用粉末冶金方法制造，是由$Nd_2Fe_{14}B$、$Nd_2Fe_7B_6$和富Nd相(Nd-Fe，Nd-Fe-O)三相构成的，其磁积能是目前永磁材料中最高纪录。钕铁硼磁体显示了许多极优异的性能，如用于计算机磁盘驱动器，可做到体积小、磁能大，有助于提高速度和功率，其用途见表3-6。

表3-6 钕铁硼磁体的用途

器件类型	典型用途
电动机、发动机	无刷直流电动机，步进电动机，伺服电动机，启动电动机，仪表电动机，通用电动机，制动器
核磁共振成像(RMI)及医疗设备	—

（续）

器件类型	典型用途
电子计算机外围设备	驱动器，打印机，绘图器件
音响器件	小型或超小型电声器，高频扬声器，传声器
磁悬浮运输车辆	—
磁力机械	传送机，磁选机，磁滑轮，磁轴承，磁性链轴节
电磁开关	继电器，键盘，回路截断器
家用电器	洗衣机，电冰箱，电视机，录像机，吸尘器，空调机，电话机

把强磁性粉末和黏合剂一起涂到塑料基带上即制成磁记录材料-磁带(盘)。强磁性层常用 $\gamma-Fe_2O_3$，高密度记录磁带用钴铁氧体或氧化铬 CrO_2，也有用 Co－Cr 合金进行真空镀膜以调整易磁化轴的方向，来改善记录密度，基体材料有醋酸纤维、氯乙烯、聚对苯二甲酸乙二醇酯等。

聚合物磁性材料分为结构型和复合型。前者是指本身具有强磁性的聚合物，又分为含金属原子型和不含金属原子型；复合型聚合物主要以橡胶或塑料为基体，再混合磁粉加工制成。目前以橡胶复合磁体应用最广，可做冰箱、冷库门的密封条。

铁的铝化物和环境的影响

以 Fe_3Al 和 FeAl 为基的铁的铝化物，在高温氧化气氛下，表面会形成致密的保护性氧化层，具有优异的抗氧化和抗腐蚀性能。此外，这些铝化物价格低廉、密度小，且不含或只含少量铬、镍等合金元素，因此具有很大的潜力发展成为一类高温结构材料。它们的致命弱点是常温下的低塑性和低的断裂抗力，以及高于600℃时低的高温强度和蠕变强度。

研究发现 Fe_3Al 和 FeAl 金属间化合物本质上是韧的，但在空气中存在环境脆化问题。实验证明空气中的湿气是引起 FeAl 脆化的介质。另外，当 FeAl 的铝含量高于 38at%时，在空气及在干氧中的延伸率几乎都为零，即其晶界的本质是脆的。故可认为环境脆化和晶界本质脆两者同时是 FeAl 或其他金属间化合物脆性的主要原因。

通过研究和实践表明，可采用下列途径有效地改善铁的铝化物的韧性。

(1) 添加铬或在空气中预氧化，在表面形成具有保护作用的氧化膜。

(2) 进行热机械处理细化晶粒。

(3) 添加 Zr、B 和 C 形成如锆的硼化物和碳化物等第二相粒子细化晶粒。

(4) 添加微量硼元素偏聚到晶界上提高晶界的结合强度，从而减轻晶界的脆性。

(5) 添加 Mo、Nb、Zr 和 B 等合金化元素，降低氢的溶解速度和扩散速度。

习　题

1. 简述下列名词的区别。

(1) 金属与合金。

(2) 组织与相。

2. 有形状相同的两个 Cu－Ni 合金铸件，一个含 80%Ni，另一个含 60%Ni，铸件自然冷却，哪一个铸件偏析严重？

3. 铸造用合金通常选用什么成分的合金？塑性加工又选用什么成分的合金？为什么？

4. 共晶反应与共析反应有何不同？

5. w_{Sn}为75%的Pb－Sn合金在下列温度下有哪些相组成物和组织组成物？

(1) 刚冷却到183℃未开始发生共晶转变时。

(2) 共晶转变结束时。

(3) 室温下。

6. 分析w_C为0.01%、0.46%、0.85%的铁碳合金平衡结晶过程，并计算这几种合金室温下相组成物和组织组成物的相对量。

7. 已知二元合金的共晶反应表达式为$L(w_B=70\%)\xrightarrow{恒温}\alpha(w_B=10\%)+\beta(w_B=95\%)$

求：(1) 成分为$w_A=65\%$与$w_B=35\%$的合金结晶后，①初晶α与共晶体(α+β)的相对质量；②α相和β相的相对质量。

(2) 如果共晶反应后初晶β和共晶(α+β)各占一半，问该合金的成分是多少？

8. 从组织形态分析，铁碳合金中渗碳体有几种？它们是如何形成的？各有什么特点？

9. 白口铸铁和钢在组织上有什么区别？为什么前者硬又脆？

10. 简述铁碳合金成分、组织和性能三者之间的关系。

11. 某仓库积压一批退火钢钢材，取其中一根经制样后在金相显微镜下观察，其组织为珠光体＋铁素体，如其中铁素体占视场面积20%，试问此钢材的含碳量大约是多少？

12. $Fe-Fe_3C$合金系中有哪些相和组织？并给出它们的定义。

13. 简述钢完全奥氏体化过程中的组织转变。

14. 比较共析钢过冷奥氏体等温转变曲线图和连续转变曲线图的异同点。

15. 试分析亚共析钢和过共析钢奥氏体化后立即炉冷、空冷、油冷和水冷，各将得到什么组织？力学性能有何差异？

16. 为了获得索氏体组织，将钢件加热到A_{c_3}(或$A_{c_{cm}}$)以上保温一段时间取出空冷，这种热处理工艺过程应根据C曲线图、CCT曲线图还是$Fe-Fe_3C$相图来分析其转变产物，为什么？

17. 用含碳量为0.50%的钢制成的5个零件完全奥氏体化后，分别按Ⅰ、Ⅱ、Ⅲ、Ⅳ和Ⅴ线冷却后得到什么组织？为什么？

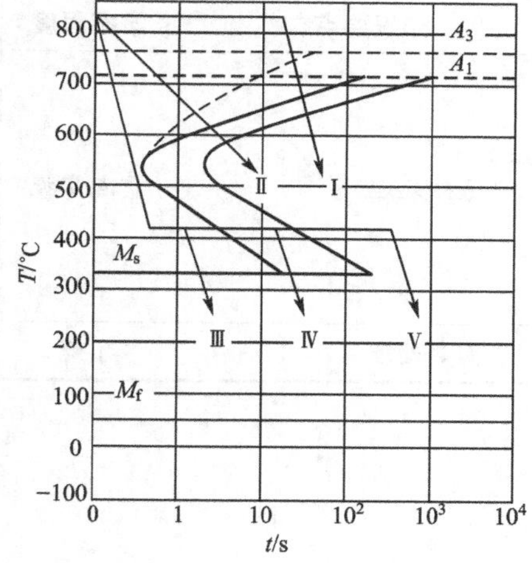

图3.49 习题17图

第4章 材料的改性

知识要点	掌握程度	相关知识
普通热处理	重点掌握	完全退火、球化退火、去应力退火的目的、工艺特点及应用； 正火的目的、工艺特点及应用； 亚共析钢、过共析钢的加热温度区间； 淬火介质及淬火方法； 低温回火、中温回火、高温回火的加热温度、回火后的组织及硬度，三种回火的目的及适用范围
表面热处理	了解	表面热处理的概念

导入案例

钢怎样淬火

科学家们推测，铁匠大约从公元前15世纪开始掌握淬火工艺。古代的冶金学家们发现了有趣的规律：如果把在一定范围内增碳的铁加热到发红，然后迅速浸入某种液体，例如水或者油当中，那么金属就会变得坚硬多了。

古希腊诗人荷马在《奥德赛》中写道："铁匠把烧红的斧和钺浸到冷水中，铁随着水的沸腾发出丝丝的声响。在火和水的锻炼下，更坚硬的铁产生了。"

在这种情况下金属发生了什么变化？为什么铁的强度提高了？对于这些问题，古代工匠不可能给出准确的回答。但是猜想和推测是不少的。其中值得注意的是，在巴尔加里(小亚细亚)一座教堂的史册中记载着短剑淬火的方法："将短剑烧到接近于沙漠里的朝阳的颜色时，再把它贴在强壮的奴隶的身体上，一直冷却成高贵的紫红色，奴隶的力量传给了短剑，使金属变得坚硬"。

公元前2世纪，大马士革制造著名钢刀的军械匠们采用了另外一种"工艺"。根据记载，他们在刮着大风的山谷里给自己的刀淬火。他们相信，风把自己的力量传给了武器。

热处理是机器零件及工具制造过程中的重要工序，它对充分利用金属材料力学性能的潜力、提高产品质量和延长产品使用寿命具有重要意义；热处理在改善毛坯工艺性能以利于进行冷、热加工方面也有良好作用。即热处理改变材料性能主要有两方面目的，一是改善工艺性能，二是提高强度。零件热处理质量的高低对成品的质量往往具有决定性的影响。

随着工业技术的发展，热处理的范围迅速扩大。热处理的传统定义已不能完全概括各种金属热处理工艺的基本过程、特点和目的。但它们具有一个共同的特点，即都包含加热和冷却两个基本过程。对于通常所用的金属热处理工艺，一般均由不同的加热、保温和冷却三个阶段组成，从而改变整体或表层的组织，获得所需要的性能。

对于金属材料除了上述热处理工艺外，还可以采用表面改性、表面强化及表面覆层等表面处理技术来满足对工件的各种特殊要求。高聚物可以通过物理和化学改性等方法获得更为优越的性能。此外，各种不同的材料也可以进行复合，形成一类新型的复合材料。在复合材料中，可以达到各个组元优势互补，因此复合材料的整体性能得到了大幅度提高。

4.1 钢的预备热处理

这类热处理是以准备材料，使之便于加工为目的。包括改善力学性能，减少内应力和能量消耗，以及为进一步变形恢复塑性等。

对钢而言，此类热处理包括退火和正火。这类热处理可用来降低硬度、细化晶粒、消除残余应力、提高韧性、恢复塑性或减少偏析等。退火及正火工艺中的温度，冷却速度及其他细节由被处理的材料和处理目的确定。

4.1.1 钢的退火

退火是将钢加热到一定温度，并保温一般时间，然后缓慢冷却下来。

退火的目的是：降低硬度，提高塑性，改善加工性能。消除钢中的内应力，细化晶粒，均匀组织，为以后热处理作准备。

根据钢的成分和处理目的不同，常用退火方法可分为完全退火、等温退火、球化退火和去应力退火等，如图 4.1 所示。

1. 完全退火

将钢加热到 A_{c_3} +(30～50℃)(图 4.2)，保温一段时间，然后随炉缓冷。完全退火主要用于亚共析碳钢和合金钢的铸、锻件的热处理，它能细化晶粒、消除内应力、降低硬度，以利于切削加工。退火后的组织为铁素体和珠光体。

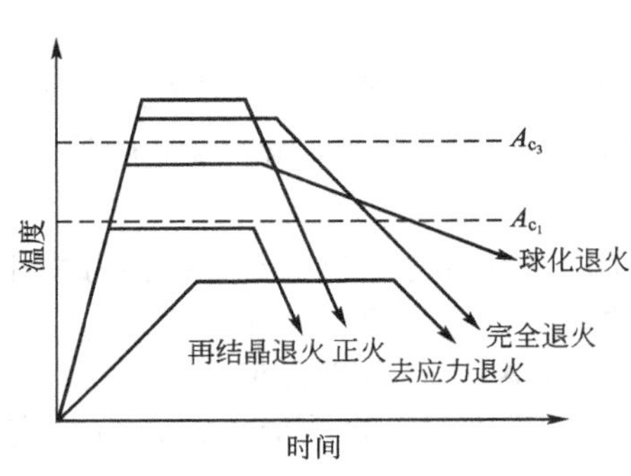

图 4.1 退火、正火工艺曲线

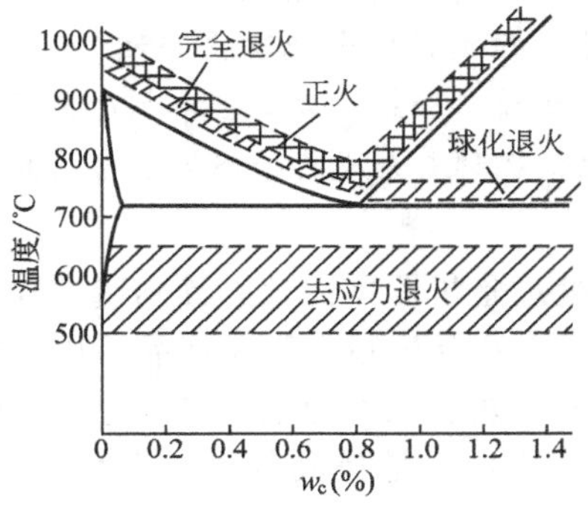

图 4.2 退火和正火的加热温度范围示意图

过共析钢不采用完全退火，因为加热到 $A_{c_{cm}}$ 以上缓冷时，会析出网状渗碳体，影响钢的力学性能。

低碳钢若采用通常的完全退火，则其硬度太低，切削性能不好。若为改善切削加工性能，可采用高温退火，即在比上述完全退火更高的温度(960～1100℃)下加热，获得较粗的晶粒，以提高切削性能。

工件在退火温度下的保温时间不仅取决于工件烧透的时间，即工件心部也达到要求的加热温度，而且还取决于完成组织转变所需要的时间。完全退火保温时间与钢材成分、工件厚度、装炉量和装炉方式等因素有关。通常保温时间以工件的有效厚度来计算。一般碳素钢或低合金钢工件，当装炉量不大时，在箱式电阻炉中退火的保温时间可按式(4-1)计算：

$$\tau = KD(\text{min}) \tag{4-1}$$

式中 D——工件有效厚度(mm)；

K——加热系数，一般 K=1.5～2.0min/mm。

若装炉量过大，则应根据具体情况延长保温时间。

实际生产时，为了提高生产率，退火冷却至 600℃左右即可出炉空冷。

2. 等温退火

某些合金钢件退火不用随炉缓冷的方法，而采用等温退火。等温退火是将奥氏体化后

的钢快冷至稍低于 A_1 温度，再保温足够时间，让过冷奥氏体完成等温分解转变为珠光体，然后出炉空冷。比完全退火的时间短，组织均匀，硬度容易控制。

3. 球化退火

球化退火是使钢中碳化物球状化，获得粒状珠光体的一种热处理工艺。它是将钢加热到 A_{c1} 以上 20～30℃，保温足够时间后随炉缓冷或采用等温退火的冷却方式，这样可使未溶碳化物粒子和局部高碳区形成碳化物核心并局部聚集球化，即使珠光体中的片状渗碳体和次生网状渗碳体发生球化，形成铁素体基体上均匀分布的粒状渗碳体组织——球化体(球状珠光体，如图 4.3 所示)。球化退火主要用于过共析钢及合金工具钢，如刀具、量具、模具等。其目的是降低硬度、提高塑性、改善切削加工性能和力学性能，获得均匀组织，改善热处理工艺性能，为淬火作组织准备。

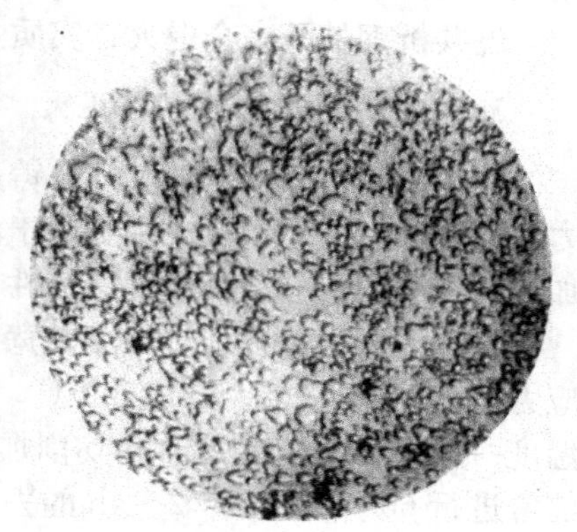

图 4.3 球化体

如钢的原始组织中有网状渗碳体时，应先经正火消除网状渗碳体后，再进行球化退火。

图 4.4 所示是碳素工具钢的几种球化退火工艺。图 4.4(a)所示的工艺特点是将钢在 A_{c_1} 以上 20～30℃保温后以极缓慢速度冷却，以保证碳化物充分球化，冷至 600℃时出炉空冷。这种一次加热球化退火工艺，要求退火前的原始组织为细片状珠光体，不允许有渗碳体网存在。因此在退火前要进行正火，以消除网状渗碳体。目前生产上应用较多的是等温球化退火工艺(图 4.4(b))，即将钢加热到 A_{c_1} 以上 20～30℃保温 4h 后，再快冷至 A_{r_1} 以下 20℃左右等温 3～6h，以使碳化物达到充分球化的效果。为了加速球化过程，提高球化质量，可采用往复球化退火工艺(图 4.4(c))，即将钢加热到略高于 A_{c_1} 点的温度，而后又冷却至略低于 A_{r_1} 温度保温，并反复加热和冷却多次，最后空冷至室温，以获得更好的球化效果。

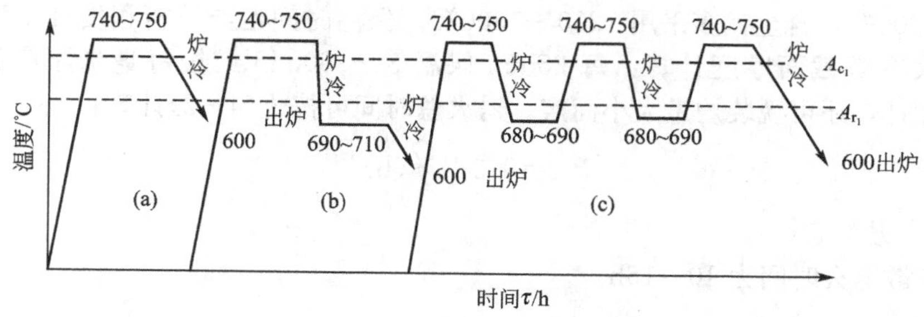

图 4.4 碳素工具钢的几种球化退火工艺

4. 不完全退火

不完全退火是将钢加热至 A_{c_1} ～A_{c_3} (亚共析钢)或 A_{c_1} ～$A_{c_{cm}}$ (过共析钢)之间，经保温后缓慢冷却以获得接近于平衡组织的热处理工艺。由于加热到两相区温度，仅使奥氏体发生重结晶，故基本上不改变先共析铁素体或渗碳体的形态及分布。如果亚共析钢原始组织中的铁素体已均匀细小，只是珠光体片间距小，硬度偏高，内应力较大，那么只要在 A_{c1} 以上、A_{c_3} 以下温度进行不完全退火即可达到降低硬度、消除内应力的目的。由于不完全退火的加热温度比完全退火低，过程时间也较短，因而是比较经济的一种工艺。如果不必要通过完全重结晶去改变铁素体与珠光体的分布及晶粒度，则总是采用不完全退火来代替完全退火。

过共析钢的不完全退火，实质上是球化退火的一种。

5. 去应力退火和再结晶退火

为了消除由于变形加工以及铸造、焊接过程引起的残余内应力而进行的退火称为去应力退火又称低温退火。它主要用于消除铸件、焊接结构件的内应力，消除精密零件在切削加工时产生的内应力，使这些零件在以后的加工和使用过程中不易发生变形。

钢的去应力退火加热温度较宽，但不超过 A_{c_1} 点，一般在 500～650℃之间。铸铁件去应力退火温度一般为 500～550℃，超过 550℃容易造成珠光体的石墨化。焊接工件的退火温度一般为 500～600℃。对切削加工量大，形状复杂而要求严格的刀具、模具等，淬火之前常进行 600～700℃、2～4h 的去应力退火。一些大的焊接构件，难以在加热炉内进行去应力退火，常常采用火焰或工频感应加热局部退火，其退火加热温度一般略高于炉内加热。

去应力退火后的冷却应尽量缓慢，以免产生新的应力。经过冷变形后的金属加热到再结晶温度以上，保持适当时间，使形变晶粒重新转变为均匀的等轴晶粒，以消除形变强化和残余应力的热处理工艺，称为再结晶退火。

再结晶退火的目的是消除冷变形强化，提高塑性，改善切削性能及压延成形性能。

6. 扩散退火

扩散退火又称均匀化退火，是将钢锭、铸件或锻坯加热到略低于固相线的温度下长时间保温，然后缓慢冷却以消除化学成分不均匀现象的热处理工艺。其目的是消除铸锭或铸件在凝固过程中产生的枝晶偏析及区域偏析，使成分和组织均匀化。扩散退火加热温度很高，通常为 A_{c_3} 或 $A_{c_{cm}}$ 以上 150～300℃，具体加热温度视偏析程度和钢种而定。碳钢一般为 1100～1200℃，合金钢多采用 1200～1300℃。保温时间也与偏析程度和钢种有关，通常可按最大有效截面厚度计算，每 25mm 保温 30～60min 或按每毫米厚度保温 1.5～2.5min。此外，还可视装炉量大小而定。退火总时间可按式(4-2)计算：

$$t=8.5+\frac{Q}{4}(\mathrm{h}) \qquad (4-2)$$

式中 Q——装炉量(t)。

一般扩散退火时间为 10～15h。

4.1.2 钢的正火

正火是将钢加热到 A_{c_3}(或 $A_{c_{cm}}$)以上适当温度，保温以后在空气中冷却得到珠光体类组织的热处理工艺。所得组织为索氏体。

正火可以作为预备热处理，为机械加工提供适宜的硬度，又能细化晶粒、消除内应力、消除魏氏组织和带状组织，为最终热处理提供合适的组织形态。正火还可以作为最终热处理，为某些受力较小、性能要求不高的碳素钢结构零件提供合适的力学性能。正火还能消除过共析钢的网状碳化物，为球化退火作好组织准备。对于大型工件及形状复杂或截面变化剧烈的工件，用正火代替淬火和回火可以防止变形和开裂。

正火处理加热温度通常在A_{c_3}（或$A_{c_{cm}}$）以上30～50℃，高于一般退火的温度，对于含有V、Ti、Nb等碳化物形成元素的合金钢，可采用更高的加热温度，即为A_{c_3}＋(100～150℃)，为了消除过共析钢的网状碳化物，也可酌情提高加热温度，让碳化物充分溶解。

正火冷却方式最常用的是将钢件从加热炉中取出在空气中自然冷却。对于大件也可采用吹风、喷雾和调节钢件堆放距离等方法控制钢件的冷却速度，达到要求的组织和性能。

4.1.3 退火与正火的选用

生产上退火和正火工艺的选择应当根据钢种，冷、热加工工艺，零件的使用性能及经济性综合考虑。

w_C＜0.25％的低碳钢和低碳合金钢，通常采用正火代替退火。因为较快的冷却速度可以防止低碳钢沿晶界析出游离三次渗碳体，从而提高冲压件的冷变形性能；用正火可以提高钢的硬度，改善低碳钢的切削加工性能；在没有其他热处理工序时，用正火可以细化晶粒，提高低碳钢强度。

w_C＝0.25％～0.5％的中碳钢也可以用正火代替退火，虽然接近上限碳量的中碳钢正火后硬度偏高，但尚能进行切削加工，而且正火成本低、生产率高。

w_C＝0.5％～0.75％的钢，因含碳量较高，正火后的硬度显著高于退火的情况，难以进行切削加工，故一般采用完全退火，降低硬度，改善切削加工性。

w_C＝0.75％以上的高碳钢或工具钢一般均采用球化退火作为预备热处理。如有一次渗碳体存在，则应先进行正火以消除一次渗碳体。

此外，从使用性能考虑，如果钢件或零件受力不大，性能要求不高，不必进行淬火、回火，可用正火提高钢的机械性能，作为最终热处理。从经济原则考虑，正火比退火生产周期短，操作简便，工艺成本低。

4.2 钢的最终热处理

4.2.1 钢的淬火

淬火是热处理工艺中最重要的工序，可以显著提高钢的强度和硬度。如果与不同温度的回火配合，则可以得到不同的强度、塑性和韧性的配合，获得不同的应用。

把钢加热到临界点A_{c_1}（过共析钢）或A_{c_3}（亚共析钢）以上30～50℃，保温并随之以大于临界冷却速度(v_k)冷却，以得到介稳状态的马氏体或下贝氏体组织的热处理工艺方法称为淬火。其实质是使加热到奥氏体状态的钢发生马氏体或下贝氏体转变。

淬火后(马氏体)的钢韧性差，为提高韧性并获得所需要的力学性能，淬火后要进行回火。

淬火的目的是提高工具、渗碳零件和其他高强度耐磨机器零件等的硬度、强度和耐磨性；结构钢零件通过淬火和回火后，在保持足够韧性的条件下提高钢的强度，即获得良好的综合力学性能。

此外。还有很少数的一部分工件为了改善钢的物理和化学性能。如提高磁钢的磁性，不锈钢淬火以消除第二相，从而改善其耐蚀性。

根据上述淬火的含义，实现淬火过程的必要条件是加热温度必须高于临界点以上，以获得奥氏体组织，其后的冷却速度必须大于临界冷却速度，而淬火得到的组织是马氏体或下贝氏体，后者是淬火的本质。因此，不能只根据冷却速度的快慢来判别是否是淬火。例如低碳钢水冷往往只得到珠光体组织，此时就不能称为淬火，只能说是水冷正火；又如高速钢空冷可以得到马氏体组织，则此时就应该称为淬火，而不是正火。

1. 淬火加热温度的选择

淬火温度是由钢的含碳量所确定的。碳素钢的淬火温度范围如图 4.5 所示。亚共析钢的淬火温度一般为 A_{c_3} 以上 30～50℃；共析钢和过共析钢则为 A_{c_1} 以上 30～50℃。

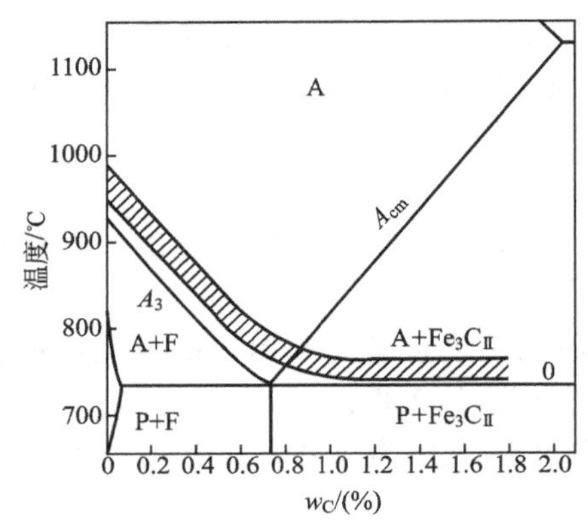

图 4.5　碳素钢的淬火温度范围

对于亚共析钢，若加热温度在 A_{c_1} 和 A_{c_3} 之间，此时组织为铁素体和奥氏体。淬火时奥氏体转变为马氏体，而铁素体仍不变，使淬火钢硬度不足。所以其淬火温度须高于 A_{c_3} 线。

对于过共析钢，则应加热到 A_{c_1} 和 $A_{c_{cm}}$ 之间，此时组织为奥氏体和渗碳体。淬火后奥氏体转变为马氏体，而渗碳体仍保留在组织中，由于渗碳体硬度极高，不但不会降低淬火钢的硬度，相反会使钢的硬度有所提高。若加热温度超过 $A_{c_{cm}}$ 线，则渗碳体全部溶入奥氏体，使奥氏体含碳量增高，淬火后组织中残余奥氏体量增多，硬度反而下降。另外，因加热温度过高，会增加淬火内应力，容易产生变形和开裂。

2. 淬火加热时间

为了使工件各部分完成组织转变，需要在淬火加热温度保温一定的时间，通常将工件升温和保温所需的时间计算在一起，统称为加热时间。

影响淬火加热时间的因素较多，如钢的成分、原始组织、工件形状和尺寸、加热介质、炉温、装炉方式及装炉量等。目前生产中多采用经验公式（4-3）来计算加热时间：

$$t=\alpha KD \tag{4-3}$$

式中　t——加热时间(min)；

α——加热系数(min/mm)；

K——装炉修正系数；

D——工件有效厚度(mm)。

加热系数 α 表示工件单位有效厚度所需的加热时间，装炉修正系数 K 根据炉量的多少确定，装炉量大时，K 值取较大值。

钢在淬火加热过程中，如果操作不当，会产生过热、过烧或表面氧化、脱碳等缺陷。

过热是指工件在淬火加热时，由于温度过高或时间过长，造成奥氏体晶粒粗大的现象。过热不仅使淬火后得到的马氏体组织粗大，使工件的强度和韧性降低，易于产生脆断，而且容易引起淬火裂纹。对于过热工件，进行一次细化晶粒的退火或正火，然后再按工艺规程进行淬火，便可以纠正过热组织。

过烧是指工件在淬火加热时，温度过高，使奥氏体晶界发生氧化或出现局部熔化的现象，过烧的工件无法补救，只得报废。

淬火加热时工件和加热介质之间相互作用，往往会产生氧化和脱碳等缺陷。氧化使工件尺寸减小，表面粗糙度降低，并影响淬火冷却速度；表面脱碳使工件表面含碳量降低，导致工件表面硬度、耐磨性及疲劳强度降低。

3. 淬火介质

淬火操作的难度比较大，这主要是因为：淬火要求得到马氏体，淬火的冷却速度就必须大于临界冷却速度(v_K)快冷总是不可避免地要造成很大的内应力，往往会引起工件的变形和开裂。

淬火冷却时怎样才能既得到马氏体而又减小变形与避免裂纹呢？这是淬火工艺中最主要的一个问题。要解决这个问题，可以从两方面着手，一是寻找一种比较理想的淬火介质，二是改进淬火的冷却方法。

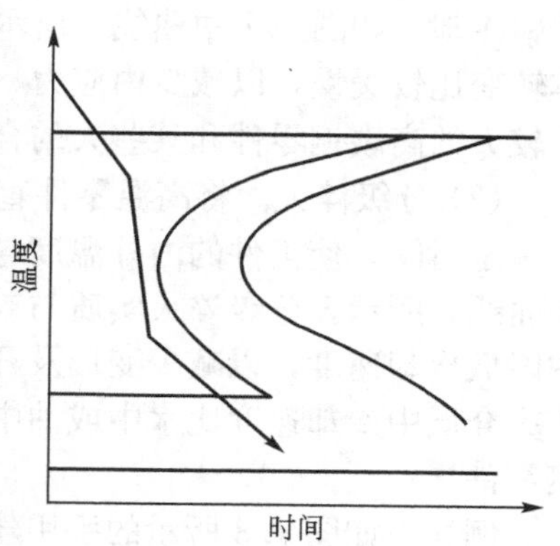

图 4.6 钢淬火时理想冷却曲线

淬火时为了得到马氏体又不致造成零件的变形和开裂，必须正确选择合适的冷却速度。由C曲线可知，要经淬火得到马氏体，并不需要在整个冷却过程中都进行快速冷却。过冷奥氏体在C曲线鼻部附近(650～400℃)最不稳定，必须快冷。而从淬火温度到650℃之间及400℃以下，过冷奥氏体比较稳定，并不需要快冷。特别是在M_s(230℃)以下，过冷奥氏体向马氏体转变，更不希望快冷，以免造成变形和开裂。图4.6为钢淬火时理想冷却曲线。

常用淬火介质有水、矿物油、盐水、碱水等。其中水是最常用的淬火介质。水作为淬火介质其特点是冷却能力大，使用方便，而且价廉。水在650～550℃的范围内能满足淬火要求，但在300～200℃范围内冷却速度仍很快，容易引起变形和开裂。淬火时水温升高，冷却能力显著降低，使钢件不能淬硬。一般规定水温不得超过40℃。水淬常用于形状简单的碳钢零件。

为了提高水的冷却能力，在水中加入某些盐或碱，即得盐或碱的水溶液。目前普遍用的是食盐水溶液和苛性钠(氢氧化钠)水溶液。

油的冷却能力较小，稍大的碳钢零件在油中不能淬得马氏体，但大部分合金钢可在油中淬硬。由于油使淬火钢在马氏体转变温度范围内冷却得较慢，造成淬火内应力较小，钢件不易产生变形和开裂。常用油类有矿物机器油(机油)、锭子油、变压器油等。油的价格较高，易燃且不易清洗，所以一般用于合金钢零件。

目前，国外广泛使用聚合物水溶液作为淬火介质，如聚乙烯醇、聚二醇等。在聚二醇溶液中冷却时，工件表面形成聚二醇薄膜，使冷却均匀，可减少工件变形和开裂。

除上述淬火介质外，还应用硝盐浴或碱浴作为淬火介质。实践证明，在高温区域碱浴的冷却能力比油强而比水弱，硝盐浴的冷却能力则比油略弱。在低温区域，碱浴和硝盐浴的冷却能力都比油弱。碱浴和硝盐浴的冷却性能既能保证奥氏体向马氏体转变，不发生中途分解，又能大大减少工件的变形和开裂的倾向，因此这类介质广泛应用于截面不大、形状复杂、变形要求严格的碳素工具钢、合金工具钢等工件，作为分级淬火或等温淬火的淬火组织。碱浴虽然冷却能力比硝盐浴强一些，工件的淬硬层也比用硝盐浴深一些，但因碱浴蒸气有较大的刺激性，劳动条件差，所以在生产中使用得不如硝盐浴广泛。

4. 淬火方法

由于淬火冷却介质不能完全满足淬火质量的要求，所以，在热处理工艺方面还应考虑从淬火方法上加以解决。常用淬火方法如下：

(1) 单液淬火。工件加热后直接淬入一种介质中连续冷却到室温的操作方法，如图 4.7 中曲线 1 所示。此法简单易行，但易变形开裂，仅适用于形状简单的工件。

(2) 双液淬火。将加热后的零件先放入水中急冷至 300℃左右，立即从水中取出转入油中冷却，如图 4.7 中曲线 2 所示。双液淬火既可避免奥氏体在高温时转变，又可使马氏体转变比较缓慢，以减少内应力、变形和开裂。这种方法主要用于必须水淬的钢件，如尺寸较大的高碳钢零件和某些大的合金钢零件。

(3) 分级淬火。将高温零件直接淬入一定温度(M_s 点以上)的盐浴或碱浴中速冷，保持一定时间，使工件的内外温度与淬火剂的温度一致，然后取出在空气中冷却，如图 4.7 中曲线 3 所示。分级淬火实质与双液淬火一样，也是为了在开始转变成马氏体的温度范围内降低冷却速度，以减少变形及开裂的倾向。但分级淬火比双液淬火易控制。由于加热的淬火介质中冷却速度比水中或油中慢得多，所以分级淬火只适用于尺寸较小的碳钢和合金钢零件。

例如，如图 4.8 所示的手用丝锥(T12 钢)，其水淬与分级淬火情况比较如下。

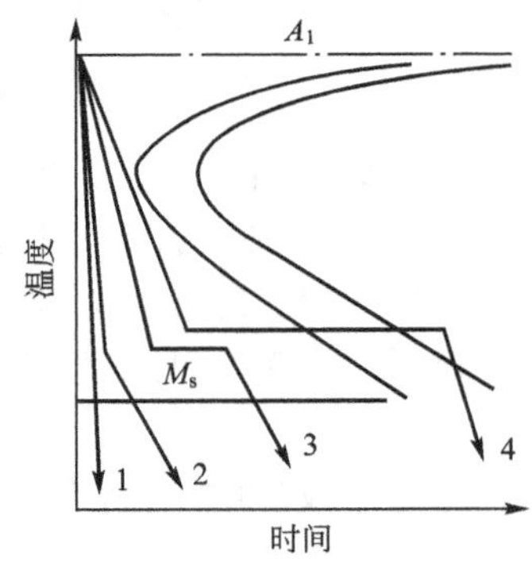

图 4.7 各种淬火方法冷却示意图

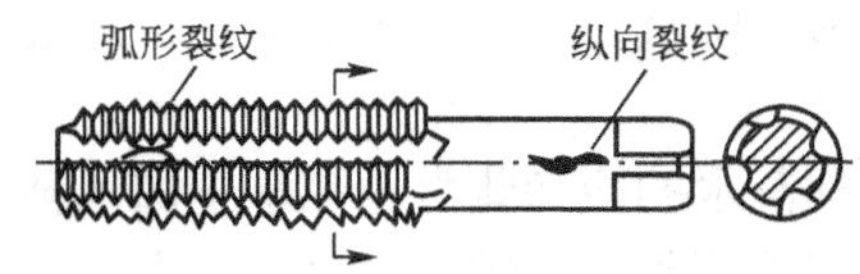

图 4.8 手用丝锥

① 水淬后情况：常在端部产生纵向裂纹，在刀槽处有弧形裂纹。

② 分级淬火后情况：不再发生开裂，切削性能较水淬更好。寿命提高，避免了小丝锥在使用中折断。

(4) 等温淬火。将高温零件淬入温度稍高于 M_s 点(250℃)的盐浴炉中，等温较长时间使奥氏体全部转变为下贝氏体，然后取出在空气中冷却，如图 4.7 中曲线 4 所示。

等温组织转变时，工件截面上的温度比较均匀，基本上同时发生下贝氏体转变，具有较高的硬度(55HRC)。并且下贝氏体的比容比马氏体小，所以淬火应力较小，变形很小，一般不会开裂。等温淬火可以得到较高的硬度，而且下贝氏体的强度、韧性、塑性、疲劳极限等均比具有相同硬度的回火马氏体高，特别是 a_k 值更为明显。

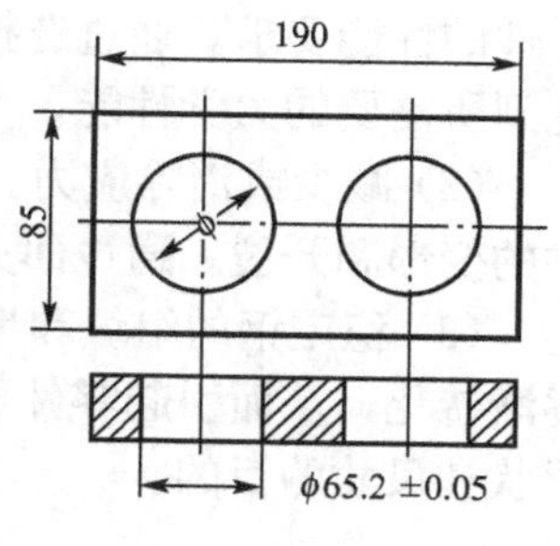

图 4.9 模套

等温淬火温度和时间应根据工件的技术要求，用C曲线加以确定。

等温淬火适用于变形要求严格和要求具有良好强韧性的高中碳钢精密零件。由于等温盐浴温度较高，冷却能力较低，因此等温淬火只能适用于尺寸不大的零件。

例如某厂用9Mn2V钢制造的模套(图4.9)，要求48～53HRC，模孔 ϕ65.20mm±0.05mm。用油淬后，内孔椭圆明显，改用270℃硝盐等温淬火后则变形明显减小。

5. 淬火应力及变形

1) 淬火时工件的内应力

工件在淬火过程中会发生形状和尺寸的变化，有时甚至要产生淬火裂纹，工件变形或开裂的原因是由于淬火过程中，在工件内产生的内应力造成的。

淬火内应力主要有热应力和组织应力两种。

(1) 热应力。工件在加热和冷却时，由于表面和心部存在着温度差，胀缩时间不一致，而产生的内应力称为热应力。热应力存在于工件冷却的全过程，开始时，热应力使表层受拉，心部受压，最终残留的热应力则使心部受拉，表面受压。

(2) 组织应力。工件在淬火冷却时，由于表层和心部存在着温度差，而使马氏体转变及体积膨胀不同时进行，所产生的内应力称为组织应力。工件表层先冷到 M_s 点，发生马氏体转变而膨胀，心部并未发生相变，使表层产生压应力，心部产生拉应力；当心部也冷到 M_s 点发生相变，体积膨胀时，使已完成马氏体转变的表层受拉应力，而心部则受压应力。组织应力状态正好和热应力状态相反，并且组织应力是发生在工件塑性较低的低温阶段，是产生淬火开裂的主要原因。

可见，淬火应力在组织转变发生前主要为热应力，在组织转变完成后即是热应力和组织应力叠加。如果淬火应力超过了材料的屈服极限，工件便产生塑性变形；如果淬火应力超过了强度极限(抗拉强度)，工件便会开裂。

2) 淬火时工件的变形

淬火变形包括工件体积的变化和几何形状的变化。体积的变化表现为尺寸的胀缩，是由于组织转变时比容变化所引起的；几何形状的变化表现为外形的弯曲或歪扭，是由于淬火内应力所造成的。

由于淬火冷却过程中同时存在两种应力，共同作用于工件，所以变形的最后结果，要看哪一种应力占优势。其实，淬火工件在实际生产中的变形是很复杂的，受多种因素的影响。要根据情况，综合分析，找出主要矛盾，采取合理措施，加以预防和消除。

4.2.2 钢的回火

将淬火后的零件加热到低于 A_{c_1} 的某温度并保温，然后冷却到室温的热处理工艺称为回火。

1. 回火的目的

(1) 获得所需的力学性能。零件淬火后强度和硬度有很大提高，但韧性差，不能满足零件的性能要求。通过选择适当温度的回火，可以提高零件的韧性、调整其硬度和强度，达到所需要的力学性能。

(2) 减少或消除应力。淬火零件内部存在很大的内应力，如不及时消除，也会引起零件的变形和开裂。通过回火，可使淬火内应力大大减少，直至消除。

(3) 稳定钢的组织和尺寸。淬火钢的组织主要是马氏体和少量残余奥氏体，能自发地逐渐转化，从而引起零件形状和尺寸发生变化，通过回火可稳定其组织，从而达到稳定其形状和尺寸的目的。

2. 淬火钢回火时的组织转变

随着回火温度的升高，淬火钢的组织发生以下四个阶段的变化。

1) 马氏体的分解

淬火钢在100℃以下回火时，内部组织的变化并不明显，硬度基本上也不下降。当回火温度大于100℃时，马氏体开始分解。马氏体中的碳以ε碳化物($Fe_{2.4}C$)的形式析出，使过饱和度减小。到350℃左右时，α相中含碳量降至接近平衡浓度，马氏体分解基本结束，α相与ε－$Fe_{2.4}C$保持共格关系。所谓“共格关系”是指两相界面上的原子恰好位于两相晶格的共同结点上。但此时α相仍保持针状特征。这种由极细ε－$Fe_{2.4}C$和低饱和度的α相组成的组织，称为回火马氏体，因易腐蚀，颜色较淬火马氏体暗，如图4.10所示。

(a) 淬火马氏体(400×)

(b) 回火马氏体(400×)

图4.10　高碳钢淬火马氏体和回火马氏体

2) 残余奥氏体的转变

回火温度在200～300℃时，马氏体分解为回火马氏体。此时，体积缩小并降低了对残余奥氏体的压力，使其在此温度区内转变为下贝氏体。残余奥氏体从200℃开始分解，到300℃基本完成，得到的下贝氏体并不多，所以此阶段的主要组织仍为回火马氏体。此时硬度有所下降。

3) 回火托氏体的形成

在回火温度250～400℃阶段，因碳原子的扩散能力增加，过饱和固溶体很快转变为铁素体。同时亚稳定的ε碳化物也逐渐转变为稳定的渗碳体，并与母相失去共格联系，淬火时晶格畸变所存在的内应力大大消除。此阶段到400℃时基本完成，其所形成的由尚未再结晶的铁素体和细颗粒状的渗碳体组成的混合物，称为回火托氏体($T_{回}$)。此时硬度继续下降。

4）渗碳体的聚集长大和铁素体再结晶

回火温度达到400℃以上时，渗碳体逐渐聚集长大，形成较大的粒状渗碳体，到600℃以上时，渗碳体迅速粗化。同时，在450℃以上铁素体开始再结晶，失去马氏体原有形态而成为多边形铁素体。这种由多边形铁素体和粒状渗碳体组成的混合物，称为回火索氏体($S_{回}$)。

回火时合金元素对转变过程的影响如下：

(1) 对马氏体分解的影响。马氏体分解包括碳原子的偏聚、固溶体中合金元素在晶体缺陷上形成预析出物以及碳和合金元素向碳化物中过渡。同时，具有体心正方的马氏体向体心立方的铁素体转变。在马氏体分解初期(150～200℃)合金元素的影响不大。在较高温度时，碳化物形成元素强烈推迟马氏体分解，使分解温度提高到400～500℃。非碳化物形成元素(Ni、Cu)和弱碳化物形成元素(Mn)不推迟碳从马氏体中析出，而Si元素稍能推迟马氏体分解。

(2) 对特殊碳化物的形成及其聚集长大的影响。马氏体回火时，合金碳化物的形成方式一般有3种：

① 在预先存在的合金渗碳体颗粒处原位形核。

② 在铁素体基体中直接形核。

③ 晶界和亚晶界形核。

一般来说，在预存合金渗碳体上原位形核，由于温度高于500℃时，质点间距较大，因此类合金碳化物形核时对增加强度是有限的。相反，直接形核时，原有渗碳体质点重新溶于固溶体，合金碳化物直接形核于从马氏体相变遗传下来的位错处，这种类型的分散度，往往比原位形核要细得多，因而对强韧性有较大的益处。提高回火温度，碳化物开始聚集长大，每种碳化物相存在着它本身聚集的温度-时间区间。在碳化物形成元素合金化的钢中，碳化物聚集温度高于碳钢，在450～600℃回火温度之间。

(3) 对残余奥氏体分解的影响。降低M_s点的合金元素，均增加淬火钢中的残余奥氏体量；而升高M_s点的合金元素则降低淬火钢中的残余奥氏体量。在回火的保温过程中(一般温度为500～600℃)，从残余奥氏体中析出$M_{23}C_6$类型及其他类型的碳化物。残余奥氏体中碳和合金元素贫化以后，其M_s点变得高于室温，因此冷却过程中转变为马氏体或贝氏体。为了减少残余奥氏体量，往往进行多次回火。

(4) 对α相的回复与再结晶的影响。淬火钢回火时发生的回复与再结晶，类似于冷变形后钢加热所发生的情况，其区别仅在于原始组织结构的不同。回火时组织结构的重新组合，直接与杂质和析出物对晶体缺陷聚合的影响相联系。例如，当析出Fe_3C时，组织中的高密度缺陷，可以保持到350～400℃回火温度；而对$(Cr, Fe)_7C$，可保持到450～500℃，对Mo_2C和VC，可保持到500～550℃；对NbC则可保持到550～570℃。

随着回火温度的升高，硬度、强度下降，而塑性、韧性提高，弹性极限在300～400℃达到最大值，如图4.11所示。

3. 回火种类及其应用

根据回火温度的不同，一般将回火分为以下三类：

1）低温回火

在150～250℃进行，得到回火马氏体组织(图4.12(a))，目的在于保持高硬度、强度和耐磨性的情况下，适当提高淬火钢的韧性和减少淬火内应力。回火后硬度一般可达到55～64HRC。

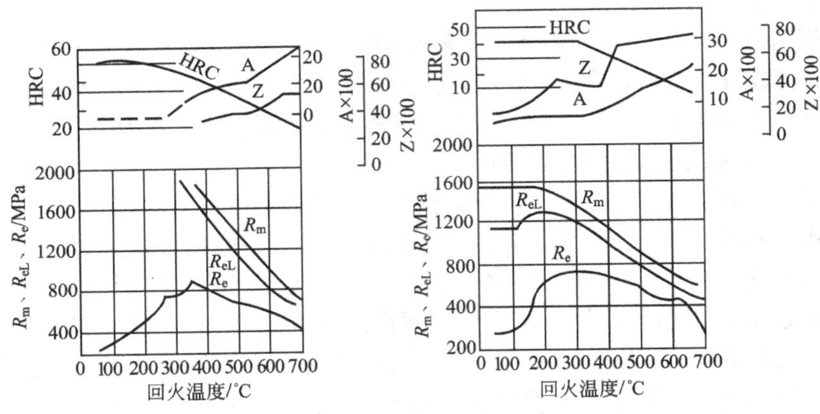

图 4.11 钢的力学性能与回火温度的关系

低温回火主要用于各种高碳钢制作的切削工具、冷作模具、滚动轴承、精密量具、丝杠、渗碳零件等。对某些精密量具和零件，为了保持淬火后的高硬度、消除应力、稳定尺寸，常在淬火或磨削后，进行一次或几次长时间低温回火，温度为120～150℃，时间为十到十几小时。这种回火称为“低温时效”。

2）中温回火

在350～500℃进行，得到回火托氏体组织(图4.12(b))，目的使淬火钢中的内应力大大减少，从而使弹簧钢的弹性极限显著提高，同时又具有足够的强度、塑性、韧性。主要用于含碳量0.6%～0.9%的碳素弹簧钢及含碳量0.45%～0.7%的合金弹簧钢、塑料模、热锻模及某些要求强度较高的零件，如刀杆、轴套等。中温回火后硬度为35～50HRC。为避免发生第一类回火脆性，一般中温回火温度不宜低于350℃。

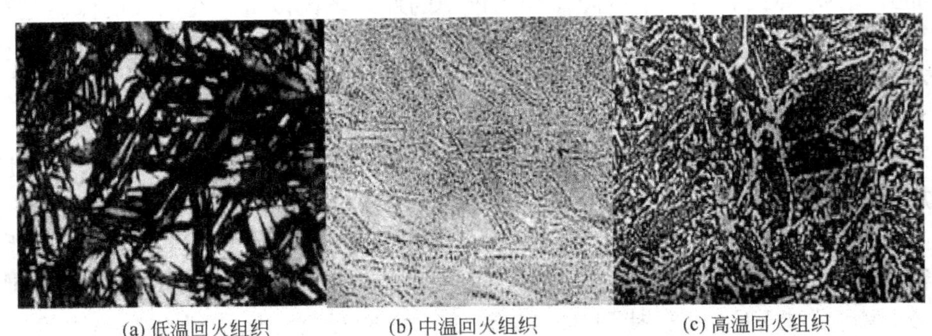

(a) 低温回火组织　(b) 中温回火组织　(c) 高温回火组织

图 4.12 T8钢(w_C=0.8%)的淬火回火组织

结构工件淬火后采用中温回火代替传统调质工艺，不仅能提高这些工件的强度，而且小能量多冲抗力也高于调质工艺。

3）高温回火

在500～650℃进行，得到回火索氏体组织(图4.12(c))，具有较高的强度和韧性相配合的综合力学性能。生产中把淬火后再进行高温回火的处理称为调质处理。调质处理主要用于各种重要的结构零件，使钢的强度、塑性、韧性达到恰当的配合，具有良好的综合力学性能。特别是在交变载荷下工作的连杆、螺栓、螺母、曲轴和齿轮等零件。调质处理还可作为某些精密零件，如丝杠、量具、模具等的预备热处理，以减少最终处理过程中的变形。调质钢调质处理后的硬度为25～35HRC。

淬火钢回火时的组织转变见表4-1。与正火相比，在相同的硬度下，强度、塑性和韧性均显著高于正火状态，见表4-2。因此，重要构件一般均用调质处理。调质还常作为表面强化件的预备热处理。

表4-1 淬火钢回火时的组织转变

回火温度/℃	组织转变阶段	回火组织、结构变化	
		板条状(位错)M	片状(孪晶)M
20～100	碳偏聚或聚集	碳原子偏聚在位错线附近间隙位置	碳原子聚集在M{100}形成富碳聚集区域
100～250	M分解	250℃时碳原子几乎全部偏聚在位错线附近间隙位置	1）M{100}面上共格析出小片状ε-K； 2）M正方度下降，当ω_c<0.25%时基体为过饱和碳的α相(体心立方)
200～300	残余A分解		
250～400	K类型变化	1）M中碳原子脱溶，在M条内、条界或晶界直接析出小片状θ-K，即Fe_3C； 2）α相保持条状形态	1）250℃，ε-K重新溶解，同时在孪晶面{112}M析出χ-K； 2）温度升高，{112}M面上的χ-K转变为θ-K，同时在{110}M面上也析出θ-K； 3）>250℃孪晶亚结构逐步消失，至400℃全部消失，同时产生位错胞及位错线
400～600	α相回复，Fe_3C球化	1）片状Fe_3C球化； 2）α相回复，位错亚结构逐步消失，位错密度下降，剩余的位错形成位错网络，把α相分割成许多亚晶粒； 3）α相基本上仍保持条状或针状形态	
600～720	α相结晶，Fe_3C粗化	1）球状Fe_3C粗化； 2）α相再结晶，成为等轴状F； 3）F晶粒长大	

表4-2 45钢(ϕ20mm～ϕ40mm)调质与正火处理后力学性能的比较

热处理状态	R_m/(N/mm^2)	A(%)	α_k/J	硬度HBS	组织
正火	700～800	15～20	40～64	163～220	细珠光体+铁素体
调质	750～850	20～25	64～96	210～250	回火索氏体

高碳高合金钢(如高速钢、高铬钢)回火温度在500～600℃，以使发生二次硬化作用，促进残余奥氏体的转变。高合金渗碳钢(如18Cr2Ni4WA，20Cr2Ni4A)经高温回火使渗碳层中碳化物聚集、球化，降低硬度，便于切削加工。其温度在600～680℃。

4. 回火脆性

通常，回火温度越高，则塑性、韧性越高，强度、硬度越低。但实验发现，如在250～

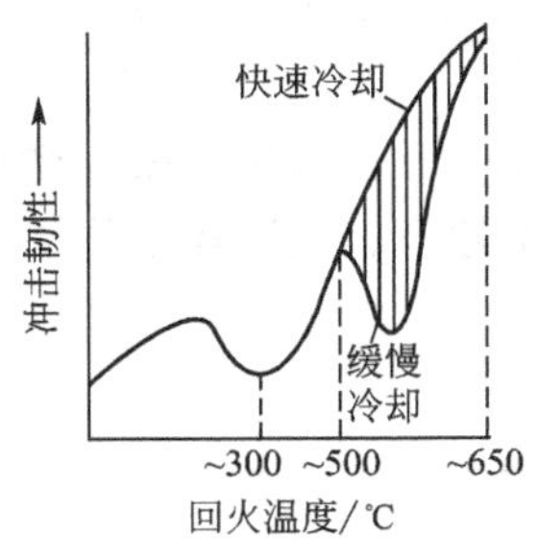

图 4.13　回火对合金钢冲击韧性的影响示意图

350℃及**470～650℃**两个范围内回火时，会出现韧性显著下降的现象，这分别称为第一类回火脆性和第二类回火脆性，如图 4.13 所示。

第一类回火脆性指的是发生在 200～350℃之间回火时出现的低温不可逆回火脆性，且无论回火冷却速度快慢，均不可避免。不论碳钢还是合金钢，这类回火脆性都存在。此时冲击韧性显著降低，出现第一类回火脆性时大多为沿晶断裂。影响第一类回火脆性的因素主要是化学成分。例如：

(1) 有害杂质元素，其中包括 S、P、As、Sn、Sb、Cu、N、H、O 等。钢中存在这些元素时均易导致出现第一类回火脆性。

(2) 促进第一类回火脆性的元素主要有 Mn、Si、Cr、Ni、V 等。此外奥氏体晶粒越细，第一类回火脆性越弱，而残余奥氏体量越多则越严重。

防止或减轻第一类回火脆性的方法如下。

① 降低钢中杂质元素含量。

② 用 Al 脱氧或加入 Nb、V、Ti 等元素以细化奥氏体晶粒。

③ 加入 Mo、W 等能减轻第一类回火脆性的合金元素。

④ 加入 Cr、Si 以调整发生第一类回火脆性的温度范围，使之避开所需的回火温度。

⑤ 采用等温淬火代替淬火加高温回火。

第二类回火脆性存在于某些合金钢(含 Mn、Si、Ni 等)在 450～650℃之间回火或在较高温度回火后缓慢通过此温度范围而发生的缓冷脆化现象。它仅产生于慢冷回火中，快冷则可避免，属可逆型，即可通过重新加热到 600℃以上，然后快冷来消除。

影响第二类回火脆性的因素：

(1) 化学成分的影响。

① 杂质元素 P、Sn、Sb、As、B、S 等引起第二类回火脆性。

② Ni、Cr、Mn、Si、C 等合金元素促进第二类回火脆性。

③ Mo、W、V、Ti 等合金元素可抑制第二类回火脆性，其中 W 扼制作用较 Mo 小，为达到同样扼制效果，W 扼制作用的加入量应为 Mo 的 2～3 倍。稀土元素(La)、Nb、Pr 等也能扼制第二类回火脆性。

(2) 热处理工艺参数的影响。

① 在 450～650℃范围内回火引起的第二类回火脆性的脆化速度和脆化程度均与回火温度与时间有关。

② 在 550℃以下，温度越低，脆化速度越慢，能达到的脆化程度越大。

③ 550℃以上，随等温温度升高，脆化速度变慢，能达到的脆化程度进一步下降。缓冷脆化不仅与回火温度及时间有关，更主要的是与回火后的冷速有关。650℃回火后的冷速越低，室温下冲击韧性值也越低。

(3) 组织因素的影响。

不论钢具有何种原始组织均有第二类回火脆性，以马氏体组织的回火脆性最严重，贝氏体次之，珠光体组织脆轻。第二类回火脆性还与奥氏体晶粒有关，奥氏体晶粒越细，第二类回火脆性越轻。

防止第二类回火脆性的方法：

① 降低钢中杂质元素。

② 加入能细化奥氏体晶粒的元素，如Nb、V、Ti等可细化奥氏体晶粒，增加晶界面积，降低单位面积杂质元素偏聚量。

③ 加入Mo、W等元素以抑制第二类回火脆性。

④ 避免在450～650℃温度范围内回火，或回火后应采用快冷。

4.2.3 淬火钢的三大特性

在用淬火方法强化钢材时，钢的淬硬性、淬透性和回火稳定性是非常重要的三大特性。

1. 钢的淬硬性

钢淬火时所能达到的最高硬度值，表明钢的淬硬能力，称为钢的淬硬性。钢的淬硬性主要取决于钢的含碳量，合金元素仅使其略有提高。

2. 钢的淬透性

1）淬透性的基本概念

钢的淬透性是指钢在淬火时获得淬硬层深度的能力。

淬火时，零件表面冷却较快而内部冷却较慢。当表面和内部的冷却速度都大于临界冷却速度时，整个工件截面上都能得到马氏体；当内部冷却速度小于临界冷却速度时，内部将得到托氏体或索氏体。

淬硬层的深度通常是指由钢的表面到半马氏体(马氏体与托氏体各占50%)层的深度，如图4.14所示。

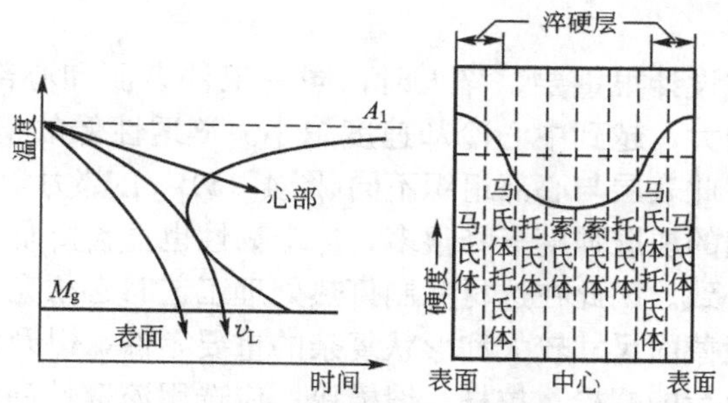

图4.14 钢的淬透性示意图

为比较各种钢的淬透性大小，常把各种钢的内部能淬透的最大直径称为该钢种的临界淬透直径，记为D_c。D_c越大，淬透性越好。表4-3为各常用钢种的临界淬透直径D_c。

表4-3 各常用钢种的临界淬透直径D_c

钢号	水淬	油淬	钢号	水淬	油淬
	D_c/mm			D_c/mm	
35	8～13	4～8	40Mn	18～38	10～18
45	10～18	6～8	40Cr	20～36	12～24
60	20～25	9～15	18CrMnTi	32～50	12～20

钢的淬透性主要取决于合金元素含量。除钴以外，溶入奥氏体的合金元素均使 C 曲线右移，故淬透性提高。对碳钢而言，亚共析钢随含碳量增加，淬透性增加；过共析钢因渗碳体在淬火温度下一般不能全溶入奥氏体，故随含碳量增加，淬透性下降。

由于钢的化学成分允许在一个范围内波动，因此手册上给出的各种钢的淬透性曲线通常是一条淬透性带。根据钢的淬透性曲线，通常用 $J\frac{HRC}{d}$ 表示钢的淬透性。例如，$J\frac{40}{6}$ 表示在淬透性带的距离末端 6mm 处的硬度为 40HRC。显然 $J\frac{40}{6}$ 比 $J\frac{35}{6}$ 淬透性好。可见，根据钢的淬透性曲线，可以方便地比较钢的淬透性高低。

2）淬透性的实际意义

钢的淬透性是钢的热处理工艺性能，在生产中有重要的实际意义。工件在整体淬火条件下，从表面至中心是否淬透，对其力学性能有重要影响。一些在拉压、弯曲或剪切载荷下工作的零件，例如各类齿轮、轴类零件，希望整个截面都能被淬透，从而保证这些零件在整个截面上得到均匀的力学性能。选择淬透性较高的钢就能满足这一性能要求。而淬透性较低的钢，零件心部不能淬透，其机械性能低，特别是冲击韧性更低，不能充分发挥材料的性能潜力。

钢的淬透性越高，能淬透的工件截面尺寸越大。对于大截面的重要工件，为了增加淬透层的深度，必须选用过冷奥氏体很稳定的合金钢，工件越大，要求的淬透层越深，钢的合金化程度应越高。所以淬透性是机器零件选材的重要参考数据。

从热处理工艺性能考虑，对于形状复杂、要求变形很小的工件，如果钢的淬透性较高，例如合金钢工件，可以在较缓慢的冷却介质中淬火。如果钢的淬透性很高，甚至可以在空气中冷却淬火，因此淬火变形更小。

3）淬透性的应用

钢的淬透性对机械设计很重要。淬火时，同一工件表面和心部的冷却速度是不相同的，表面的冷却速度最大，越到中心冷却速度越小。淬透性低的钢，其截面尺寸较大时，由于心部不能淬透，因此表层与心部组织不同(图 4.13)，心部力学性能指标显著下降，特别是作为零件设计依据的屈服强度下降很多，冲击韧性也显著降低，而淬透性好的钢，表面与心部的力学性能一致。因此在选材和制订热处理工艺时必须充分考虑淬透性的作用。

机械制造中，一般截面尺寸较大和形状复杂的重要零件，以及承受轴向拉伸或压缩应力或交变应力、冲击负荷的螺栓、拉杆、锻模等，应选用淬透性高的钢，并将整个工件淬透。对承受交变应力、扭转应力、冲击负荷和局部磨损的轴类零件，它们的表面受力很大，心部受力较小，不要求一定淬透，因而可选用低淬透性的钢，一般淬透到截面半径的 1/4～1/2 深，根据载荷大小，进行调整。

受交变应力和振动的弹簧，应选用淬透性高的钢材，以免由于心部没有淬透，中心出现游离铁素体，使 R_{eL}/R_m 大大降低，工作时容易产生塑性变形而失效。

焊接件不宜选用淬透性高的钢材，否则容易在焊缝热影响区内出现淬火组织，造成焊件变形和裂纹。

3. 钢的回火稳定性

钢在淬火后的回火过程中抵抗强度、硬度下降的能力称为回火稳定性。钢的回火稳定性高，表明在相同温度下回火的强度、硬度高。反之，为获得相同的强度、硬度，可采用较高的回火温度，从而使其韧性提高。

提高回火稳定性的决定因素是钢中的合金元素，尤以 Si、Cr、Mo 等作用较显著。

另外，一些含有 Mo、W、V、Cr 等元素较多的钢，随回火温度的提高，硬度并不简单下降，而在某一较高回火温度，硬度反而显著升高，这一现象称为二次硬化。造成合金钢在回火时产生二次硬化的原因主要有两点：一是当回火温度升高到 500～600℃时，会从马氏体中析出特殊碳化物，析出的碳化物高度弥散分布在马氏体基体上，并与马氏体保持共格关系，阻碍位错运动，使钢的硬度反而有所提高；二是在某些高合金钢淬火组织中，残余奥氏体量较多，且十分稳定，当加热到 500～600℃时仍不分解，但是析出一些特殊碳化物，由于特殊碳化物的析出，使残余奥氏体中碳及合金元素浓度降低，故在随后冷却时就会有部分残余奥氏体转变为马氏体，使钢的硬度提高。二次硬化现象对需要较高红硬性的工具钢具有重要意义。

以上三特性属钢的本性，与其他外界条件，如钢件尺寸、冷却速度等无关。这也是设计时选择钢材的重要资料。

4.3 热处理新工艺简介

在长期的生产实践和科学实验中，人们对金属内部组织状态变化规律的认识不断深入。特别是 20 世纪 60 年代以来，透射电镜和电子衍射技术的应用，各种测试技术的不断完善，在研究马氏体形态、亚结构及其与力学性能间的关系，获得不同形态及亚结构的马氏体的条件，第二相的形态、大小、数量及分布对力学性能的影响等方面，都取得了很大的进展。建立在这些基础上的新工艺也层出不穷，简述如下。

4.3.1 形变热处理

形变热处理又称为机械处理，是一种把塑性变形与热处理有机结合起来的新工艺，同时受到形变强化和相变强化的综合效果，因而能有效提高钢的力学性能。

形变热处理的方法有多种，通常是先把奥氏体塑性变形，然后立即进行冷却使其发生相变。典型的形变热处理工艺，可分为高温和低温两种，如图 4.15 所示。高温形变热处理是在奥氏体稳定区进行塑性变形，然后立即淬火。这种热处理对钢的强度增加不大，只达到 10%～30%，但大大提高韧性，减小回火脆性，降低缺口敏感性，大幅度提高抗脆性能力。这种工艺多用于调质钢及加工量不大的锻件或轧材，如连杆、曲轴、弹簧、叶片等。此外，利用锻、轧预热进行淬火，还可简化工序，节约工时，降低成本。

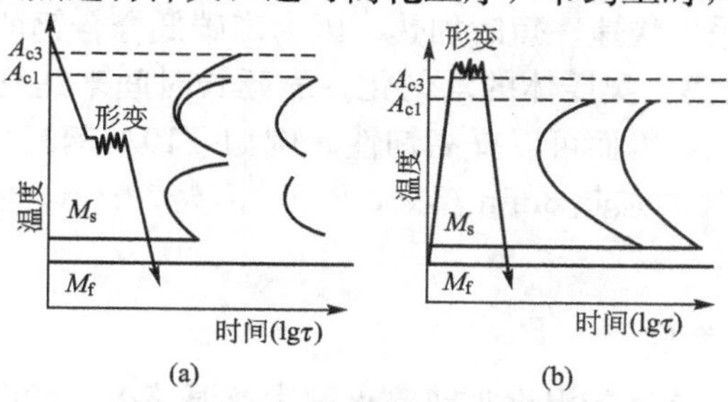

图 4.15 形变热处理工艺示意图

低温形变热处理是在过冷奥氏体孕育期最长的温度500～600℃之间进行大量塑性变形(70%～90%)，然后淬火，最后中温或低温回火。这种热处理可在保持塑性、韧性不降低的条件下，大幅度提高钢的强度和耐磨性，主要用于要求强度极高的零件，如高速钢刀具、弹簧、飞机起落架等。

近几年出现了预形变热处理，并获得普遍应用。它与高温和低温形变热处理的区别是使具有铁素体＋碳化物组织的钢预先冷变形，随后的热处理条件应使加工硬化引起的组织保存下来。这种形变热处理的强化效应是，冷加工硬化所产生的缺陷在中间回火和淬火及最终回火后保留下来，因回火稳定性比普通淬火后的钢高，回火后获得高的强度和硬度。

形变热处理能使钢材在保持一定的塑性和韧性条件下明显地提高强度，所以已成功地应用于工业上。例如，在轧钢生产中应用控制轧制和控制冷却已成为我国轧钢技术改造和发展的方向之一，在许多大型或中型钢铁厂(公司)应用，取得了很好的效益。钢材热轧和接着进行淬火并回火(可利用余热)，能有效地提高板、管、带、线材的综合性能，有些高淬透性合金钢，在高速塑性变形并空冷后接着进行回火，可以提高综合力学性能。还有些锻件在高温奥氏体区锻造后立即淬火回火，不仅改善其综合性能，还避免了重新加热及其带来的缺陷。

4.3.2 强韧化处理

凡是可同时改善钢件强度和韧性的热处理，总称为强韧化处理，主要有以下三种。

1. 高温淬火

这里的高温是相对正常淬火加热温度而言的。

低碳钢和中碳钢若用较高的淬火温度，则可得板条状马氏体，或增加板条状马氏体的数量，从而获得良好的综合性能。

从奥氏体的含碳量与马氏体形态关系的实验证明，含碳量小于0.3%的钢淬火所得的全为板条状马氏体。但是，普通低碳钢淬透性极差，若要获得马氏体，除了合金化提高过冷奥氏体的稳定性外，只有提高奥氏体化温度和加强淬火冷却方法才行。例如用16Mn钢制造五铧犁犁臂，采用940℃，在10%NaOH水溶液中淬火并低温回火，可获得良好的效果。

中碳钢经高温淬火可使奥氏体成分均匀，得到较多的板条状马氏体以提高其综合性能。若在淬火状态进行比较，高温淬火的断裂韧性比普通淬火的几乎提高1倍。金相分析表明，高温淬火避免了片状马氏体(孪晶马氏体)的出现，全部获得了板条状马氏体。

2. 高碳钢低温、快速、短时加热淬火

高碳钢件一般在低温回火条件下，虽然具有很高的强度，但韧性和塑性很低。为了改善这些性能，目前采用了一些特殊的新工艺。

高碳、低合金钢，采用快速、短时加热。因为高碳低合金钢的淬火加热温度一般仅稍高于A_{c_1}点，碳化物的溶解、奥氏体的均匀化，靠延长时间来达到。如果采用快速、短时加热，奥氏体中含碳量低，因而可以提高韧性。例如T10A钢制凿岩机活塞，采用720℃预热16min，850℃盐浴短时加热8min淬火，220℃回火72min，使用寿命由原来平均进尺500m提高到4000m。

3. 亚共析钢的亚温淬火

亚共析钢在A_{c_1}～A_{c_3}之间的温度加热淬火称为亚温淬火。意即比正常淬火温度低的温度下淬火。其目的是提高冲击韧性值，降低冷脆转变温度及回火脆倾向化。

有人研究了直接应用亚温淬火时淬火温度对45、40Cr及60Si2Mn钢力学性能的影响，发现在A_{c_1}到A_{c_3}之间的淬火温度对力学性能的影响有极大值。在A_{c_3}以下5～10℃处淬火时，强度和硬度及冲击值都达到最大值，且略高于普通正常淬火。而在稍高于A_{c_1}的某个温度淬火时冲击值最低。认为这可能是由于淬火组织为大量铁素体及高碳马氏体所致。

显然，亚温淬火对提高韧性，消除回火脆性有特别重要的意义。它既可在预淬火后进行，也可直接进行。淬火温度究竟应选择多高，实验数据尚不充分，看法不完全一致。但是为了保证足够的强度，并使残余铁素体均匀细小，亚温淬火温度以选在稍低于A_{c3}的温度为宜。

4.3.3 循环热处理

多晶体材料的屈服强度是和晶粒直径的平方根成反比的，因此，如能获得非常细小的超细晶粒(通常将晶粒度高于10级者称为超细晶粒)，必然会使材料的强度指标显著提高。研究表明，通过α→γ→α多次循环相变，可使奥氏体晶粒逐步达到超细化。例如45钢在815℃铅浴中反复加热淬火(4～5次，每次≤20s)，可使奥氏体晶粒度由6级细化到12级以上(图4.16)。

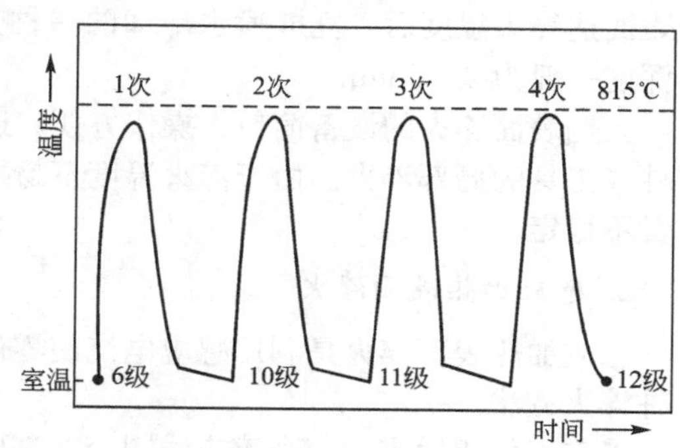

图4.16 循环加热淬火示意图

但应注意，循环相变的次数不宜过多，因为当奥氏体晶粒极为细小时很不稳定，长大倾向会迅速增大，以至反而妨碍其进一步的细化。

4.4 金属材料的表面改性

4.4.1 表面改性的目的

据发达国家统计，每年因腐蚀、磨损、疲劳等原因造成的损失约占国民经济总产值的3%～5%，我国每年因腐蚀造成的直接经济损失达200亿元。我国有几万亿元的设备资产，每年因磨损和腐蚀而使设备停产、报废所造成的损失都逾千亿元。许多破坏往往是从表面开始的，比如摩擦副或相对运动部位，在接触面上会受到相配合零件或外来磨粒的擦伤、刻划甚至犁削等作用；金属(或合金)在有腐蚀的环境少工作时，表面将受到介质的侵蚀作用。在扭转、弯曲、冲击、疲劳等负荷作用下的零件，其表面层比心部承受较高的应力，材料表面很容易受到各种类型的损伤。如表面疲劳裂纹的扩展会导致整个零件破坏；不均匀磨损或腐蚀造成的表面沟痕引起应力集中，成为断裂的起源。鉴于以上情况，有必要对材料的表面进行特殊的强化或防护处理(或称表面改性)，以提高表面硬度、耐磨性、耐蚀性、耐热性，防止或减轻表面损伤，提高零件的可靠性和使用寿命。有时，进行表面处理是为了提高零件的装饰性。

4.4.2 钢的表面淬火

对于交变应力及摩擦条件下工作的零件，如齿轮、曲轴、主轴等，要求“外硬内韧”，即工作表面硬而耐磨损，心部韧而抗冲击。这种要求，用上述各热处理方法难以兼顾，而通过表面热处理可满足这类要求。

所谓表面热处理就是仅改变工件表面层的组织或同时改变表面层的化学成分的一种热处理方法。常用的有表面淬火和化学热处理。

表面淬火是将零件表面层以极快的速度加热到淬火温度，当热量还未传至工件心部，即迅速用淬火介质快速冷却，使表层淬成马氏体，而内部保持原始组织。

常用的表面淬火方法有火焰加热表面淬火和感应加热表面淬火两种。

1. 火焰加热表面淬火

火焰加热表面淬火是用氧一乙炔焰(火焰温度达 3100℃)，喷射在零件表面快速加热，当表面达淬火温度后，立即喷水冷却的一种方法，如图 4.17 所示。火焰表面淬火的淬硬层深度一般为 2～6mm。

火焰表面淬火的设备简单，操作方便，适用于单件或小批生产的大型零件，也可用于零件或工具的局部淬火。由于淬火温度不易控制，易造成表面过热和裂纹等缺陷，使淬火质量不稳定。

2. 感应加热表面淬火

感应加热表面淬火是利用感应电流使零件表层快速加热到淬火温度，然后用水冷却的一种淬火方法。

将与工件相适应的一个感应线圈套在需要表面淬火的零件上，线圈和零件间必须保持 1.5～3mm 的间隙(图 4.18)。将一定频率的交流电通入感应线圈时，在线圈周围便产生交变磁场，于是在零件中便会产生出频率相同而方向相反的感应电流。这种感应电流主要集中在零件表面层，而心部几乎为零，这种现象称为交流电的“集肤效应”。由于钢本身具有电阻，因而集中于工件表面的涡流，几秒便可使工件表面温度升至 800～1000℃，而心部温度仍接近室温，在随即喷水(合金钢浸油)快速冷却后，就达到了表面淬火的目的。

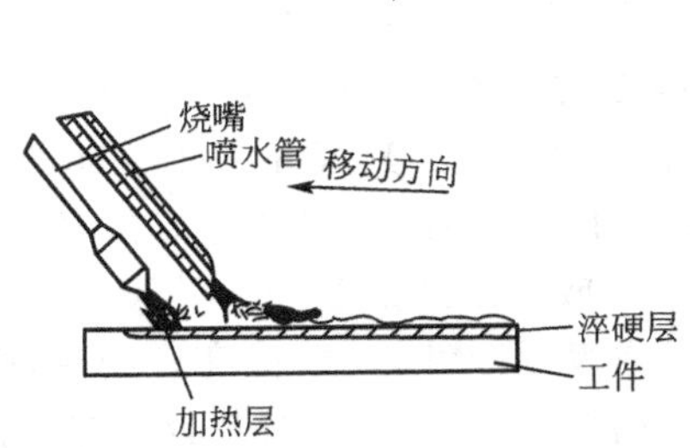

图 4.17 火焰表面淬火示意图

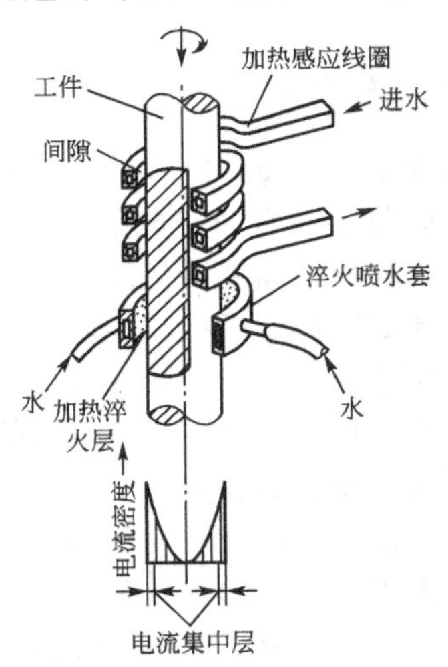

图 4.18 感应加热表面淬火示意图

由于加热速度快，珠光体转变成奥氏体后来不及长大就立即冷却，故淬火后零件表层得到极细的针状马氏体，而内部则仍为原始组织。

感应加热时，感应电流透入零件表层的深度主要取决于通入感应线圈中的电流频率。电流频率越高，感应电流集中的表面层越薄，淬硬层深度越小。感应加热的电流频率可分为：高频感应加热（100～1000kHz）；中频感应加热（0.5～10kHz）和工频感应加热（50Hz）。高频感应加热淬透层深为1～2mm，中频为3～5mm；而工频为10～15mm。因此可通过调节通入感应线圈中的电流频率来获得工件不同的淬硬层深度，一般零件淬硬层深度为半径的1/10左右。对于小直径(10～20mm)的零件，适宜用较深的淬硬层深度，可达半径的1/5，对于大截面零件可取较浅的淬硬层深度，即小于半径1/10以下。

表4-4列出了感应加热种类及应用范围。

表4-4 感应加热种类及应用范围

感应加热类型	工作电流频率/Hz	淬硬层深度/mm	应用范围
高频感应加热	$(100\sim200)\times10^3$ (常用200～300kHz)	0.52	中小模数齿轮($m<3$)，中小轴，机床导轨等
超音频感应加热	$(20\sim60)\times10^3$ (常用$(30\sim40)\times10^3$)	2.5～3.5	中小模数齿轮($m=3\sim6$)，花键轴，曲轴，凸轮轴等
中频感应加热	500～10000 (常用800～2500)	2～10	大中模数齿轮($m=8\sim12$)，大直径轴类，机床导轨等
工频感应加热	50	10～20	大型零件，如冷轧辊、火车车轮、柱塞等

为了保证零件表面淬火后的硬度及内部的强度和韧性，零件材料一般采用含碳量为0.4%～0.5%的中碳钢或中碳合金钢，例如45、40Cr、40MnB等。若含碳量过高，会增加淬硬层脆性，降低心部塑性和韧性，并增加淬火开裂倾向；若含碳量过低，会降低零件表面淬硬层的硬度和耐磨性。在表面淬火前，应先进行正火或调质处理。在某些条件下，感应加热表面淬火也应用于高碳工具钢、低合金工具钢、铸铁等工件。

与普通淬火相比，感应加热表面淬火有以下特点。

① 感应加热速度极快，一般只要几十秒就可以使工件达到淬火温度，因此相变温度升高。

② 感应加热速度快、时间短，使奥氏体晶粒细小而均匀，淬火后可在表层获得极细马氏体或隐针马氏体，使工件表层硬度较普通淬火高2～3HRC，且脆性较低。

③ 工件表面不易氧化和脱碳，耐磨性好，变形小；工件表层存在残余压应力，疲劳强度较高，一般工件可提高20%～30%。

④ 生产率高，适用于大批量生产，且易实现机械化和自动化操作。

但感应加热设备较贵，维修、调整比较困难，形状复杂的零件感应线圈不易制造，且不适于单件生产。

3. 电接触加热表面淬火

电接触加热淬火(图4.19)就是利用滚轮或其他接触器和工件间的接触电阻，通以低电压的大电流，使工件表面迅速加热奥氏体化，滚轮移去后靠自身未加热部分的热传导达到

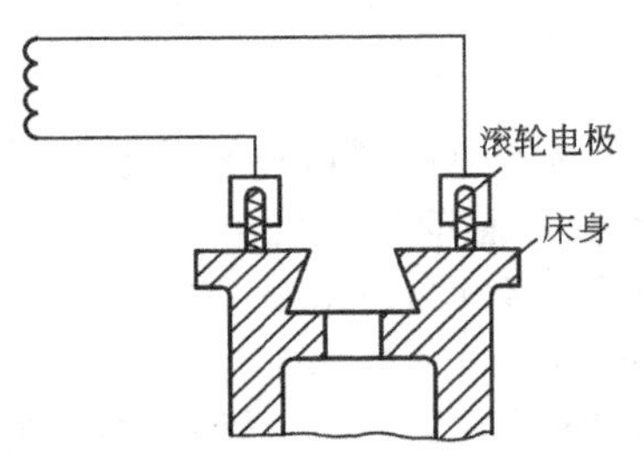

图 4.19　机床导轨电接触加热淬火示意图

激冷淬火(不需回火)。电接触加热淬火的设备及工艺费用很低，操作方便，工件变形少，能显著提高工件的耐磨性及抗擦伤能力，已用于机床导轨、气缸套等。主要缺点是硬化层较薄(0.15～0.30mm)，组织与硬度的均匀性差，形状复杂的工件不宜采用。

4. 激光加热表面淬火

激光加热表面淬火是以高能量激光束扫描工件表面，使工件表面快速加热到钢的临界点以上，利用工件基体的热传导实现自冷淬火，实现表面相变硬化。

激光加热表面淬火加热速度极快(105～106℃/s)，因此过热度大，相变驱动力大，奥氏体形核数目剧增，扩散均匀化来不及进行，奥氏体内碳及合金浓度不均匀性增大，奥氏体中含碳量相似的微观区域变小，随后的快冷(104℃/s)中不同微观区域内马氏体形成温度有很大差异，产生细小马氏体组织。由于快速加热，珠光体组织通过无扩散转化为奥氏体组织；由于快速冷却，奥氏体组织通过无扩散转化为马氏体组织，同时残余奥氏体量增加，碳来不及扩散，使得过冷奥氏体含碳量增加，马氏体中含碳量增加硬度提高。

激光加热表面淬火后，工件表层获得极细小的板条马氏体和孪晶马氏体的混合组织，且位错密度极高，表层硬度比淬火低温回火后提高 20%，即使是低碳钢也能提高一定的硬度。

激光淬火硬化层深度一般为 0.3～1mm，硬化层硬度值一致。随着零件正常相对接触摩擦运动，表面虽然被磨去，但新的相对运动接触面的硬度值并未下降，耐磨性仍然很好，因而不会发生常规表面淬火层由于接触磨损，磨损随之加剧的现象，耐磨性提高了 50%，工件使用寿命提高了几倍甚至十几倍。

激光加热表面淬火最佳的原始组织是调质组织，淬火后零件变形极小，表面质量很高，特别适用于拐角、沟槽、盲孔底部及深孔内壁的热处理，而这些部位是其他表面淬火方法极难做到的。

4.4.3　化学热处理

1. 概述

化学热处理是将钢件置于一定温度的活性介质中保温，使介质中某些元素渗入钢件表层以改变其表层的化学成分和组织，从而达到改善表面性能以满足技术要求的热处理工艺。

化学热处理与其他热处理方式比较，其特点是除了组织发生变化外，钢材表面的化学成分也发生了变化。由于表面成分的改变，钢的表面甚至整个钢材的性能也相应发生改变。

化学热处理的作用主要是两个方面：

① 强化表面，提高零件的某些机械性能，如表面硬度、耐磨性、疲劳强度和多次冲击抗力。

② 保护零件表面，提高某些零件的物理化学性质，如耐高温及耐腐蚀等。因此，在某些方面可以代替含有大量贵金属和稀有合金元素的特殊钢材。

与钢的表面淬火相比较，化学热处理虽然存在生产周期长的缺点，但它具有一系列优点：

① 不受零件外形的限制，都可以获得较均匀的淬硬层。

② 由于表面成分和组织同时发生了变化，所以耐磨性和疲劳强度更高。

③ 表面过热现象可以在随后的热处理过程中给予消除。

由于钢的化学热处理具有以上优点，所以越来越多地受到人们的重视，并进行了广泛的应用。

化学热处理基本上都是由以下三个过程组成的。

① 分解：由介质在一定温度和压力下分解出渗入元素的活性原子。

② 吸收：工件表面对活性原子进行吸收。吸收的方式有两种，即活性原子由钢的表面进入铁的晶格形成溶体，或与钢中的某种元素形成化合物。

③ 扩散：已被工件表面吸收的原子，在一定温度下，由表面往里迁移，形成一定厚度的扩散层。

按渗入元素不同，化学热处理可分为渗碳、渗氮(氮化)、碳氮共渗和渗金属(铬、铝、硅、硼)等。

表4-5列出了常用的化学热处理渗入元素及作用。

表4-5 常用化学热处理渗入元素及作用

渗入元素	工艺方法	渗层组织	渗层厚度/mm	表面硬度	作用与特点	应用
C	渗碳	淬火后为碳化物、马氏体、残余奥氏体	0.3～1.6	57～63HRC	提高表面硬度、耐磨性、疲劳强度，渗碳温度(930℃)较高，工件畸变较大	常用于低碳钢，低碳合金钢，热作模具钢制作的齿轮、轴、活塞、销、链条
N	渗氮	合金氮化物、含氮固溶体	0.1～0.6	560～1100HV	提高表面硬度、耐磨性、疲劳强度、抗蚀性、抗回火软化能力，渗氮温度(550～570℃)较低，工件畸变小，渗层脆性大	常用于含铝低合金钢，含铬中碳低合金钢，热作模具钢，不锈钢制作的齿轮、轴、镗杆、量具
C、N	碳氮共渗	淬火后为碳氮化合物、含氮马氏体、残余奥氏体	0.25～0.6	58～63HRC	提高表面硬度、耐磨性、疲劳强度、抗蚀性、抗回火软化能力，工件畸变小，渗层脆性大	常用于低碳钢，低碳合金钢，热作模具钢制作的齿轮、轴、活塞、销、链条
N、C	氮碳共渗	氮碳化合物、含氮固溶体	0.007～0.020	500～1100HV	提高表面硬度、耐磨性、疲劳强度、抗蚀性、抗回火软化能力，工件畸变小，渗层脆性大	常用于含铝低合金钢，含铬中碳低合金钢，热作模具钢，不锈钢制作的齿轮、轴、镗杆、量具

2. 渗碳

渗碳是将钢件在渗碳剂中，加热到高温(900～950℃)，保温使碳原子渗入钢件表层，以获得高碳的表面组织。

渗碳的目的是：提高钢件表层的硬度和耐磨性，而其内部仍保持原来的高塑性和韧性组织。渗碳零件必须用低碳钢，为了使零件具有较高的强度，还可采用低碳合金钢。零件渗碳后应进行淬火加低温回火，以获得高硬度、高耐磨性的回火马氏体表层。

渗碳方法有固体渗碳、液体渗碳和气体渗碳三种，本节只介绍目前生产中应用较多的气体渗碳法。

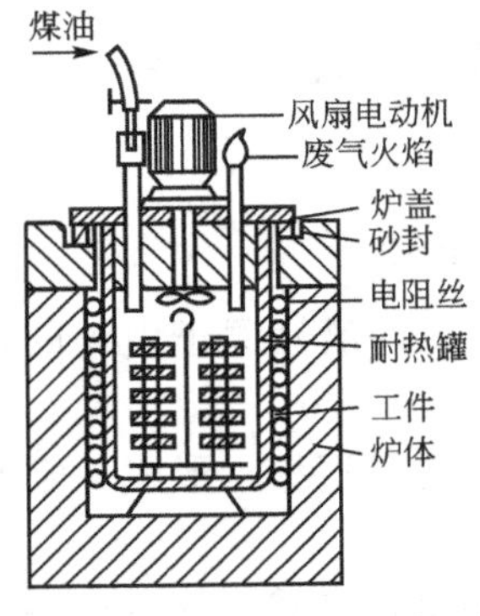

图 4.20　气体渗碳法示意图

气体渗碳法(图 4.20)是把钢件置于密封的加热炉(一般为井式渗碳炉)中加热，并滴入气体渗碳剂(如煤油、甲苯等)或通入含碳气体，使工件在高温的碳气氛中进行渗碳。

气体渗碳时，含碳气氛在钢的表面进行如下反应，生成活性碳原子：

$$CH_4 \rightarrow 2H_2 + [C]$$
$$2CO \rightarrow CO_2 + [C]$$
$$CO + H_2 \rightarrow H_2O + [C]$$

活性碳原子被钢表面吸收而溶入高温奥氏体中，并向内部扩散而形成渗碳层。渗碳层含碳量和深度靠控制通入的渗碳剂量、渗碳时间和渗碳温度来保证。图 4.21 所示为 15 号钢(w_C=0.15%)渗碳空冷后的组织。

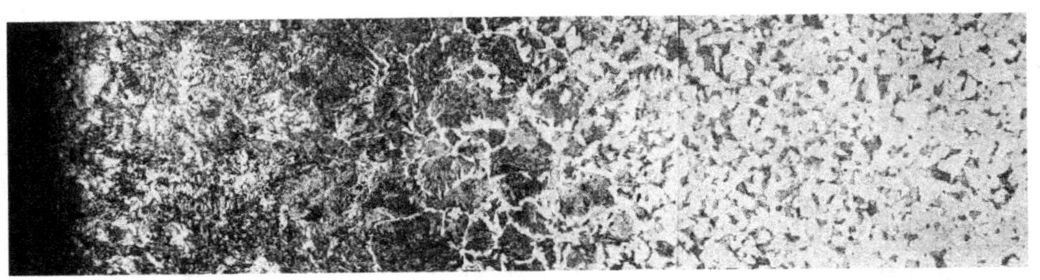

图 4.21　15 号钢渗碳空冷后的组织

不需要渗碳的部位可事先镀铜或涂抗渗涂料来保护，也可留出加工余量，渗碳淬火后切除。

零件渗碳后的热处理常采用以下几种方法。

① 直接淬火法：工件渗碳完毕后，出炉经预冷后再淬火和低温回火的热处理工艺称为直接淬火法(图 4.22(a)中 1 和 2)。预冷的目的是为了减小淬火变形，并使表面残余奥氏体因碳化物析出而减少。预冷温度应略高于钢的 A_{r_3}，否则心部析出铁素体。

② 一次淬火法：工件渗碳后随炉冷却或出炉坑冷或空冷到室温，然后再加热到淬火温度进行淬火和低温回火的处理方法，称为一次淬火法(图 4.22(a)中 3)。这种方法的淬火温度应选在略高于心部的 A_{c_3} 点，目的是细化心部晶粒和得到低碳马氏体。淬火后工件要在 160～180℃回火 1.5h 以上。对不重要或负荷较小的渗碳零件，一次淬火温度可选在 A_{c_1} 和 A_{c_3} 之间(820～850℃)，这样可以同时兼顾表层及心部组织都得到改善。与合金钢相比，碳钢容易过热，因此它的淬火温度要选得稍低一些。

③ 二次淬火法：第一次淬火是为了细化心部组织和消除表层网状碳化物，因此加热温度应选在心部的 A_{c_3} 以上(850～900℃)。第二次淬火是为了改善渗碳层的组织和性能，使其获得细针状马氏体和均匀分布的未溶碳化物颗粒，通常加热到 A_{c_1} 以上 30～50℃ (750～

800℃)(图4.22(a)中4)。经过二次淬火处理后的渗碳零件，表层组织为细针状马氏体和粒状碳化物及少量残余奥氏体(图4.22(b))，心部为铁素体加珠光体(碳钢)或低碳马氏体加少量铁素体(合金钢)。二次淬火法的主要缺点是零件经两次高温加热后变形较严重；渗碳层易发生部分脱碳、氧化；生产周期长及成本高。故一般很少使用，只对粗晶粒钢和使用性能要求很高的零件才用这种方法。

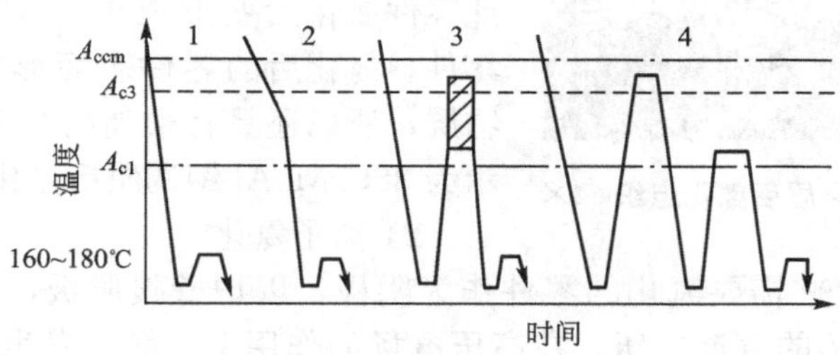

(a) 渗碳后的热处理示意图

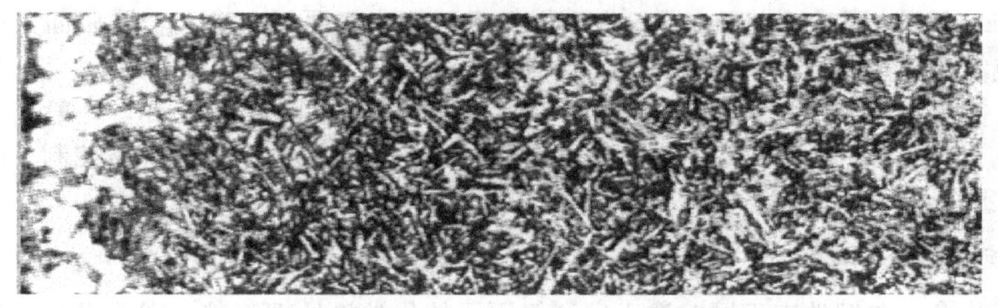

(b) 20CrMnTi 渗碳+淬火组织［渗碳体(白色)+针状马氏体+残余奥氏体(灰色)］

图4.22 渗碳后的热处理示意图及淬火组织

1、2—直接淬火；3—一次淬火；4—二次淬火

3. 氮化

氮化是向钢的表面层渗入氮原子的过程。其目的是提高表面硬度和耐磨性，并提高疲劳强度和抗蚀性。

氮化用钢通常是含有Al、Cr、Mo等合金元素的钢；近年来又在研究含V、Ti钢。Al、Cr、Mo、V、Ti等元素极易与氮元素形成硬度很高、弥散度大、性质稳定且能承受600℃高温的各种氮化物，如AlN、MoN、VN、TiN等。这些氮化物的存在，对氮化钢的性能起着主要作用。38CrMoAl、35CrMo、18CrNiW等为较典型的氮化用钢。

氮化主要用于耐磨性要求很高的精密零件，如精密齿轮、高精度机床主轴、镗床镗杆、精密丝杆等；也用于较高温度下工作的耐磨零件，如气缸套筒、气阀及压铸模等。为保证心部有足够的强度，氮化前应先进行调质。

常用的氮化有气体氮化和离子氮化。

1) 气体氮化

氨气在加热(500～600℃)时，分解出活性氮原子，逐渐渗入零件表面形成氮化层。氨气分解反应如下：

$$2NH_3 \rightarrow 3H_2 + 2[N]$$

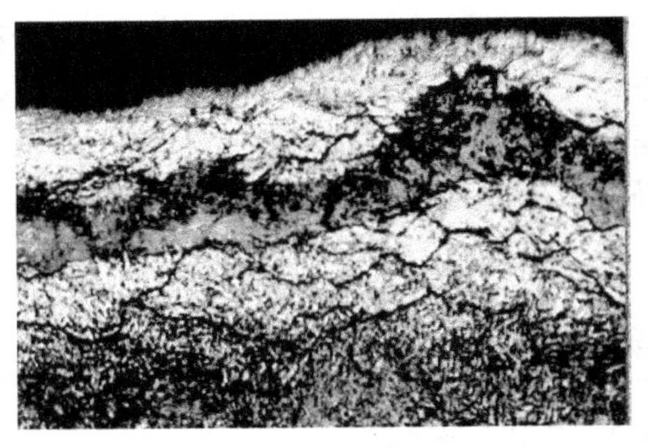

图 4.23 38CrMoAl 钢调质后氮化组织 64×

钢经氮化后，不再需要进行淬火，表面层便具有很高的硬度(65～70HRC)，并且有较高的热硬性(600～650℃仍保持其硬度，而渗碳零件在超过 200℃后，硬度应明显下降)。由于氮化温度较低，并可避免因淬火引起的变形，因此零件氮化后变形很小，特别适用于处理精密零件。氮化后的零件表面形成致密的合金氮化物层，所以还具有很高的抗腐蚀性。图 4.23 所示为 38CrMoAl 钢调质后氮化组织。

2) 离子氮化

离子氮化的原理是将需要氮化的零件作为阴极，以炉壁接阳极，在真空室内通入氨气，并加以 100～150V 的直流电压。在高压电场的作用下，氨气发生电离，形成辉光放电。高能量的氮离子在电场中高速运动，轰击零件的表面，使零件的表面温度升高(一般为 350～570℃)，同时氮离子在阴极夺取电子后还原成氮原子，渗入金属表面并向内部扩散，形成氮化层。

离子氮化的主要优点是氮化速度快，经 8～10h 氮化层可达 0.1mm，一般离子氮化时间不超过 15～20h。另外，氮化温度低，零件变形小，而且氮化层深度易控制。因此，离子氮化发展很快。

4. 碳氮共渗

碳氮共渗是向钢件表面同时渗入碳和氮原子的化学热处理工艺，俗称氰化。目前生产上常用的方法有中温气体碳氮共渗和低温气体碳氮共渗(又称气体软氮化)两种。

中温气体碳氮共渗是将渗碳气体和氨气同时通入炉中，在 860℃保温 1～8h 后，在工件表面获得一定深度的碳氮共渗层。它主要起渗碳作用，故还须进行淬火、低温回火。适用于低碳和中碳结构钢零件。由于同时渗入氮的影响，比渗碳时间大为缩短，零件变形较小，而硬度、耐磨性和抗疲劳性比渗碳高。但渗层较薄，大多在 0.7mm 以下。图 4.24 所示为 20Cr2Ni4A 钢中温碳氮共渗后淬火组织。

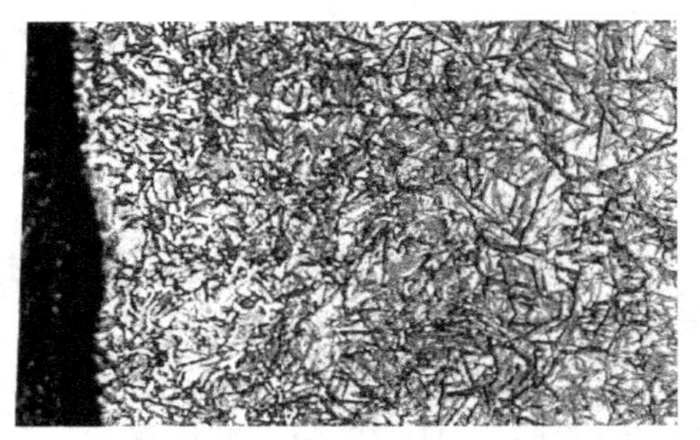

图 4.24 20Cr2Ni4A 钢中温碳氮共渗淬火组织

中温气体碳氮共渗对于齿轮和一些耐磨零件均有显著成效。如低合金钢制造的齿轮，碳氮共渗后接触疲劳寿命比渗碳齿轮提高 80%，耐磨性提高 40%～60%。

气体软氮化是将零件放入氮化炉内，加入尿素或甲胺；使它们在氮化温度(540～570℃)下分解出活性氮、碳原子渗入零件表层。因加热温度低，主要起氮化作用。

气体软氮化一般只需 2～6h 即可在零件表面形成足够深度的氮化层。表面硬度高而不脆，能显著提高零件的耐磨性和抗疲劳、抗腐蚀等性能(图 4.25 所示为 45 钢低温碳氮共渗组织)。适用于碳钢、合金钢和铸铁等多种材料。目前气体软氮化已广泛应用于许多机械零件及工模具。它能显著延长其使用寿命，解决零件的淬火变形和以价廉材料代替贵重材料等问题。但气体软氮化层较薄，不宜在重载荷下工作。

图 4.25 45钢低温气体碳氮共渗组织

4.4.4 表面变形强化

把冷变形强化用于提高金属材料的表面性能，成为提高工件疲劳强度、延长使用寿命的重要工艺措施。目前常用的有喷丸、滚压和内孔挤压等表面形变强化工艺。以喷丸强化为例，它是将高速运动的弹丸流($\phi0.2$～$\phi1.2$mm 的铸铁丸、钢丸或玻璃丸)连续向零件喷射，使表面层产生极为强烈的塑性变形与冷变形强化，强化层内组织结构细密，又具有表面残余压应力，使零件具有高的疲劳强度。表面形变强化工艺已广泛用于弹簧、齿轮、链条、叶片、火车车铀、飞机零件等，特别适用于有缺口的零件、零件的截面变化处、圆角、沟槽及焊缝区等部位的强化。

4.5 金属材料的固溶处理及时效强化

4.5.1 铝合金的固溶时效强化

时效强化是在 Al－Cu 合金系中首先发现的。以 Al－Cu 合金为代表的一些合金系(主要 是有色合金)，一般具有图 4.26 所示类型的合金相图。其相图具有倾斜的溶解度曲线，溶质在固溶体中的溶解度随温度增高显著增加。由图可知，含铜量小于 5.56％的 Al－Cu 合金加热时，均可形成单相 α 固溶体，冷却时，由于溶解度的减小，溶质原子将以次生相 θ ($CuAl_2$)的形式自固溶体中析出。由于 θ 相析出是靠原子扩散进行的，因此，如将加热的单相 α 固溶体迅速冷却(水中急冷)，则因原子扩散来不及进行，而使 θ 相的析出被抑制。于是，溶质原子 Cu 被迫滞留在 α 固溶体中冷到室温，形成过饱和固溶体，这种处理称为固溶处理。图 4.27 所示为固溶时效处理工艺曲线示意图。

由于过饱和固溶体偏离平衡状态，故不稳定，有析出 θ 相向平衡状态转变的倾向。但此转变并非直接达到平衡，而是转变过程中出现一系列中间产物。首先，溶质原子 Cu 在局部区域富集，形成溶质原子偏聚区。然后，偏聚区越来越大，成分越来越接近 $CuAl_2$，但无明显相界面，用 θ''表示。时间继续延长，Cu 原子继续富集，θ''成分达 $CuAl_2$，并形成局部相界面，称 θ'相。最后形成稳定的 θ 相，以独立的质点形式从固溶体中完全析出。这一过程称为“沉淀”。

由于中间产物尺寸非常细小，分布极其弥散，且与母相 α 共格，引起严重的晶格畸变

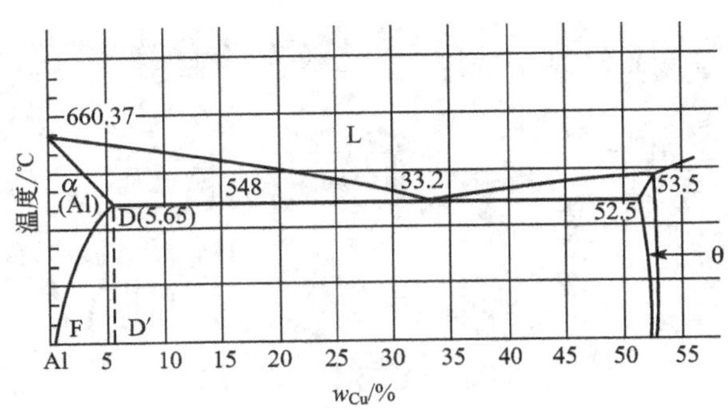

图 4.26 Al－Cu 合金相图

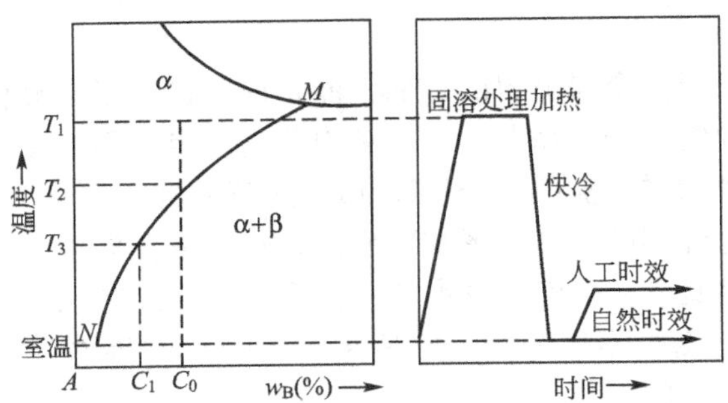

图 4.27 固溶时效处理工艺曲线示意图

(图 4.28)，对位错运动的阻碍作用很大，从而导致合金的强度、硬度显著提高，既高于初始过饱和固溶体，也高于最终的平衡状态。因此，这种强化称为沉淀硬化。由于溶质原子沉淀需要时间，所以其强化作用是随固溶处理后时间延长而发生的，故又称时效强化。合金在时效强化同时塑性、韧性下降。

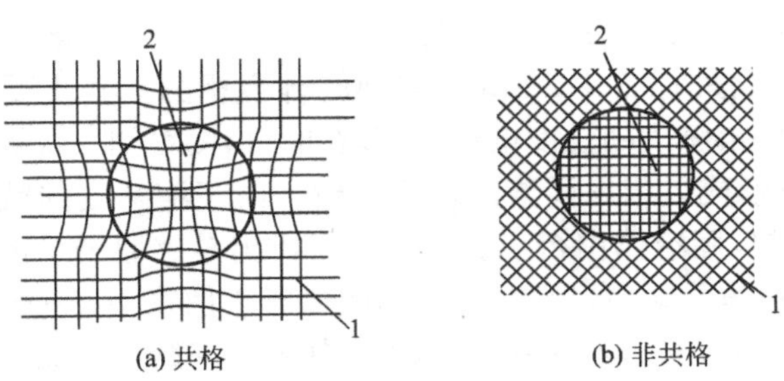

图 4.28 第二相(θ'')与母相(α)晶格的关系

1—母相；2—第二相

不同合金出现最高强度、硬度的中间产物不同，时效条件也不同。有的合金只需要在室温下放置，便可进行时效，称为自然时效。而有的合金需要在较高温度下时效，称为人工时效。在人工时效时，如温度过高或时间过长，会因形成稳定的相而使强化效果降低，称为过时效。自然时效一般不出现过时效。

4.5.2 铜合金的固溶时效强化

普通黄铜的组为α相或$\alpha+\beta$相，热处理不能有效强化。固溶处理时效强化工艺只适用于复杂的铝青铜、铍青铜和铬青铜等。这些青铜的固溶时效强化机理和铝合金的固溶时效强化机理相似。

铜合金固溶处理温度必须严格控制。温度过高会使合金晶粒粗大，严重氧化或过烧，导致材质变脆。温度过低则固溶不充分，又影响随后的时效强化。炉温精度应控制在±5℃的范围内。加热保温后一般采用水冷。

时效可以在盐浴中进行，炉温精度控制在±3℃。处理前必须去除工件表面油污，防止熔盐产生强烈化学反应。

1. 复杂铝青铜固溶时效强化

一般的铝青铜不能时效强化，只能用冷变形强化的方法强化。只有某些复杂铝青铜能进行时效强化。

例如，Cu+7%Al+15%Co+5%Ni和Cu+2.8%Al+1.8%Si0.4%Co合金在800～900℃固溶处理及400～450℃时效后，强化可显著提高。

2. 铍青铜固溶时效强化

由Cu-Be合金状态图可知，含Be 2.2%的Cu-Be合金均宜进行时效强化。生产上用的铍青铜除含有(0.2%～2.2%)Be外，还含有少量(0.2%～0.5%)Ni或Co及(0.1%～0.25%)Ti，以抑制固溶处理时晶粒长大和时效时发生富Be相沿晶界析出，使合金具有良好的弹性稳定性。

铍青铜固溶温度由成分决定，对QBe2铍青铜为780℃左右，人工时效温度310～340℃，时间3h。时效强化后R_m可达1150N/mm^2，硬度可达370HBW。

3. 铬青铜的固溶时效强化

Cr在Cu中的最大溶解度仅为0.65%，但温度下降时溶解度剧烈变化，400℃时为0.02%，可以进行时效强化。工业用铬青铜QCr0.5在950～980℃固溶30min，水淬后400～450℃时效6h能显著提高强度。

4.6 高聚物的改性

高聚物具有很多优异的性能，使用范围十分广泛。但它们有时还存在某些不足或缺点。例如聚苯乙烯性脆、聚酰胺吸湿性大、聚碳酸酯易应力开裂、有机硅树脂强度低，有些高聚物的化学稳定性不够而且易老化。为了适应科学技术和工农业生产发展的需要，对高聚物有必要加以改性。目前常采用化学改性和物理改性来满足技术要求。

4.6.1 化学改性

化学改性又称结构改性，主要包括共聚改性和交联改性。

1. 共聚改性

共聚改性是指两种或两种以上的单体通过共聚反应而制得共聚物。它和由同种单体通过均聚反应获得的均聚物相比，由于大分子链的结构发生变化，引入了新的结构单元，从而改变了高聚物的性能。

例如，聚偏氯乙烯不能耐光和热，容易放出氯化氢而使颜色变深，如果用偏氯乙烯和丙烯酸甲酯共聚，则可大大增强其稳定性。又如聚苯乙烯性脆、耐热性差，如果将苯乙烯与丙烯腈共聚，则可明显提高其冲击韧性和耐热性能。这种方法能将原来均聚物所固有的优良性能有效地综合到同一共聚物中来。目前常将共聚反应比喻成高聚物的冶金，把共聚物称为高聚物合金或高分子合金。

2. 交联改性

交联改性是指使高聚物线型或支链型大分子间，彼此交联起来形成空间网状结构。交联的方法可以是一般的化学交联，也可以通过放射性同位素或高能电子射线辐照进行交联。由于它使高聚物的结构发生了根本改变，因而导致其性能发生相应的变化。例如在聚乙烯树脂中加入有机过氧化物(常用氧化二异丙苯)作交联剂，然后在压力和175～200℃下成形，过氧化物会发生分解，产生高度活泼的游离基，使聚乙烯碳链上形成活性点，而彼此间发生碳一碳交联转变成体型结构，使聚乙烯具有较高的耐热性、抗蠕变性和耐应力开裂能力。如果用10MC高能量电子射线束均匀地照射聚乙烯，也可使其变成交联聚乙烯，其使用温度、耐应力开裂能力及耐老化性能大为提高。

为了改善热固性塑料不能反复加热熔融的不足，近年来已出现一种离子聚合物，可将热固性塑料和热塑性塑料的特性综合起来。例如乙烯与丙烯酸的共聚物，大分子链上带有羧基，具有酸的性质，如果用氯化镁处理这种共聚物，则二价的镁离子会与不同大分子上的羧基相结合而形成交联。这种通过金属离子键进行交联的高聚物称为离子聚合物。当加热至较高温度时，由于大分子链之间的羧基与镁离子断开而失去交联作用，此时离子聚合物便重新成为线型结构的热塑性塑料。冷却后，离子键又会使大分子形成交联结构而固化，这一过程可以多次反复地进行。

4.6.2 物理改性

1. 掺混改性

掺混改性又称共混改性，是指在高聚物中掺入低分子化合物或不同种类的高聚物，可以改善其性能。例如在聚氯乙烯中加入适量邻苯二甲酸二辛酯就能起到增塑作用。在聚苯乙烯中掺入天然橡胶，可以制成耐冲击的改性聚苯乙烯。

高聚物的共混与金属合金不完全相同，合金中各种金属能完全熔成一相。而高分子共混物中，只有少数的高分子化合物之间能够互溶，大多数却不能互溶。故高分子共混物多为非均相体系，即一种高分子混杂在另一种高分子化合物之中，当天然橡胶与聚苯乙烯共混，彼此并不完全相溶，而是由橡胶颗粒分散在聚苯乙烯中形成两相。由于聚苯乙烯中有橡胶微粒存在，共混物的冲击韧度显著提高。

塑料与塑料也可进行共混改性。例如聚砜中掺混入5%～20%的聚四氟乙烯，可得到耐磨性很好的改性聚砜。又如在聚碳酸酯中加入3%～5%聚乙烯共混，得到改性聚碳酸酯，其耐水性、耐应力开裂能力和抗冲击韧度均有明显提高。此外，用聚四氟乙烯共混改性的聚碳酸酯，不仅保留了聚碳酸酯的尺寸稳定、强度高、可注射成形的特点，而且具有优异的耐磨性。

2. 填充、增强改性

为了满足各种应用领域对性能的要求，常常需要加入各种填充材料、以弥补树脂本身性能的不足，从而改善高聚物的性能，称为填充改性。用作填充材料的种类很多，例如在聚四氟乙烯中填充玻璃纤维、石墨、青铜粉、二硫化钼等，可以降低塑料的冷流改性和膨胀系数，提高耐磨性和导热性。

增强改性是指在高聚物中填充各种增强材料，以提高机械强度，改善力学性能。例如聚对苯二甲酸丁二醇酯可用玻璃纤维增强，从而大大提高其机械强度、使用温度和使用寿命，可在140℃下作为结构材料长期使用。

3. 复合改性

高聚物可以和各种材料，如金属、木材、水泥、橡胶以及各种纤维等复合。这种以热塑性或热固性塑料为基体材料，与其他材料复合从而改善性能的方法称为塑料的复合改性。

由于塑料基复合材料具有比强度与比模量高，减摩、耐磨、抗疲劳与断裂性能好，化学稳定性优良，耐热、耐烧蚀，电、光、磁性能良好，因此得到广泛应用。缺点是层间剪切强度低、韧性差、易老化、耐热性和表面硬度不够高，有时质量不太容易控制，有待进一步提高。

4.7 陶瓷材料的改性

在金属材料中，主要强化机制有固溶强化、位错强化、细晶强化和第二相强化(弥散强化和沉淀强化)等。陶瓷材料同样应用了金属材料中的强化和韧化原理，并结合陶瓷本身的特点，发展了陶瓷材料的强韧化原理。

4.7.1 固溶强化

陶瓷主晶体相中溶入一些其他原子或离子也可以形成固溶体，如在相中固溶 CaO、MgO、Y_2O_3 等，使 ZrO_2 变成无异常膨胀、收缩的等晶、四方晶型的稳定 ZrO_2，一改陶瓷材料的工艺性能和使用性能。

4.7.2 细化晶粒及降低陶瓷的裂纹尺寸

由2.1节可知，断裂力学将裂纹扩展时的$\sqrt{a\pi}\cdot R$称为断裂韧性K_{1C}。即$R=K_{1C}/\sqrt{a\pi}$，K_{1C}是材料固有的性能。可见，断裂强度R与裂纹尺寸的平方根成反比(a是裂纹尺寸的一半)，裂纹尺寸越大，断裂强度越低。所以获得细小晶粒，防止晶界应力过大产生裂纹，可降低裂纹尺寸，提高材料的强度。例如：刚玉陶瓷的晶粒平均尺寸由50.3μm减小到2.1μm时，抗弯强度由204.8MPa提高到567.8MPa。

此外，降低气孔所占有分数，降低气孔尺寸也可提高强度。

4.7.3 第二相强化

在陶瓷基体 Al_2O_3 中加入 TiC 颗粒，在 Si_3N_4 基体中加入 TiC 或其他碳化物等，都能起到增韧作用，断裂韧性 K_{1C} 可提高 20%左右。

4.7.4 相变增韧

在金属材料中利用奥氏体在应力作用下转变为马氏体而提高塑性和韧性，即所谓应力诱导相变、相变诱导塑性，从而发展了著名的高强度大塑性的 Trip 钢。陶瓷也有这种相变增韧现象。利用 ZrO_2 的多晶型转变，即亚稳定四方相 ZrO_2→低温的单斜 ZrO_2 马氏体相变来增韧。陶瓷基体可以是氧化铝，也可以是其他陶瓷材料，如 Al_2O_3、Si_3N_4 等。在有 ZrO_2 的陶瓷(如 Al_2O_3)中，ZrO_2 以亚稳定四方相在基体中处于被抑制状态，陶瓷部件受力时在裂纹尖端一定范围的应力场内，被抑制的亚稳定四方相 t-ZrO_2 会转变为稳定的单斜 m-ZrO_2 相。这种由于外力作用引起的内应力诱发 ZrO_2 马氏体相变，将消耗断裂功，使裂纹尖端的扩展延缓或受阻。同时由于 ZrO_2 马氏体相变引起的体积膨胀，在基体中形成无数微裂纹，造成裂纹分叉，使裂纹扩展路径更曲折，消耗更多的断裂功。此外，应用表面处理技术是表层的亚稳定四方相 t-ZrO_2 在应力诱导作用下发生相变，表层相变伴随体积膨胀，使表层处于压应力状态，从而提高材料的强度。

4.7.5 纤维补强

利用强度及弹性模量均较高的纤维，使之均匀分布于陶瓷基体中。当这种复合材料受到外加负荷时，可将一部分负荷传递到纤维上去，减轻了陶瓷本身的负担，其次，陶瓷中的纤维可阻止裂纹的扩展，从而改善了陶瓷的脆性。

知识要点提醒

学习本章前，必须掌握铁碳合金及其相图的基本知识，最好对热处理生产有一定的感性认识，在掌握各种冷却转变产物的含义、力学性能的基础上，进一步理解各种热处理工艺及其应用。

本章的重点是退火、正火、淬火、回火、表面热处理的工艺特点及选用。难点是对C曲线的理解和各种转变产物概念的掌握，以及各冷却转变产物之间的异同点。

知识链接

气 相 沉 积

1. 化学气相沉积(CVD)

将工件置于反应室内，抽真空并加热到 900～1100℃。如涂覆 TiC 层，则将钛以挥发性氯化物(如 $TiCl_4$)形式与气态或蒸发状态的碳氢化合物(如 CH_4)一起进入反应室内，用氢作为载体和稀释剂，即会在反应室内的工件表面发生化学反应生成 TiC，并在工件表面沉积 3～18μm 厚的覆盖层。工件经气相沉积后，在经淬火和回火处理，表面硬度可达 2000～4000HV。

2. 物理气相沉积 (PVD)

物理气相沉积是通过蒸发、电离或溅射等过程，产生金属粒子，沉积在工件表面，形成金属涂层或与反应气体反应形成化合物涂层。物理气相沉积是相对于化学气相沉积而言的，但并不意味着PVD处理中完全不能有化学反应。PVD法的重要特点是沉积温度低于600℃，沉积速度比CVD快。PVD法可适用于黑色金属、有色金属、陶瓷、高聚物、玻璃等各种材料。PVD法有真空镀、真空溅射和离子镀三大类。目前使用较广的是离子镀。

离子镀是借助惰性气体的辉光放电，使镀料(如金属Ti)汽化蒸发离子化，离子经电场加速，以较高能量轰击工件表面，此时如通入CO_2、N_2等反应气体，便可在工件表面获得TiC、TiN覆盖层，硬度高达2000HV。离子镀的覆盖层附着力强，适用于高速钢工具、热锻模等。

3. 离子注入

离子注入是根据被处理表面材料所需要的性能来选择适当种类的原子，使其在真空电场中离子化，并在高电压作用下加速注入工件表层的技术。

离子注入使金属材料表层合金化，显著提高其表面硬度、耐磨性、疲劳抗力及耐腐蚀性等。

习　题

1. 工艺热处理的目的是什么？
2. 怎样把设计、选材和热处理联系起来？
3. 简述钢的加热相变P→A的过程。
4. 何谓过冷奥氏体？过冷奥氏体会转变成哪些不平衡组织？其过程与组织怎样？
5. 将含碳量为0.8%的T8钢加热到760℃，并保温足够时间，试问采用什么样的冷却工艺可得到如下组织：珠光体、索氏体、托氏体、上贝氏体、下贝氏体、托氏体+马氏体、马氏体+少量残余奥氏体。在C曲线上绘制冷却曲线示意图。
6. 贝氏体转变与珠光体转变有哪些异同点？
7. 马氏体与贝氏体转变有哪些异同点？
8. 珠光体、贝氏体和马氏体的组织和性能有什么区别？
9. 什么是残余奥氏体？它会引起什么问题？
10. 铝合金热处理强化的机理是什么？何谓固溶热处理与时效热处理？
11. 选择下列钢件的退火工艺，并说明其退火目的及退火后的组织：

(1) 经冷轧后的15钢($w_C=0.15\%$)钢板，要求降低硬度；

(2) ZG370-500铸钢齿轮；

(3) 具有网状渗碳体的T12($w_C=1.2\%$)钢。

12. 哪些钢可以用正火代退火？
13. 将T12钢分别加热到600℃、700℃、780℃、950℃，并保温足够时间，然后淬入水中，试问它们的最终组织和硬度有什么区别？
14. 马氏体为什么要回火，回火后性能发生什么变化？
15. 何谓第一类回火脆性？何谓第二类回火脆性？如何避免？
16. 钢的淬透性、淬透深度和淬硬性三者之间的区别是什么？
17. 淬火后的45钢($w_C=0.45\%$)经150℃、450℃、550℃回火，试问其最终组织和性能有何区别？
18. 淬火钢的三大特性是指什么？各自的影响因素有哪些？
19. 简述回火工艺的分类、目的、组织与应用。
20. 试综合比较分析表面淬火、渗碳、氮化在用钢、热处理工艺及应用方面的异同

(填入下表)。

名称	用钢	处理工艺			后续热处理	应用
		温度	时间	渗层厚度		
感应加热表面淬火						
渗碳						
氮化						
中温气体 C－N 共渗						
软氮化						

21. 某发动机轴承是用 GCr15 制造的，经淬火和回火后达到所需要性能，正常操作条件下似乎满足要求。但在 0℃以下暴露一段时间后发动机失效。拆卸后发现轴承尺寸明显胀大的同时，轴承中出现不少脆性裂纹，失效的原因是什么？

22. 1906 年，德国工程师阿尔弗莱德·维尔姆将一种含有铜、镁和锰的铝合金加热到约 600℃后淬入水中，测出其强度并不比原来大多少。但几天后再测量时发现强度比原来增加了近一倍，试问这是什么原因？

23. 假设你的教师要求你制备一个在课堂演示的珠光体试样，如果可利用的只有一块具有贝氏体组织的共析钢的试样，请说明用以完成任务的步骤。

第5章 工业用钢及铸铁

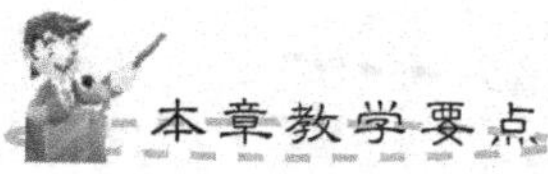

知识要点	掌握程度	相关知识
碳钢与合金钢的特点	重点掌握	熟悉工业用钢的分类和编号方法。基本能由钢号推断出它属于哪一类钢种，大概化学成分和主要用途
合金元素在钢中的作用	了解	
工业用钢	重点掌握	重点是结构钢中的渗碳钢和调质钢，工具钢中的高速钢的工作条件、性能特点、化学成分、常规热处理、典型钢种及其主要用途
特殊性能钢的基本知识	了解	
铸铁	掌握	铸铁石墨化的基本过程 铸铁的成分特点、石墨形态对性能的影响 灰铸铁的石墨形态、基本组织、常用牌号及其含义、热处理及应用 可锻铸铁的石墨形态、常用牌号及意义 球墨铸铁的石墨形态、常用牌号含义及应用 蠕墨铸铁的石墨形态、常用牌号含义及应用 合金铸铁的基本知识

导入案例

中国冶铁的起源和发展

在公元前6世纪前后，中国就发明了生铁冶炼技术。尤其是在春秋战国时期，块炼铁和液态炼铁两种工艺，几乎是同时产生，液态炼铁比西方约早千余年。块炼铁的方法即“固体还原法”，从江苏省南京市六合区程桥东周墓出土的铁条(图5.01)，就是块炼铁的产物。

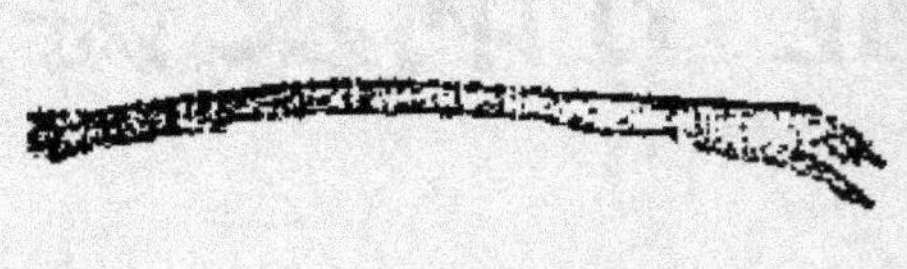

(a) 实物

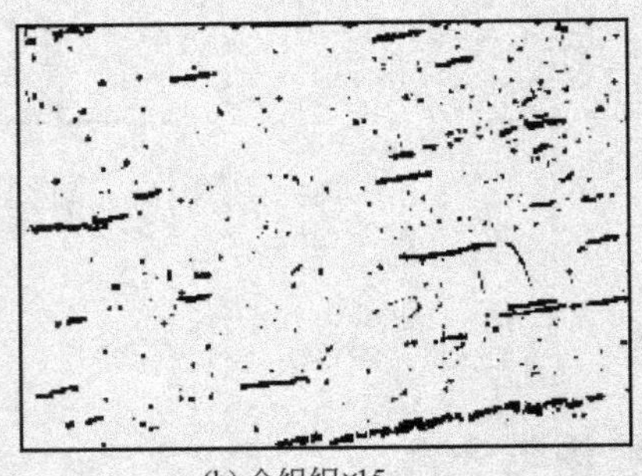

(b) 金组织×15

图5.01　东周块铁铁条(江苏六合陈桥出土)

因块炼铁质柔不坚，渗碳块炼钢又太坚硬，人们又发明了炼钢的淬火工艺，进一步提高了块炼钢的机械性能。在河北易县武阳台村的燕下都遗址出土的79件铁器，大部分就是经过淬火处理的。

块炼铁炉温较低，化学反应慢，故产量低，夹杂物又多，在炼铜竖炉大风机的启发下，创造出液态炼铁。炉子加高，炉内煤气流与矿石接触时间长，矿石预热效果提高，鼓风增强，燃烧旺盛，炉子可长时间保持较高温度状态(>1200℃)，木炭的增碳作用也相应增强，因而获得液态铸铁。中国是世界上生产铸铁件最早的国家之一，根据《左传》记载，昭公29年(公元前513年)晋国铸出铸铁刑鼎，重达270kg，鼎上铸出刑律全文，这是中国铸造大件的最早记载。隋唐以后，大型铸件的生产越来越多，公元953年即中国五代周广顺三年，铸造出沧州大铁狮(图5.02)。生铁的早期发明，是中国对世

图5.02　沧州大铁狮

界冶金技术的杰出贡献。欧洲一些国家，虽很早出现块炼铁，但出现生铁则是公元13世纪末到14世纪初。铁器的较多使用，标志着新一代社会生产力的形成，春秋战国之交中国已进入铁器时代。

早期的铸铁都是白口铁，铸造性能较好。但碳是以化合碳(渗碳体)的形式存在于铁中，导致生铁脆硬，不耐碰击。那么中国早期冶铁匠师就面临双重难题，一是如欧洲古代铁匠那样使柔软的块铁变硬，另外是设法使脆硬的白口铁变软。因此，在战国早期，人们就创造了白口铁柔化术。

即通过长时间加热，将白口铁中的渗碳体分解为铁和石墨，消除大块的渗碳体，这对提高铁的柔性起了良好的作用，而欧洲的铸铁柔化术是在17世纪后期才出现的。春秋末战国初期铁业生产发展迅速，当时铸铁农具的生产尤为突出，如1955年河北石家庄赵国遗址出土的铸铁农具几乎占全部工具(包括骨、石材料)的65%，河北兴隆出土的大批铁范(金属型)，用于铸造农具的约占60%左右。这说明中国于战国中期已迈入铁器时代。中国古代冶金比欧洲先进，尤其是掌握铸造技术比欧洲约早千余年，在汉代，铁的经营管理已经提到议事日程，《盐铁论》一书就是证明。公元1637年，明末宋应星所著《天工开物》中详细记载了中国当时的冶金、铸造技术。

西汉，在块炼渗碳的基础上兴起了“百炼钢”技术。它的特点是增加了反复加热锻打的次数，这样既可加工成形，又使夹杂物减少、组织细化和成分均匀化，大大提高了钢的质量。如河北满城一号西汉墓土的刘胜佩剑、钢剑和错金宝刀，就是“百炼钢”的产物。“百炼成钢”“千锤百炼”成语由此而来。西汉中期，又出现了炒钢(图5.03)，即将生铁进行搅拌，炒到成为半液体半固体状态，利用铁矿物或空气中的氧进行脱碳，借以达到需要的含碳量，再反复热锻，打成钢制品。这省去了繁难的渗碳工序，又使钢

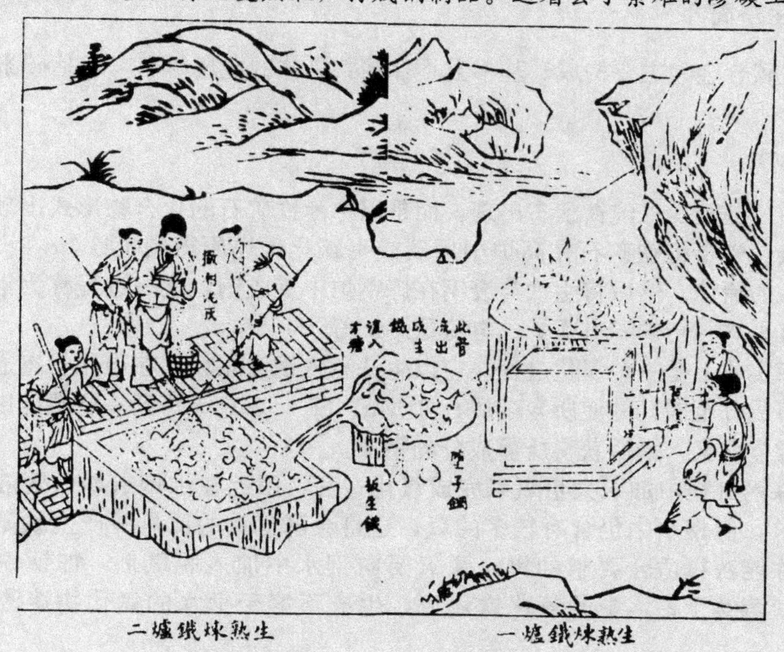

图5.03 冶炼史上半连续性炼铁系统

的组织更加均匀。炒钢的发明，也打破了先前生铁不能转为熟铁的界限，使原先各行其是的两个工艺系统得以沟通，成为统一的钢铁冶炼技术体系。这是继生铁冶铸之后，中国古代钢铁技术史上又一重大事件。

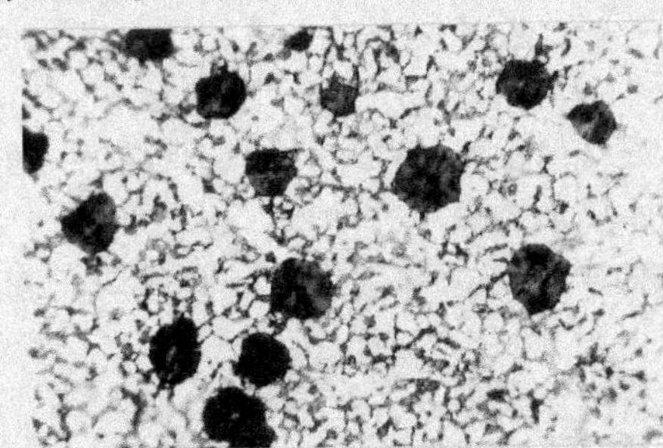

图 5.04 汉代铁镢金相组织 (F+P+球状石墨)

从古铁器分析中，中国科学工作者，陆续发现了汉魏时期的球状石墨的铸铁(图 5.04)工具多件，引起了国内外学术界的重视，而球墨铸铁是现代科技的产物，是 1949 年由英美学者发明的。经测定，西汉时期的球状石墨铸铁不逊于现代球墨铸铁的同类材料，这是冶铸史上一件很有意义的事。

西晋南北朝时，出现了新的灌钢技术。它是将生铁炒成熟铁，然后同生铁一起加热，由于生铁的熔点低，易于熔化，待生铁熔化后，它便“灌”入熟铁中，使熟铁增碳而得到钢。这与现代的扩散铸造极其相似。

5.1 钢的综述

5.1.1 钢材生产简介

钢是以铁碳合金为主要构成、基本上不存在共晶体的金属材料，包括碳素钢及合金钢两大类。

1. 钢的制取

自然界中，铁很少以纯铁状态出现，而是以称为铁矿石的化合物形式出现。因此，钢的制取较复杂：先要将铁矿石在高炉中用碳或一氧化碳还原得到生铁($w_C>2.11\%$)，这一过程称为铁的冶炼。然后将生铁与废钢在炼钢炉中炼成钢，这一过程称为钢的冶炼。常用的炼钢炉有平炉、转炉、电弧炉、电渣重熔炉等。

钢的冶炼实质上是一个氧化过程。它以生铁和废钢为原料，在熔化状态通过氧化使碳含量降低到某成分范围，并使所含杂质，如 Mn、Si、S、P 等降到一定限度以下，合金钢还需要添加合金元素，最后获得所需成分的钢液。

由于在炼钢过程中加入大量氧以完成氧化过程，因此在炼钢末期，钢液的化学成分虽已符合要求，但钢水中仍含有较多的氧，这将会降低钢的质量并产生缺陷。因此，必须经过脱氧才能获得适合要求的钢。脱氧要向钢水中加入脱氧剂，如锰铁、硅铁和铝等。脱氧剂使溶解于钢水中的氧化铁还原，生成不溶于钢水的氧化物熔渣，然后上浮排出。

钢按脱氧程度不同，可分为镇静钢和沸腾钢。脱氧相当完全的钢称为镇静钢。这种钢组织致密，成分均匀，力学性能较好，因此合金钢和许多碳钢是镇静钢。脱氧不完全的钢称为沸腾钢。这种钢凝固前将发生氧-碳反应，生成大量的CO气泡，引起钢水沸腾。与镇静钢相比，其成分、性能不均匀，强度也较低，不适于制造重要零件。

2. 钢的质量

由于炼钢原料中存在许多杂质，虽然在炼钢时尽力设法去除，但仍不可避免会有一些物质从炉壁、炉渣、大气等混入钢液。因此钢中总含有Mn、Si、S、P等杂质元素和气体(O_2、H_2等)、非金属夹杂物(硅酸盐、Al_3O_2等)，这必然会影响钢的质量。

1) 杂质S、P的影响

钢中作为杂质存在的元素主要有Mn、Si、S、P等。锰和硅一般是为脱氧加入钢中的，它们对钢的力学性能有提高作用，而且锰还能脱硫，故为有益元素。

硫和磷是随炼钢原材料进入钢中的。硫与铁形成化合物FeS，FeS又与Fe形成低熔点共晶，当钢进行加热时，会因共晶体熔化而脆化开裂，这称为“热脆”。磷溶于铁素体会导致钢在低温时的塑性、韧性急剧下降，这称为“冷脆”。

因此硫和磷是钢中的有害元素，应予严格限制。生产上根据钢中S、P含量，把钢分为普通钢($w_S \leqslant 0.055\%$、$w_P \leqslant 0.045\%$)、优质钢(w_S、$w_P \leqslant 0.040\%$)、高级优质钢($w_S \leqslant 0.030\%$、$w_P \leqslant 0.035\%$)。

硫、磷虽是有害元素，但在某些情况下却有有益的一面，如硫与锰同时加入钢中，形成的MnS会使切削时易于断屑，这种钢称为易切削钢。含磷和铜的低碳钢可以提高钢在大气中的耐蚀性。

2) 气体氢的影响

氢在钢中的严重危害是造成白点，这是一种银白色斑点，实际上是一种微裂纹。它使钢的塑性、韧性急剧下降，导致钢件淬火时开裂或使用时发生突然断裂，因此十分危险。

3) 非金属夹杂物的影响

钢中非金属夹杂物的存在，将降低钢的塑性，且常为冲击破坏和疲劳破坏的裂纹源。

为获得高质量的钢，可采用真空电弧炉、电渣重熔炉对钢进行重熔，以进一步降低各种杂质的含量。

5.1.2 钢的分类、编号和成分特点

1. 钢的分类

钢的种类很多，为了便于管理、选用及研究，从不同角度把它们分成若干类别。如图5.1所示。

2. 钢的编号方法

各类钢的编号方法列于表5-1和表5-2中。

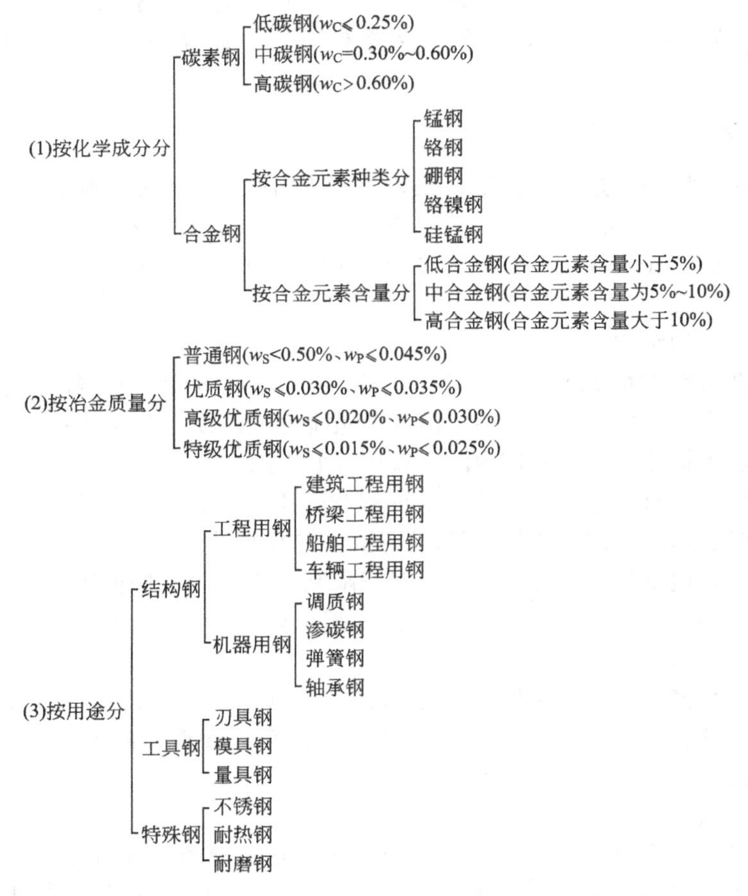

图 5.1　钢分类示意图

表 5-1　碳钢的编号方法

分类	编号方法	
	举例	说　明
碳素结构钢	Q235-A·F	“Q”为“屈”字汉语拼音首位字母，后面的数字为钢的屈服强度(R_{eL})数值(N/mm²)(钢材厚度或直径不大于16mm)； A、B、C、D为质量等级，从左至右质量依次提高； F、b、Z、TZ分别表示沸腾钢、半镇静钢、镇静钢和特殊镇静钢 如Q235-A·F即表示屈服强度数值为235N/mm²的A级沸腾钢
优质碳素结构钢	45 60Mn	两位数字代表平均含碳量的万分数。如钢号45表示平均含碳量为0.45%的优质碳素结构钢； 高级优质碳素结构钢则在优质钢牌号后加“A”，如45A等； 另一类含锰量为0.7%～1%的碳素钢也属于高级优质系列，但数字后加“Mn”，如60Mn

（续）

分类	编号方法	
	举例	说明
碳素工具钢	T8 T8A	T为“碳”字汉语拼音字首，后面的数字表示钢平均含碳量的千分数 高级优质工具钢也是在优质钢牌号后加“A”或“Mn”。如T10A、T8Mn等
一般工程用铸造碳钢	ZG200－400	“ZG”代表铸钢，其后第一组数字为钢的屈服强度（R_{eL}）数值（N/mm²）；第二位数字为钢的抗拉强度（R_m）数值（N/mm²）。如ZG200－400表示屈服强度为200N/mm²、抗拉强度为400N/mm²的碳素铸钢

表5－2 合金钢的编号方法

分类	编号方法	举例
低合金高强度钢	钢的牌号由代表屈服强度的汉语拼音首位字母“Q”、屈服强度的数值、质量等级符号（A、B、C、D、E）三个部分按顺序排列	Q 345 C C——质量等级符号 345——屈服强度（R_{eL}）数值（N/mm²） Q——屈服强度“屈”字汉语拼音首位字母
合金结构钢	数字＋化学元素符号＋数字，前面的数字表示钢的平均含碳量，以万分之几表示；后面的数字表示合金元素的含量，以平均含量的百分之几表示，含量少于或等于1.5%时，一般不标明含量；若为高级优质钢，则在钢号后面加字母“A” 易切削钢前标以字母“Y”。如Y40Mn表示含碳量约0.4%，含锰量小于1.5%的易切削钢 滚动轴承钢在钢号前面加字母“G”，为“滚”字汉语拼音首位字母，含铬量用千分之几表示	60 Si2 Mn Mn——平均含Mn量不大于1.5% Si2——平均含Si量2% 60——平均含碳量0.6% GCr15SiMn 平均含Cr量1.5% Si、Mn平均含量小于1.0%的滚动轴承钢
合金工具钢	为了避免与结构钢混淆，平均含碳量不小于1.0%时不标出，小于1.0%时以千分之几表示；高速钢例外，其平均含量小于1.0%时也不标出 合金元素含量的表示方法与合金结构钢相同	5 CrMnMo——Cr、Mn、Mo平均含量小于1.5% 5——平均含碳量0.5% CrWMn 钢的平均含碳量不小于1.0% Cr、W、Mn平均含量小于1.5%

（续）

分类	编号方法	举　例
特殊性能钢	平均含碳量以千分之几表示； 但平均含碳量不大于 0.03%及 0.08%时，钢号前分别冠以 00 及 0 表示 合金元素含量的表示方法与合金结构钢相同	2Cr13 ——平均含 Cr 量 13% ——平均含碳量 0.2%

3. 各类钢的成分特点

根据钢的编号法，再加上对各类钢含碳量及所含合金元素的了解，从钢的编号上可方便地确定其成分和大致用途。现将各类钢的成分特点列于表 5-3 中。

表 5-3　各类钢的成分特点

钢类			含碳量范围		主要合金元素	质量	牌号举例
结构钢	普通碳素钢		低中≤0.6%		—	普通	Q215、Q235、Q255
	低合金高强度钢		低 0.2%		Mn 等	普通	Q345(16Mn)
	渗碳钢		低 0.1%～0.25%		碳钢	优质	15、20
					合金钢 Cr、Mn、Ti 等		20Cr、20CrMnTi
	调质钢		中 0.3%～0.5%		碳钢	优质	35、45、40Mn
					合金钢 Cr、Mn、Si、Ni、Mo 等	优质或高级优质	40Cr、35CrMo、35SiMn、38CrMoA1A
	弹簧钢		中高	碳钢 0.6%～0.9%	—	优质	65、85
				合金钢 0.45%～0.7%	Mn、Si 等	优质或高级优质	50CrVA、65Mn、60Si2Mn
	滚动轴承钢		高≈1.0%		Cr 等	高级优质	GCr15、GCr15SiMn
结构钢	其他用途钢	冷冲压钢	低<0.2%			优质	08、08F
		易切削钢	低中<0.4%		(含 S、P、Mn 量较高)		Y12、Y30
		低淬透性钢	中 0.5%～0.6%		Ti(含 Si、Mn 量较低)		55Tid、60Tid
		铸钢	低中 0.12%～0.62%				ZG200-400、ZG340-640

（续）

钢类		含碳量范围	主要合金元素	质量	牌号举例
工具钢	碳素工具钢	高 0.7%～1.3%	—	优质或高级优质	T7、T8、T10A、T12A
	低合金刃具钢	高 0.7%～1.3%	Cr、W、Si、Mn 等	高级优质	9SiC、CrWMn、9MnV
	高铬冷作模具钢	高 1.45%～2.3%	Cr、V、Mo 等		Cr12、Cr12MoV
	热作模具钢	中 0.3%～0.6%	Cr、W、Mn、Ni、Mo 等		5CrNiMo、5CrMnMo、3Cr2W8V
	高速钢	高 0.7%～1.65%	Cr、Mo、W、V 等，总量>10%		W18Cr4V、W6Mo5Cr4V2
特殊性能钢	不锈钢	低中≤0.4%	Cr、Ni 大量		Cr13 型、Cr18Ni9 型
	耐热钢	低中≤0.4%	Cr、Si、Al、Ni、Mo、V 等		15CrMo、4Cr9Si2、1Cr18Ni9Ti
	耐磨钢	高 0.9%～1.3%	Mn(大量)		ZGMn13

5.1.3 碳钢和合金钢的特点

1. 碳钢的特点

碳钢是含碳量小于 2.11%的铁碳合金。为保证钢的韧性，常用碳钢含碳量都小于 1.4%。碳钢的主要特点如下：

(1) 碳钢的强度、硬度等主要取决于含碳量(参考图 3.32)，但可通过热处理进一步提高。其淬硬性随含碳量增加而提高。因此，可通过含碳量的增减和不同的热处理获得不同的强度、硬度与塑性、韧性的配合，从而在许多场合下能满足生产上的不同要求。

(2) 碳钢的淬透性低(尤其低碳钢难以淬硬到有意义的深度)，回火稳定性差，使其应用受到限制。对零件尺寸较大，要求获得较厚淬硬层；或要求强度、硬度、塑性、韧性等力学性能较高时，碳钢便无法满足要求。另外，碳钢淬火时需要较大的冷却速度，故易产生淬火变形、开裂现象。因此，对形状复杂或要求变形小的零件，碳钢也难以胜任。

(3) 碳钢在高温或低温下，性能会显著变低，且在大多数介质中易腐蚀，因此不宜制作耐热、耐低温及耐蚀等零件。

(4) 碳钢价格便宜，成形工艺和热处理工艺较简单，因而在许多场合下都应考虑使用。例如，低碳钢的塑性、韧性良好，适用于各种冷、热加工与焊接；中碳钢可得到各种性能的较佳配合，淬火效果也显著优于低碳钢，在制造齿轮、轴、弹簧等机械结构零件等方面得到广泛的应用；高碳钢的硬度、耐磨性较高，有一定淬火效果，可用于制作刃、模、量具。

2. 合金钢的特点

合金钢是在碳钢的基础上加入一定的合金元素，其主要特点如下：

(1) 合金钢具有比碳钢更高的强度和韧性，而且其强化效果随组织不平衡程度的增大而趋明显。如退火态合金钢的强度并不比碳钢有很大的优越性；而在正火态，合金钢强度比碳钢明显增加；如经淬火、回火后，合金钢的强化效果最显著。例如，40Cr与45钢相比，退火态硬度约高出10HB；正火态约高出24HB；淬火、600℃回火，硬度约高出70HB。因此，大多数合金钢一般应在淬火、回火态使用。

(2) 合金钢的淬硬性主要取决于含碳量，与相同碳量的碳钢相比，仅略有提高。但合金钢的淬透性与回火稳定性明显提高。因此，合金钢适于制造截面尺寸大，要求获得较厚淬硬层或要求强度、硬度、塑性、韧性较高的零件。而且合金钢淬火时冷却速度可比碳钢缓慢，不易变形、开裂，这对于形状复杂或要求变形小的零件是极其有利的。

(3) 有的合金钢还具有高的热硬性以及其他特殊性能，如耐热、耐蚀、抗磨、磁性等。

(4) 合金钢价格较贵，成形工艺及热处理工艺也较复杂。因此，在满足使用要求的前提下，优先选用碳素钢。但对尺寸大、形状复杂、要求强化性能高、精度高的零件，或要求热硬性及其他特殊性能的零件，仍应采用合金钢。

5.1.4 合金元素在钢中的作用

合金钢中常用的合金元素有锰、硅、铬、镍、钼、钨、钒、钛、锆、钴、铝、硼、稀土等。磷、硫、氮等在某些情况下也起合金元素的作用。钢中合金元素含量有的高达百分之几十，如铬、镍、锰等，有的则低至万分之几。由于合金元素与钢中的铁、碳两个基本组元的作用，以及它们彼此间作用，促使钢中晶体结构和显微组织发生有利的变化。

1. 合金元素在钢中的存在形式

1) 形成合金铁素体

几乎所有合金元素都可或多或少地溶入铁素体中，形成合金铁素体。其中原子直径很小的合金元素(如氮、硼等)与铁形成间隙固溶体；原子直径较大的合金元素与铁形成置换固溶体。

2) 形成合金碳化物

在钢中能形成碳化物的元素有：铁、锰、铬、钼、钨、钒、铌、锆、钛等。在周期表中，碳化物形成元素都是位于铁左边的过渡族金属元素，离铁越远，则其与碳的亲和力越强，形成碳化物的能力越大，形成的碳化物稳定而不易分解。其中钒、铌、锆、钛为强碳化物形成元素；锰为弱碳化物形成元素；铬、钼、钨为中强碳化物形成元素。

3) 形成非金属夹杂物

大多数元素与钢中的氧、氮、硫可形成简单的或复合的非金属夹杂物，非金属夹杂物都会降低钢的质量。

2. 合金元素对铁-渗碳体相图的影响

钢中加入合金元素后，$Fe-Fe_3C$ 相图将发生下列变化。

1）改变了奥氏体区的范围

合金元素以两种方式对奥氏体区发生影响。镍、钴、锰等元素的加入使奥氏体区扩大（图 5.2(a)），而铬、钨、钼元素则缩小奥氏体区，GS 线向左上方移动，使 A_3 及 A_1 温度升高(图 5.2(b))。

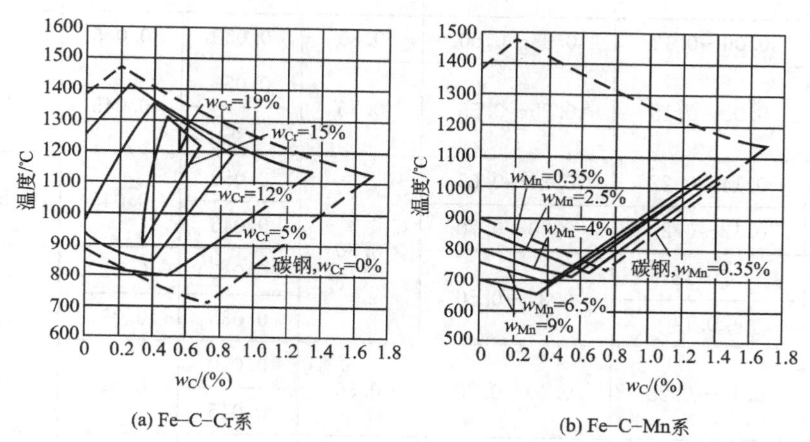

图 5.2 合金元素对 $Fe-Fe_3C$ 相图中奥氏体影响

2）改变 S、E 点位置

由图 5.2 可知，凡能扩大奥氏体区的元素，均使 S、E 点向左下方移动；凡能缩小奥氏体区的元素，均使 S、E 点向左上方移动。因此，大多数合金元素均使 S 点、E 点左移。S 点向左移动，意味着减低了共析点的含碳量，使含碳量相同的碳钢与合金钢具有不同的显微组织。E 点左移，使出现莱氏体的含碳量降低，如高速钢中 $w_C < 2.11\%$，但在铸态组织中却出现合金莱氏体，这种钢称为莱氏体钢。

合金元素对钢热处理的影响在前两章已分别作了介绍，这里不再赘述。

5.2 结 构 钢

用于制造各种机器零件以及各种工程结构的钢都称为结构钢。

用作工程结构的钢称为工程结构钢，它们大都是普通质量的结构钢。因为其含硫、磷较优质钢多，且冶金质量也较优质钢差，故适于制造承受静载荷作用的工程结构件。用作机械零件的钢称为机械结构钢，它们大都是优质或高级优质的结构钢，以适应机械零件承受动载荷的要求。

5.2.1 工程结构钢

1. 碳素结构钢

碳素结构钢的平均含碳量在 0.06%～0.38%，钢中含有害元素和非金属夹杂物较多，但性能上能满足一般工程结构及普通零件的要求。表 5-4、表 5-5 为碳素结构钢牌号、化学成分与力学性能。

表 5-4　碳素结构钢牌号及化学成分(摘自 GB/T 700—2006)

牌号	质量等级	化学成分(%)					脱氧方法	相当旧牌号
		C	Mn	Si	S	P		
				不大于				
Q195	—	0.06～0.12	0.25～0.50	0.30	0.050	0.045	F、b、Z	B_1、A_1
Q215	A	0.09～0.15	0.25～0.55	0.30	0.050	0.045	F、b、Z	A_2
	B				0.45			C_2
Q235	A	0.14～0.22	0.30～0.65	0.30	0.050	0.045	F、b、Z	A_3
	B	0.12～0.20	0.30～0.70		0.045			C_3
	C	≤0.18	0.35～0.80		0.040	0.040	Z	—
	D	≤0.17			0.035	0.035	TZ	—
Q255	A	0.18～0.28	0.40～0.70	0.30	0.050	0.045	Z	A_4
	B				0.045			C_4
Q275	—	0.28～0.38	0.50～0.80	0.35	0.050	0.045	Z	C_5

表 5-5　碳素结构钢的力学性能(摘自 GB/T 700—2006)

牌号	质量等级	R_{eL}/(N/mm^2)				R_m/(N/mm^2)	A/(%)				应用举例
		钢材厚度(直径)/mm					钢材厚度(直径)/mm				
		≤16	>16～40	>40～60	>60～100		≤16	>16～40	>40～60	>60～100	
		不小于					不小于				
Q195	—	185	195	—	—	315～395	33	32	—	—	塑性好，有一定的强度，用于制造受力不大的零件，如螺钉、螺母、垫圈等，焊接件、冲压件及桥梁建筑等金属结构件
Q215	A	215	205	195	185	335～410	31	30	29	28	
	B										
Q235	A	235	225	215	205	375～460	26	25	24	23	
	B										
	C										
	D										
Q255	A	255	245	235	225	410～510	24	23	22	21	强度较高，用于制造承受中等载荷的零件，如小轴、销子、连杆、农机零件等
	B										
Q275	—	275	265	255	245	490～610	20	19	18	17	

这类钢应确保力学性能符合标准规定，化学成分也应符合一定要求。一般在供应状态下使用，但也可根据需要在使用前对其进行热加工或热处理。

2. 低合金高强度结构钢

1) 化学成分

低合金高强度结构钢含碳量较低，多数 w_C＜0.1%～0.2%，一般以少量的锰(0.8%～1.7%)为主加元素，硅的含量较碳素结构钢为高(w_{Si}≤0.55%)。为改善钢的性能，Q390、Q460 级钢可加入少量 Mo 元素。有时还在钢中加入少量稀土元素，以消除钢中有害杂质，改善夹杂物形状及分布，减弱其冷脆性。

2) 性能特点

(1) 高的屈服强度与良好的塑、韧性。通过合金元素强化铁素体；细化铁素体晶粒；增加珠光体数量以及加入能形成碳化物、氮化物的合金元素，使细小化合物从固溶体中析出，产生弥散强化作用。故低合金高强度结构钢的屈服强度较碳素结构钢提高 30%～50%，特别是屈强比的提高更为明显。

低合金高强度结构钢含碳量低，当其主加元素锰的质量分数在 1.5%以下时，因不会显著降低其塑性、韧性，故仍具有良好的塑性与韧性。一般低合金高强度结构钢伸长率 A=17%～23%，韧脆转变温度较低。

(2) 良好的焊接性能。钢材应具有良好的可焊性。低合金高强度结构钢的含碳量低，合金元素少，塑性好，不易在焊缝区产生淬火组织及裂纹，具有良好的可焊性。

(3) 较好的耐蚀性。在低合金高强度结构钢中加入合金元素，可使耐蚀性明显提高。

3) 常用的低合金高强度结构钢

列入国家标准的低合金高强度结构钢有五个级别。其牌号、性能及用途见表 5-6。

表 5-6 低合金高强度结构钢牌号、性能及用途

牌号		厚度或直径/mm	力学性能				用途
GB/T 1591—2008	GB 1591—1988		R_{eL}/(N/mm²)	R_m/(N/mm²)	A/(%)	A_{kv}(20℃)/J	
Q295 (A、B)	09MnV、 09Mn2、 09MnNb、 12Mn	＜16 16～35 35～50 ＞50～100	≥295 ≥275 ≥255 ≥235	390～570	23	34	建筑结构、工业厂房、低压锅炉、中低压化工容器、油罐、拖拉机轮圈、油船等
Q345 (A～E)	12MnV、 14MnNb、 16Mn、 18Nb、 16MnRE	＜16 16～35 35～50 ＞50～100	≥345 ≥325 ≥295 ≥275	470～630	21～22	34	船舶、铁路车辆、桥梁、管道锅炉、压力容器、石油储罐、起重及矿山机械、电站设备厂房钢架等
Q390 (A～E)	15MnV、 15MnTi、 16MnNb 10MnPNbRE	＜16 16～35 35～50 ＞50～100	≥390 ≥370 ≥350 ≥330	490～650	19～20	34	中高压锅炉汽包、中高压石油化工容器、大型船舶、桥梁、起重机及其他较高载荷的焊接结构构件等

(续)

牌号		厚度或直径/mm	力学性能				用途
GB/T 1591—2008	GB 1591—1988		R_{eL}/(N/mm²)	R_m/(N/mm²)	A/(%)	A_{kv}(20℃)/J	
Q400(A～E)	15MnVN、14MnVTiRE	<16 16～35 35～50 >50～100	≥420 ≥400 ≥380 ≥360	520～680	18～19	34	大型船舶、桥梁、电站设备、起重机械、机车车辆、中高压锅炉及容器及其大型焊接结构件等
Q460(C、D、E)	14MnMoV、18MnMoNb	<16 16～35 35～50 >50～100	≥460 ≥440 ≥420 ≥400	580～720	17	34	中温高压容器(<120℃)、锅炉、化工、石油高压厚壁容器(<100℃)、可淬火加回火后用于大型挖掘机、起重运输机械、钻进平台等

注：低合金高强度结构钢大多数是在热轧、正火状态下使用，其组织为铁素体+珠光体。

5.2.2 机器结构钢

机器结构钢大都是优质碳素结构钢和合金结构钢。优质结构钢供货时，既保证化学成分，又保证力学性能。而且比普通结构钢规定更严格，其硫、磷含量均控制在0.035%以下，非金属夹杂物也较少，质量等级较高，一般在热处理后使用。各类优质结构钢成分特点见表5-7。

表5-7 优质结构钢成分特点

成分	类别						
	渗碳钢		调质钢		弹簧钢		滚动轴承钢
	碳素钢	合金钢	碳素钢	合金钢	碳素钢	合金钢	合金钢
含碳量/(%)	0.10～0.25	0.10～0.25	0.30～0.55	0.25～0.50	0.60～0.85	0.45～0.70	0.95～1.15
常用合金元素种类及主要作用	Cr、Ni、Mn：提高淬透性，强化基体；Ti、V细化晶粒，提高耐磨性		Cr、Ni、Si、Mn：提高淬透性、耐回火性，强化基体，提高屈强比；W、Mo：防止第二类回火脆性		Si、Mn：提高淬透性、耐回火性，强化基体，提高屈强比；Cr、V：细化晶粒，提高淬透性和耐回火性		Cr：提高淬透性、耐磨性和接触疲劳强度；Si、Mn：提高淬透性

1. 渗碳钢

渗碳钢通常是指经渗碳淬火、低温回火后使用的钢。

1）化学成分

一般渗碳钢的w_C=0.10%～0.20%，以保证渗碳零件心部有较高的韧性。在合金渗碳钢中，主加元素为铬($w_{Cr}<3\%$)、锰($w_{Mn}<2\%$)、镍($w_{Ni}<4.5\%$)、硼($w_B<0.0035\%$)，其作用是增加钢的淬透性，使渗碳淬火后，心部得到低碳马氏体，以提高强度，同时保持良好的韧性。主加元素还能提高渗碳层的强度和塑性，尤其以镍的作用最佳。在钢中加入微量的硼($w_B=0.0005\%\sim0.0035\%$)，能显著提高钢的淬透性。

随着钢中含碳量的增加，硼对淬透性的影响也随之减弱。因此微量硼在低碳钢中比在中碳钢中效果大。当 $w_C>0.9\%$时，硼基本上已不起作用。辅加合金元素为少量的钼、钨、钒、钛等强碳化物形成元素，以阻止高温渗碳时晶粒长大，起细化晶粒作用。

2）常用的渗碳钢

渗碳钢按化学成分分为碳素渗碳钢和合金渗碳钢两大类，见表5－8。

表5－8 常用渗碳钢的钢号、热处理、力学性能和用途

钢号	热处理工艺				力学性能(不小于)					用途举例
	渗碳	第一次淬火/℃	第二次淬火/℃	回火/℃	R_{eL}/(N/mm²)	R_m/(N/mm²)	A/(%)	Z(%)	a_k/(J/cm²)	
15		～900 空气	—		230	380	27	55	—	形状简单、受力小的小型渗碳件
20		～880 空气	—		250	420	25	55	—	形状简单、受力小的小型渗碳件
20Cr		880 水/油	800 水/油	200 水/空气	550	850	10	40	60	机床齿轮、齿轮轴、蜗杆、活塞销及气门顶杆等
20Mn2		850 水/油	—	200 水/空气	600	800	10	40	60	代替20Cr
20CrMnTi		880 油	870 油	200 水/空气	850	1100	10	45	70	工艺性优良，可用作汽车、拖拉机的齿轮、凸轮，是Cr－Ni钢代用品
20Mn2B		880 油	—	200 水/空气	800	1000	10	45	70	代替20Cr，20CrMnTi
20CrMnMo		850 油	—	200 水/空气	900	1200	10	45	70	代替含镍较高的渗碳钢作大型拖拉机齿轮、活塞销等大截面渗碳件

(续)

钢号	热处理工艺				力学性能(不小于)					用途举例
	渗碳	第一次淬火/℃	第二次淬火/℃	回火/℃	R_{eL}/(N/mm²)	R_m/(N/mm²)	A/(%)	Z(%)	a_k/(J/cm²)	
12Cr2Ni4		860 油	780 油	200 水/空气	850	1100	10	50	90	大齿轮、轴
18CrNi4W		950 空气	850 空气	200 水/空气	850	1200	10	45	100	12Cr2Ni4，作高级渗碳零件

碳素渗碳钢价格便宜，淬透性低，故渗碳淬火后心部强度低，表层强度及耐磨性也不够高。淬火时变形开裂倾向大。一般用于制造承受载荷较低、形状简单、不太重要的、但要求耐磨的小型零件。

合金渗碳钢。常按淬透性大小分为低、中、高三类。

低淬透性渗碳钢用于制作受力不太大，不需要很高强度的耐磨零件。属于这类钢的有20Mn2、20Cr、20MnV 等。中淬透性渗碳钢用于制作承受中等载荷的耐磨零件。属于这类钢的有 20CrWnTi、12CrNi3、20MnVB 等。高淬透性渗碳钢用于制造承受重载与强烈磨损的重要大型零件。属于这类钢的有 12Cr2Ni4、20Cr2Ni4 及 18Cr2Ni4WA 等。

渗碳钢主要用于制造表面承受高耐磨、并承受动载荷的零件(如动力机械中的变速齿轮等)。这类零件要求钢表面具有高硬度，心部要有较高的韧性和足够的强度。

例如，某厂生产的凸轮轴齿轮，其技术要求为：渗碳层深度 1.0～1.5mm，渗层 0.8%～1.0%C，齿表面硬度 55～60HRC，心部硬度 33～45HRC。选用材料：20CrMnTi 钢。工艺路线为：下料→锻造→正火→加工齿形→渗碳→预冷淬火→低温回火→喷丸→精磨。

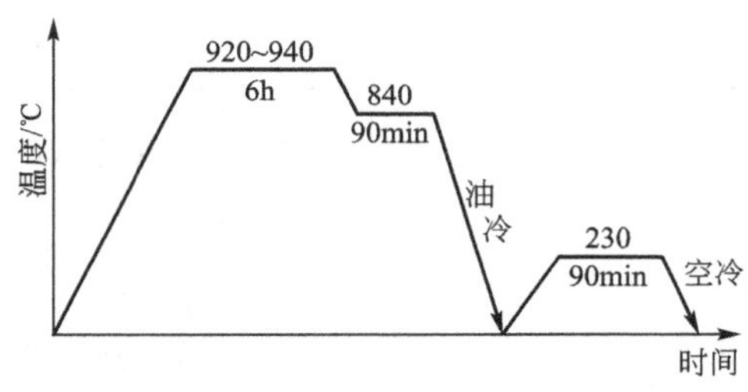

图 5.3　20CrMnTi 钢渗碳工艺曲线

锻造后的退火是为了改善锻造组织，降低硬度，以利于切削加工，并为调质处理做组织准备。

20CrMnTi 钢渗碳工艺曲线如图 5.3 所示，经 940℃渗碳后直接预冷至 840℃保温后油淬，再经 230℃回火后可满足性能要求。

2. 调质钢

调质钢通常是指经调质后使用的钢。一般为中碳的优质碳素结构钢与合金结构钢，主要用于制造承受很大变动载荷与冲击载荷或各种复合应力的零件(如机器中传递动力的轴、连杆、齿轮等)。这类零件要求钢材具有较高的综合力学性能，即强度、硬度、塑性、韧性有良好的配合。

1) 化学成分

大多数调质钢的含碳量为 0.25%～0.5%。含碳量过低，不易淬硬，回火后强度不足；

如零件要求较高的塑性与韧性，则用 $w_C<0.4\%$ 的调质钢；反之，如要求较高强度、硬度，则用 $w_C>0.4\%$ 的调质钢。在合金调质钢中，主加元素为锰（$w_{Mn}<2\%$）、铬（$w_{Cr}<2\%$）、镍（$w_{Ni}<4.5\%$）、硼（$w_B<0.0035\%$），主要目的是增加钢的淬透性。

2）常用调质钢

调质钢也分为碳素调质钢与合金调质钢两大类(表 5－9)。

表 5－9　常用调质钢的钢号、热处理、力学性能及用途

钢号	热处理工艺		力学性能(不小于)					用途举例
	淬火/℃	回火/℃	R_{eL}/(N/mm²)	R_m/(N/mm²)	A/(%)	Z/(%)	a_k/(J/cm²)	
40	870 水	600 水/油	450	620	20	50	90	同 45 钢
45	850 水	550 水/油	550	750	15	45	80	机床中形状简单、中等强度及韧性的零件，如轴、齿轮、曲轴、螺栓、螺母
40Cr	850 油	500 水/油	800	1000	9	45	60	重要调质零件，如齿轮、轴、曲轴、连杆螺栓
35SiMn	900 水	590 水/油	750	900	15	15	60	除要求低温(－20℃以下)韧性很高的情况外，可全面代替 40Cr 作调质零件
40MnB	850 油	500 水/油	800	1000	10	45	60	代替 40Cr
40CrNi	820 油	500 水/油	800	1000	10	45	70	汽车、拖拉机、机床、柴油机的轴、齿轮、连接机件螺栓、电动机轴
30CrMnSi	880 油	520 水/油	900	1100	10	45	50	高强度钢、高速载荷砂轮轴、齿轮、轴、联轴器、离合器等重要调质件
35CrMo	850 油	500 水/油	850	1000	12	45	80	代替 40CrNi 制作大断面齿轮与轴，汽轮发电机转子，480℃以下工件的紧固件

（续）

钢号	热处理工艺		力学性能(不小于)					用途举例
	淬火/℃	回火/℃	R_{eL}/(N/mm²)	R_m/(N/mm²)	A/(%)	Z/(%)	a_k/(J/cm²)	
38CrMoAlA	940 水/油	640 水/油	850	1000	15	50	90	高级氮化钢，制造大于 900 HV 氮化件，如镗床镗杆、蜗杆、高压阀门
40CrNiMo	850 油	600 水/油	850	1000	12	55	100	受冲击载荷的高强度零件，如锻压机床的传动偏心轴、压力机曲轴等大断面重要零件
40CrMnMo	850 油	600 水/油	800	1000	10	45	80	代替 40CrNiMo

碳素调质钢一般是中碳优质碳素结构钢，如 35～45 钢或 40Mn、50Mn 等，其中以 45 钢应用最广。碳钢的淬透性较差，调质后性能随零件尺寸增大而降低，所以只有小尺寸的零件调质后才能获得均匀的较高的综合力学性能。这类钢一般用水淬，故变形与开裂倾向较大，只适宜制造载荷较低、形状简单、尺寸较小的调质工件。

合金调质钢按淬透性分为三类。低淬透性调质钢常用作中等截面受变动载荷的调质工件。常用的有 40Cr、40MnB、35SiMn 等钢种。中淬透性调质钢可作截面较大、承受较重载荷的调质工件。常用的有 35CrMo、38CrMoAlA、40CrMn、40CrNi 等钢种。高淬透性调质钢调质后强度最高，韧性也很好，可用作大截面、承受更大载荷的重要的调质件。常用的有 40CrMnMo、37CrNi3、25Cr2Ni4A 等钢种。

例如，某车辆厂制造汽缸螺栓，其性能要求如下：$R_m \geqslant 900\text{N/mm}^2$，$R_{eL} \geqslant 70\text{N/mm}^2$，$A_5 \geqslant 12\%$，$Z \geqslant 50\%$，$a_k \geqslant 80\text{J/cm}^2$，300～341HBW。

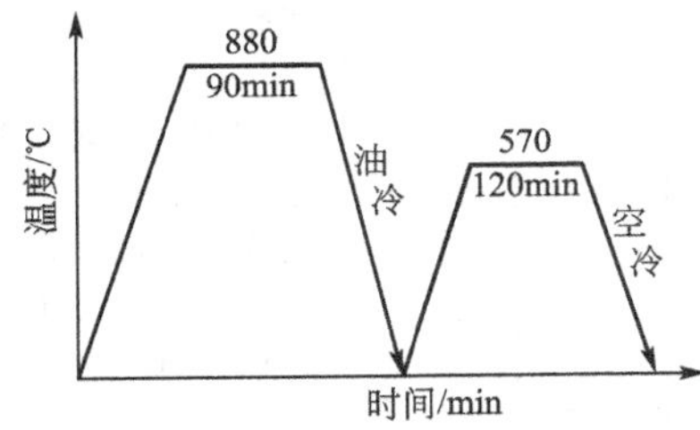

图 5.4　42CrMo 钢螺栓调质工艺曲线

选用材料：42CrMo 钢。工艺路线如下：

下料→锻造→退火→机械加工(粗加工)→调质→机械加工(精加工)→喷丸。

锻造后的退火是为了改善锻造组织，降低硬度，以利于切削加工，并为调质处理做组织准备。

42CrMo 钢螺栓调质工艺曲线如图 5.4 所示，经 880℃油淬后得到马氏体组织，经 570℃回火后其组织为回火索氏体，可满足性能要求。

3. 弹簧钢

弹簧钢是指用来制造各种弹簧的钢。弹簧工作时产生弹性变形，在机械中起缓冲、吸振作用，储存能量，使机械完成规定的动作。弹簧材料要具有高的弹性极限和弹性比功，保证弹簧具有足够的弹性变形能力，当承受大载荷时不发生塑性变形；弹簧在工作时一般是承受变动载荷，应具有高的疲劳强度；此外，还应具有一定的塑性、韧性。

1）化学成分

弹簧钢按化学成分可分为碳素弹簧钢和合金弹簧钢。它们在热处理前，具有接近共析成分的组织。由于合金元素的加入，使共析点左移，故合金弹簧钢的含碳量为0.45%～0.70%。在合金弹簧钢中加入锰、硅、铬、钒、钼等合金元素，主要目的是增加钢的淬透性和回火稳定性，使淬火和中温回火后，整个截面上获得均匀的回火托氏体，同时又使托氏体中的铁素体强化，因而有效地提高了钢的力学性能。硅的加入可使屈强比提高到接近1。

2）常用的弹簧钢

碳素弹簧钢一般用优质碳素结构钢中的高碳钢，如60、65～85或60Mn、65Mn、75Mn。这类钢价格较合金弹簧钢便宜，热处理后具有一定的强度，但淬透性差，当直径大于12～15mm时，油淬不能淬透，使屈服强度以及屈强比降低，弹簧的寿命显著降低。如用水淬又易开裂与变形。

合金弹簧钢具有较高的淬透性，油淬临界直径为20～30mm；弹性极限高，屈强比50CrVA钢的力学性能与硅锰弹簧钢相近，但淬透性更高，油淬临界直径为30～50mm。常用作大截面的承受应力较高或工作温度低于400℃的弹簧。60Si2Mn是合金弹簧钢中应用最广泛的。常用弹簧钢的钢号、热处理、力学性能及用途见表5-10。

表5-10　常用弹簧钢的钢号、热处理、力学性能及用途

钢号	热处理工艺		力学性能(不小于)				用途举例
	淬火/℃	回火/℃	R_{eL}/(N/mm²)	R_m/(N/mm²)	A/(%)	Z/(%)	
65	840油	500	800	1000	9	35	小于ϕ12mm的一般机器上的弹簧，或拉成钢丝作小型机械弹簧
85	820油	480	1000	1150	6	30	小于ϕ12mm的一般机器上的弹簧，或拉成钢丝作小型机械弹簧
65Mn	830油	540	800	1000	3	30	小于ϕ12mm的一般机器上的弹簧，或拉成钢丝作小型机械弹簧
60Si2Mn	870油	480	1200	1300	5	25	ϕ25～ϕ30mm弹簧，工作温度低于300℃
50CrVA	850油	500	1150	1300	10(δ_5)	40	ϕ30～ϕ50mm弹簧，工作温度低于210℃的气阀弹簧
60Si2CrVA	850油	410	1700	1900	6(δ_5)	20	ϕ＜50mm弹簧，工作温度低于250℃
55SiMnMoV	880油	550	1300	1400	6	30	ϕ＜75mm弹簧，重型汽车、越野汽车大截面板簧

3）热处理

根据弹簧的尺寸的不同，成形与热处理方法也有所不同。

线径或板厚大于 10mm 的螺旋弹簧或板弹簧，往往在热态下成形。板弹簧多数是将热成形和热处理结合进行的，即利用热成形后的余热进行淬火，然后再进行中温回火。而螺旋弹簧则大多是在热成形结束后，再重新进行淬火和中温回火处理。中温回火后获得回火托氏体，具有高的弹性极限与疲劳强度，硬度为 38～50HRC。弹簧因要求高的表面质量，在热处理后，往往需采用喷丸处理，以消除或减轻表面缺陷的有害影响，并可使表面产生硬化层，形成残余压应力，提高疲劳极限和弹簧的使用寿命。

对于线径或板厚小于 10mm 的弹簧，常用冷拉弹簧钢丝或冷轧弹簧钢带在冷态下制成。冷拉弹簧钢丝一般以热处理状态交货。按制造工艺不同，可分为索氏体化处理冷拉钢丝、油淬回火钢丝及退火状态供应的合金弹簧钢丝三种类型。

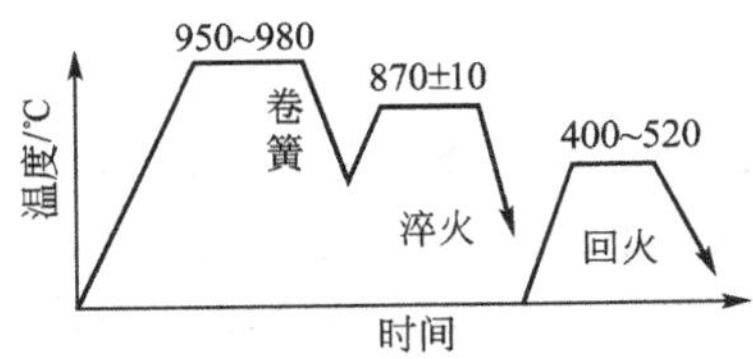

图 5.5 热成形弹簧的成形及热处理工艺曲线

例如，某车辆厂板簧，其性能要求为：$R_m \geqslant 1300N/mm^2$，$R_{eL} \geqslant 1200N/mm^2$，$\delta_5 \geqslant 5\%$，$\psi \geqslant 25\%$，$a_k \geqslant 25J/cm^2$。

选用材料：60Si2Mn 钢。工艺路线为：

扁钢下料→加热压弯成形→淬火→中温回火→喷丸。其热处理工艺曲线如图 5.5 所示。

4. 滚动轴承钢

滚动轴承钢是指制造各种滚动轴承内外套圈及滚动体的专用钢种。滚动轴承工作时，一般内套圈常与轴紧密配合，并随轴一起转动，外套圈则装在轴承座上固定不动。在转动时，滚动体与内外套圈在滚道面上均受变动载荷作用。因套圈和滚动体之间呈点或线接触，接触应力很大，易使轴承工作表面产生接触疲劳破坏与磨损。因而要求轴承材料具有高的接触疲劳抗力、高的硬度、耐磨性及一定的韧性。常用滚动轴承钢牌号、成分、热处理及用途见表 5-11。

表 5-11 常用滚动轴承钢牌号、成分、热处理及用途

牌号	化学成分				热处理		回火后硬度/HRC	用途举例
	w_C/(%)	w_{Cr}/(%)	w_{Si}/(%)	w_{Mn}/(%)	淬火温度/℃	回火温度/℃		
GCr9	1.00～1.10	0.90～1.20	0.15～0.35	0.25～0.45	810～830 水、油	150～170	62～64	直径＜20mm 的滚珠、滚柱及滚针
GCr9SiMn	1.00～1.10	0.90～1.20	0.45～0.75	0.95～1.25	810～830 水、油	150～160	62～64	壁厚＜12mm、外径＜250mm 的套圈。直径为 25～50mm 的钢球。直径＜22mm 的滚子
GCr15	0.95～1.05	1.40～1.65	0.15～0.35	0.25～0.45	820～846 水、油	150～160	62～64	与 GCr9SMn 同
GCr15SiMn	0.95～1.05	1.40～1.65	0.45～0.75	0.95～1.25	820～840 水、油	150～170	62～64	壁厚＜12mm、外径大于 250mm 的套圈；直径＞50mm 的钢球。直径＞22mm 的滚子

1）化学成分

目前最常用的是高碳铬轴承钢，其 $w_C=0.95\%\sim1.15\%$，以保证轴承钢具有高强度及硬度，并形成足够的合金碳化物以提高耐磨性。主加元素为铬（$w_{Cr}<1.65\%$），用于提高淬透性，并使钢材在热处理后形成细小均匀分布的合金渗碳体，提高钢的接触疲劳抗力与耐磨性。但含铬量过多（$w_{Cr}>1.65\%$），会增加淬火后残余奥氏体量，并使碳化物分布不均匀。为了进一步提高其淬透性，制造大型轴承的钢还可加入硅、锰等元素。

滚动轴承钢的牌号前冠以“G”字，其后以 Cr 加数字来表示。数字表示平均铬质量分数的千倍，碳质量分数不予标出。若再含其他元素时，表示方法同合金结构钢。

对于承受很大冲击或特大型的轴承，常用合金渗碳钢制造，目前最常用的渗碳轴承钢有 20Cr2Ni4 等，对于要求耐腐蚀的不锈轴承，可采用马氏体型不锈钢制造，常用的不锈轴承钢有 8Cr17 等。

2）热处理

滚动轴承钢的热处理包括预先热处理（球化退火）及最终热处理（淬火与低温回火）。球化退火目的是降低锻造后钢的硬度以利于切削加工，并为淬火作好组织上的准备。淬火、低温回火的目的是使钢的力学性能满足使用要求，淬火、低温回火后，组织应为极细的回火马氏体、细小而均匀分布的碳化物及少量残余奥氏体，硬度为 61～65HRC。

如某厂生产的轴承，其壁厚小于 20mm 的中小型套圈，直径小于 50mm 的钢球选用 GCr15，其热处理工艺如图 5.6 所示。

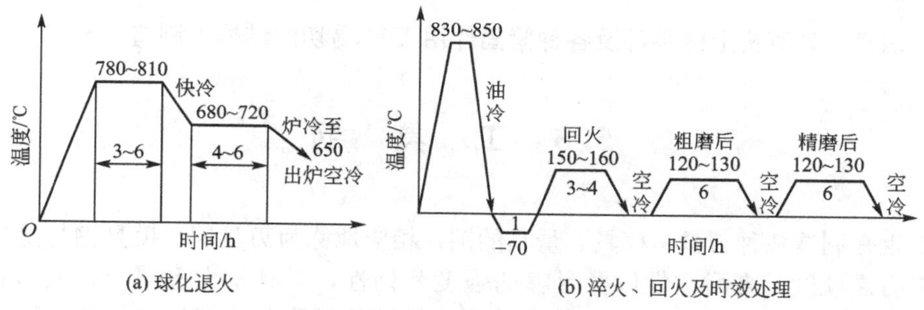

图 5.6 精密轴承热处理工艺

5. 低淬透性含钛优质碳素结构钢

低淬透性含钛优质碳素结构钢又称低淬透性钢，是专供感应加热淬火用的淬透性特别低的钢。低淬透性含钛优质碳素结构钢用于制造中、小模数的齿轮。用这种钢制造图 5.7 所示的中、小模数齿轮，即使全部热透，在冷却时也只能使表面淬硬，各齿的心部仍保持强韧状态。低淬透性钢的含碳量为 0.5%～0.7%，能保证淬火后表面具有较高的硬度与耐磨性。

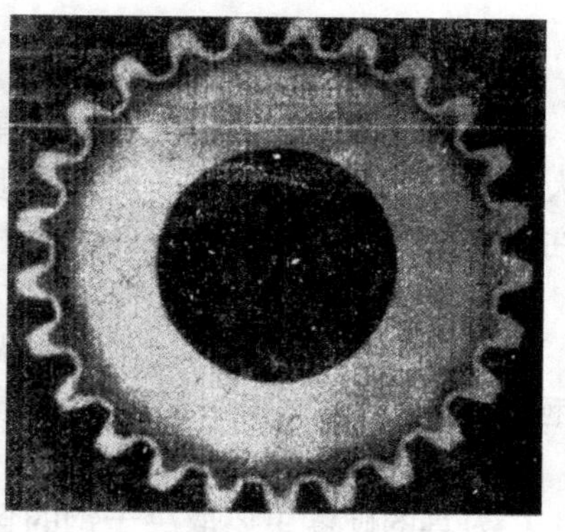

图 5.7 低淬透性钢制齿轮加热淬火后的硬化层

6. 易切削结构钢

在钢中加入添加元素，使其成为切削加工性良好的钢，这种钢称为易切削结构钢。提高钢的切削加工性能，目前主要通过加入易削添加元素，如硫、铅、磷及微量的钙等。利用其自身或与其他元素形成一种对切削加工有利的夹杂物，使切削抗力降低，切屑易脆断，从而改善钢的切削加工性。硫是现今广泛应用的易削添加元素。当钢中含足够量的锰时，硫主要以MnS夹杂物微粒的形式分布在钢中，中断钢基体的连续性，使钢被切削时形成易断的切屑，既降低切削抗力，又容易排屑。MnS硬度及摩擦系数低，能减少刀具磨损，并使切屑不粘在刀刃上，这有利于降低零件的表面粗糙度数值。但硫太多，会降低钢的力学性能，故硫应控制在0.08%～0.33%。磷对改善切削加工性能作用较弱，很少单独使用，一般都复合地加入含硫或含铅的易切削结构钢中，以进一步提高切削加工性能。铅在室温下不固溶于铁素体中，故呈孤立、细小的铅质点分布于钢中。与硫相似，铅也有减摩作用，对改善切削加工性极为有利。铅对钢的室温强度、塑性和韧性影响很小，但铅易产生比密度偏析，另外，因铅的熔点低(327℃)，易产生热脆性而使力学性能变坏。因此，一般含铅量控制在0.15%～0.35%。为了进一步改善切削加工性，而复合地加入硫和铅。钙主要由脱氧来改变氧化夹杂物性态，使钢的切削加工性能得到改善，并能形成钙铝硅酸盐附在刀具上，防止刀具磨损。

易切削结构钢牌号以字母“Y”为首，后面数字为平均碳质量分数的万倍。对含锰量较高的，其后标出“Mn”。易切削结构钢可进行最终热处理，但一般不进行预先热处理，以免损害其切削加工性。易切削结构钢的冶金工艺要求比普通钢严格，成本较高，故只有对大批量生产的零件，在必须改善钢材的切削加工性时，采用它才能获得良好的经济效益。

如纺织机、计算机上的零件及各种紧固件用Y30易切削结构钢制造。

5.3 工　具　钢

工具钢是制造各种刃具、模具、量具的钢，相应地称为刃具钢、模具钢与量具钢。工具钢应具有高硬度、高耐磨性以及足够的强度和韧性，工具钢大多属于过共析钢(w_C＝0.6%～1.3%)。可以获得高碳马氏体，并形成足够数量弥散分布的粒状碳化物，以保证高的耐磨性。

5.3.1 刃具钢

刃具钢用来制造各种切削刀具，如车刀、铣刀、铰刀等。刀具在切削时，刃部承受很大的应力，并与切屑之间发生严重的摩擦、磨损，又由于产生切削热而使刃部温度升高，在切削的同时还要受到较大的冲击和振动，刃具钢应具有如下的性能。

1) 高硬度

一般机械加工刀具的硬度应大于60HRC。刀具的硬度主要取决于钢的含碳量，刀具钢含碳量为0.6%～1.5%。

2) 高耐磨性

刀具的硬度主要取决于钢的含碳量，刃具钢耐磨性直接影响着刀具的寿命。影响耐磨性的主要因素是碳化物的硬度、数量、大小及分布情况。实践证明，一定量的硬而细小的碳化物，均匀分布在强而韧的金属基体中，可获得较高的耐磨性。

3）高的热硬性

刀具在切削时，由于产生切削热而使刃部受热。当刃部受热时，刀具仍能保持高硬度的能力称为热硬性。热硬性的高低与钢的回火稳定性有关，一般在刃具钢中加入提高回火稳定性的合金元素可增加钢的热硬性。

1. 碳素工具钢

碳素工具钢的含碳量很高，在0.6%～1.3%，经淬火后有较高的硬度和耐磨性。一般含碳量高的T10、T12等钢，硬度高、塑性差，主要做钻头、锉刀等。含碳量低的T7、T8、T9等钢，硬度较低，但韧性较高，主要做木工刀具，锤子，錾子、带锯等。

碳素工具钢的淬透性低，水中能淬透的直径约为20mm，并容易产生淬火变形及开裂。碳素工具钢的热硬性也很差，当刃部受热至200～250℃时，其硬度和耐磨性明显降低。图5.8所示为T12钢球化退火前及淬火后的显微组织，表5-12所列为碳素工具钢的钢号、热处理及用途。碳素工具钢只能用于制造刃部受热程度较低的手用工具和低速、小走刀量的机用工具。

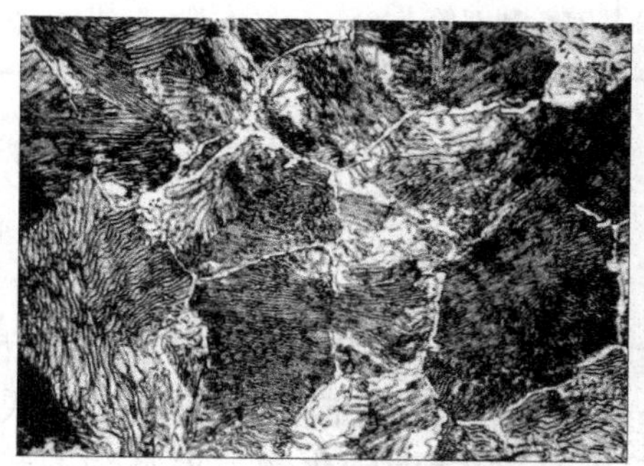

(a) 球化退火前片状珠光体+网状渗碳体

(b) 淬火后针状淬火马氏体+残余奥氏体+少量颗粒状渗碳体

图5.8 T12钢球化退火前及淬火后的显微组织

表5-12 碳素工具钢的牌号、热处理及用途

牌号	热处理工艺					用途举例
	淬火			回火		
	温度/℃	介质	硬度/HRC	温度/℃	硬度/HRC	
T7 T7A	780～800	水	61～63	180～200	60～62	制造承受振动与冲击及需要在适当硬度下具有较大韧性的工具，如凿子、打铁用模、各种锤子、木工工具、石钻(软岩石用)等
T8 T8A	760～780	水	61～63	180～200	60～62	制造承受振动及需要足够韧性而具有较高硬度的各种工具，如简单模子、冲头、剪切金属用剪刀、木工工具、煤矿用凿等

（续）

牌号	热处理工艺					用途举例
	淬火			回火		
	温度/℃	介质	硬度/HRC	温度/℃	硬度/HRC	
T9 T9A	760～780	水	62～64	180～200	60～62	制造具有一定硬度及韧性的冲头、冲模、木工工具、凿岩用凿子等
T10 T10A	760～780	水/油	62～64	180～200	60～62	制造不受振动及锋利刃口上有少许韧性的工具，如刨刀、拉丝模、冷冲模、手锯锯条、硬岩石用钻子等
T12 T12A	760～780	水/油	62～64	180～200	60～62	制造不受振动及需要极高硬度和耐磨性的各种工具，如丝锥、锋利的外科刀具、锉刀、刮刀等

钳工凿子、小钻头、丝锥、手锯条、锉刀、铲刮刀等用 T7A 制造。

2. 低合金刃具钢

1）成分特点

合金刃具钢是在碳素钢的基础上添加某些合金元素，获得所需要的性能。因此，含碳量高达 0.9%～1.5%，加入 Si、Cr、Mn 等元素可提高钢的淬透性和回火稳定性，加入强碳化物形成元素 W、V 等形成 WC、VC 等特殊碳化物，提高钢的热硬性及耐磨性。

2）常用合金刃具钢及热处理

常用的合金刃具钢有 9SiCr、CrWMn 等。低合金刃具钢的热处理基本上与碳素工具钢相同，为了改善切削性能的预先热处理为球化退火，最终热处理为淬火和低温回火。淬火介质大多采用油。因此变形小，淬裂倾向低。最终处理后的组织为回火马氏体、合金碳化物和少量残余奥氏体。图 5.9 所示为 9SiCr 热处理工艺，表 5-13 给出了常用低合金工具钢钢号、热处理与用途。

如小型麻花钻、手动铰刀、车刀、刨刀、钻头、铰刀等用 W 钢制造。

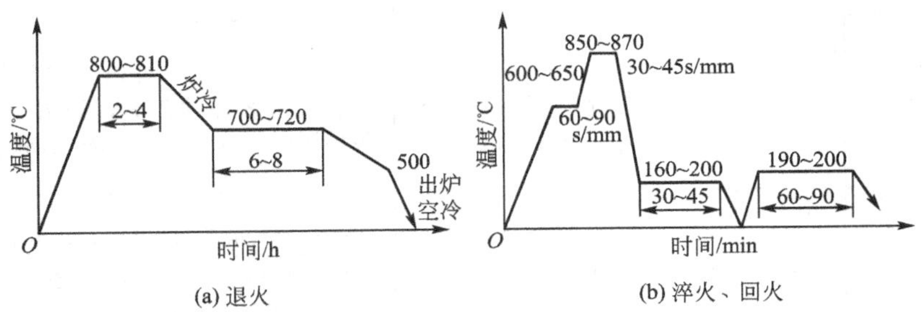

图 5.9　9SiCr 热处理工艺

表 5-13 常用低合金工具钢钢号、热处理与用途

钢号	热处理工艺				用途举例
	淬火		回火		
	温度/℃	硬度/HRC	温度/℃	硬度/HRC	
9SiCr	830～860 油	62～64	150～200	61～63	丝锥、板牙、钻头、铰刀、搓丝板、冷冲模
CrWMn	800～830 油	62～63	160～200	61～62	拉刀、长丝锥、长铰刀、量具、冷冲模
9Mn2V	760～780 水	>62	130～170	60～62	丝锥、板牙、样板、量规、中小型模具、磨床主轴、精密丝杠等
CrW5	800～850 水	65～66	160～180	64～65	低速切削硬金属刃具，如铣刀、车刀

3. 高速钢

高速钢在切削温度高达600℃时，硬度无明显下降，保持良好的切削性能，俗称锋钢。常用的高速钢按其所含的主要元素可分为两类，即以W18Cr4V为代表的钨系和一部分W被Mo所代替的W6Mo5Cr4V2为代表的钼系，它们共同的特点是含碳量较高并含有较多的碳化物形成元素W、Mo、Cr、V等。

1) 化学成分

碳的主要作用是经热处理后，其一部分溶入马氏体中增加其硬度及耐磨性，另一部分与合金元素形成特殊碳化物。碳的含量在0.7%～1.25%。Cr的主要作用是提高钢的淬透性，淬火加热时全部溶入奥氏体中以增大其稳定性，淬火后得到均匀的马氏体组织。W和Mo的主要作用是提高钢的回火稳定性。

2) 高速钢的锻造与热处理

(1) 高速钢的锻造。高速钢的铸态组织中有粗大的鱼骨状合金碳化物，使钢的力学性能降低，如图5.10(a)所示。这种碳化物不能用热处理来消除，只有采用反复锻造的办法将其击碎，并均匀分布在基体上。终锻温度不宜过低，以免锻裂。锻后必须缓冷以避免形成马氏体组织。

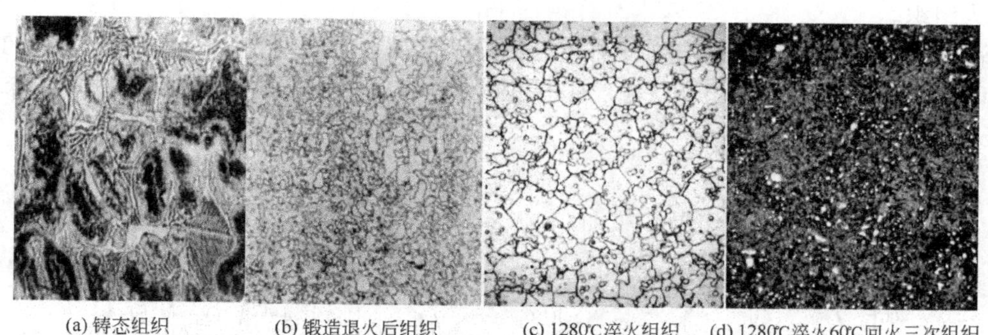

(a) 铸态组织
鱼骨状莱氏体+大块碳化物

(b) 锻造退火后组织
破碎的碳化物

(c) 1280℃淬火组织
马氏体+残余奥氏体+未溶的碳化物

(d) 1280℃淬火60℃回火三次组织
回火马氏体+1%~2%残余奥氏体+碳化物

图 5.10 W18Cr4V 钢的显微组织

(2) 退火。高速钢经锻造后，存在锻造应力及较高硬度。经退火处理可降低硬度及消

除内应力，并为随后的淬火做组织准备。其退火方法有普通退火法和等温退火法。普通退火法的退火温度为880℃，保温以后冷至普通退火法的退火温度为860℃、880℃（表5-14），保温以后冷至500℃、550℃出炉。这种退火工艺操作简单，但周期长，为了缩短退火周期，生产上一般采用等温退火。图5.10(b)所示为W18Cr4V钢锻造退火后组织。

表5-14　常用高速钢的牌号、热处理、特性及用途

钢号	热处理温度/℃			硬度		热硬性/HRC	用途举例
	退火	淬火	回火	退火/HBW	回火/HRC		
W18Cr4V (18-4-1)	860～880	1260～1300	550～570	207～255	63～66	61.5～62	制造一般高速切削用车刀、刨刀、钻头、铣刀等
W6Mo5Cr4V2 (6-5-4-2)	840～860	1220～1240	550～570	≤241	63～66	60～61	制造要求耐磨性和韧性很好配合的高速切削刀具，如丝锥、钻头等；并适于采用轧制、扭制热变形加工成形新工艺来制造钻头等刀具
W12Cr4V4Mo	840～860	1240～1270	550～570	≤262	>65	64～64.5	只宜制造形状简单的刀具或仅需很少磨削的刀具 优点：硬度热硬性高，耐磨性优越，切削性能良好，使用寿命长 缺点：韧性有所降低，可磨削性和锻造性均差

(3) 淬火和回火。高速钢只有通过正确的淬火和回火，才能使性能充分发挥出来，它的淬火温度很高，W18Cr4V为1270～1280℃。高速钢刀具之所以具有良好的切削能力，是因为它有较高的热硬性，而热硬性主要取决于马氏体中合金元素的含量。为此，选定高速钢刀具的加热温度时，应该考虑合金元素最大限度地溶入奥氏体中。由于高速钢淬火温度高，为了防止高温下氧化、脱碳，一般在盐炉中加热。图5.10(d)所示为W18Cr4V钢的淬火组织。

高速钢适于制造耐磨性与韧性需较好配合的刀具，如齿轮铣刀、插齿刀(图5.11是W18Cr4V插齿刀的热处理工艺)等，对于扭制、轧制等热加工成形的薄刃刃具(如麻花钻头等)更为适宜。

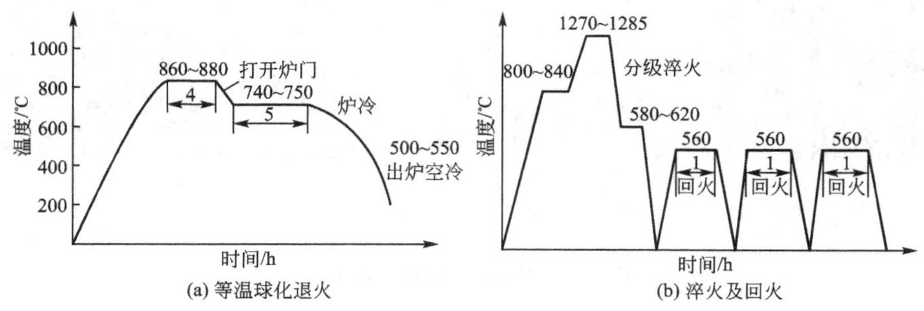

图5.11　W18Cr4V插齿刀的热处理工艺

5.3.2 模具钢

1. 冷作模具钢

冷作模具钢用于制造使金属在冷态下变形的模具，如冷冲模，冷挤压模，冷镦模等。这类模具在工作时要求有很高的硬度、强度、良好的耐磨性及足够的韧性。尺寸小的冷作模具钢，其性能基本与刃具钢相似，可采用T10、T10A、9SiCr、9Mn2V、CrWMn等。大型模具必须采用淬透性好、耐磨性高、热处理变形小的钢种。

以Cr12MoV钢为例，说明其合金元素的作用及工艺路线。Cr12MoV钢的含碳量为1.45%～1.70%，要保证有足够的合金碳化物和部分碳溶入奥氏体中，经相应的热处理后获得高硬度和高耐磨性。Cr是主加元素，含量高，可显著提高钢的淬透性。这种钢变形量很小，故称为低变形钢。加入V、Mo除可提高钢的淬透性外，还可改善碳化物偏析，细化晶粒，从而增加钢的强度和韧性。

冷作模具钢适于制造一些尺寸不大、形状简单、工作负荷不大的模具以及截面较大、切削刃口不剧烈受热、要求变形小、耐磨性高的刃具，如长丝锥、长铰刀、拉刀等。

高碳高铬冷模具钢的热处理方案有两种：

① 一次硬化法：在较高温度(950～1000℃)下淬火，然后低温(150～180℃)回火，硬度可达61～64HRC，使钢具有较好的耐磨性和韧性，适用于重载模具。

② 二次硬化法：在较高温度(1100～1150℃)下淬火，然后于510～520℃多次(一般为三次)回火，产生二次硬化，使硬度达60～62HRC，红硬性和耐磨性都较高(但韧性较差)。适用于在400～450℃温度下工作的模具。Cr12型钢热处理后组织为回火马氏体、碳化物和残余奥氏体。

例如，某厂冲孔落料模选用材料Cr12MoV钢。工艺路线如下：

下料→锻造→退火→机械加工→淬火→回火→精磨或电火花加工→成品。其机械加工后淬火和回火工艺如图5.12所示。

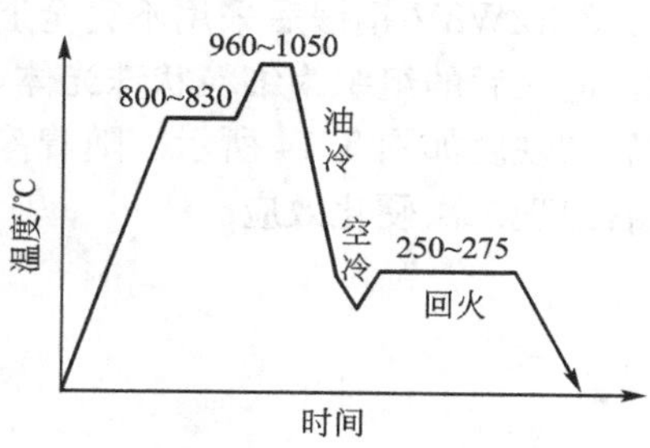

图5.12 Cr12MoV钢冲孔落料模淬火和回火工艺

2. 热作模具钢

热作模具钢用于制造热锻模和热压模。热作模具在工作时，除承受较大的各种机械应力外，还使模膛受到炽热金属和冷却介质的交替作用产生的热应力，易使模膛龟裂，即热疲劳现象。因此，这种钢必须具有如下的性能：

(1) 具有较高的强度和韧性，并有足够的耐磨性和硬度(40～50HRC)；

(2) 有良好的抗热疲劳性；

(3) 有良好的导热性及回火稳定性，以利于始终保持模具的良好的强度和韧性；

(4) 热作模具一般体积大，为保证模具的整体性能均匀一致，还要求有足够的淬透性。

热模具钢一般含碳量≤0.5%，保证良好的强度和韧性的配合，加入合金元素Cr、Ni、Mn，Si等，可提高钢的淬透性；加入Mo、W及V等，可提高钢的回火稳定性及减少回火脆性(这种钢要高温回火)。常用的热锻模具钢(受热温度低于500℃)有5CrMnMo、5CrNiMo等;热挤压模(受热温度高于600℃)由于承受冲击较小,但热强度要求高,通常采用3Cr2W8V、4Cr5MoSiV等钢制作。常用热作模具钢的钢号及用途见表5-15。

表5-15 常用热作模具钢的钢号及用途

钢　号	用途举例
5CrMnMo	中小型锻模
5SiMnMoV	代替5CrMnMo
5CrNiMo	形状复杂、大载荷的大型锻模
4Cr5W2SiV	热挤压模(挤压铝、镁)高速锤锻模
3Cr2W8V	热挤压模(挤压铜、钢)压铸模

热作模具钢用来制造使加热的固态或液态金属在压力下成形的模具。

例如,某厂热锻模选用材料5CrMnMo钢。工艺路线如下:

下料→锻造→退火→机械加工→淬火→回火 →精加工→成品。其机械加工后淬火和回火工艺如图5.13所示。

3Cr2W8V钢锻后采用不完全退火,退火温度为830~850℃,然后以40℃/h的速度冷却,退火后的组织为细粒状珠光体,硬度207~255HBW。3Cr2W8V在不同温度淬火与回火后的硬度如图5.14所示。随着淬火温度的提高,钢的红硬性也提高,回火时,在550℃左右出现二次硬化效应。

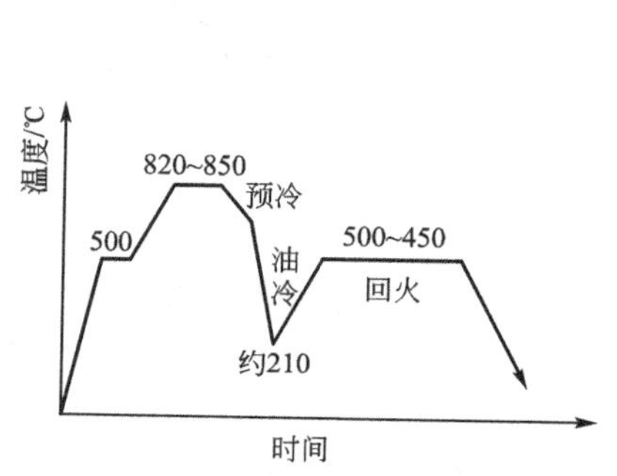

图5.13 5CrMnMo钢热锻模淬火和回火工艺

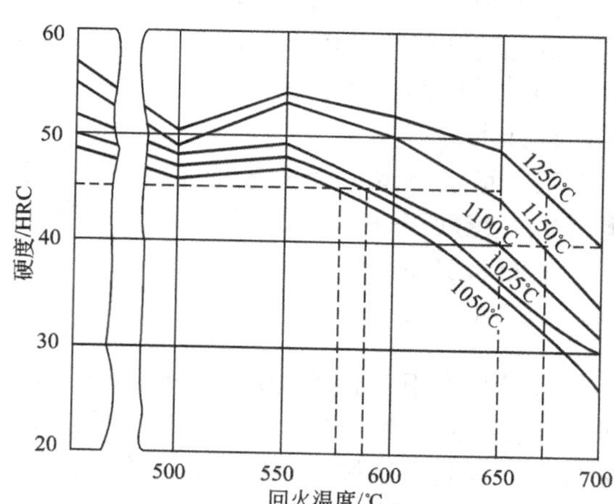

图5.14 3Cr2W8V在不同温度淬火与回火后的硬度

3Cr2W8V钢制模具的淬火、回火工艺规范的选择应视模具的工作条件与失效形式而定。如以热磨损或塑性变形为失效形式的模具,要求有高的热稳定性、红硬性,可选1200℃进行淬火,淬火后在略高于二次硬化峰值的温度(600℃左右)下回火,组织为回火马氏体、粒状碳化物和少量残余奥氏体,与高速钢类似。为了保证热硬性,回火要进行多次。如以脆断为失效形式，且这种脆断又以热疲劳裂纹为裂纹源时，则可提高回火温度至680℃，40～39HRC为宜。

由于3Cr2W8V钢韧性低、脆性大，热疲劳抗力低，易产生脆断，因此可用4Cr5MoVSi钢来代替。

4Cr5MoVSi钢主要是靠加入5%Cr和少量M、V、Si等元素而获得高的淬透性，较高的回火稳定性，而且也有二次硬化效应。其韧性及疲劳抗力均优于3Cr2W8V钢，并对模具可采用强烈冷却(水冷)，扩大其应用范围。但该钢的耐热温度不如3Cr2W8V钢高。

5.3.3 量具钢

量具钢是用来制造量具(如游标卡尺、千分尺、塞规、块规、样板等)的钢。对量具的性能要求是：高硬度(62～65HRC)、高耐磨性、高的尺寸稳定性以及良好的磨削加工性，使量具能达到很小的粗糙度值。形状复杂的量具还要求淬火变形小。通常合金工具钢如8MnSi、9SiCr、Cr2、W钢等都可用来制造各种量具。对高精度、形状复杂的量具，可采用微变形合金工具钢和滚动轴承钢制造。

量具热处理基本与刃具一样，须进行球化退火及淬火、低温回火处理。为获得高的硬度与耐磨性，其回火温度较低。量具热处理主要问题是保证尺寸的稳定性。量具尺寸不稳定的原因有三：残余奥氏体转变引起尺寸膨胀；马氏体在室温下继续分解引起尺寸收缩；淬火及磨削中产生的残余应力未消除彻底而引起变形。所有这些，所引起的尺寸变化虽然很小，但对高精度量具是不允许的。

为了提高量具尺寸的稳定性，可在淬火后立即进行低温回火(150～160℃)。高精度量具(如块规等)在淬火、低温回火后，还要进行一次稳定化处理(110～150℃，24～36h)，以尽量使淬火组织转变成较稳定的回火马氏体，使残余奥氏体稳定化。且在精磨后再进行一次稳定化处理(110～120℃，2～3h)，以消除磨削应力。最后才能研磨，从而保证量具尺寸的稳定性。此外，量具淬火时一般不采用分级或等温淬火，淬火加热温度也尽可能低一些，以免增加残余奥氏体的数量而降低尺寸稳定性。图5.15所示为CrWMn钢块规淬火回火工艺。

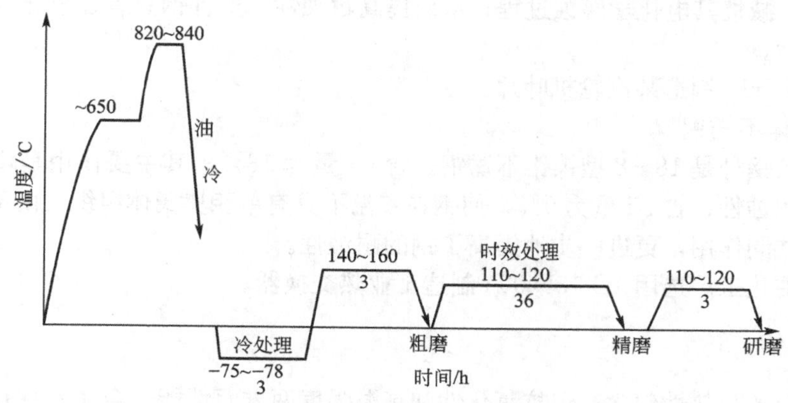

图5.15 CrWMn钢块规淬火回火工艺

5.4 特殊性能钢

特殊性能钢有不锈钢、耐热钢、耐磨钢。

5.4.1 不锈钢

不锈钢是指在空气、碱或盐的水溶液等腐蚀介质中具有高度化学稳定性的钢。

1. 金属腐蚀与防腐蚀

金属腐蚀一般分化学腐蚀和电化学腐蚀两种。化学腐蚀是指金属与外界介质发生纯化学反应而被腐蚀。电化学腐蚀是在腐蚀过程中有电流产生。

原电池的化学腐蚀现象非常广泛。例如钢中存在的夹杂物、表面局部应力，晶体内的不同的相、晶界、偏析等，都会在电解质溶液中产生不同的电极电位，导致钢的电化学腐蚀。由于上述各种因素会造成钢的腐蚀。因此，必须采取有效的办法提高钢的耐腐蚀能力。呈单相固溶体组织的钢，可避免微电池的形成。如果是双相组织，可加进某些合金元素提高基体的电极电位，力求使两相的电极电位接近。如加入 Cr 元素以提高基体的电极电位。

2. 不锈钢的种类、化学成分，热处理及性能

1）铁素体不锈钢

典型的铁素体不锈钢是 Cr17 钢，其含 C 量＜0.12%，含 Cr 量为 16%～18%，为单相铁素体组织，耐腐蚀性能好，塑性好，强度低，不能热处理强化。

如某硝酸厂选用 1Cr17Mn 制造管道。

2）马氏体不锈钢

马氏体不锈钢平均含 C 量为 0.1%～0.45%，随含碳量的增加，其强度也增加，但耐蚀性下降。平均含 Cr 量为 13%，其主要作用是提高耐蚀性，因为含 Cr 量＞12%时，能在阳极区的基体表面形成富 Cr 的氧化膜，阻止阳极区域反应(称为钝化现象)，并增加基体的电极电位，减慢其电化学腐蚀过程，从而提高耐蚀性。这种钢只有在氧化性介质中，有较好的耐蚀性。

如选用 1Cr13 制造某汽轮机叶片。

3）奥氏体不锈钢

最典型的钢种是 18-8 型镍铬不锈钢。含 Cr 量为 18%，其主要作用是增加钢的钝化能力，提高耐蚀性；含 Ni 量为 9%，使钢在室温下具有单相奥氏体组织。由于 Cr 与 Ni 在奥氏体中的共同作用，更进一步地提高了钢的耐蚀性。

如某石油化工厂选用 1Cr18Ni9Ti 制造工业热交换器。

5.4.2 耐热钢

金属材料的耐热性包含高温抗氧化性和高温强度两方面性能。金属零件在高温下的氧化是由于金属表面与燃烧气体中的 CO_2、H_2O、SO_2 等起作用而形成的。当氧化膜不致密时，金属内的铁离子会穿透氧化膜跑到表面参加氧化，当氧化层变得越来越厚时，零件便

失去工作能力。另外处于高温工作的金属零件在恒定应力作用下，随时间的延长会发生缓慢的塑性变形，这种现象称为“蠕变”。由于蠕变的发生会使零件产生过量的变形，甚至断裂，致使零件失效。可见，在高温下工作的零件，必须具备一定的抗氧化性和热强性。用于评定高温强度的指标有蠕变极限和持久强度。

蠕变极限的含义是材料在700℃下经1000h产生0.2%残余变形量的最大应力值。其值越高塑性变形抗力越大，热强性越高。在高温下工作，尺寸精度要求高的零件必须考虑蠕变极限。例如涡轮叶片不能产生过量蠕变，否则与壳体碰撞将造成大事故。

持久强度即材料在500℃下经10000h发生断裂的应力值。它表征对断裂的抗力。对于高温下的某些零件，只考虑在应力作用下，具有一定的寿命，而变形量大小对其性能影响不大时，就采用持久强度，如锅炉管道等。

1. 提高耐热性的途径

一般在钢中加入Cr、Al、Si等元素，可形成致密的、连续的氧化膜，可提高钢的抗氧化能力。提高金属的热强性，通常采用合金化的方法提高原子间结合力及形成有利的组织状态。钢中加入Cr、Mo、W、Ni等元素，可溶入基体强化固溶体，使再结晶温度提高，从而增强钢在高温下的强度。Cr、Mo、W、V等元素还可形成硬度高，热稳定性好的碳化物，分布在基体上起到弥散强化作用。另外，抗蠕变性以奥氏体组织比铁素体组织好，粗晶粒比细晶粒好，当然也不能过粗，过粗会影响强度。当零件的工作温度很高时，一般采用Ni基和Mo基等耐热合金。

2. 常用的耐热钢

(1) 珠光体耐热钢是低合金耐热钢，总合金元素含量不超过3%～5%。常用钢有15CrMo、12CrMoV等。此两种钢后者比前者抗蠕变性能好，所以前者做锅炉材料而后者常制造汽轮机叶轮等。珠光体耐热钢的使用温度为500℃以下。

(2) 马氏体耐热钢是在Cr13型钢的基础上加入一定量的Mo、W、V等元素。Mo可溶入铁素体中使其强化，并提高钢的再结晶温度；V可形成细小弥散的碳化物，提高钢的高温强度；W可析出稳定的合金碳化物，显著提高再结晶温度。这些元素都是铁素体形成元素，加入量不宜过多，否则出现脆性相，使材料的韧性和耐热性降低，所以必须控制其含量。

这类钢作为耐热钢使用时，其工作温度不能超过700℃，否则蠕变强度显著下降，所以必须控制在600℃或650℃以下。为保持在使用温度下钢的组织和性能的稳定，需经淬火及回火处理，回火温度高于使用温度。Cr13型马氏体耐热钢多用于制造汽轮机叶片等。

(3) 当工作温度高于650℃时，常采用奥氏体耐热钢，18-8型奥氏体不锈钢同时也是被广泛使用的奥氏体耐热钢，它的含Cr量高，可提高钢的高温强度和抗氧化性；含Ni量也高，可形成稳定的奥氏体组织。在700℃左右工作时，长时间受到高应力的作用也不会脆化。常用的奥氏体耐热钢为1Cr18Ni9Ti、4Cr14Ni14W2Mo等。1Cr18Ni9Ti钢作为耐热钢使用时，要进行固溶处理加时效处理，即固溶处理后再经高于使用温度60～100℃的温度进行时效处理，以进一步稳定组织。

如某厂500～600℃锅炉零件由4Cr14W2Mo制造而成。

5.4.3 耐磨钢

耐磨钢通常指的是高锰钢，见表 5-16，其主要成分是 w_C0.9%～1.4%和 w_{Mn}10%～15%，有时根据需要还可适量地添加 Cr、Ni、Mo 等元素。这种钢铸造后缓慢冷却时，在晶界处析出碳化物，使钢变脆，耐磨性也差。为了改善其性能，必须将高锰钢加热至 1050～1100℃保温，使碳化物全部溶解，然后迅速水冷，形成单相奥氏体组织(图 5.16 所示为 Mn13 的显微组织)，这种处理称为水韧处理。经水韧处理的钢硬度并不高，但当受到激烈的冲击或强大的压力作用时，会使表层由于塑性变形而位错密度增加，因此，可明显提高表层的硬度和耐磨性，而心部仍保持软而韧的奥氏体组织，有较高的耐冲击能力。

表 5-16 铸造高锰钢牌号、成分及适用范围(GB/T 5680—2010)

<table>
<tr><th rowspan="2">牌号</th><th colspan="5">化 学 成 分</th><th rowspan="2">适用范围</th></tr>
<tr><th>w_C/(%)</th><th>w_{Mn}/(%)</th><th>w_{Si}/(%)</th><th>w_S/(%)≤</th><th>w_P/(%)≤</th></tr>
<tr><td>ZGMn13-1</td><td>1.00～1.45</td><td rowspan="5">11.00～14.00</td><td rowspan="2">0.3～1.00</td><td rowspan="2">0.040</td><td>0.090</td><td>低冲击件</td></tr>
<tr><td>ZGMn13-2</td><td>0.90～1.35</td><td rowspan="4">0.070</td><td>普通件</td></tr>
<tr><td>ZGMn13-3</td><td>0.95～1.35</td><td rowspan="2">0.3～0.80</td><td>0.035</td><td>复杂件</td></tr>
<tr><td>ZGMn13-4</td><td>0.90～1.30</td><td rowspan="2">0.040</td><td>高冲击件</td></tr>
<tr><td>ZGMn13-5</td><td>0.75～1.30</td><td>0.30～1.00</td><td></td></tr>
</table>

图 5.16 Mn13 的显微组织

如耐磨钢 2GMn13 广泛应用于既要求耐磨又耐激烈冲击的一些零件。如破碎机齿板、大型球磨机衬板、挖掘机铲齿、坦克和拖拉机履带及铁轨道岔等。又由于它在受力变形时，吸收大量能量，不易被击穿，因此可制造防弹装甲车板、保险箱板等。

常用工业用钢的比较见表 5-17。

表 5-17 常用工业用钢的比较

钢号	钢种	合金元素的主要作用	热处理特点	使用状态下组织
Q345	低合金高强度结构钢	Mn：强化 F，增加 P 量，降低冷脆转变温度	热轧空冷	F+P
65Mn	弹簧钢	Mn：提高淬透性，强化 F	淬火+中温回火	$T_回$

（续）

钢号	钢种	合金元素的主要作用	热处理特点	使用状态下组织
ZGMn13	耐磨钢	Mn：获得单相A组织	水韧处理	表：M+碳化物　心：A
20Cr	渗碳钢	Cr：提高淬透性，强化F	渗碳+淬火+低温回火	表：$M_{回}$+颗粒状碳化物+$A_{残}$(少量)心：$M_{回}$+F
40Cr	调质钢	Cr：提高淬透性，强化F	调质处理	$S_{回}$
9SiCr	低合金工具钢	Cr：提高淬透性	淬火+低温回火	$M_{回}$+颗粒状碳化物+$A_{残}$(少量)
GCr15	滚动轴承钢	Cr：提高淬透性、耐磨性、耐蚀性	淬火+低温回火	$M_{回}$+颗粒状碳化物+$A_{残}$(少量)
1Cr13	马氏体不锈钢	Cr：提高耐蚀性	淬火+高温回火	$S_{回}$
5CrNiMo	热作模具钢	Cr、Ni：提高淬透性，强化F Mo：防止高温回火脆性	淬火+高温回火	$S_{回}$
Cr12MoV	冷作模具钢	Mo：细化晶粒，提高耐磨性	淬火+低温回火	$M_{回}$+颗粒状碳化物+$A_{残}$(少量)
W18Cr4V	高速钢	V：提高耐磨性、热硬性	淬火+低温回火	$M_{回}$+颗粒状碳化物+$A_{残}$(少量)
1Cr18Ni9Ti	不锈钢	Ti：防止晶间腐蚀	固溶处理	A

5.5 铸　铁

含碳量大于2.11%的铁碳合金称为铸铁。由于铸铁比较便宜，且共晶点附近成分的铸铁结晶温度范围小，熔点低，因此具有良好的铸造性能，在工程应用中有重要地位。

大家知道白口铸铁硬而脆，工程上无法直接使用。然而白口铸铁中渗碳体并不是稳定的化合物。若白口铸铁中含有硅或通过长时间保温，就能使其分解($Fe_3C \rightarrow 3Fe+C$)，渗碳体分解，白口铸铁中的碳大部分或全部以石墨形式存在。这样既保留了白口铸铁优良的流动性，又因石墨析出而减少其收缩率，同时力学性能也得到改善。

铸铁中石墨的形成称为石墨化过程。

石墨的晶体结构为简单六方，如图5.17所示。

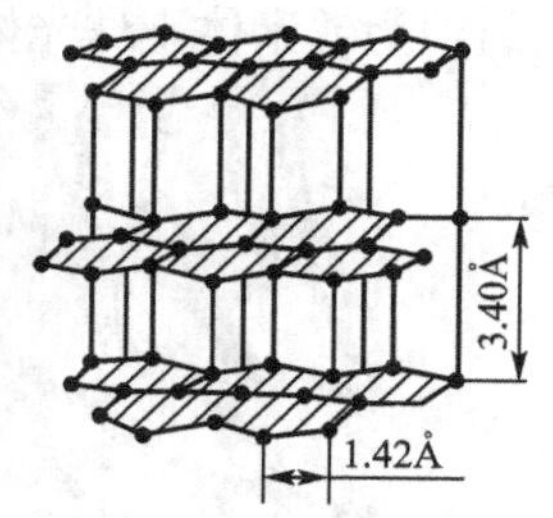

图5.17　石墨的晶体结构

石墨的结晶形态常呈片状，它的强度、塑性及韧性均很低接近于零。

由于铸铁中含较多的硅，在使用铁碳相图时要考虑其影响。为此，常用碳当量(记为C_{eq})来代替图中的碳含量。碳当量计算公式为

$$C_{eq}\% = w_C\% + 1/3 w_{Si}\%$$

此外，由于石墨的析出，图 3.20 还需修正，修正后的相图如图 5.18 中虚线所示，实际上存在两种状态的相图，图中的实线即 Fe－Fe_3C 相图，虚线部分则是 Fe－G 相图(G 代表石墨)。如果铸铁全部按 Fe－G 相图进行结晶，则铸铁的石墨化过程可分为三个阶段：

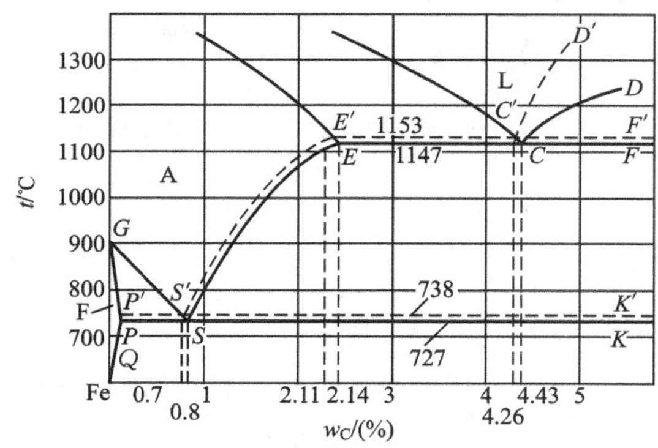

图 5.18　铁-碳双重相图

第一阶段，即在 1153℃时通过共晶反应而形成石墨，其反应式可写成：

$$L_e \rightarrow A_{E'} + G$$

第二阶段，即在 1153～738℃冷却过程中，自奥氏体中析出二次石墨($G_{Ⅱ}$)

第三阶段，即在 738℃时，通过共析反应而形成石墨，其反应式如下：

$$A_{S'} \rightarrow F_{P'} + G$$

一般地，铸铁在高温冷却的过程中，由于具有较高的原子扩散能力，故其第一和第二阶段的石墨化是较容易进行的，即通常都能按照 Fe－G 相图结晶，凝固后得到(A＋G)组织。而随后在较低温度下的第三阶段石墨化，则常因铸铁的成分及冷却速度等条件不同，而被全部或部分地抑制。按三个阶段石墨化进行程度不同，可获得三种不同基体的组织。

如果铸铁三个阶段石墨化全部完成，则铸铁的组织为铁素体＋石墨，如图 5.19(a)所示。

如果铸铁在第一、第二阶段石墨化完全进行，而第三阶段的石墨化部分进行，则铸铁的组织为铁素体＋珠光体＋石墨，如图 5.19(b)所示。

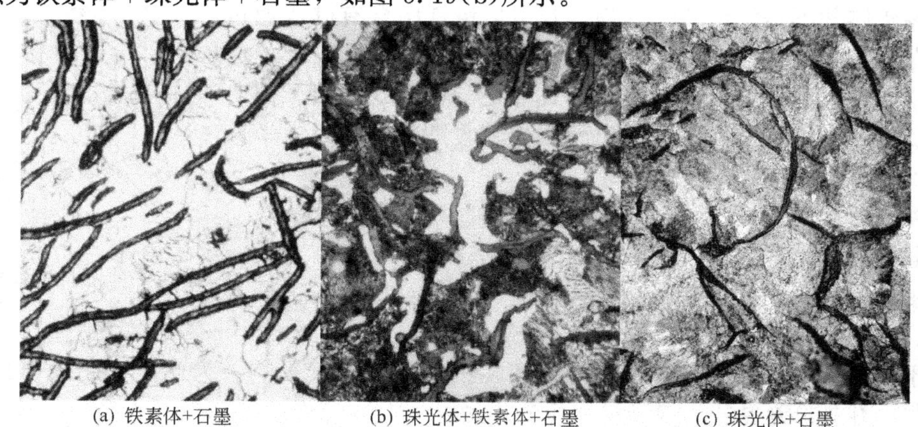

(a) 铁素体+石墨　　(b) 珠光体+铁素体+石墨　　(c) 珠光体+石墨

图 5.19　灰铸铁

如果铸铁的第一、第二阶段石墨化完全进行，而第三阶段石墨化完全被抑制，则铸铁的组织为珠光体＋石墨，如图 5.19(c)所示。

影响铸铁石墨化的因素主要有化学成分和冷却速度。

1. 化学成分

铸铁中的碳、硅、锰、硫等元素对石墨化有不同程度的影响。

(1) 碳和硅。它们对铸铁的组织和性能有着决定性的影响。

碳是形成石墨的元素，硅是强烈促进石墨化的元素。碳、硅含量越多，析出石墨越多、越粗大；硅的增加还使基体中铁素体增多，珠光体减少。实践证明，若铸铁中含硅过少，即使含碳量高，石墨也难以形成。

碳、硅对石墨化的共同影响可用图 5.20 所示的组织图来说明。由图可知，调整碳硅含量可使铸铁获得不同的组织。

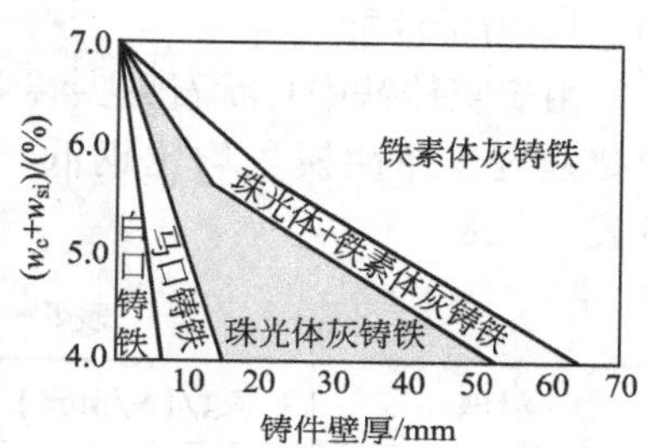

图 5.20 铸件壁厚和含碳量对铸铁组织的影响

碳、硅含量还将影响铸铁的铸造性能。通常碳、硅含量越高，铸造性能越好。

(2) 锰和硫。此二元素密切相关。硫是强烈阻碍石墨化元素，使铸铁白口倾向增大；硫会增加铸铁的热脆；而且它还使铸造性能变坏，促使浇不足、缩孔、裂纹、夹渣等缺陷的形成。因此硫是有害元素，常限制在 0.15%以下。

锰也是阻碍石墨化元素，但它可与硫形成 MnS，上浮进入渣中排出，从而抵消硫的有害作用。此外，锰还可提高铸铁基体的强度和硬度。因此，锰是有益元素。

(3) 磷。磷对石墨化影响不大，反而会增加铸铁的冷脆，常限制在 0.3%以下。

2. 冷却速度

由图 5.20 可见，相同成分的铸铁，当其冷却速度不同时，其组织和性能也不同。如冷却速度慢，则石墨得以顺利析出；而冷却速加快，石墨析出受到抑制。为了确保铸件的组织和性能，必须认真考虑冷却速度的影响，合理选定铸件的化学成分。

铸件冷却速度主要取决于铸型材料和铸件壁厚。各种铸型材料导热能力不同，显然金属型比砂型导热快。铸件壁厚的影响更大。铸件越薄，冷却速度则越快，石墨化难以充分进行；铸件越厚，石墨越易析出。可见铸件壁厚也是选定铸件化学成分的因素之一。

铸铁的性能除了与成分及基体组织有关外，更主要的是取决于石墨(G)的形态(形状、大小、数量、分布等)，因此，工业铸铁一般根据石墨形态来进行分类，如图 5.21 所示。

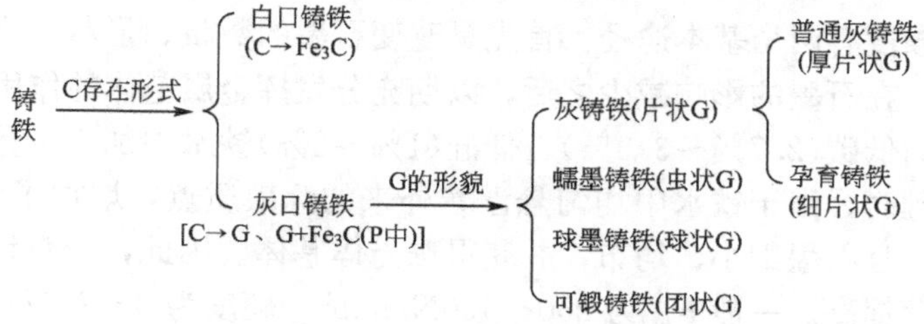

图 5.21 铸铁的分类

5.5.1 灰铸铁

灰铸铁中虽然在较低温的共析反应中可能生成碳化物，但大多数碳在共晶反应时生成片状石墨。

1. 灰铸铁的组织和性能

灰铸铁是铸铁中最便宜的一种。典型成分为 $w_C=2.7\%\sim3.9\%$、$w_{Si}=1.1\%\sim2.6\%$、$w_{Mn}=0.6\%\sim1.2\%$、$w_S\leqslant0.1\%\sim0.15\%$、$w_P<0.3\%$。灰铸铁的显微组织由铁素体及珠光体基体和片状石墨组成(图 5.18)。这相当于钢的基体上嵌入许多石墨片。

1）力学性能

由于灰铸铁中片状石墨尖端常为初始裂纹的部位，使材料有一定脆性。因此灰铸铁的抗拉强度、弹性模量均比钢低，而塑性、韧性近于零，灰铸铁与铸钢力学性能的比较见表 5-18。

表 5-18 灰铸铁与铸钢力学性能的比较

材料	R_m/(N/mm²)	A/(%)	A_k/(J/cm²)	E/MPa
普通灰铸铁	120～250	0～0.5	0～8	70000～100000
铸造碳素钢	400～600	20～30	25～50	210000

灰铸铁石墨片越多、越粗大、分布越不均匀或呈方向性，其力学性能就越差。

必须看到，灰铸铁的抗压强度受石墨影响不大，所以与钢相近，一般达 600～800N/mm²，这对灰铸铁的合理应用甚为重要。另外，石墨的减振及自润滑作用也是值得注意的。因此，灰铸铁广泛用于制造机床床身、底座、衬套等。

2）工艺性能

由于灰铸铁属脆性材料，故不能锻造和冲压。而且灰铸铁焊接性能差，不宜作为焊接结构材料。

由于灰铸铁成分接近共晶点，且石墨的析出减少其收缩率，因此铸造性能好。同时，石墨的存在使切削时呈脆断切屑，因此切削性能也好。

灰铸铁的基体组织对其性能也有一定影响。灰铸铁按其基体组织分为珠光体灰铸铁、珠光体-铁素体灰铸铁和铁素体灰铸铁，以珠光体灰铸铁应用最广。

2. 孕育铸铁

提高灰铸铁强度有两个基本途径。首先是改变石墨的数量、形状、大小和分布；其次是改善基体组织，在石墨的影响减少之后，以期充分发挥金属基体的作用。

孕育铸铁是向低碳(2.7%～3.3%)、低硅(1%～2%)铁水中加入少量孕育剂后再浇注的铸铁。孕育处理时，由于铁水中均匀悬浮着外来的弥散质点，增加了石墨结晶的晶核，使石墨易于析出，且石墨细小、均布，并获得珠光体基体。因此，孕育铸铁的强度、硬度比普通灰铸铁显著提高。一般 R_m 为 250～400N/mm²，硬度为 0～270HBW。但因石墨仍为片状，其塑性、韧性仍然很低，$A\approx0.5\%$，$a_k=3\sim8\text{J/cm}^2$。

孕育铸铁的另一优点是冷却速度对组织性能影响小，这使截面差大的铸件上性能均匀。

铁水中加入的物质称为孕育剂。常用的孕育剂有硅铁(75%Si)和硅钙铁，硅铁粒度一般为3～10mm，加入量依铸件壁厚而定，如壁厚在20～50mm，加入硅铁量为铁水质量的0.3%～0.7%。生产实践证实，Ba、Al、Re等元素均有孕育作用，它们与铁水中的C、O、S元素作用，可分别形成BaC_9、Al_4O_4C、La_2O_2S、Ce_2O_2S等外来晶核，成为石墨结晶的衬底和核心。一般认为，加入孕育剂后100s内孕育效果最强烈，称为饱和孕育状态。随着孕育后铁水停留时间的延长，孕育效果显著减小，出现孕育衰退现象，白口深度增加，石墨数量减少，力学性能下降。

孕育铸铁适用于静载荷下，要求具有较高强度、耐磨性或有气密性的铸件，特别是厚大铸件。如重型机床床身、液压件等。

3. 灰铸铁铸铁牌号及选用

由于灰铸铁性能不仅与成分有关，且取决于铸件壁厚。因此，其牌号以力学性能来表示。即用HT加三位数字表示，其中“HT”代表灰铸铁，其后数字表示最低抗拉强度。如HT250表示该铸铁$R_m \geqslant 250N/mm^2$。不同壁厚灰铸铁力学性能参考值及用途举例见表5-19，其中HT100～HT200为普通灰铸铁，其基体组织依次为铁素体、铁素体-珠光体、珠光体。HT250～HT350是孕育铸铁。由表可见，依铸件力学性能选择铸铁牌号时，还应考虑铸件壁厚。

表5-19 不同壁厚灰铸铁力学性能参考值及用途举例

牌号	铸件壁厚/mm	R_m/(N/mm²)	硬度/HBW	用途举例
HT100	2.5～10 10～20 20～30 30～50	130 100 90 80	110～167 93～140 87～131 82～122	低载荷不重要件或薄件，如盖、罩、手轮、重锤等
HT150	2.5～10 10～20 20～30 30～50	175 145 130 120	136～205 119～179 110～167 105～157	承受中等载荷铸件，如机床支架、箱体、带轮、轴承座、法兰、泵体、阀体、飞轮、缝纫机件
HT200	2.5～10 10～20 20～30 30～50	220 195 170 160	157～236 148～222 134～200 129～190	承受中等载荷的重要件，如气缸、齿轮、底架、飞轮、齿条、刀架、一般机床床身等
HT250	4.0～10 10～20 20～30 30～50	270 240 220 200	174～262 164～247 157～236 150～225	气缸、机体、床身、齿轮、凸轮、油缸、轴座、衬套、联轴器、飞轮

（续）

牌号	铸件壁厚/mm	R_m/(N/mm²)	硬度/HBW	用途举例
HT300	10～20 20～30 30～50	290 250 230	182～272 168～251 161～241	承受高载荷、耐磨和高气密性的重要件，如重型机床、压力机床身、活塞环、液压件、凸轮等
HT350	10～20 20～30 30～50	340 290 260	199～298 182～272 171～257	

注：1. 铸件的壁厚系指铸件工作时主要负荷外的平均厚度。

2. 抗拉强度摘自 GB/T 9439—2009《灰铸铁件》，硬度由如下关系式换算出：

当 $R_m \geqslant 196N/mm^2$ 时，HBW＝RH(100＋0.438 R_m)；

当 $R_m = 196N/mm^2$ 时，HBW＝RH(44＋0.72 R_m)。

式中　RH——相对硬度值，由原材料、熔化工艺、铸件冷却速度等因素实测得出，其范围是 0.8～1.2。

3. 本表所列的硬度值是按 RH0.8～1.2 求得，故硬度范围较宽。具体制定技术要求时，应视 RH 实际值，确定其硬度范围。

5.5.2　蠕墨铸铁

这是近二十年发展起来的一种新型铸铁。当向铁水中加入适当变质剂(稀土合金)，凝固后石墨形态不再呈片状而是呈蠕虫状(图 5.22 所示为蠕墨铸铁金相组织)。一般把长/宽的比值在 2～10 的石墨称为蠕虫状石墨。因为此种石墨长/宽的比值小，且端部变圆变钝，所以引起应力集中的效应比片状石墨减轻，同时基体也得到强化，铸铁力学性能得到明显提高。蠕化剂有镁类、稀土类两种。变质处理后还须用硅铁进行孕育处理。

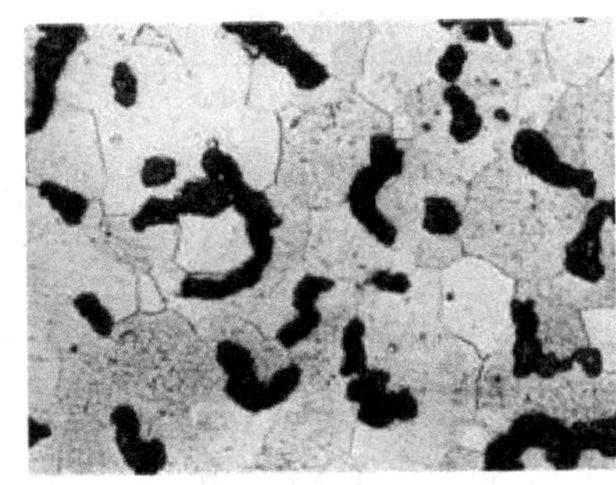

图 5.22　蠕墨铸铁金相组织

蠕墨铸铁有较好的力学性能(表 5－20)，一般 R_m 约为 $400N/mm^2$，硬度达 200～260HBW，具有良好的耐磨性。同时，截面力学性能均匀，抗热冲击性能高。此外，所用原铁水含碳高(3.7%～4.0%)，故铸造性能显著改善。目前主要用于代替高牌号铸铁和合金铸铁。

表 5－20　蠕墨铸铁力学性能参考值及用途举例

牌号	R_m/(N/mm²)	$R_{r0.2}$/(N/mm²)	A/(%)	硬度/HBW	用途举例
RuT260	260	195	3	121～197	增压器废气进气壳体，汽车底盘零件等
RuT300	300	240	1.5	140～217	排气管，变速箱，气缸盖，液压件，纺织机零件，钢锭模等

（续）

牌号	R_m/(N/mm²)	$R_{r0.2}$/(N/mm²)	A/(%)	硬度/HBW	用途举例
RuT340	340	271	1.0	170～249	重型机床，大型齿轮箱体、盖、座，飞轮，起重机卷筒等
RuT380	380	300	0.75	193～274	活塞环，气缸套，制动盘，钢珠研磨盘，吸淤泵体等
RuT420	420	335	0.75	200～280	

5.5.3 可锻铸铁

可锻铸铁是由白口铁在固态下经长时间石墨化退火而得到的具有团絮状石墨的一种铸铁，如图5.23所示。由于石墨形状的改善，它比灰铸铁有更好的韧性、塑性及强度。为表明其韧性、塑性特征，故称可锻铸铁。这里“可锻”并非指可以锻造。

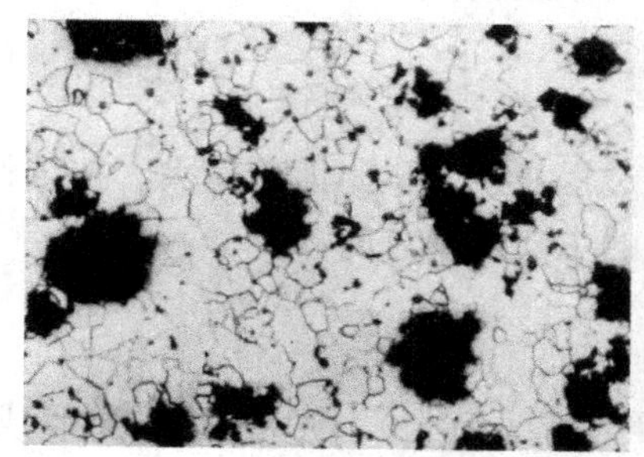

(a) 铁素体可锻铸铁

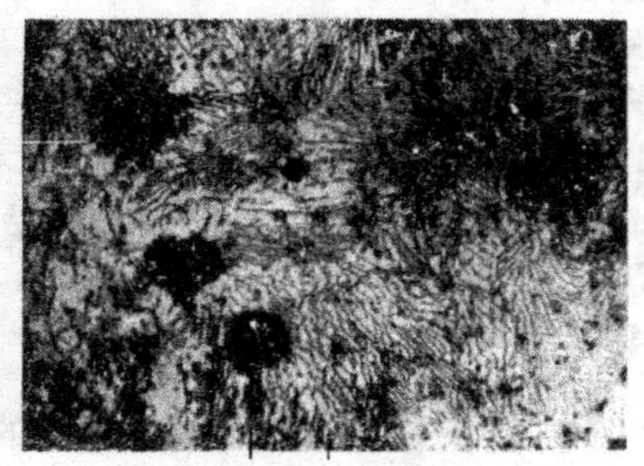

(b) 珠光体可锻铸铁

图5.23 可锻铸铁

典型的可锻铸铁成分为 $w_C=2.2\%\sim2.8\%$、$w_{Si}=1.2\%\sim2.0\%$、$w_{Mn}=0.4\%\sim1.2\%$、$w_P\leqslant0.1\%$、$w_S\leqslant0.2\%$。因碳、硅含量低，其铸造性能较灰铸铁差。此外，因生产白口铸铁要求快速冷却，这就限制了可锻铸铁的尺寸及厚度。

如图5.24所示，采用不同的退火工艺、可以获得铁素体和珠光体两种不同基体的可锻铸铁(图5.23)。前者又称黑心可锻铸铁，主要特点是塑性较好($A=10\%$)；后者称珠光体可锻铸铁，与铁素体可锻铸铁相比，具有更高的强度和较低的韧性、塑性，可加工性也较差。

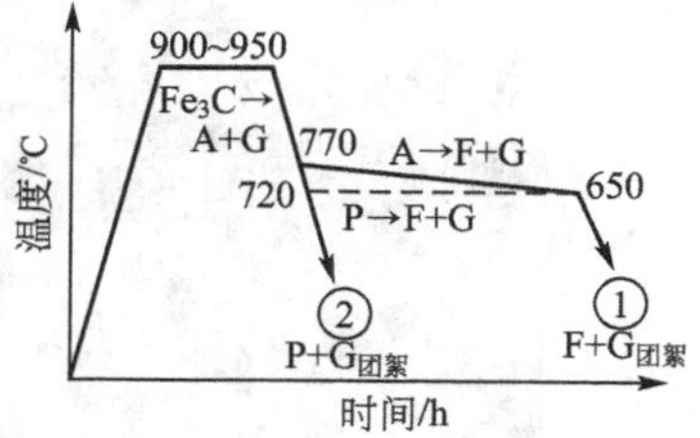

图5.24 可锻铸铁石墨化退火工艺

可锻铸铁主要用来制作一些形状复杂而在工作中又经受振动的薄壁小型锻件及某些耐磨件。表5-21列出了常用可锻铸铁的牌号、性能及用途。牌号中“KTH”表示黑心可锻铸铁，“KTZ”表示珠光体可锻铸铁。其后第一组三位数表示该可锻铸铁的最低 R_m 值，第二组数字表示其最小延伸率。

表 5-21　常用可锻铸铁的牌号、力学性能及用途

类别	牌号	力学性能				用途举例
		R_m/(N·mm²)	$R_{r0.2}$/(N·mm²)	A/(%)	硬度/HBW	
黑心可锻铸铁	KTH300-06	300	—	6	≤150	水暖管件(如三通、弯头、阀门等)，机床扳手，汽车、拖拉机转向机构、后桥壳，农机铸件，线路金属用具
	KTH330-08	330	—	8		
	KTH350-10	350	—	10		
	KTH370-12	370	—	12		
珠光体可锻铸铁	KTZ450-06	450	270	6	150～200	曲轴、连杆、齿轮、凸轮轴、活塞环、线路金属用具
	KTZ550-04	550	340	4	180～230	
	KTZ650-02	650	430	2	210～260	
	KTZ700-02	700	530	2	240～290	

注：1. 除用途举例外，都引自 GB/T 9400—2010《可锻铸铁》。
2. 白心可锻铸铁牌号本表从略。
3. 牌号中所指的力学性能指标是以 ϕ12mm 或 ϕ15mm 标准试棒测出的。

可锻铸铁的主要缺点是退火时间长、生产过程复杂、能源消耗较大。探求快速退火新工艺，发展可锻铸铁新品种，是我国可锻铸铁的主要发展方向。

5.5.4　球墨铸铁

如果在凝固前于液态铁中加入足够的镁或铈(稀土)，则凝固时会形成球状石墨(图 5.25)。这种加入的物质称为球化剂，常用的球化剂为稀土-镁球化剂。同时加入一定量的硅铁起孕育作用。而球化处理后得到的具有球状石墨的铸铁称为球墨铸铁。以后通过控制热处理过程，便可得到各种基体组织，其中铁素体及珠光体最常见。球墨铸铁具有较高的强度和一定的塑性。表 5-22 列出了常用球墨铸铁的牌号、力学性能和用途。牌号中“QT”表示球铁，其后两组数字的意义与可锻铸铁相同。

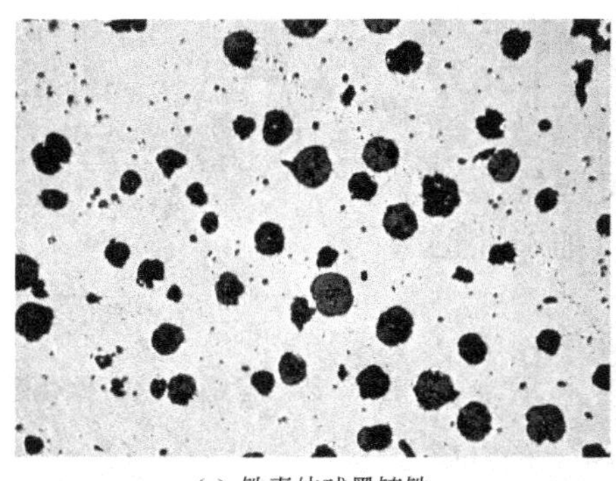

(a) 铁素体球墨铸铁

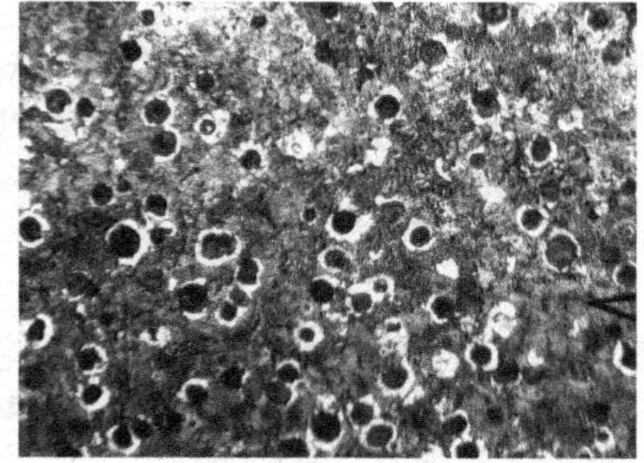

(b) 珠光体球墨铸铁(包含牛眼状铁素体)

图 5.25　球墨铸铁

表 5-22 球墨铸铁的牌号、力学性能和用途举例

牌号	基体	力学性能					用途举例
		R_m/(N·mm^{-2})	$R_{r0.2}$/(N·mm^{-2})	A/(%)	a_{YU}(/J·cm^{-2})	HBW	
QT400-18	F	400	250	18	60	120～175	受压阀门、轮壳、后桥壳、牵引架、铸管、农机件
QT450-10	F	450	310	10	30	160～210	
QT500-7	F+P	500	320	7	—	170～230	
QT600-3	p	600	370	3	—	190～270	油泵齿轮、阀门、轴瓦等，曲轴、连杆、凸轮轴、蜗杆、蜗轮，轧钢机轧辊、大齿轮、水轮机主轴、起重机、农机配件犁铧、螺旋伞齿轮、凸轮轴等
QT700-2	P	700	420	2	—	225～305	
QT800-2	P/S	800	480	2	—	245～335	
QT900-2	M/T+S	900	600	2	—	280～360	

注：1. 牌号依照 GB/T 5612—1985《铸铁牌号表示方法》，力学性能摘自 GB/T 1348—1978《球墨铸铁》。

良好的韧性、塑性，高的强度以及良好的铸造性能的综合，使球墨铸铁成为一种令人们相当满意的工程材料。但因球化剂的成本、优质熔化铁水及工艺控制等，使球墨铸铁几乎和可锻铸铁一样贵。尽管如此，球墨铸铁仍在很多场合取代了灰铸铁、可锻铸铁、铸钢甚至锻钢件。

我国生产的球墨铸铁，抗拉强度可达到1200～1600N/mm^2，$A=17\%\sim24\%$，这样高的强度，且韧性也良好的球墨铸铁已经达到世界先进水平。研究表明，Mg、Y、Ce、Ca等元素有较强的球化能力，Re元素也有一定的球化能力，Li、Tn、Sc、Ba、Na、K元素，只有在不含S的铸铁中才有球化能力。

5.5.5 合金铸铁

在铸铁中加入一定量的合金元素，可使铸铁具有某些特殊性能，这些铸铁称合金铸铁。铸铁合金化的目的有两个：一是为了强化铸铁组织中金属基体部分并辅之以热处理，获得高强度铸铁；二是赋予铸铁特殊性能，如耐热、耐磨、耐蚀等。在铸铁中加入Si、Al、Cr元素，通过高温氧化，在表面形成致密、牢固、匀整的氧化膜，阻止产生铸铁内氧化，提高铸铁的使用温度。常用的有中硅、高铝、含铬耐热铸铁。铸铁中加入Co、Mo、Re、Mn、Si、P、Cr、Ti等合金元素，得到磷铜钛、铬钼铜、铬铜、铜钪钛、稀土钪钛耐磨铸铁。铸铁中加入Si、Al、Cr等合金元素，可得到高硅、高铬耐蚀铸铁、铝耐蚀铸铁和抗碱球墨铸铁。

1. 高强度合金铸铁

目前用得较多的是稀土镁铜钼和稀土镁钼合金球墨铸铁。它们是在稀土镁球墨铸铁的基础上加入少量的铜、钼合金元素。钼可细化晶粒，提高强度和韧性。铜能促进石墨化，可在获得珠光体球铁的同时减少白口倾向，铜还能溶入铁素体使之强化。

高强度合金铸铁还可进行正火及等温淬火等热处理工艺，以获得优良的综合力学性能。如稀土镁铜钼合金铸铁经正火加回火处理，可制造高速柴油机曲轴、连杆等；还能代替 38CrSi 合金钢制造机车柴油机主轴承盖。稀土镁钼合金铸铁经等温淬火处理，可代替 18CrMnTi 合金钢，用以制造拖拉机减速箱齿轮。

2. 耐磨合金铸铁

常用的耐磨合金铸铁有：中锰稀土耐磨球墨铸铁，中磷稀土耐磨铸铁和高磷耐磨铸铁等。

中锰稀土球墨铸铁硬度较高，耐磨性好，可代替 65Mn 制造农机具的易损零件，如犁铧、耙片、翻土板、球磨机衬套等。

高磷耐磨铸铁含磷 0.40%～0.65%，能形成坚硬的磷化物共晶体，从而提高耐磨性，常用来制造机床导轨、工作台和柴油机气缸套等。

3. 耐热铸铁

耐热铸铁是可以在高温使用，其抗氧化性能符合使用要求的铸铁。通过在铸铁中加入某些合金元素 Cr、Si、Al 等来提高铸铁的耐热性。耐热铸铁大多采用铁素体基体铸铁，以免出现渗碳体分解，并且最好采用球墨铸铁，因球状石墨孤立分布，不致构成氧化性气体渗入的通道。因此，铁素体基体的球墨铸铁具有较好的耐热性。

耐热铸铁按其成分可分为硅系、铝系、硅铝系及铬系等。其中铝系耐热铸铁脆性较大，铬系耐热铸铁价格较高，故我国多采用硅系和硅铝系耐热铸铁。耐热铸铁主要用于制造加热炉附件，如炉底板、烟道挡板、传递链构件等。

4. 耐蚀铸铁

铸铁的耐蚀性主要是指在酸、碱条件下的抗腐蚀能力。耐蚀铸铁中的合金元素主要有 Cr、S、Mo 等。如在我国应用最广泛的高硅耐蚀铸铁，其成分是：$w_C=0.3\%\sim0.5\%$、$w_{Si}=16\%\sim18\%$、$w_{Mn}=0.3\%\sim0.8\%$、$w_P\leqslant0.1\%$、$w_S\leqslant0.07\%$。这种铸铁在含氧酸中有良好的耐蚀性，但在碱性介质、盐酸、氢氟酸中，由于表面的 SiO_2 保护膜遭到破坏，耐蚀性下降。为改善高硅耐蚀铸铁在碱性介质中的耐蚀性，可向铸铁中加入 6.5%～8.5% 的铜；为改善高硅耐蚀铸铁在盐酸中的耐蚀性，可加入 2.5%～4%的钼。耐蚀铸铁主要用于化工机械，如制造容器、管道、泵、阀门等。

5.5.6 铸铁热处理特点

铸铁中的基体组织是决定其力学性能的重要因素，铸铁可通过合金化和热处理的办法强化基体，进一步提高铸铁的力学性能，这一点在球墨铸铁（图 5.26）中尤为重要。因为灰铸铁的基体强度利用率低，通常只进行退火或表面淬火。

(1) 退火。消除内应力的退火，铸件在铸造冷却过程中容易产生内应力，可能导致铸件翘曲和裂纹。为保证尺寸稳定性，防止变形开裂，对一些形状复杂的铸件，如机床床身、柴油机气缸等，往往进行消除内应力的退火。其规范一般为：加热温度 500～550℃，加热速度 60～120℃/h，经一定时间保温后，炉冷到 150～220℃出炉空冷。低温退火：球墨铸铁的基体往往包含铁素体和珠光体，为了获得较高的塑性、韧性，须使珠光体中的 Fe_3C 分解。其办法是：将球铁件加热到 700～760℃，保温 2～5h，然后随炉冷至600℃，出炉空冷。最终组织为铁素体基体上分布着石墨。高温退火：当铸铁组织中不仅有珠光体，而且还有自由渗碳体时，为使自由渗碳体分解，需将铸铁件加热至850～950℃，保温2～5h后，随炉冷却至600℃，再出炉空冷。最终组织为铁素体基体上分布着石墨。

(2) 正火。高温正火：一般将铸铁件加热到880～920℃，保温1～3h，使基体组织全部奥氏体化，然后出炉空冷。获得珠光体型的基体组织。低温正火：一般将铸件加热到840～880℃，保温1～4h，然后出炉空冷，获得珠光体和铁素体的基体组织，强度比高温正火略低，但塑性和韧性较高。低温正火要求原始组织中无自由渗碳体，否则将影响力学性能。正火后，为了消除正火时铸件产生的内应力，通常还要进行去应力退火。

(3) 调质处理。对于受力复杂、综合力学性能要求较高的重要零件，如柴油机连杆、曲轴等，需进行调质处理。一般将工件加热至860～900℃，保温后油淬，然后在550～600℃回火2～4h，最终组织为回火索氏体与球状石墨。等温淬火：对于一些外形复杂，易变形或开裂的零件，如齿轮、凸轮等，为提高其综合力学性能，可采用等温淬火。它的工艺是：将工件加热至860～900℃，适当保温后，迅速移至250～300℃的盐浴中等温30～90min，然后取出空冷，一般不再回火。等温淬火后的组织是下贝氏体加球状石墨。在生产上，等温淬火只适用于截面尺寸不大的零件。

(4) 表面淬火。有些铸件，如机床导轨的表面、气缸的内壁等，需要有较高的硬度和耐磨性，常进行表面淬火处理，如高频表面淬火、火焰表面淬火等。

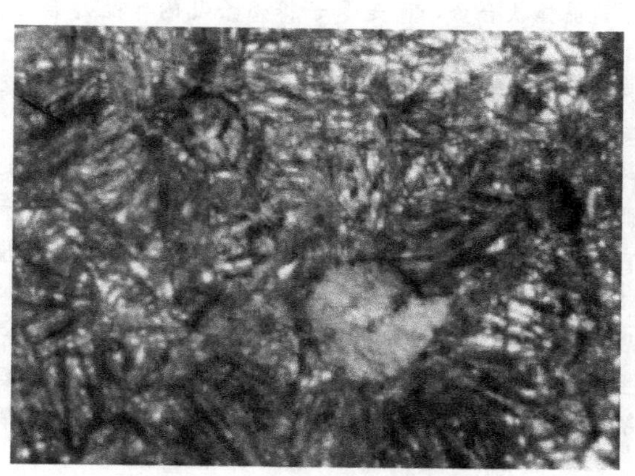

图5.26 马氏体球墨铸铁

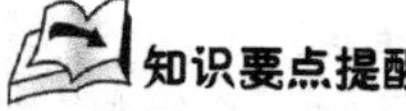

知识要点提醒

学习本章时，首先要弄清楚工业用钢和铸铁的分类体系，然后按照钢的牌号、成分估算、热处理方法及其热处理后的最终组织、用途等，自己逐一检查是否真正掌握每一类材料，必要时，可及时复习前面各章的相关内容。

本章的重点是工业用钢和铸铁的常用牌号、主要成分的估算、热处理方法及其热处理后的最终组织、应用等内容，特殊钢和合金铸铁只要作一般了解。本章的难点是合金元素的作用、热处理工艺和材料的选用。

知识链接

增本巧制超级不锈钢

现在有一种“超级不锈钢”，它的抗腐蚀本领比常用的18-8型不锈钢要强一万倍。这就是含铬10%的铁铬系金属玻璃(学名为非晶态合金)。

据试验，铁铬系金属玻璃浸泡在硫酸、盐酸等强酸中几年，也不会生一点点锈。在10%氯化铁溶液中浸上几昼夜，以往所有的不锈钢都会在表面出现坑坑洼洼的腐蚀点。唯有铁铬系金属玻璃依然保持“英雄本色”、光彩动人。

说起“超级不锈钢”的发现和发展也有一段动人的故事。

杜威兹是美国加利福尼亚州立大学理工学院的教授。1959年他正在研究合金的性质，他用各种方法制取合金，再分析测试它们的各种性能。

一次，杜威兹想起，在固态的金属晶体中原子的排列都是整整齐齐的，而当它们受热融熔时就变得杂乱无章。“当液态金属慢慢冷却时，原子间的作用力又使它们排列整齐，若是我想个办法，使液态在极短的时间里冷却凝固，那原子会不会来不及排好队，变成排列杂乱的固体呢?”他对自己的突发奇想产生了浓厚的兴趣，决定试一试。

开始试了好多次都没成功，金属原子的排列还是井然有序。“看来冷却还是太慢”，杜威兹想。后来，他设计了一个新实验方案：用压缩空气把液态金属从一个很小的喷嘴里喷射出来，形成极细的“雾”，再在喷嘴前安放一块用液态空气冷却的金属板，使极小的金属液滴遇到极冷的金属板，在一瞬间凝固。

用这种方法处理金硅合金后，杜威兹用X射线分析仪去观察合金的结构。他发现，最初喷射到冷却金属板上的那一部分果然不是晶体状合金，而是原子排列紊乱的非晶态合金。“成功了”，他的心里很高兴。

因为这种物质的成分是金属，但内部结构与玻璃相似，看来是固体，其实是非晶态的。所以，杜威兹给它起了一个形象的名字，叫“金属玻璃”。

杜威兹制取金属玻璃的方法称为喷枪法。用这种方法来制取金属玻璃，其数量极少且存在，形状不规则、厚薄不均匀致命的弱点，没有多大的实用价值。但是，杜威兹从他的初步成功和对金属玻璃性质分析中作出了两个科学预言：一是要制取金属玻璃，液态金属冷却凝固的速度一定要在每秒钟下降100万摄氏度以上；二是金属玻璃有它自身的特点，将来一定会大有发展前途。

杜威兹发现金属玻璃后，引起了许多科学家的关心，许多人都在潜心研究它的制法。但是，在近10年的时间里，金属玻璃的生产技术并没有得到突破，虽说人们发明了细丝冷凝法、薄片冷凝法、蒸汽凝聚法、固体改造法等很多新方法，但大多存在着生产速度慢、质量难保证、厚度不均匀等缺点，无法大规模生产和应用。

把金属玻璃从实验室“宠儿”变成市场商品的是日本访问学者增本研究员。

1969年，日本东北大学金属研究所青年科学家增本，被选派到美国宾夕法尼亚大学学习深造。他一到美国，就对杜威兹发现的金属玻璃产生了浓厚的兴趣，决心研究出大规模生产的新方法。

怎样做到在高速冷却凝固的前提下保持金属玻璃的规则外形呢？带着这个问题，增本一头钻进了图书馆，查询各种资料。他还深入各种冶金工厂参观学习，希望从中得到启发，形成发明思路。

钢铁厂轧制薄钢板的轧机给了增本启发。他想，轧钢的辊筒可以保证钢板又薄又均匀的尺寸，只要使它保持极低的温度，让高温的液态金属以极快的速度冷却凝固，完全可以进行改造利用。

经过反复试验研究，增本找到了规模生产金属玻璃的妙法。这方法说起来也不算太复杂，就是先把合金成分用高温熔化，形成液态合金，再利用高压惰性气体的保护和压力作用，使它从一个耐高温的极窄扁平石英喷嘴里喷射出来，形成薄膜状液态合金，在喷嘴前放置一个用液态空气冷却并保持极低温度的空心辊筒(图1.40(c))，辊筒以超高速度转动。这样，液态合金在千分之一秒还不到的时间里，被压成厚度只有千分之几毫米的薄带，进而从上千摄氏度的高温迅速冷却到近一200℃的凝固状态。于是就形成了宽度在100mm以上、长度在10m以上的金属玻璃薄带。

这方法说起来简单，可真做起来困难还是非常多。增本从1969年开始研究，直到1985年才制成符合要求的铁铬系金属玻璃。

经过检测，铁铬系金属玻璃显示了不同凡响的优异性能。由于它用的材料是金属，形成的结构像玻璃，因而两者的优点它都具备。首先，它的强度是晶体态合金的5～10倍，既坚硬又韧劲十足；其次，它具有非常好的磁性能；第三，它的耐腐蚀性能出类拔萃，是18－8型不锈钢的100万倍，特别能抵抗盐酸盐和硫酸盐的腐蚀作用，而这正是普通不锈钢所难以抵御的。

超级不锈钢终于诞生了，增本先生和其他科学家一起，为不锈钢的历史增添了极其光辉的一页。

习　题

1. 在普通碳钢中，除了铁和碳外，一般还有哪些元素？

2. 在钢中加入合金元素有哪些作用？铬、镍、铝在钢中的主要作用有哪些？

3. 合金元素对奥氏体的形成有什么影响？

4. 合金元素对过冷奥氏体的稳定性有何影响？

5. 合金元素对淬火钢回火组织转变有何影响？

6. 在20Cr、GCr9、50CrV等钢中，含铬量均小于1.5%，请问铬在这些钢中的存在状态、钢的性能、热处理及用途是否相同？为什么？

7. 从钢的分类、供应状态所保证的指标及化学成分、性能、用途等方面区分以下钢号。Q215、Q255、Q345、20、20Cr、ZG230－45、Cr12、1Cr13、ZGMn13、T12A。

8. 从成分特点、常用钢号，热处理方法、热处理后组织、主要性能及用途等方面列表归纳、比较学过的钢种。

9. 解释下列现象：

(1) 退火状态下，40Cr钢的强度比40钢高；

(2) 某些合金钢在锻造和热轧后，经空冷可获得马氏体组织；

(3) 在含碳量相同的情况下，除含Ni和Mn的合金钢外，大多数合金钢的热处理加热温度都比碳钢高；

(4) 在含碳量相同的情况下，合金钢淬火不容易产生变形和开裂现象；

(5) 在相同调质处理后，合金钢具有较好的综合力学性能。

10. 合金元素在低合金高强度钢中的作用是什么？

11. 为什么在含碳量相同情况下，大多数合金钢的热处理加热温度都比碳钢高，保温时间长？

12. 机器零件用钢的性能如何保证？

13. 机器零件用钢合金化特点是什么？

14. 机器零件用钢获得综合力学性能的途径有哪几种？

15. 调质钢的热处理特点是什么？

16. 弹簧钢的热处理特点是什么？

17. 滚动轴承钢的合金化与性能特点是什么？

18. 合金元素对渗碳钢的渗碳过程及渗碳效果的影响如何？

19. 渗碳钢的热处理特点是什么？

20. 工模具钢的工作条件与性能要求是什么?

21. 工模具钢的化学成分和热处理特点是什么?

22. 为什么碳素工具钢只能用于制造低速及小走刀量的机用工具或手动工具?为什么9SiCr钢较适宜制造要求变形较小、硬度较高(60～63HRC)的耐磨性较好的圆板牙等薄刃刀具?

23. 试分析高速工具钢中,碳与合金元素的作用及高速工具钢热处理工艺特点。为什么高速工具钢中,含碳量有普遍提高的趋势?

24. 为什么高速工具钢经铸造后要反复锻造?锻造后在切削加工前为什么必须退火?

25. Cr12型钢中碳化物的分布对钢的使用性能有何影响?生产中常用什么方法改善其碳化物的分布?

26. 为什么在砂轮上磨制各种钢制刀具时,需经常用水冷却,而磨硬质合金制成的工具时,却不需用水冷却?

27. 如果要用Cr13型不锈钢制作机械零件、外科医用工具、滚动轴承及弹簧,应分别选择什么牌号和热处理方法?

28. 生产中常用什么方法使奥氏体不锈钢强化?

29. 高锰钢的耐磨原理与淬火工具钢的耐磨原理有何不同?应用场合有何不同?

30. 试从石墨的存在来分析灰铸铁的力学性能、工艺性能和其他性能特征,它适宜制造哪类铸件?

31. 铸铁的抗拉强度主要取决于什么?硬度主要取决于什么?用哪些方法可提高铸铁的抗拉强度和硬度?抗拉强度高,其硬度是否一定高?为什么?

32. 为什么灰铸铁与球墨铸铁、可锻铸铁牌号中性能指标要求不同?

33. 试从以下几个方面比较HT150与退火状态20钢:成分、组织、抗拉强度、抗压强度、硬度、减摩性、铸造性能、锻造性能、焊接性能、切削加工性。

34. 根据下表所列的要求,归纳对比几种铸铁的特点。

种类	牌号	显微组织	成分特点(碳当量)	生产方法	机械工艺性能特点	用途举例
普通灰铸铁						
孕育铸铁						
可锻铸铁						
球墨铸铁						

35. 某厂直接用Cr12原钢料生产冷冲模,经切削加工和热处理后交付使用,结果发现冲模寿命很短。你认为是什么原因?应如何改进工艺?

第6章 有色金属及其合金

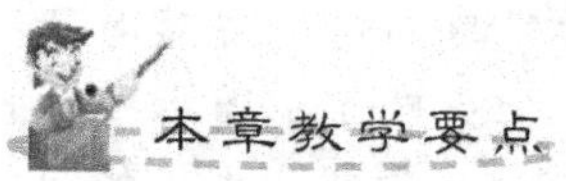

知识要点	掌握程度	相关知识
有色金属及其合金的主要强化途径	了解	结合铝合金相图的特点，能初步分析有色金属及其合金的主要强化途径
铝合金的代号、应用	掌握	不可热处理的形变铝合金，如防锈铝；可热处理形变铝合金，如硬铝、超硬铝、锻铝等；铸造铝合金，如 Al - Si、Al - Cu、Al - Mg、Al - Zn 等的主要不同点及它们的代号、应用
铜合金的牌号、应用	掌握	Cu - Zn 合金中 Zn 含量对黄铜组织、性能的影响，黄铜的牌号、应用；青铜的组织、性能特点和牌号、应用
轴承合金	了解	轴承合金的性能要求、组织特点及典型合金
其他有色金属	熟悉	

导入案例

从粘土中唤起“白银”

铝是地壳中含量最多、分布最广的金属元素。我们脚下的粘土，就是铝的藏身之处，所以人们称铝是“来自粘土的白银”。

在今天，铝是产量仅次于铁的第二金属，生活中随处可见。但在100多年前，铝比黄金还要贵几倍，是王公贵族才能赏玩的珍宝。

铝是怎样从“贵族”走向“平民”的呢？

1754年，德国化学家马格拉夫发现，从明矾和粘土中都能获得一种叫矾土的物质。30年后，化学家证实，矾土是某种金属的氧化物。

1807年，刚用电解法成功地发现并冶炼出金属钾和钠的英国化学家戴维，也想用电来对付矾土，从中炼出新金属。但是，矾土不溶解于水，又极难熔化，本身还不导电，因而无法用电使矾土分解。但他为新金属起名“铝”，被人们接受了。

1820年，由于发现电和磁之间关系而名扬天下的丹麦物理学家奥斯特，突然对研究化学产生了兴趣。他首先尝试用碳“将铝从矾土里解放出来”，但失败了。随后他向烧得发红的矾土里通入氯气，发现有一些液体流出来。“好，这一步有希望，生成的应该是氯化铝。”他仔细地把这些液体再加热并加入还原能力强大的钾汞齐(合金)，结果有氯化钾生成。“好，钾汞齐已经变成了铝汞剂，现在我只要加热，让汞蒸发掉，铝就制成了。”又经过多次试验，他在隔绝空气的情况下蒸馏铝汞合金，终于得到一些与锡相似的、具有银白色光泽的金属屑。

1827年后，德国青年化学家维勒在奥斯特研究的基础上，经过很多尝试，最后他把钾和氯化铝混合起来，密封在白金坩埚里加热。等坩埚发红后停止加热，让它自然冷却，最后把它投入冷水中打开，果然在水里有一些银白色的金属粉末。它就是很不纯净的金属铝。

1851年后，法国化学家德维尔经过3年多的探索，发明了用比较廉价的金属钠和无水氯化铝反应制取银光闪闪的美丽铝球的方法。

1855年，德维尔制成的铝块和铝板轰动了巴黎世界博览会。

德维尔为批量生产铝作出了重要贡献，但用钠制取铝终究成本太高，铝的价格一直居高不下，只能用来打造价格不菲的首饰。

1886年，大西洋两岸的两位青年化学家豪尔和埃罗，不约而同地发明了制取廉价铝的方法，终于让铝走出了深宅大院，“飞入寻常百姓家”。

在广泛检阅各种有关文献资料时，豪尔发现了一份德维尔的实验记录，上面有这么一段话：格陵兰半岛伊维图特生产一种矿物，外观与冰相似，叫做冰晶石。冰晶石中含铝，熔点较低，也许可用来炼铝。

豪尔马上找来了冰晶石，把它与矾土混在一起放进坩埚，进行加热。果然，混合物熔点降低到1000℃左右，比纯矾土容易熔化多了。他在其中插进电极通电，不久，电极上产生了一颗颗银白声的液滴状铝，而且它在上层熔液保护下没有和空气发生反应。一种方便快捷的制铝方法诞生了。那是1886年2月23日的事。

同样在1886年，大西洋彼岸的法国桑持—巴比学院里，同样是23岁的青年化学家埃罗在电解冰晶石时，发现铁阴极突然熔化了。经过仔细分析，他终于弄清是由于生成了铝，铝在高温之下与铁形成了容易熔化的合金。

抓住这个现象，埃罗深入研究，与豪尔异曲同工地发明了电解法炼铝的新工艺。

有色金属及其合金泛指非铁类金属及合金。它具有钢铁材料所没有的许多特殊性能，因而已成为现代工业、国防、科研等领域中必不可少的工程材料。

6.1 铝及铝合金

6.1.1 综述

铝是地壳中最丰富的金属元素。制铝的第一步是将矿石(铝矾土)中的铝与杂质分离。通常使铝矾土在高温高压苛性钠溶液槽中浸取，使氧化铝成为铝酸钠溶液溶解出来，分离并优先沉淀成水合氧化铝，最后通过焙烧转变成纯 Al_2O_3。

进一步处理是在铁板电解槽中进行电解。电解时以碳作为阳极。电解槽中充满熔融冰晶石，其中溶解约 16%的 Al_2O_3。电解时，铝便沉积在电解槽的阴极上，周期性地取出铝，同时将粉末 Al_2O_3 补充到电解槽中。电解得 1kg 铝需电 15～18kW・h，因此重熔废铝可大大节约能量。

纯铝是银白色轻金属，熔点为 660℃，密度为 2.7g/cm³，仅为铁的 1/3，具有良好的导电性和导热性。纯铝的强度和硬度低、而塑性高，可进行冷、热压力加工。铝在空气中易氧化，使表面生成致密的氧化膜，可保护其内部不再继续氧化，因此在大气中耐蚀性较好。在纯铝中加入硅、铜、镁、锰等合金元素制成铝合金，可大大提高其力学性能，而仍保持相对密度小、耐腐蚀的优点。采用各种强化手段后，铝合金可获得与低合金钢相近的强度，因此比强度(强度/相对密度)很高。

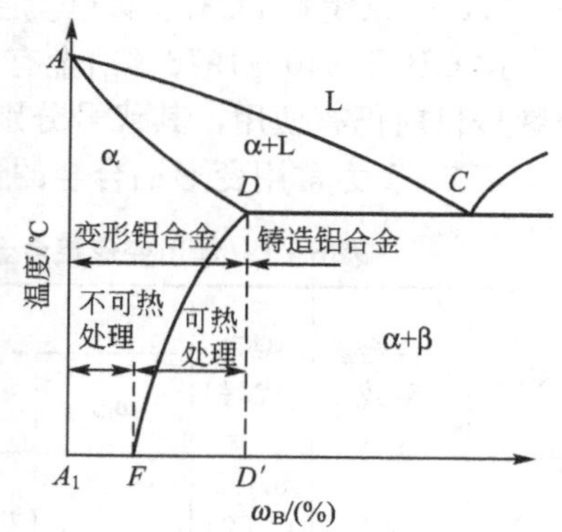

图 6.1 铝合金分类示意图

以铝为基的二元合金一般具有共晶型相图，如图 6.1 所示。按其成分范围大致分类如下：

由图 6.1 可看出，成分在 D 点以左的合金，加热时能形成单相固溶体，塑性较高，适合进行压力加工，故称为变形铝合金。变形铝合金中，成分在 F 点以左的合金，其 α 固溶体成分不随温度变化，不能用热处理强化，称为不可热处理强化铝合金；成分在 $F-D$ 之间的合金可进行固溶-时效强化，称为可热处理强化铝合金。成分在 D 点以右的合金，因出现共晶组织，故塑性差，不宜变形加工。但它的熔点低，共晶点附近结晶温度范围小，故流动性好，适于铸造生产，称为铸造铝合金。

6.1.2 变形铝合金

变形铝合金按其主要性能特点可分为防锈铝、硬铝、超硬铝和锻铝几类，其中防锈铝合金为不可热处理强化铝合金，其他三种为可热处理强化铝合金。

根据 GB/T 16474—1996《冶金变形铝及铝合金牌号表示方法》，变形铝及铝合金牌号采用国际四位字符体系牌号的编号方法。变形铝和铝合金的牌号以四位字符表示，具体如下：

纯铝(铝含量不小于 99.00%) 1×××

以铜为主要合金元素的铝合金 2×××

以锰为主要合金元素的铝合金 3×××

以硅为主要合金元素的铝合金 4×××

以镁为主要合金元素的铝合金 5×××

以镁和硅为主要合金元素并以 Mg_2Si 相为强化相的铝合金 6×××

以锌为主要合金元素的铝合金 7×××

以其他合金为主要合金元素的铝合金 8×××

备用合金组 9×××

其中，牌号的第一位数字表示铝及铝合金的组别；牌号的第二位字母表示原始纯铝或铝合金的改型情况。如字母为“A”，则表示为原始纯铝或原始铝合金。如果是 B～Y 的其他字母，则表示已改型；牌号的最后两位数字用以标识同一组中不同的铝合金，表示铝的纯度。例如：

2A01(原代号 LY1)：以铜为主要合金元素的铝合金。

4A11(原代号 LD11)：以硅为主要合金元素的铝合金。

5A02(原代号 LF2)：以镁为主要合金元素的铝合金。

7A03(原代号 LC3)：以锌为主要合金元素的铝合金。

按 GB/T 340—1976《冶金有色金属及合金产品牌号表示方法》编号的变形铝及铝合金牌号目前仍有使用，其代号分别用 LF、LY、LC、LD 加一组顺序号表示。

表 6-1 为常用变形铝合金的代号、化学成分及力学性能。

表 6-1 常用变形铝合金的代号、化学成分及力学性能(GB/T 3190—2008)

类别	合金系统	牌号(代号)	化学成分 ω/(%)					力学性能		
			ω_{Cu}	ω_{Mg}	ω_{Mn}	ω_{Zn}	其他	R_m/(N/mm^2)	A/(%)	硬度/HBS
防锈铝合金	Al-Mg	5A02(LF2)		2.0～2.8	0.15～0.4			195	17	47
		5A05(LF5)		4.0～5.5	0.3～0.6			280	20	70
	Al-Mn	3A21(LF21)			1.0～1.6			130	20	30
硬铝合金	Al-Cu-Mg	2A01(LY1)	2.2～3.0	0.2～0.5				300	24	70
		2A11(LY11)	3.8～4.8	0.4～0.8	0.4～0.8			420	18	100
		2A12(LY12)	3.8～4.9	1.2～1.8	0.3～0.9			470	17	105
	Al-Cu-Mn	2A16(LY16)	6.0～7.0		0.4～0.8		w_{Ti}=0.1～0.2	400	8	100

（续）

类别	合金系统	牌号(代号)	化学成分 ω/(%)					力学性能		
			ω_{Cu}	ω_{Mg}	ω_{Mn}	ω_{Zn}	其他	R_m/(N/mm²)	A/(%)	硬度/HBS
超硬铝合金	Al-Zn-Mg-Cu	7A04(LC4)	1.4～2.0	1.8～2.8	0.2～0.6	5.0～7.0	w_{Cr}=0.10～0.25	600	12	150
		7A09(LC9)	1.2～2.0	2.0～3.0	0.15	7.6～8.6	w_{Cr}=0.16～0.30	680	7	190
锻铝合金	Al-Cu-Mg-Si	2A50(LD5)	1.8～2.6	0.4～0.8	0.4～0.8		w_{Si}=0.7～1.2	420	13	105
		2A14(LD10)	3.9～4.8	0.4～0.8	0.4～1.0		w_{Si}=0.5～1.2	480	19	135
	Al-Cu-Mg-Fe-Ni	2A70(LD7)	1.9～2.5	1.4～1.8			w_{Ti}=0.02～0.10 w_{Ni}=0.9～1.5 w_{Fe}=0.9～1.5	415	13	120

1. 防锈铝合金

防锈铝合金主要有铝-锰系、铝-镁系合金，常用代号有LF21、LF2等。防锈铝合金锻造退火后为单相固溶体，抗蚀性高、塑性及焊接性能较好。防锈铝合金不能热处理强化，但可形变强化，一般在退火态或冷作硬化态使用。

常用Al-Mn系防锈铝合金有3A21(LF21)，其抗腐蚀性能较好，常用来制造需弯曲、冷拉或冲压的零件，如管道、容器、油箱等。

常用Al-Mg系防锈铝合金有5A02(LF2)、5A03(LF3)、5A05(LF5)、5A06(LF6)等，此类防锈铝合金有较高的疲劳强度和抗振性，强度高于Al-Mn系防锈铝合金，但耐热性较差，广泛用于航空航天工业中，如制造油箱、管道、铆钉、飞机行李架等。

2. 硬铝合金

硬铝合金又称杜拉铝，包括铝-铜-镁系和铝-铜-锰系合金，能经过固溶-时效强化获得相当高的强度，故称为硬铝，属可热处理强化铝合金。一般硬铝耐蚀性比纯铝差，所以有些硬铝的板材在表面包一层纯铝来保护。

常用Al-Cu-Mg系硬铝可分为低强度硬铝(铆钉硬铝)，如2A01(LY1)、2A10(LY10)等，其强度比较低，但有很高的塑性，主要作为铆钉材料；中强度硬铝(标准硬铝)，如2A11(LY11)；高强度硬铝，如2A12(LY12)。Al-Cu-Mg系硬铝的焊接性和耐蚀性较差，对其制品需要进行防腐保护处理，对于板材可包覆一层高纯铝，通常还要进行阳极氧化处理和表面涂装，为提高其耐蚀性一般采用自然时效。部分Al-Cu-Mg系硬铝具有较高的耐热性，如2A11、2A12，可在较高温度使用。

Al-Cu-Mn系硬铝为超耐热硬铝合金，具有较好的塑性和工艺性能，常用代号有

2A16(LY16)、2A17(LY17)。硬铝合金常制成板材和管材，主要用于飞机构件、蒙皮、螺旋桨、叶片等。

3. 超硬铝合金

超硬铝合金为 Al-Zn-Mg-Cu 系合金，是强度最高的变形铝合金，常用合金有 7A04(LC4)、7A09(LC9)等。超硬铝合金具有良好的热塑性，但疲劳性能较差，耐热性和耐蚀性也不高。超硬铝合金一般采用淬火加人工时效的热处理强化工艺，主要用于工作温度较低、受力较大的结构件，如飞机蒙皮、壁板、大梁、起落架部件等。

虽然超硬铝合金经时效后强度和硬度很高，但其耐热性较低，抗蚀性较差，且应力腐蚀开裂倾向大，其板材表面通常包覆 $w_{Zn}=1\%$的铝锌合金，零构件也要进行阳极化防腐蚀处理，也可通过提高时效温度(135～145℃，16h)改善其抗蚀性。

4. 锻铝合金

锻铝合金属铝-镁-硅-铜系和铝-铜-镁-镍-铁系合金。其特点是合金中元素种类多但用量少，具有良好的热塑性、锻造性能和较高的力学性能。可用锻压方法来制造形状较复杂的零件。一般在淬火加人工时效处理后使用。

Al-Cu-Mg-Si 系锻铝合金具有优良的锻造性能，常用代号有 6A02(LD2)、2A50(LD5)、2B50(LD6)、2A14(LD10)等，主要用于制造要求中等强度、高塑性和耐热性的锻件、模锻件，如各种叶轮、导风轮、接头、框架等。

Al-Cu-Mg-Fe-Ni 系锻铝合金耐热性较好，常用代号有 2A70(LD7)、2A80(LD8)、2A90(LD9)等主要用于 250℃下工作的零件，如叶片、超音速飞机蒙皮等。

5. 铝锂合金

Al-Li 系合金是近年来引起人们广泛关注的一种新型超轻结构材料；该合金的研究与应用，标志着半个世纪以来铝合金领域的重要发展。图 6.2 为 Al-Li 合金的微观组织。

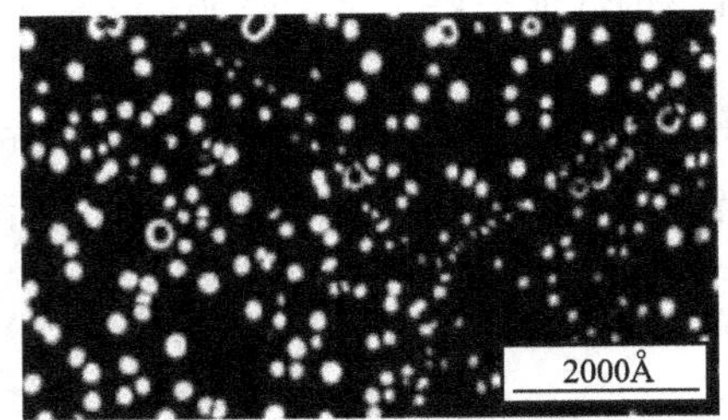

图 6.2 Al-Li 合金的微观组织

锂是一种极为活泼且很轻的化学元素，密度为 $0.533g/cm^3$，为铝的 1/5，铁的 1/15。锂为地球存在较多的金属元素，同时海水中还有相当大的含量。Al-Li 合金的价格是硬铝价格的 2～3 倍，若在海水中萃取锂的技术获得成功，则可得到价格便宜的锂材料。

在铝合金中加入锂元素，可以降低其密度，并改善合金的性能。例如，添加锂 2%～3%，合金密度可减少 10%，比刚度可增加 20%～30%，强度可与 LY12 媲美。锂在铝中的溶解度随温度变化而改变。当锂含量大于 3%时，Al-Li 合金的韧性明显下降，脆性增大。因此，其合金中的锂含量仅为2%～3%。

Al-Li 系合金具有密度小，比强度高，比刚度大，疲劳性能、耐蚀性及耐热性良好等优点(在一定热处理条件下)。但 Al-Li 系合金的塑性和韧性差，缺口敏感性大，材料加工及产品生产困难。

用 Al-Li 合金制作飞机结构件，可使飞机减重 10%～20%，可提高飞机的飞行速度和承载能力。因此，Al－Li 合金是一种在航空、航天领域中很有竞争力的一种新型超轻结构材料，已受到世人的关注。

目前在美国、英国、法国和前苏联等国家已成功研制出 Al－Li 合金并将其用于实际生产中，已开发的 Al－Li 合金大致有三个系列：Al－Cu－Li 系合金、Al－Mg－Li 系合金和 Al－Li－Cu－Mg－Zr 系合金等，已用于制造飞机构件、火箭和导弹的壳体、燃料箱等。

Al－Li 合金的强化作用主要来源于析出相强化、固溶强化和细化晶粒强化。锂在铝中有较高的溶解度，并随温度而明显变化，所以 Al－Li 合金有明显的时效强化效应，属于可热处理强化型的铝合金。

Al－Li 合金在时效过程中以弥散质点形式析出的亚稳球形相 δ′(Al_3Li)为有序超点阵结构，与基体完全共格，对位错运动具有强烈的阻碍作用，是合金中主要的强化相。

6.1.3 铸造铝合金

铸造铝合金分为铝硅合金、铝铜合金、铝镁合金和铝锌合金。其代号用汉语拼音字母“ZL”加三位数字表示。第一位数字表示合金类别，1 为铝硅系，如 ZL101、ZL111 等；2 为铝铜系，如 ZL201、ZL203 等；3 为铝镁系，如 ZL301、ZL302 等；4 为铝锌系，如 ZL401、ZL402 等，后两位数仅代表编号。铸造铝合金的牌号用“ZAl”加主要合金元素的化学符号和平均质量分数表示，若平均质量分数小于 1%，一般不标数字(GB/T 8063—1994)。表 6－2 为常用铸造铝合金的牌号(代号)、化学成分和力学性能。

表 6－2 常用铸造铝合金的牌号、化学成分和力学性能

类别	牌号	代号	化学成分/(%)					铸造方法	力学性能(不低于)		
			ω_{Si}	ω_{Cu}	ω_{Mg}	ω_{Mn}	其他		R_m/(N·mm)	A/(%)	硬度/HBW
铝硅合金	ZAlSi12	ZL102	10.0～13.0					SB JB SB J	143 153 133 143	4 2 4 3	50 50 50 50
铝硅合金	ZAlSi9Mg	ZL104	8.0～10.5		0.17～0.30	0.2～0.5		J J	192 231	1.5 2	70 70
铝硅合金	ZAlSi5Cu1Mg	ZL105	4.5～5.5	1.0～1.5	0.4～0.6			J J	231 173	0.5 1	70 65
铝硅合金	ZAlSi2Cu1Mg1Ni1	ZL109	11.0～13.0	0.5～1.5	0.8～1.3		w_{Ni}=0.8～1.5	J J	192 241	0.5 —	90 100
铝铜合金	ZAlCu5Mn	ZL201		4.5～5.3		0.6～1.0	w_{Ti}=0.10～0.35	S S	290 330	3 4	70 90
铝铜合金	ZAlCu10	ZL202		9.0～11.0				S J	163 163	— —	100 100

（续）

类别	牌号	代号	化学成分/(%)					铸造方法	力学性能(不低于)		
			ω_{Si}	ω_{Cu}	ω_{Mg}	ω_{Mn}	其他		R_m/(N·mm)	A/(%)	硬度/HBW
铝镁合金	ZAlMg10	ZL301			9.5～11.5			S	280	9	20
	ZAlSi1	ZL303	0.8～1.3		4.5～5.5	0.1～0.4		S J	143	1	55
铝锌合金	ZAlZn11Si7	ZL401	6.0～8.0		0.1～0.3		Zn9.0～13.0	J	241	1.5	90
	ZAlZn6Mg	ZL402			0.5～0.65		Cr0.4～0.6 Zn5.0～6.0 Ti0.15～0.25	J	231	4	70

1. 铝硅合金

铝硅合金又称硅铝明，合金成分常在共晶点附近。它的熔点低，流动性好，收缩小，组织内部致密，且耐蚀性好，是铸铝中应用最广的一类。由于其共晶组织由粗大针状硅晶体和 α 固溶体组成，故强度和塑性均差。为此，常用钠盐混合物为变质剂进行变质处理，以细化晶粒，提高强度和塑性。图 6.3 给出了铝硅合金变质处理前后的组织。标准铝硅合金的牌号/代号为 ZAlSi12/ZL102。

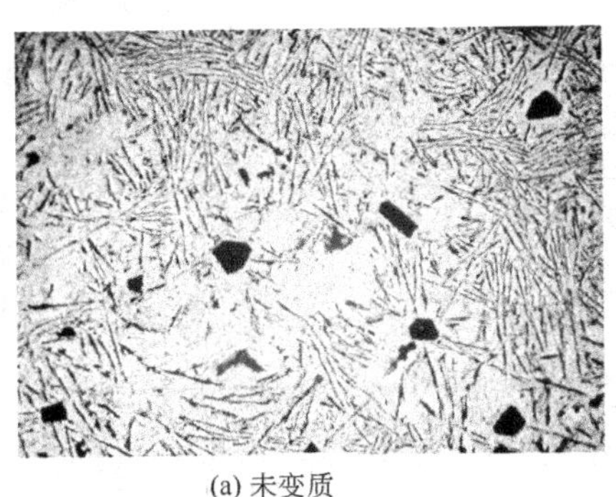

(a) 未变质

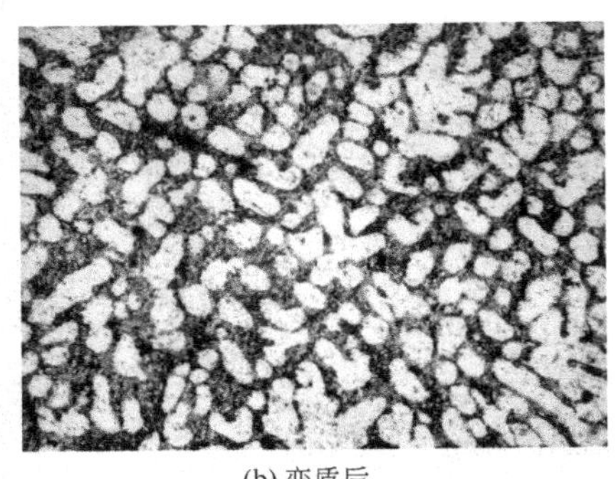

(b) 变质后

图 6.3　ZL102 变质处理前后的组织

为进一步提高铝硅合金的强度，常加入与铝形成硬化相的铜、镁等元素，则不仅可变质处理，而且可固溶-时效强化。如 ZAlSi9Mg/ZL104 中含有少量镁，ZAlSi7Cu4/ZL107 中含少量铜，ZAlSi5Cu1Mg/ZL105、ZAlSi2Cu1Mg1Ni1/ZL109 中则同时含有少量的铜和镁。铝硅合金常用于制造内燃机活塞、气缸体、形状复杂的薄壁零件和电机、仪表的外壳等。

2. 铝铜合金

铝铜合金具有较好的流动性和强度，但有热裂和疏松倾向，且耐蚀性差。加入镍、锰元素后，可提高耐热性。常用牌号/代号有 ZAlCu5Mn/ZL201、ZAlCu10/ZL202 等。

ZL202 的铸态组织如图 6.4 所示。铝铜合金主要用来制造要求高强度或高温条件下工作的零件。

3. 铝镁合金

铝镁合金强度高，相对密度小，耐蚀性好，但铸造性能及耐热性差。常用牌号/代号有 ZAlMg10/ZL301、ZAlSi1/ZL303 等。多用来制造在腐蚀性介质(如海水)中工作的零件。图 6.5 所示为 Al－Mg 合金固溶＋时效的微观组织。

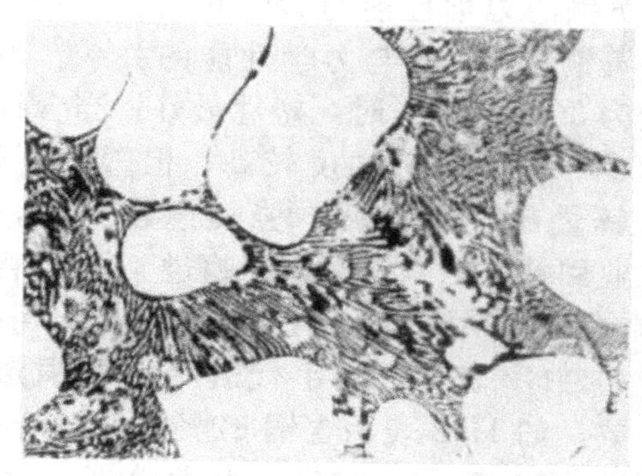

图 6.4 ZL202 的铸态组织

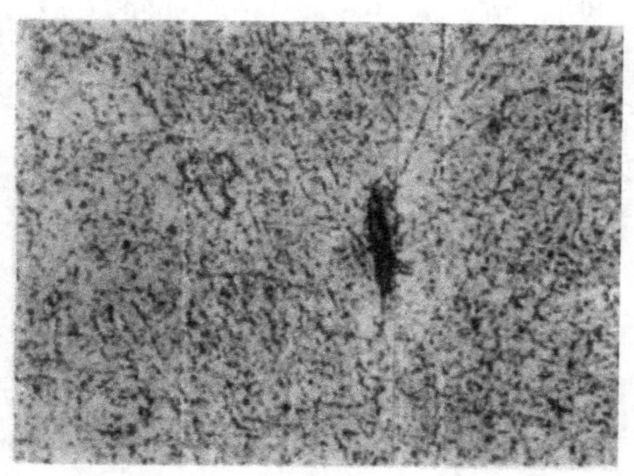

图 6.5 ZL301 固溶＋时效的微观组织

4. 铝锌合金

铝锌合金强度较高，价格便宜，铸造性能、焊接性能和切削加工性能都很好，但耐蚀性差、热裂倾向大。常用牌号/代号有 ZAlZn11Si7/ZL401、ZAlZn6Mg/ ZL402 等。常用于制造医疗器械、仪表零件和日用品等。

铝铜合金、铝镁合金、铝锌合金均可热处理强化。常用铸造铝合金的代号、化学成分和力学性能列于表 6－2。

6.2 铜及铜合金

6.2.1 综述

由于铜矿石中铜含量一般很低，所以生产铜的第一步是精选。精选后加以适当的助溶剂在反射炉或电炉中熔炼，使铜、铁、硫及其他贵重金属在炉底形成冰铜，而杂质形成熔渣除去。将熔化的冰铜送入转炉中，通入压力空气，使铁氧化成渣，硫氧化并吹走，从而得到纯度为 99％的粗铜。将粗铜在还原性气氛中进一步熔化进行脱氧，最后对脱氧后的产品进行电精炼即可得到精炼铜(纯铜)。

纯铜又称紫铜，相对密度 8.9，熔点 1083℃，是面心立方晶格，有良好的塑性、电导性、热导性和耐蚀性。但强度较低，不宜作结构零件，而广泛用作导电材料，散热器、冷却器用材及液压器件中垫片、导管等。

铜中加入适量合金元素后，可获得较高强度且具备一些其他性能的铜合金，从而适用于制造结构零件。铜合金主要分黄铜和青铜两大类。

6.2.2 黄铜

黄铜是铜和锌的合金，分为普通黄铜和特殊黄铜两类。

1. 普通黄铜

普通黄铜即铜锌合金，其强度比纯铜高，塑性较好，耐蚀性也好，价格比纯铜和其他铜合金低，加工性能也好。

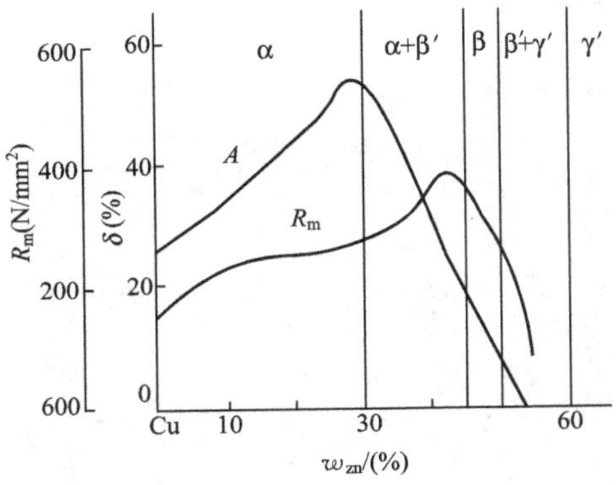

图 6.6 黄铜的含锌量与力学性能的关系

黄铜的力学性能与含锌量有关，图 6.6 表示黄铜的含锌量与力学性能的关系。当含锌量为 30%～32%时，塑性最好；当含锌量为 39%～40%时，强度较高，但塑性下降，当含锌量超过 45%后，强度急剧下降，因而工业用黄铜的含锌量都不超过 45%。普通黄铜的牌号用“黄”字的汉语拼音字首“H”加数字表示，数字代表平均含铜量的百分数。如 H62 表示含铜 62%的铜锌合金。常用黄铜的牌号、成分、力学性能和用途见表 6－3。

表 6－3 常用黄铜的牌号、成分、力学性能和用途

类别	合金牌号	主要化学成分/(%)		材料状态	力学性能			用途
		ω_{Cu}	其他		R_m/(N/mm²)	A/(%)	硬度/HBW	
普通黄铜	H80	79～81	余量为 Zn	软	320	52	53	金黄色，用于镀层及装饰品，造纸工业用金属网
	H70	69～72	余量为 Zn	软	320	55	—	弹壳、冷凝器管以及工业部门其他零件
	H62	60.5～63.5	余量为 Zn	软	330	49	56	散热器垫圈、弹簧、垫片、各种网、螺钉等
	H59	57～60	余量为 Zn	软	390	44	—	用于热压及热轧零件
特殊黄铜	HPb59－1	57～60	w_{Pb}=0.8～1.9 余量为 Zn	软	400	45	90	有良好切削加工性，适用于热冲压和切削方法制作的零件
				硬	650	16	140	
	HAl59－3－2	57～60	w_{Al}=2.5～3.5 w_{Ni}2.0～3.0 余量为 Zn	软	380	50	75	在常温下工作的高强度零件和化学性能稳定的零件
				硬	650	15	155	
	ZCuZn16Si4	79～81	w_{Pb}=2.0～4.0 w_{Si}=2.5～4.5 余量为 Zn	S	250	7	85	减摩性很好，作轴承衬套
				J	300	15	95	
	ZCuZn31Al2	66～68	w_{Al}=2.0～3.0 余量为 Zn	S	300	12	80	海船与普通机器制造中的耐蚀零件
				J	400	15	90	

注：S—砂型铸造；J—金属铸造；硬—变形程度为 60%；软—在 600℃退火。

普通黄铜中最常用的牌号有 H70 和 H62。H70 含锌 30%，为单相 α 黄铜(组织如图 6.7所示)，强度高，塑性好，可用冲压方式制造弹壳、散热器、垫片等，故有弹壳黄铜之称。H62 含锌量 38%，属双相(α+β)黄铜，有较好的强度，塑性比 H70 差，切削性能好，易焊接，耐腐蚀，价格便宜，工业上应用较多，如制造散热器、油管、垫片、螺钉等。

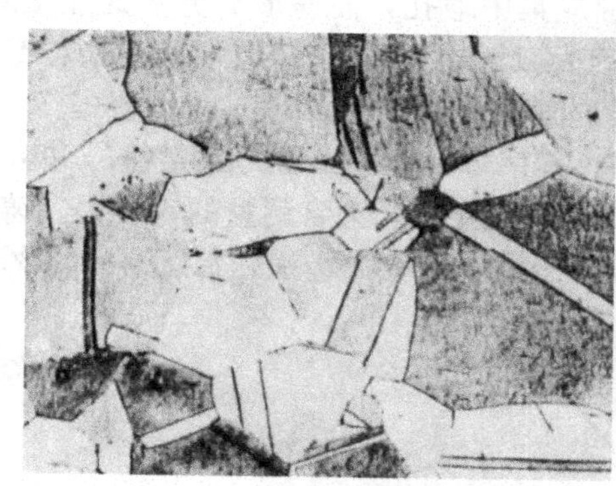
(a) 单相黄铜

(b) 双相黄铜

图 6.7 黄铜的显微组织

2. 特殊黄铜

在铜锌合金中加入少量的铝、锰、硅、锡、铅等元素的铜合金称为特殊黄铜。特殊黄铜具有更好的力学性能、耐蚀性和抗磨性。

特殊黄铜可分为压力加工和铸造用两种。压力加工黄铜加入的合金元素少，塑性较高，具有较高的变形能力。常用的有铅黄铜 HPb59－1、铝黄铜 HAl59－3－2。HPb59－1 为加入 1%铅的黄铜，其含铜量为 59%，其余为锌。它有良好的切削加工性，常用来制作各种结构零件，如销子、螺钉、螺母、衬套、垫圈等。HAl59－3－2 含铝量 3%，含镍量 2%，含铜量 59%，其余为锌。它的耐蚀性较好，用于制造耐腐蚀零件。铸造黄铜的牌号前有“铸”字的汉语拼音首字母“Z”，如 ZCuZn16Si4 中“Z”是“铸”字汉语拼音的首字母，“Zn”表示主加元素，“16”为 Zn 含量，“4”是 Si 含量，剩余为 Cu，即 $w_{Zn}=16\%$、$w_{Si}=4\%$、$w_{Cu}=80\%$的铸造硅黄铜。其综合力学性能、耐磨性、耐蚀性、铸造性能、可焊性、切削加工性等均较好，常用作轴承衬套。常用特殊黄铜的牌号、成分、力学性能和用途参见表 6－3。

6.2.3 青铜

最早的青铜仅指铜锡合金，即锡青铜。现在把黄铜和白铜以外的铜合金统称为青铜，而在青铜前加上主要添加元素的名称。如锡青铜、铝青铜、硅青铜、铍青铜等。它们可分为锡青铜和无锡青铜两类。

1. 锡青铜

锡青铜具有良好的强度、硬度、耐磨性、耐蚀性和铸造性能。含锡量对锡青铜力学性能的影响如图 6.8 所示。当含锡量小于 5%～6%时，塑性良好；超过 5%～6%时，强度增加而塑性急剧下降；当含锡量大于 20%时，强度也急剧下降。故工业用锡青铜的含锡量都在 3%～14%。

含锡量小于 8%的青铜具有较好的塑性和适宜的强度，适用于压力加工，可加工成板材、带材等半成品；含锡量大于 10%的青铜塑性差，只适用于铸造。

锡青铜结晶温度间隔大，流动性差，不易形成集中缩孔，而易形成分散的显微缩松。锡青铜的铸造收缩率是有色金属与合金中最小的(<1%)。故适于铸造形状复杂、壁厚的铸件，但不适于制造要求致密度高的和密封性好的铸件。

压力加工锡青铜牌号用“青”字的汉语拼音首字母“Q”加锡的元素符号和数字表示。如 QSn4－3 表示含锡量为 4%、含锌量为 3%、其余 93%为含铜量的锡青铜。铸造锡青铜则在牌号前加字母“Z”。如 ZCuSn10P1 表示 $w_{Sn}=10\%$，$w_P=1\%$，$w_{Cu}=89\%$的铸造青铜。图 6.9 所示为 ZCuSn10 锡青铜的铸态组织。

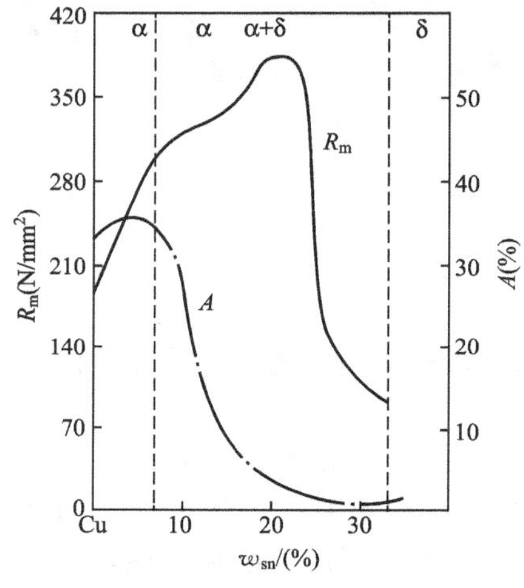

图 6.8 含锡量对锡青铜力学性能的影响

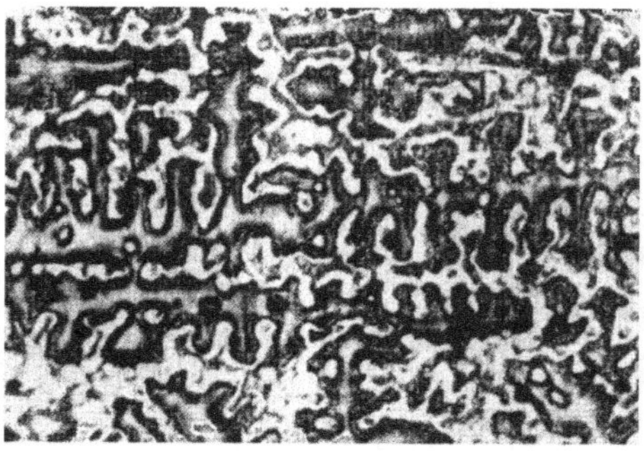

图 6.9 ZCuSn10 锡青铜的铸态组织(100×)

常用锡青铜的牌号、成分、力学性能和用途列于表 6－4。锡青铜抗蚀性比纯铜和黄铜都高，抗磨性也好，多用来制造耐磨零件，如轴承、轴套、齿轮、蜗轮等；也用于制造与酸、碱、蒸汽接触的耐蚀件。

表 6－4 常用青铜的牌号、成分、力学性能和用途

类别	合金牌号	化学成分/(%)		材料状态	力学性能			用途
		w_{Sn}	其他		R_m/(N/mm²)	A/(%)	硬度/HBW	
铸造青铜	ZCuSn10P1	9.0～11.5	w_P=0.5～1.0 其余为 Cu	S	220	3	80	重要用途的轴承、齿轮、套圈和轴套等减摩零件
				J	310	2	90	
	ZCuSn10Zn2	9.0～11.0	w_{Zn}=1.0～3.0 其余为 Cu	S	240	12	70	结构材料，耐蚀、耐酸的配件以及破碎机衬套轴瓦
				J	245	6	80	

（续）

类别	合金牌号	化学成分/(%)		材料状态	力学性能			用　　途
		w_{Sn}	其他		R_m/(N/mm²)	A/(%)	硬度/HBW	
压力加工锡青铜	QSn4－3	3.5～4.5	w_{Zn}＝2.7～3.3 其余为Cu	软	350	40	60	弹簧、管配件和化工器械
	QSn4－4－2.5	3～5	w_{Zn}＝3～5； w_{Pb}＝1.5～3.5； 余量为Cu	软	300～350	35～45	60	汽车、拖拉机工业及其他工业上用的轴承和轴套的衬垫
	QSn6.5－0.4	6～7	w_P＝0.3～0.4 余量为Cu	软	350～450	60～70	70～90	弹簧和耐磨零件
无锡青铜	ZCuAl10Fe3	w_{Al}＝8.5～11.0	w_{Fe}＝2～4 余量为Cu	S J	490 540	13 15	100 110	重要用途的耐磨、耐蚀零件(齿轮、轴套)
	ZCuPb30	w_{Pb}＝27～33	余量为Cu	J	60	4	25	大功率的汽车、拖拉机轴承
	QSi3－1	w_{Si}＝2.75～3.5	w_{Mn}＝1～1.5 余量为Cu	软	350～400	50～60	80	弹簧和弹簧零件以及腐蚀介质中工作的零件
	QBe2	w_{Be}＝1.9～2.2	w_{Ni}＝0.2～0.5 余量为Cu		500 1250	35 2～4	—	重要弹性元件、耐磨件、钟表齿轮

2. 无锡青铜

无锡青铜就是指不含锡的青铜。它是在铜中添加铝、硅、铅、锰、铍等元素组成的合金。无锡青铜具有较高的强度、耐磨性和良好的耐蚀性，并且价格较低廉，是锡青铜很好的代用品。

(1) 铝青铜，一般含铝量5%～10%。常用牌号如ZCuAl10Fe3。它不仅价格低廉，且性能优良，强度比黄铜和锡青铜都高，耐磨性、耐蚀性都很好。但铸造性能、切削性能较差，不能钎焊，在过热蒸汽中不稳定。常用来铸造受重载的耐磨、耐蚀零件，如齿轮、蜗轮、轴套及船舶上零件等。

(2) 硅青铜，含硅量在2%～5%时，具有较高的弹性、强度、耐蚀性，铸件致密性较大。用于制造在海水中工作的弹簧等弹性元件。常用牌号为QSi3－1。

(3) 铅青铜，是很好的轴承材料，具有较高的疲劳强度，良好的导热性和减摩性，能在高速重载下工作。常用牌号为ZCuPb30，由于自身强度不高，常用于浇铸双金属轴承的钢套内表面。铅青铜的缺点是由于铜和铅的相对密度不同，在铸造时易出现相对密度偏析。

(4) 铍青铜，除具有高导电性、导热性、耐热性、耐磨性、耐蚀性和良好的焊接性外，突出优点是具有很高的弹性极限和疲劳强度，故可作为优质弹性元件材料，但价格很高，常用牌号为QBe2。

常用无锡青铜的牌号，成分、性能和用途参见表6－4。

6.3 轴承合金

轴承合金一般指滑动轴承合金，用来制造滑动轴承的轴瓦或内衬。轴承是支承着轴进行工作的，当轴转动时，轴瓦与轴发生强烈摩擦，并承受轴颈传给的周期性载荷。因此轴承合金应具有以下性能：

(1) 足够的强度和硬度，以承受轴颈较大的单位压力；

(2) 足够的塑性和韧性，高的疲劳强度，以承受周期性载荷，抵抗冲击和振动；

(3) 良好的磨合性能，使与轴能较快地紧密配合；

(4) 高耐磨性，与轴摩擦系数小，并能存润滑油，减少磨损；

(5) 良好的耐蚀性、导热性、较小的热膨胀系数，防止摩擦时发生咬合。

轴瓦不能选高硬度金属，以免轴颈磨损；也不能选软金属，防止承载能力过低。故要求轴承合金既硬又软。组织特点是软基体上分布硬质点，或硬基体上分布软质点。前者运转时基体承受磨损而凹陷，硬质点将凸出于基体，使轴与轴瓦接触面减小，而凹坑可存润滑油，从而降低轴与轴瓦间的摩擦系数，减少轴与轴瓦磨损。另外，软基体承受冲击和振动，使轴与轴瓦能很好地结合，并可嵌藏外来小硬物，以免擦伤轴颈(图 6.10)，但不能承受高负荷，它是以锡基、铅基为主的轴承合金。

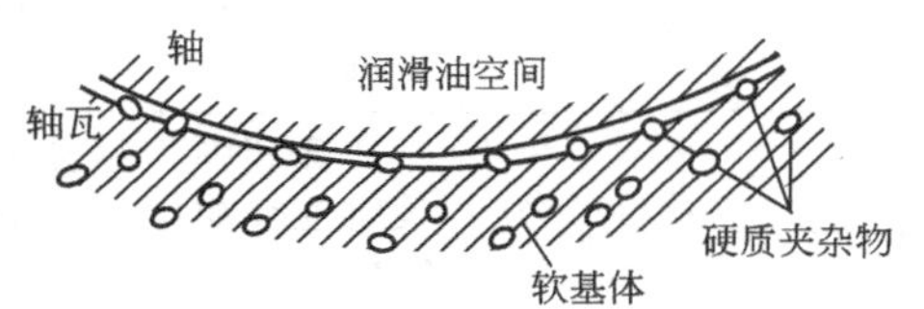

图 6.10 轴承合金结构示意图

轴承合金组织为硬基体上分布软质点时，也可达到类似目的，特点是能承受高速高负荷。轴承合金的编号方法为“Ch”(“承”字汉语拼音字首)加两个基本元素符号，再加一组数字。在“Ch”前加“Z”表示铸造。如 ZChSnSb11-6 表示铸造锡基轴承合金，含锑 11%、铜 6%，其余量锡。

6.3.1 锡基轴承合金

锡基轴承合金又称锡基巴氏合金，是以锡为基础，加少量锑和铜组成的合金。锑能溶入锡中形成 α 固溶体组成软基体，又能生成化合物 SnSb 形成硬质点，均匀分布在软基体上；铜与锡能生成化合物 Cu_6Sn_5，浇注时首先从液体中结晶出来，能阻碍 SnSb 在结晶时由于相对密度小而浮集，使硬质点获得均匀分布，如图 6.11 所示。

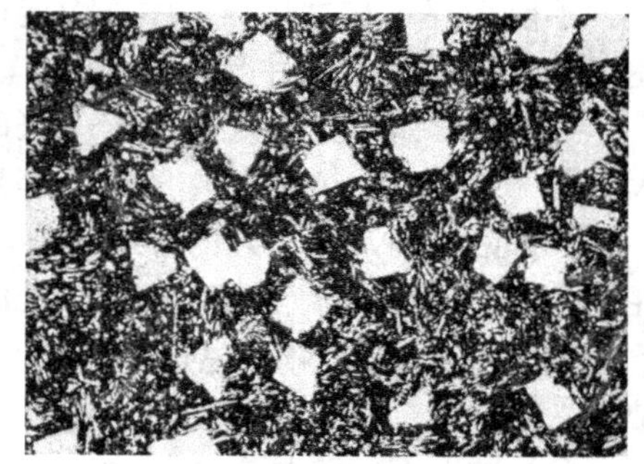

图 6.11 锡基轴承合金组织

锡基轴承合金具有适当的硬度(30HBS)和较低的摩擦系数(0.005)。固溶体基体具有较好的塑性和韧性，所以它的减摩性和抗磨性均较好。另外还具有良好的导热性和耐蚀性。但锡价格较贵，应注意节约使用。

常用锡基轴承合金的牌号、成分、性能及用途列于表 6-5。

表6-5 常用锡基轴承合金的牌号、成分、性能及用途

代号/牌号	主要成分/(%)			杂质总量不大于/(%)	硬度/HBW≥	熔点/℃	用途举例
	ω_{Sb}	ω_{Cu}	ω_{Sn}				
ZChSn1 ZChSnSb12-4-10	11.0～13.0	2.5～5.0	余量	0.55	29		一般机器的主轴衬，但不适于高温部分
ZChSn2 ZChSnSb11-6	10.0～12.0	5.5～6.5		0.55	27	固240	1417kW以上的高速蒸汽机和367.8kW的涡轮压缩机用轴承
ZChSn3 ZChSnSb8-4	7.0～8.0	3.0～4.0		0.55	24	238	一般大机器轴承及轴衬、高速高载荷汽车发动机薄壁双金属轴承
ZChSn4 ZChSnSb4-4	4.0～5.0	4.0～5.0		0.50	20	液223	涡轮内燃机高速轴承及轴衬

6.3.2 铅基轴承合金

铅基轴承合金又称铅基巴氏合金。它是以铅为基础，加入锑、锡、铜等合金元素组成的合金。其软基体是锡和锑在铅中的固溶体，硬质点是SnSb和呈针状的Cu_3Sn化合物。图6.12所示为铅基轴承合金组织。

图6.12 铅基轴承合金组织

铅基轴承合金硬度与锡基合金差不多，但强度、韧性较低，耐蚀性也较差。由于价格低，常用于制造中等载荷的轴承，如汽车、拖拉机的曲轴轴承等。

常用铅基轴承合金的牌号、成分、性能及用途见表6-6。

表6-6 常用铅基轴承合金的牌号、成分、性能及用途

代号/牌号	主要成分/(%)			杂技总量不大于/(%)	硬度/HBS≥	熔点/℃	用途举例
	ω_{Sb}	ω_{Sn}	ω_{Pb}				
ZChPb1 ZChPbSb16-16-2	15.0～17.0	15.0～17.0	余量	0.6	30	液410 固240	高载荷的推力轴承
ZChPb2 ZChPbSb15-5-3	14.0～16.0	5.0～6.0		0.4	32	液416 固232	船舶机械、小于250kW的电动机轴承
ZChPb3 ZChPbSb15-10	14.0～16.0	9.0～11.0		0.5	24	液400 固240	中等压力的机械和高温轴承
ZChPb4 ZChPbSb15-5	14.0～15.0	4.0～5.5		0.75	20		低速、轻压力机械轴承
ZChPb5 ZChPbSb10-6	9.0～11.0	5.0～7.0		0.75	18		高载荷、耐蚀、耐磨用轴承

为提高轴承的寿命，生产中常用浇注法将锡基或铅基轴承合金镶铸在钢质轴瓦上，形成薄而均匀的一层内衬，可提高轴承的承载能力，并节约轴承合金材料。

6.3.3 其他轴承合金

1. 铝基轴承合金

铝基轴承合金原料丰富，价格低廉，具有相对密度小，导热性好，疲劳强度和高温强度高的性能。而且改进了锡基、铅基轴承合金必须单个浇注的落后工艺，可进行连续轧制生产。所以，它是发展中的新型减摩材料，已广泛用于高速高载荷下工作的轴承。

铝锑镁轴承合金含锑 4%、镁 0.3%～0.7%，其余为铝。这种合金可与 08 钢板一起热轧成双金属轴承合金。得到的双金属轴承合金具有高的疲劳强度、耐蚀性和较好的耐磨性，工作寿命是铜铅合金的两倍，目前已大量应用在低速柴油机和拖拉机轴承上。其最大承载能力为 $2000N/mm^2$，最大允许滑动线速度为 10m/s。

高锡铝基轴承合金含锡 20%、铜 1%，其余为铝。锡能在轴承表面形成一层薄膜，能防止铝氧化。高锡铝基轴承合金具有高的疲劳强度，良好的耐热性、耐磨性和抗蚀性，承载能力可达 $2800N/mm^2$，滑动线速度可达 13m/s。它可代替巴氏合金、铜基合金和铝锑镁合金。目前已在汽车、拖拉机、内燃机车的轴承上推广使用。

2. 铜基轴承合金

常用 ZCuSn10P1、ZCuAl10Fe3、ZCuPb30、ZCuSn5Pb5Zn5 等青铜合金做轴承。ZCuPb30 青铜中，铅不溶于铜，而形成较软质点均匀分布在铜的基体中。铅青铜的疲劳强度高，导热性好，并具有低的摩擦系数，因此，可做承受高载荷、高速度及在高温下工作的轴承，如航空发动机及大功率汽轮机曲轴轴承，柴油机及其他高速机器的轴承等。

3. 锌基轴承合金

锌基轴承合金是以锌为基加入适量铝及少量铜和镁形成的合金。常用的锌基耐磨合金的化学成分见表 6-7。

表 6-7 锌基轴承合金的化学成分 (%)

合　金	ω_{Al}	ω_{Cu}	ω_{Mg}	ω_{Zn}
ZA12	10.5～11.5	0.5～1.25	0.015～0.07	余量
ZA27	25.2～28.0	2.0～2.5	0.01～0.02	余量

当合金中含铝量为 5%时将有共晶反应，上述 ZA12 和 ZA27 是过共晶合金。在合金的组织中有 η 和 β'相，η 相是以锌为基的固溶体，较软；β'相是以铝为基的固溶体，较硬，当合金结晶后，形成软硬相间的组织。

为了提高合金的强度，还加入适量的 Cu 和 Mg。当铜增加到一定量时，能形成 $CuZn_3$ 金属间化合物，具有高硬度，弥散分布于合金组织中，可提高合金的力学性能及耐磨性。镁能细化晶粒，除提高合金的强度外，还能减轻晶间腐蚀。锌基轴承合金与青铜的力学性能和物理性能比较见表 6-8。

表 6-8 锌基轴承合金与青铜的力学性能和物理性能比较

合金	ZA12	ZA27	ZcuSn5Pb5Zn5
抗拉强度/(N/mm^2)	276～310	400～441	200
屈服点/(N/mm^2)	207	365	90
硬度/HBW	105～125	110～120	60
冲击韧度/(J/cm^2)	24～30	35～55	—
密度/(g/cm^3)	6.03	5.01	8.8
热膨胀系数(2×10^{-6})	27.9	26	17.1
线收缩率(%)	1.0	1.3	1.4～1.6
结晶温度范围/℃	377～493	376～493	825～990
延长率/(%)	1～3	3～6	13

可见，这类合金的强度和硬度都较高，并有较好的耐磨性，在润滑充分的条件下，摩擦系数较小，用它代替铜合金做轴承材料，经济效益十分显著，是值得进一步推广的轴承合金。

6.4 其他有色金属及合金

6.4.1 钛及钛合金

钛的密度小(4.5g/cm^3)，熔点高达1677℃，热膨胀系数小，导热性差；纯钛塑性好，强度低，易于成形加工；钛在大气和海水中具有优良耐蚀性，在硫酸、盐酸、硝酸、氢氧化钠等介质中有良好的稳定性；钛的抗氧化能力优于大多数奥氏体不锈钢。但因600℃以上钛及其合金易吸收氮、氢、氧等，使性能恶化，这就给热加工及铸造带来困难。钛在固态下有两种晶格结构。在882.5℃以下为密排六方晶格，称为α-Ti；882.5℃以上为体心立方晶格，称为β-Ti。882.5℃发生的同素异晶转变对钛合金的强化有重要意义。

为提高钛的强度，可在钛中加入合金元素形成钛合金。由于各种元素对钛的不同影响，钛合金可按其组织分为α钛合金、β钛合金和α+β钛合金三类。

图 6.13 α钛合金热锻缓冷组织

α钛合金，代号TA，主要合金元素为铝、硼、锡等。组织为单相α固溶体，不能热处理强化。室温强度较β钛合金金和(α+β)钛合金低，但高温(500～600℃)强度高，且组织稳定、焊接性能好。典型牌号TA7，成分为Ti-5Al-2.5Sn。图6.13所示为α钛合金热锻缓冷组织。

β钛合金，代号 TB，主要合金元素为钼、铬、钒等。组织为介稳定的单相β固溶体，可热处理强化，室温下有较高的强度，焊接和压力加工性能良好。但性能不够稳定。典型牌号 TB1，成分为 Ti－3Al－13V－11Cr，使用温度 350℃以下。

(α＋β)钛合金，代号 TC，室温组织为α＋β双相组织，可热处理强化，力学性能变化范围大，可适应各种不同用途。但组织不稳定，可焊性较差。图 6.14 所示为(α＋β)空气冷却组织钛合金热锻缓冷组织。典型牌号 TC4，成分为 Ti－6Al－4V。图 6.15 为 Ti－6Al－4V 淬火时效组织。

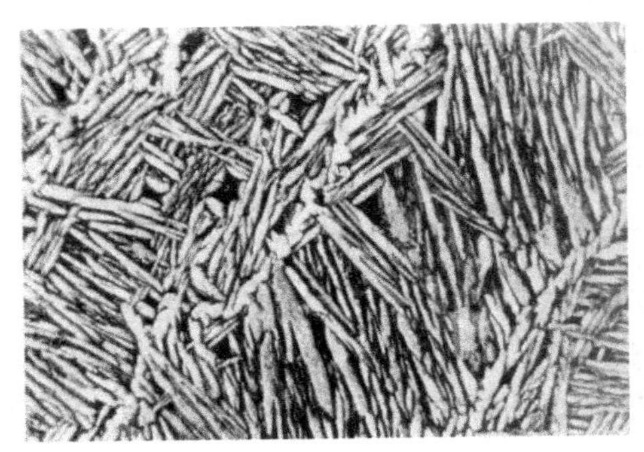

图 6.14 (α＋β)空气冷却组织钛合金热锻缓冷组织

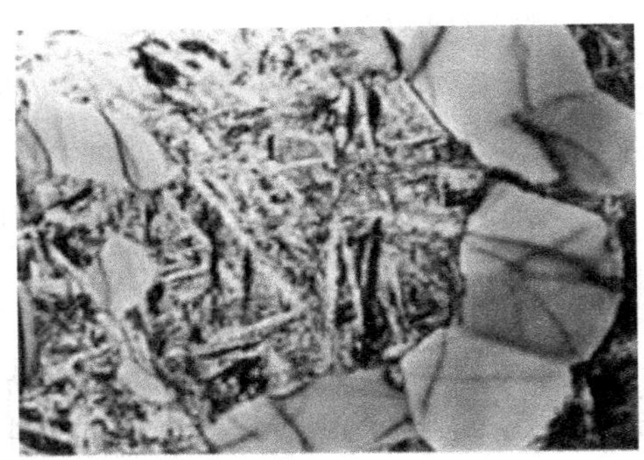

图 6.15 Ti－6Al－4V 淬火时效组织(5000×)

6.4.2 锌基合金

锌基合金是重要的压铸合金。锌成本低，熔点仅为 380℃，对压铸模无不利影响，而且能制成强度特性好、尺寸稳定性好的合金。图 6.16 所示为铸造锌基合金的金相组织。

锌基合金压铸件的强度高于除铜外的大多数其他压铸合金的强度，且具有优良的抗冲击能力。这些合金压铸件尺寸精度高且成本低。它们具有足够的抗蚀能力，虽长期与潮湿空气接触会产生白色腐蚀物，但可采用表面处理来防止。

由于锌基合金的上述优点，国内已开始用冷冲模制造材料。

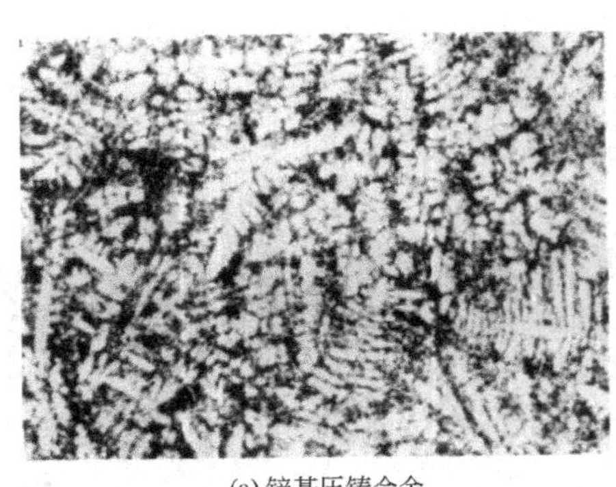

(a) 锌基压铸合金

(b) ZZnAl4

图 6.16 铸造锌基合金的金相组织

6.4.3 镍基合金

镍基合金以具有优良的强度及抗腐蚀性，特别是高温性能而著称。如蒙乃尔合金约含镍67%、铜30%，由于具有优良的抗腐蚀性，已在化学工业和食品工业中使用多年。与其他合金相比，镍基合金在更多的介质中显示出良好的耐腐蚀性，特别是耐盐水和硫酸的腐蚀，甚至能耐高速高温蒸汽的侵蚀。因此，蒙乃尔合金可用作蒸汽发动机叶片。

镍基合金另一作用是制成可在极高温度下使用的耐热合金。图6.17所示为Ni-Mo合金的金相组织。

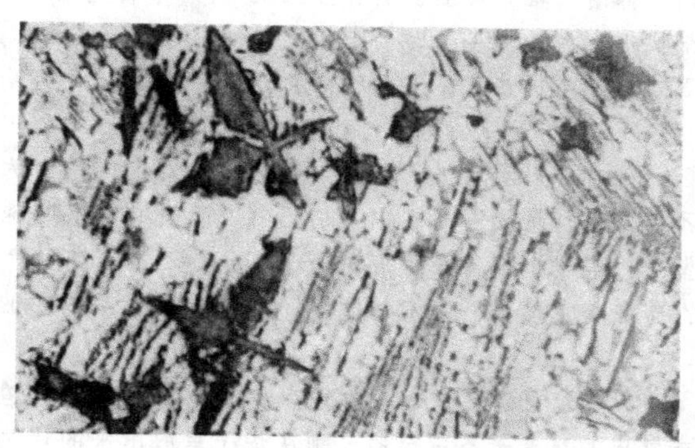

图6.17 Ni-Mo合金的金相组织

大多数镍基合金比较难铸造，但可以锻造或热成形。然而，通常必须在可控气氛中加热，以免晶界脆化。镍基合金可焊性较好。

知识要点提醒

学习本章时，首先要弄清楚有色金属的分类体系，然后按牌(代)号、材料类型、强化方法、组织性能、用途等方面自己逐一检查是否真正掌握；对轴承合金及其他有色金属掌握基本内容即可。学习固溶-时效强化时，应复习第4章的相关内容。

本章的重点是铝合金的种类、牌(代)号和应用；黄铜、青铜的含义、牌号和应用。难点是固溶-时效强化及应用。

知识链接

有生命的合金

人们在生活中难免会碰到一些匪夷所思的奇怪现象。若是一个对什么都无所用心的人，也许会对这稍纵即逝的机遇失之交臂：“咳，真是怪事一桩。”然后便遗忘了。若是一个热爱生活的有心人，就会抓住这一偶然的现象寻根究源，设法弄个水落石出，结果获得意想不到的成功和喜悦。

有生命的合金——形状记忆合金的发现就是一个很好的事例。

故事发生在1962年夏天。

在美国海军研究所里，军械研究室正在奉命研制一种新式装备。研究过程中需要用到一些镍钛合金丝。

“史密斯中士，请您到原料仓库去领一些镍钛合金丝来，好吗?”主任冶金师布勒先生习惯用商量的口吻对下属布置任务。

史密斯在原料仓库里发现只剩下一些弯弯曲曲的合金丝，直的一根也没有。他决定先领回去，再用调直机把它们校直之后使用。

回到实验室、史密斯不等吩咐就在调直机上把这些合金丝一根根都仔细地校直了，然后一起顺手放在旁边的壁炉搁板上。

过了一会儿，布勒先生喊："史密斯先生，请把镍钛合金丝拿来，好吗?"史密斯答应了一声，飞快地跑去拿合金丝。走到那里，他呆住了，原先拉直的合金丝全变弯了，乱哄哄的一团，就好像没校直过一样。他只好抱着委屈的心情向布勒作了汇报。布勒听了以后也有点将信将疑，只好让史密斯重新把合金丝拉直。

谁知没过多久，史密斯又捧着一堆弯弯曲曲的合金丝来了。"布勒先生，真是活见鬼了，我刚把这些合金丝拉直，可它们在壁炉搁板上放了没多少时间，就又自动变弯了，真不知是什么原因?"

这种奇怪的现象引起了布勒先生的注意。他敏锐地意识到"鬼"是肯定没有的，有一种未知的因素在"作怪"倒大有可能。

布勒决定要查一下原因。他首先对现场进行了仔细的观察：调直机是好的，拉出来的镍钛合金丝根根笔直，拿在手里很久也不变形；现场周围看来也一切正常，既没有什么特殊的化学物质，也不存在强烈的磁场或电场；再看看壁炉，似乎也没什么特别之处，何况夏天并不使用壁炉。

那到底是什么原因呢？布勒特意摸了一下壁炉搁板，发现有些烫手，仔细一检查，原来在壁炉搁板背后有一根蒸汽管道通过。

"莫非是温度在作怪?"布勒脑海里突然泛起一件往事：那是1958年，他在研究镍钛合金时发现，合金棒在不同温度时互相撞击发出的声音是不一样的。刚从炉子里取出来的灼热合金棒掉在地上时，发出的声音清脆如铃，十分悦耳；而等冷却下来以后再撞击时，发出的却是喑哑而迟钝的声音。

"也许是在不同温度时镍钛合金内部的结构起了变化。"顺着这个推测，布勒决定亲自来试一试。他把刚才校直后拿在手里一直未变形的合金丝放进了烤箱，慢慢地进行加热。奇迹果然出现了：开始时，合金丝一切如故，但当温度上升到78℃时，它一下子变"活"了，恢复了原先拉直之前的形状。再试几次，每次都是如此。

为了搞清镍钛合金丝"复活"之谜，经研究所领导同意后，布勒当即决定将研究组人员一分为二：一部分继续研究新式装备，另一部分人员全力以赴探讨新问题。布勒要求他们从材料的组成及其在不同温度下的表现等方面研究多种合金材料的性质，他自己则从擅长的金相学角度进行研究。

经过一个阶段的研究、布勒和他的同事们取得了令人振奋的成果。他们了解到：①具有形状记忆能力的合金并不只是镍钛合金一种，还有铜铝合金、铜锌合金、铜镍合金、镍铝合金等；②不同的组成，甚至是组成虽然相同，但热处理方法不同的合金，"唤醒记忆"恢复原有形状的温度就有所不同；③这些合金变形能力是无疲劳的，即使反复变形上百万次也不会断裂。

对形状记忆合金的变形原理，布勒在研究中也提出了合理的假设：在这些合金中，金属原子都是按照一定的顺序排列起来的，当受到外力作用时，它们会被迫"迁居"到邻近的某个地方去"暂住"，就此发生变形；当我们给变形了的合金加热到一定温度时，这些被迫"迁居"的原子就会获得必要的能量，"打回老家去"，恢复合金原有的形状。这个特定的温度被布勒称为"转变温度"，各种形状记忆合金的转变温度是不同的。

布勒把金属镍和钛的元素符号(Ni和Ti)加上海军军械研究室的缩写符号NOL合并在一起，为有"记忆力"的镍钛合金起名为Nitinol。但人们更喜欢使用一个形象化的名字——形状记忆合金。

月面天线便是用Ti-Ni丝焊接成半环状天线，压成小团，用阿波罗火箭送上月球。在月面上，小团被阳光晒热后又恢复原状，即用于可通信。对于体积大而难以运输的物体也可用这种材料及方法制造。

目前较成熟的形状记忆合金有TiNi合金与Cu-Zn-Al合金。这两种合金的应用领域很广，包括各种管接头、电路的连接、自控系统的驱动器以及热机能量转换材料等。Fe-Mn-Si等铁基形状记忆合金，属应力诱导型记忆合金，也有很好的应用前景。

形状记忆合金应用较广的是各种管件接头，其内径比待连接的管子约小4%。在M_f以下，马氏体非常软，接头内径很容易扩大。在此状态下将管子插入接头内，加热后，接头内径即恢复到原来尺寸，把管子紧紧地箍紧。因为形状恢复力很大，故连接很严密，无漏油危险。形状记忆材料还可用于温度控制仪器等各种形状记忆驱动器，如温室窗户的自动开闭装置、发动机散热风扇的离合器等。图6.18所示为记忆合金应用实例。

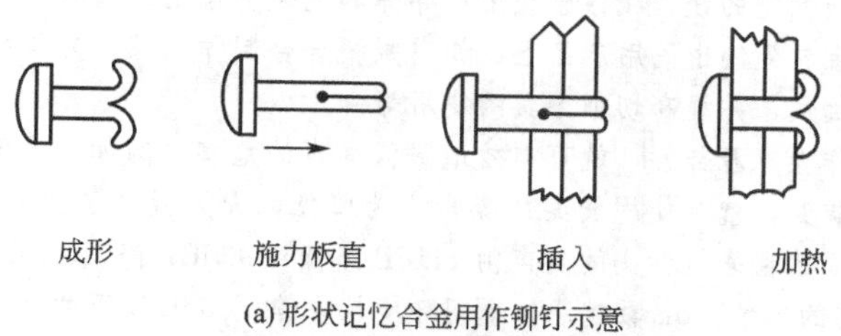

(a) 形状记忆合金用作铆钉示意

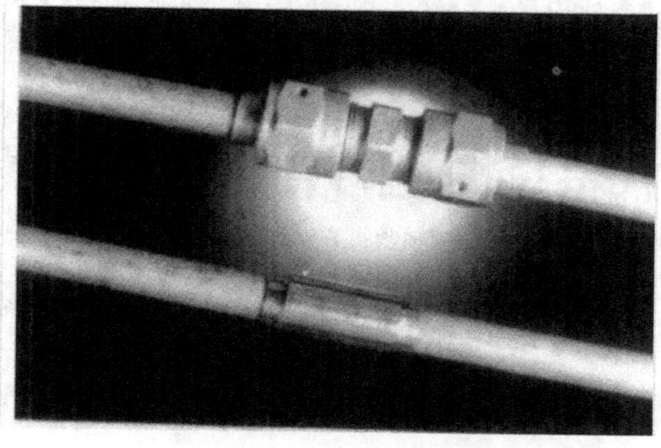

(b) Ni-Ti-Nb形状记忆合金管接头与传统连接的比较

图 6.18 记忆合金应用实例

敲不响的金属

超塑性、形状记忆效应和防振特性合称为材料的三大功能特性，近年来受到人们的关注。

防振合金不是通过结构方式去缓和振动和噪声的，而是利用金属材料本身具有大的衰减能去消除振动和噪声的发生源，是有与过去完全不同的构思而产生的材料。

所谓防振合金就是能像铅和镁一样"敲不响"，但却像钢一样坚固的材料，即衰减能大、强度高的材料。

材料减振具有以下三方面的优点。

(1) 防止振动：如可使导弹仪器控制盘或导航仪等精密仪器免除发射时引起的激烈冲击。

(2) 防止噪声：如把它用在潜水艇或鱼雷推进器上，防止敌舰的声呐探索。

(3) 增加疲劳寿命：如用于汽轮机叶片上以增加疲劳寿命。

从金属学的机理对减振合金进行分类，大体上可分为复合型、强磁性型、位错型和双晶型 4 类，见表 6-9。

表 6-9 减振合金的分类

分类	合 金 系
复合型(应力缓和型)	Fe-C-Si(灰铸铁)；Al-Zn(铸造 Al-Zn 合金)；
强磁性型(磁滞型)	Fe-Cr(12%铬钢)；Fe-Cr-Al(消声合金)；Fe-Cr-Al-Mg；Fe-Cr-Mo；Co-Ni
位错型	Mg，Mg-Zr；Mg-Mg 2Ni；
双晶型	Mn-Cu；Mn-Cu-Al；Cu-Al-Ni*；Cu-Zn-Al*；Ni-Ti*

注：标*号的也是形状记忆效应合金。

美国最早将具有高减振性能的镁锆减振合金用在导弹的陀螺罗盘上，以减少导弹在发射时产生的激烈振动。后来，将减振合金转到制造民用产品上，如用减振合金制作钻头、刀具的钻杆和刀杆，可使振动大幅度减小，切削速度加快，并提高切削工具的使用寿命。

如果利用减振合金制作噪声源部件，就可有效地降低噪声的危害。例如，采用锰铜或镍钛一类减振合金制作潜艇、鱼雷的螺旋桨，就可使螺旋桨的噪声大为降低，大大减少了被敌方声呐发现的危险性。再如，用锰铜减振合金制成的凿岩机钻头的噪声由111dB降低到96dB，降低15dB。

“dB”是表示声音强弱的单位，dB数越小，说明环境越安静。50dB以下的环境基本上可认为是寂静的；远处驶过的汽车会带来80dB的噪声，人们可以承受，对人们的工作和健康没有太大的影响；纺织厂、轧钢厂嘈杂的机械轰鸣声相当于85～90dB，长时间将对工作人员的心脑构成一定的伤害；而喷气式飞机起飞时啸叫声可达140～150dB，会使人感到烦躁不安，难以忍受。

圆盘锯采用锰铜减振合金制作，噪声比原先可降低30dB以上。用铁铬减振合金代替防弹钢板用在坦克和装甲车上，在高速行驶时可降低噪声10dB，不仅使车上乘员感到舒适，而且也提高了隐蔽性，使敌方难以发现。

在录放音响系统中，采用减振合金能有效地提高音质，改善声乐效果。因此，减振合金在这方面的应用日益增多。

日本研制的减振合金(也叫做“沉默合金”)，大量用在活塞头、照相机快门和自动卷片器以及门窗等处，收到了显著效果。

近年来，一些新型家用电器如空调、洗衣机以及电动刮胡刀等也由于使用减振合金降低了噪声，受到用户的欢迎。

另外，一些要求高精度、高音质的仪表器件，如测量齿轮、X射线管支座、立体音响的拾音器架等也相继采用了减振合金来降低噪声，达到了预想的效果。

减振合金在建筑业等方面也是大有可为的，特别是用减振合金制成的复合减振钢板有着广泛的用途和特殊的优越性，如将它用作铁路桥下的隔音板，既可防止噪声又可延长使用寿命。用复合减振钢板制造家具，既具有金属制品结实美观的特点，又不会产生一般金属器具的噪声。

减振合金除了用来防止振动和降低噪声外，还用来延长材料和其制成品的使用寿命。例如，用钴镍减振合金制成飞机发动机涡轮叶片，就大大提高了叶片的使用寿命。

微晶超塑性材料将来在减振材料中可能占有相当的地位，随着晶粒细化技术的发展，将更加引人注目。有人认为这类材料的减振机理可能是由晶界引起的应力缓和松弛。

习　　题

1. 利用铝合金相图(图4.26)说明下列问题：

(1) 何种铝合金宜采用时效硬化？

(2) 何种铝合金宜采用变形强化？

(3) 何种铝合金宜于铸造？

2. 与钢相比，铝合金的主要优缺点是什么？

3. 铝合金的分类方法是什么？

4. 铝合金的时效强化是如何进行和完成的？

5. 试从机理、组织与性能变化上比较铝合金淬火、时效处理与钢铁的淬火、回火处理；铝合金变质处理与灰铸铁孕育处理的异同。

6. 试比较固溶强化、弥散强化、时效强化产生的原因及它们之间的区别，并举例说明。

7. 锡青铜结晶区间较大，流动性较差、晶内偏析严重、易产生显微缩松，为什么又适用于铸造复杂的铸件？

8. 制作刃具的材料有哪些类别？列表比较它们的化学成分、热处理方法、性能特点（硬度、热硬性、耐磨性、韧性等）、主要用途及常用代号。

9. 轴承合金中，硬相和软相各起什么作用？

10. 某工程师需要减少含铜量为3%的Al-Cu合金带材的厚度，由于现有轧制设备容量有限，他决定热轧这种材料以降低轧制力，选定轧制温度为575℃（单相α区，固相线以下25℃）。但轧制时，带材不是均匀变形，而是开裂并碎成几块，请问这是什么原因？参见图4.26。

11. 滑动轴承工作条件及对性能的要求是什么？

第7章 非金属材料

知识要点	掌握程度	相关知识
工程塑料	掌握	工程塑料的组成，热塑性工程塑料和热固性工程塑料的种类、性质及应用
橡胶	掌握	工业橡胶的组成，性能特点，常用橡胶材料的种类、性质及应用
胶粘剂	熟悉	
工业陶瓷	了解	常用工业陶瓷的种类、性质及应用
硬质合金	掌握	硬质合金的种类、性质及应用
复合材料	了解	复合材料的增强机制以及先进复合材料的应用

导入案例

第一种塑料的诞生

1846年的一天，瑞士巴塞尔大学的化学教授舍恩拜因在自家的厨房里做实验，一不小心把正在蒸馏硝酸和硫酸的烧瓶打破在地板上。因为找不到抹布，他顺手用妻子的布围裙把地擦干，然后把洗过的布围裙挂在火炉旁烘干。就在围裙快要烘干时，突然出现一道闪光，整个围裙消失了。为了揭开布围裙自燃的秘密，舍恩拜因找来了一些棉花把它们浸泡在硝酸和硫酸的混合液中，然后用水洗净，很小心地烘干，最后得到一种淡黄色的棉花。现在人们知道，这就是硝酸纤维素，它很易燃烧，甚至爆炸，被称为火棉，可用于制造炸药。这是人类制备的第一种高分子合成物。虽然远在这之前，中国人就知道利用纤维素造纸，但是改变纤维素的成分，使它成为一种新的高分子的化合物，这还是第一次。

舍恩拜因深知这个发现的重要商业价值，他在杂志上只发表了新炸药的化学式，却没有公布反应式，而把反应式卖给了商人。但由于生产太不安全，到1862年奥地利的最后两家火棉厂被炸毁后就停止了生产。可是化学家们对硝酸纤维素的研究并没有中止。英国冶金学家、化学家帕克斯发现硝酸纤维素能溶解在乙醚和酒精中，这种溶液在空气中蒸发了溶剂可得到一种角质状的物质。美国印刷工人海厄特发现在这种物质中加入樟脑会提高韧性，而且具有加热时软化，冷却时变硬的可塑性，很易加工。这种用樟脑增塑的硝酸纤维素就是历史上第一种塑料，称为赛璐珞(Celluloid)。它广泛被用于制作乒乓球、照相胶卷、梳子、眼睛架、衬衫衣领和指甲油等。

1884年夏尔多内产生了将硝酸纤维素溶液纺成一种新纤维的想法，他制造了第一种具有光泽的人造丝。当1889年这种新的纤维在巴黎首次向公众展示时曾引起了轰动。这种人造丝有丝的光泽和手感，也能洗涤。可惜这种人造丝极易着火燃烧。后来硝酸纤维素人造丝被更为防火的两个品种所取代，一种是醋酸纤维素，另一种是再生纤维素。今天这两种人造丝的产量已是生丝的65倍。

舍恩拜因的偶然发现引起了19世纪后半叶欧洲和美洲化学工业的巨大发展。

从“流泪树”到合成橡胶

橡胶，人称“弹性之王”，最大的特点是富有弹性，可以在外力作用下伸长七八倍，但外力一消失，又迅速恢复其原来的长度。除了弹性好以外，橡胶还有防水、绝缘、气密、抗振、耐磨等一系列优良性能。没有橡胶，汽车、飞机开不动；球鞋、雨靴穿不成；坦克、军舰动不了；甚至火箭、宇宙飞船也上不了天。一句话，橡胶是当今社会不可缺少的重要战略物资，是现代人生活中非常熟悉的材料之一。

橡胶家族现在有上百个成员，分为天然橡胶和人工合成橡胶两大类。无论是天然橡胶，还是合成橡胶，都是化学家们付出了大量辛勤的劳动后，才得以进入人类生活的。

橡胶的故乡在炎热的南美热带雨林中，它最早结识的人是那里最古老的居民——印第安人，是航海家哥伦布把它介绍给欧洲人的。

当哥伦布1493年第二次带着舰队在海上颠簸了几个月后，到达了大西洋西岸加勒比海靠近墨西哥湾的海地岛。在岛上，哥伦布发现一些印第安人孩子，一边唱着不知名的歌曲、一边在互相抛掷一个黑色的圆球。让他感到有趣的是，这个土豆大小的圆球偶然掉到地上，竟会弹起来，蹦得高高的。哥伦布惊讶之余，以手势向孩子们讨来一个，捏在手里一看，这黑乎乎的东西不知是用什么做成的，用力一按，它会瘪进去，但一松手，瘪进去的地方又会恢复原状。

哥伦布比划着向土著打听这是什么东西、只听见他们反复叫着“卡乌巧乌，卡乌巧乌”。以后时间长了，他才知道“卡乌巧乌”的意思是“树的眼泪”。原来，当地有一种奇异的树，你只要在树身上切一个“V”字形口子，就会像流泪一样，从树中渗透出白色像乳汁样的液体。把这种胶液先用阳光晾晒，再用椰子壳燃烧的烟火熏烤，就会凝成这种黑色有弹性的固体，当地人把它称为“卡乌巧乌”。

南美洲的印第安人用液体树胶涂在鞋子上防水，用经过烟熏的生胶做成种种粗糙的生活用品，还把它们涂抹在盾牌上，用它的韧性抵挡敌人的长矛和箭矢。

1770 年，英国人普立斯特勒利用“树的眼泪”发明了擦铅笔字迹的橡皮。这是第一种广泛使用的橡胶制品，直到现在，英文中的橡胶一词“rubber”的另一个意思就是“摩擦器”，而橡胶树就用“rubber tree”表示，可见其影响之深。

1823 年，苏格兰化学家查尔斯·麦金托斯找到了能溶解橡胶的溶剂——从煤焦油中提取出来的挥发油。他把橡胶溶液涂在两层布料之间，使它们粘在一起，在溶剂挥发后，布料就不透水了，可以做成轻盈、美观的雨衣。

当时使用的橡胶，是将胶乳中的水分除去后，再烟熏火烤做成的“生胶”。它虽有一点弹性，但强度相当差，不耐磨，尤其是冬天遇冷会变得硬而脆，夏天遇热会变得软而粘，所以使用范围受到很大限制。

怎样克服生橡胶的缺点，使它变得坚固耐用、弹性十足呢？许多化学家都在动脑筋要解决这个问题。人们没想到，最终解决这个问题的竟是美国一个普通工人，他名叫查尔斯·固特意尔。

固特意尔出生于 1800 年，家境贫寒，但他从小是个化学迷。自从见到橡胶制品以后，固特意尔就想对生橡胶进行一番改造。他在家里布置了一个最简陋的实验室，在煤炉、铁锅、勺子和玻璃烧管中开始了他的发明梦。

当时正值各种性能优良的合金钢不断被发明出来。固特意尔想，钢的性能比铁要好得多，这是为什么呢？无非是因为在炼钢时往铁水原料中添加了有用的合金元素。那我何不利用炼合金钢的思路，在热的生橡胶原料中也加进适当的其他物质，用它来改善橡胶的原有性能呢？在此思路的指引下，固特意尔在橡胶中加进各种各样的物质：硫酸、盐酸、石灰水、氧化镁、种种金属粉末、木炭粉……可是，每一次的试验都失败了。

这样的日子持续了 10 年之久，幸运女神终于乘着一次“偶然”的事故来到他身旁。

1839 年的一天深夜，固特意尔疲惫地坐在熬烧橡胶的坩埚前，正在为一包硫磺粉犯愁：“该不该把硫磺粉倒进去呢？硫磺可是容易着火的东西，万一倒进去造成火灾，甚至爆炸怎么办？”谁知，过度疲劳的固特意尔正在反复盘算之际，手却不由自主地一抖，将硫磺粉撒进了热橡胶中。顿时，坩埚里浓烟滚滚，发生了剧烈的反应，一股令人窒息的二氧化硫气体扑鼻而来。他赶紧端起一盆水将炉火扑灭，停止了这危险的试验。

第二天早晨，固特意尔起来收拾残局时，意外地发现炼胶坩埚壁上粘着的橡胶与往常不同，弹性好，韧性也特别足，拉也拉不断。他意识到自己的机会来了。他谨慎地重新安排了实验计划，不光用实验证明了把硫磺和橡胶放在一起熔炼可以显著改善橡胶的性能，而且仔细研究了加硫磺分量的多少，加硫磺的时机，熔炼的温度和时间等一系列问题，熟练地掌握了全套技术问题。1844年，穷困潦倒的固特意尔已经拿不出申请专利的费用，只好请一个老板出资，再以两个人的名义用“防火橡胶”的名字申请生产方法专利(注：后来，防火橡胶被改成含义更贴切的名字“硫化橡胶”)。

橡胶中加入硫磺混炼，为什么会变成不怕冷热、弹性出色的硫化橡胶呢？原来，生橡胶的内部结构，好像一堆一段一段的断毛线，虽有一些弹性，但相互之间结合力很小，所以不够牢固；在其中加入硫磺混炼后，硫原子在其中起了“架桥筑路”(“硫桥”)的作用，将一个个链状的橡胶分子纵横交错地结合起来(交联)，形成了立体网状结构，好比将断毛线编织成了一件毛衣，当然就牢固了。

“需要是创造之母”，人们在探索天然橡胶的秘密，更希望能以人工的方法合成橡胶，把工厂变成高产高效的“橡胶园”。

20世纪初，地处北方、无法种植橡胶树的俄国和德国，首先开始探寻合成橡胶之路。

对合成橡胶作出重大贡献的第一人是德国化学家施陶丁格。从20世纪20年代起，他就在思考一个大问题：橡胶内部的分子结构到底是怎么样的，它为什么会弹性十足呢？

一天，施陶丁格到公园去散步，花坛边的铁链条突然触发了他的创造性联想思维：一环扣一环的铁链条、不是也可以既伸长又缩短吗？那么，橡胶有弹性，是不是它的分子内部也有像链条那样一节一节的结构呢？带着这个假设，他设计了一系列实验，终于证实像橡胶、淀粉、纤维素和蛋白质等天然物质，都是由几百个，甚至几千个相同的原子团像链条的链节那样连接起来组成的。施陶丁格给有这一类结构的物质起名叫“高分子化合物”。施陶丁格还指出，只要化学家能找到适当的分子化合物，再让它们通过适当的化学反应按特定次序聚合起来，就不但能仿造出与天然高分子化合物同样好的物质，还能创造出比天然高分子化合物更好的物质。

1930年，施陶丁格用酒精制成了廉价的丁二烯，并用它实现了以工业化规模生产人造的丁钠橡胶。丁钠橡胶虽说抗拉强度只有天然橡胶的60%，但它能够抛开橡胶园快速、大量地制造出来，可以单独使用，也可与天然橡胶混合起来使用，对解决德国的橡胶短缺问题起了很大的作用。

此后，美国、苏联、德国等国家在人工合成橡胶厂都投入了大量的人力、物力，先后研制出丁苯橡胶、顺丁橡胶、氯丁橡胶、乙丙橡胶、丁基橡胶、聚异丁烯橡胶等通用合成橡胶，还研制成了丁酯橡胶、硅橡胶、氟橡胶、氯醇橡胶等特种合成橡胶。

到1950年，世界合成橡胶的年产量已经达到了543万吨，这相当于30万名农业工人在900万亩橡胶园里辛勤工作一年的收获，大大缓和了世界橡胶供应紧张的状况。

合成橡胶发明出来后，产量在逐渐增加，品种也在不断增多，但人们发现它的性能还不够理想。合成橡胶的个别品种在某方面的性能可能比天然橡胶还好，但从加工性能、弹性等方面作一个综合评价的话，它还是比天然橡胶稍逊一筹。

怎样才能合成与天然橡胶同样好，甚至更好的橡胶呢？化学家们都在思考这个问题，试图解开天然橡胶之谜。

实际上，19世纪末，法国化学家布沙达用干馏的方法，弄清了天然橡胶是由异戊二烯小分子组成的，但当人们花了几十年的心血，终于实现了异戊二烯的聚合以后，却发现所得到的橡胶与天然橡胶相比在质量上依然是“不可同日而语”。

这是为什么？以后有了放大能力极强的电子显微镜，化学家们才借助它明白了其中的原因。原来，在天然橡胶中，异戊二烯分子的排列是非常有规则的，不仅一个接着一个，而且方向也相同。

化学家们明白了，好比是“步调一致才能取得胜利”，天然橡胶优良的性能，是来源于其中异戊二烯小分子排列的高度“规整性”。要想生产出与天然橡胶一样好的合成橡胶，不光要用相同的小分子，还要找到能控制小分子在聚合反应中取向的催化剂，使异戊二烯分子也按照相同的方向连接聚合。

1953年，德国化学家齐格勒发明了一种由四氯化钛和烷基铝衍生物混合组成的催化剂，它可以在接近常温常压的条件下使乙烯分子聚合起来，而且生成的低压聚乙烯比在条件苛刻的高温高压下合成的聚乙烯质量还要好。可惜他没有进一步探明其中的奥秘。

到1954年，意大利化学家纳塔发现，采用齐格勒催化剂造出来的聚丙烯塑料，它侧链上的甲基排列很整齐，都朝着一个方向。纳塔为这一类小分子排列很整齐的现象起了一个名字，叫“等规度”，把这类高分子化合物叫做“等规化合物”。等规化合物的性能明显好于一般高分子化合物。

纳塔发现这个秘密后，一面将齐格勒催化剂应用于其他烯烃的聚合反应中，研制出一批高质量的等规化合物塑料；另一方面对齐格勒催化剂作进一步深入研究，发展了它的配方，使它从一种四氯化钛—烷基铝衍生物混合物，发展出钛、铬、钒、锆等多种过渡金属元素卤化物与多种非过渡金属元素有机衍生物分别混合而成的整整一个系列催化剂。

齐格勒与纳塔两位化学家发明的这种催化剂，大大提高了人类对合成高分子化合物的驾驭能力，为人类按照自己的需要去设计、创造新型高分子化合物开辟了一条康庄大道。为了表彰他们的功劳，齐格勒和纳塔两人被双双请上了1965年诺贝尔化学奖的领奖台。

7.1 高分子材料

高分子材料是以相对分子质量大于5000的高分子化合物为主要组成的材料，又称为高聚物、聚合物，通常高分子材料根据机械性能和用途可分为塑料、橡胶、合成纤维、胶粘剂和涂料五类。

7.1.1 工程塑料

塑料是在玻璃态使用的高分子材料。实际上使用的塑料，是以树脂为基础原料，加入(或不加)各种助剂、增强材料或填料，在一定温度和压力的条件下可以塑造或固化成形，得到固体制品的一类高分子材料。

目前，已工业化生产的塑料有300多种，常用的为60多种，品牌、规格则数以万计。由于塑料的原料丰富、制取方便、成形加工简单、成本低，并且不同的塑料具有多种性能，所以塑料是应用最广泛的有机高分子材料，也是最主要的工程结构材料之一。

1. 塑料的组成

塑料的主要成分是合成树脂，此外还包括填料或增强材料、增塑剂、固化剂、稳定剂等各种添加剂。

(1) 合成树脂。合成树脂是将各种单体通过聚合反应合成的高聚物，在一定温度和压力的条件下可软化并塑造成形。合成树脂的种类决定了塑料的基本属性，并起到黏结剂的作用，其他添加剂是为了弥补或改进塑料的某些性能(如物理、化学、力学或工艺性能等)。

(2) 添加剂。

① 填料或增强材料。多种塑料在制备时加入一些能提高某些性能的填料(木屑、铝粉、云母粉、石棉粉等)，如酚醛树脂中加入木屑后其强度显著提高，成为“电木”。另外，填料的价格较低，加入填料可以降低塑料的成本。

② 增塑剂。增塑剂是用来增加树脂的可塑性和柔软性的物质，主要使用熔点低的低分子化合 物。它能使大分子链间距离增加，降低了分子间的作用力，增加了大分子链的柔顺性。

③ 固化剂。固化剂是使热固性树脂受热时产生交联的物质，由线型结构变成体型结构。如在环氧树脂中加入乙二胺等。

④ 稳定剂。稳定剂能提高树脂在受热和光作用时的稳定性，防止过早老化，延长使用寿命。

另外，塑料中加入的其他添加剂还有润滑剂、着色剂、发泡剂、催化剂、阻燃剂、抗静电剂等。

2. 塑料的特性

(1) 密度小。塑料的相对密度一般只有1.0～2.0，约为钢的1/6，铝的1/2。这对减轻车辆、飞机、船舶等运输工具的自重意义十分重大。

(2) 耐腐蚀。大多塑料的化学稳定性好，对酸、碱、盐都具有良好的抗腐蚀能力，像聚四氟乙烯在煮沸的“王水”中也不受影响。

(3) 电绝缘性好。大多数塑料具有良好的电绝缘性和较小的介电损耗，是理想的电绝缘材料。大量应用在电动机、电器和电子工业中。

(4) 耐磨和减摩性好。大部分塑料的摩擦系数小，具有自润滑能力，可以在湿摩擦和干摩擦条件下有效工作。

(5) 消声和隔热性好。塑料具有优良的消声隔热作用，泡沫塑料可以用作隔音保暖材料，用塑料制成机械零件可以减少噪声，提高运转速度。

(6) 良好的工艺性能。大部分塑料都可以直接采用注塑或挤压成形工艺，无需切削，因此生产效率高，成本低。

塑料的不足之处有强度和硬度低、耐热性差、膨胀系数大、受热易变形、易老化、易蠕变等。

3. 常用工程塑料

由于工程塑料的高强度(>500N/mm²)、高模量和耐高温(>150℃)，具有很好的经济效益，因此发展相当快。工程塑料聚合度高达几百万，经处理(如挤压大变形)后的晶态高分子纤维是所有材料中比强度最高的，而且可达到用分子设计手段来控制材料的性能要求。

根据树脂的热性能，可以将工程塑料分为热塑性塑料和热固性塑料两类。

1) 热塑性工程塑料

热塑性工程塑料的合成树脂，其分子具有线型结构，用聚合反应制成。在加热时软化并熔融，成为可流动的黏稠液体，冷却后即成形并保持即得形状。若再次加热，又可软化并熔融，如此反复多次，而化学结构基本不变，性能也不发生显著变化。它们的碎屑可再生，再加工。这类塑料有聚烯烃、聚氯乙烯、聚苯乙烯、ABS、聚酰胺、聚甲醛、聚碳酸酯、聚四氟乙烯和有机玻璃等。

(1) 聚烯烃。聚烯烃塑料的原料来源于石油或天然气，原料丰富，且聚烯烃塑料价格低廉，用途广泛，是世界上产量最大的塑料品种。其中产量最大、用途最广的是聚乙烯和聚丙烯两种。

① 聚乙烯(PE)。PE是由乙烯单体聚合而成($\left[CH_2—CH_2 \right]_n$)的，常用的合成方法有高压法、中压法和低压法三种，其中高压法和中压法生产的聚乙烯又称为低密度聚乙烯(LDPE)，低压法生产的为高密度聚乙烯(HDPE)。LDPE中含有较多的支链而具有较低的密度、相对分子量和结晶度。因而质地柔软，适于制造薄膜和软管；高密度聚乙烯中含有很少的支链，具有较高的结晶度、密度和较高的相对分子量，因而质地坚硬，可以作为受力结构材料来使用。HDPE具有良好的化学稳定性和电绝缘性，在常温下耐酸、碱，不溶于有机溶剂，仅发生软化溶胀。另外，聚乙烯吸水性极小，具有对各种频率优异的电绝缘性。聚乙烯的机械强度不高，热变形温度较低，尺寸稳定性一般。

聚乙烯可以作为化工设备与储罐的耐腐蚀涂层衬里，化工耐腐蚀管道、阀件、衬套、滚动轴承保持器，以代替铜和不锈钢。由于它的摩擦性能好，可以用来制造小载荷齿轮、轴承等。聚乙烯作为水下高频电线或一般电缆包皮，已经得到广泛应用。用火焰喷涂法或静电喷涂法涂于金属表面，可达到减摩防腐的目的。另外，聚乙烯无毒无味，可制作食品包装袋、奶瓶、食品容器等。

② 聚丙烯(PP)。它是由丙烯单体聚合而成($\left[CH_2—\underset{}{\overset{CH_3}{\overset{|}{CH}}} \right]_n$)的，具有良好的耐热性能，无外力作用时，加热到150℃也不变形，是常用塑料中唯一能经受高温消毒(130℃)的品种。力学性能优于HDPE，并有突出的刚性和优良的电绝缘性能。主要缺点是黏合性、染色性较差，低温易脆化，易受热、光作用变质，易燃，收缩大。聚丙烯几乎不吸水，并具有优良的化学稳定性(对浓硫酸、浓硝酸除外)。高频电性能优良，且不受温度影响，成形容易。由于它具有优良的综合力学性能，常用来制造各种机械零件，如法兰、接头、泵叶轮、汽车上主要用作取暖及通风系统的各种结构件。又因聚丙烯无毒，可制作药品、食品的包装。

(2) 聚氯乙烯(PVC)。它是由乙炔气体和氯化氢合成氯乙烯再聚合而成($\left[CH_2—\overset{Cl}{\overset{|}{CH}} \right]_n$)

的。PVC树脂适宜的加工温度为150～180℃，使用温度为－15～55℃。常用的聚氯乙烯塑料根据加入的增塑剂数量不同可分为硬质聚氯乙烯和软质聚氯乙烯。作为硬质塑料应用时，聚氯乙烯的突出优点是耐化学腐蚀、不燃烧、成本低，易于加工；缺点是耐热性差，冲击韧性低，有一定的毒性。

聚氯乙烯的用途极为广泛、从建筑材料到机械零件、日常生活用品均有它的制品。目前硬质聚氯乙烯制品有管、板、棒、焊条、管件、离心泵、通风机等，软质聚氯乙烯制品有管、棒、耐寒管、耐酸碱软管、薄板、薄膜以及承受高压的织物增强塑料软管等。软质聚氯乙烯用于常温电气绝缘材料和电线的绝缘层，由于耐热性差，不宜用于电烙铁、电熨斗和电炉等电气用具。

(3) 聚苯乙烯(PS)。聚苯乙烯($\left[\!\!-CH_2-\underset{}{\overset{C_6H_5}{\overset{|}{CH}}}-\!\!\right]_n$)有良好的加工性能、很好的着色性能，电绝缘性优良。但它硬而脆，冲击韧性低、耐热性差，因此有相当数量的聚苯乙烯与丁二烯、丙烯腈、异丁烯等共聚使用。共聚后的聚合物具有较高冲击韧性、耐热性、耐蚀性。聚苯乙烯可作为各种仪表外壳、汽车灯罩、仪器指示灯罩、化工储酸槽、化学仪器零件、电信零件等。聚苯乙烯的导热性差，可以作为良好的冷冻绝热材料，聚苯乙烯泡沫塑料是一种良好的绝热材料。由于透明度好，可以用作光学仪器及透明模型。聚苯乙烯泡沫塑料的相对密度只有0.33，是隔音、包装、救生等器材的极好材料。

(4) ABS塑料。它是以丙烯腈(A)、丁二烯(B)、苯乙烯(S)的三元共聚物ABS树脂为基的塑料($\left[\!\!-\left(CH_2-\overset{CN}{\overset{|}{CH}}\right)_x-\left(CH_3=CH_3\right)_y-\left(CH_2-\overset{C_6H_5}{\overset{|}{CH}}\right)_z-\!\!\right]_n$)。它兼有聚丙烯腈的高化学稳定性、高硬度和聚丁二烯的橡胶态韧性、弹性以及聚苯乙烯的良好成形性。故ABS塑料具有较高的强度和冲击韧性，良好的耐磨性和耐热性，较高的化学稳定性和绝缘性，以及易成形、机械加工性好等优点。此外，ABS塑料的性能还可根据要求通过改变其组成单体的含量来进行调整。缺点是耐高、低温性能差，易燃、不透明。

ABS塑料应用较广，主要用于制造齿轮、轴承、仪表盘壳、冰箱衬里以及各种容器、管道、飞机舱内装饰板、窗框、隔音板等。

(5) 聚酰胺(PA)。聚酰胺是最早发现的能够承受载荷的热塑性塑料，在机械工业中应用比较广泛。聚酰胺又称为尼龙或锦纶，有均聚内酰胺（分子结构式为 $\left[\!\!-NH(CH_2)_{n-1}-CO-\!\!\right]_x$，代号为PAn）和二元胺与二元酸缩聚（分子结构式为 $\left[\!\!-NH(CH_2)_m-NHCO-(CH_2)_{n-2}-CO-\!\!\right]_x$，代号为PAmn)。

尼龙6(PA6)、尼龙66(PA66)、尼龙610(PA610)、尼龙1010(PA1010)、铸型尼龙和芳香尼龙是应用于机械工业中的几种。聚酰胺是由二元胺与二元酸缩聚而成，或由氨基酸脱水形成内酰胺再聚合而得到的。由于含有极性基团的大分子链间易形成氢键，故分子间作用力大，结晶度高，因此尼龙具有较高的强度和韧性、优良的耐磨性和自润滑性以及良好的成形加工工艺性。被大量用于制造小型零件(齿轮、蜗轮等)替代有色金属及其合金。但尼龙容易吸水，吸水后性能及尺寸将发生很大变化，使用时应特别注意。

铸型尼龙(MC尼龙)是通过简便的聚合工艺使单体直接在模具内聚合成形的一种特殊尼龙。它的力学性能、物理性能比一级尼龙更好，可制造大型齿轮、轴套等。

芳香尼龙具有耐磨、耐辐射及很好的电绝缘性等优点，在95%的相对湿度下性能不受影响，能在200℃长期使用，是尼龙中耐热性最好的品种。可用于制作高温下耐磨的零件，H级绝缘材料和宇宙服等。

(6) 聚甲醛(POM)。聚甲醛是由甲醛或三聚甲醛聚合而成的。按聚合方法的不同，可将聚甲醛分为均聚甲醛和共聚甲醛两类。均聚甲醛分子结构式为

$$CH_3-\underset{\underset{O}{\|}}{C}-O-\!\!\left[CH_2O\right]_n\!\!-\underset{\underset{O}{\|}}{C}-CH_3$$

共聚甲醛分子结构式为

$$\left[\!\!-\!\left(CH_2O\right)_x\!\left(CH_2O-CH_2\right)_y\!\!-\right]_n$$

聚甲醛结晶度可达75%，有明显的熔点和高强度、高弹性模量等优良的综合力学性能。其强度与金属相近，摩擦系数小并有自润滑性，因而耐磨性好。同时它还具有耐水、耐油、耐化学腐蚀，绝缘性好等优点。其缺点是热稳定性差，阻燃性和耐候性差，易燃，长期在大气中曝晒会老化。

聚甲醛塑料价格低廉，且性能优于尼龙，故可代替有色金属和合金并逐步取代尼龙制作轴承、衬套、齿轮、凸轮、阀门、仪表外壳、化工容器、叶片、运输带等。

(7) 聚碳酸酯(PC)。它是以透明的线型部分结晶高聚物聚碳酸酯树脂为基的新型热塑性工程塑料，分子结构式为

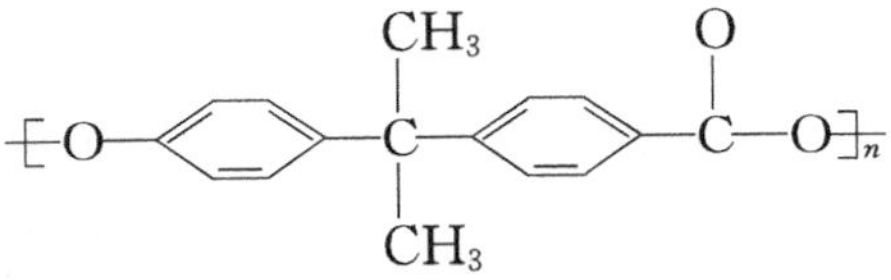

$$\left[O-C_6H_4-\underset{\underset{CH_3}{|}}{\overset{\overset{CH_3}{|}}{C}}-C_6H_4-\overset{\overset{O}{\|}}{C}-O\right]_n$$

聚碳酸酯透明度为86%～92%，被誉为“透明金属”。它具有优异的冲击韧性和尺寸稳定性，有较高的耐热性和耐寒性，使用温度范围为－100～＋130℃，有良好的绝缘性和加工成形性。缺点是化学稳定性差，易受碱、胺、酮、酯、芳香烃的侵蚀，在四氯化碳中会发生“应力开裂”现象。

聚碳酸酯主要用于制造高精度的结构零件，如齿轮、蜗轮、蜗杆、防弹玻璃、飞机挡风罩、座舱盖和其他高级绝缘材料。如波音747飞机上有2500多个零件用聚碳酸酯制造，质量达2t。

(8) 聚四氟乙烯(PTEE，特氟隆)。它是以线型晶态高聚物聚四氟乙烯为基的塑料。其结晶度为55%～75%，熔点为327℃，具有优异的耐化学腐蚀性，不受任何化学试剂的侵蚀，即使在高温下及强酸、强碱、强氧化剂中也不受腐蚀，故有“塑料之王”之称。它还具有较突出的耐高温和耐低温性能，在－195～＋250℃长期使用其力学性能几乎不发生变化。它的摩擦系数小(0.04)，有自润滑性，吸水性小，在极潮湿的条件下仍能保持良好的绝缘性，是目前介电常数和介电损耗最小的固体材料，且不受频率和温度的影响。但其硬度、强度低，尤其抗压强度不高，且成本较高。

聚四氟乙烯主要用于制作减摩密封件，化工机械的耐腐蚀零件及在高频或潮湿条件下的绝缘零件，常用作化工设备的管道、泵、阀门，各种机械的密封圈、活塞环、轴承及医疗代用血管，人工心脏等。

(9) 聚甲基丙烯酸甲酯(PMMA、有机玻璃)。它的分子结构式为

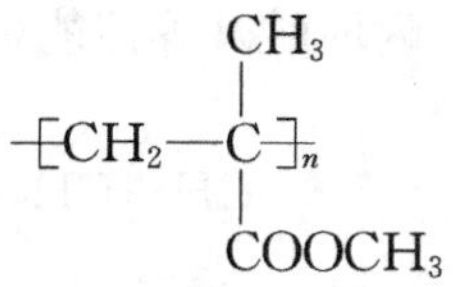

$$-\!\!\!\![CH_2-\underset{\underset{COOCH_3}{|}}{\overset{\overset{CH_3}{|}}{C}}]_n$$

它是目前最好的透明材料，透光率达92%以上，比普通玻璃好。它的相对密度小，仅为玻璃的一半。它还具有较高的强度和韧性，不易破碎，耐紫外线和防大气老化，易于加工成形等优点。但其硬度不如玻璃高，耐磨性差，易溶于极性有机溶剂。它耐热差(使用温度不能超过180℃)，导热性差，膨胀系数大。

聚甲基丙烯酸甲酯主要用于制作飞机座舱盖、炮塔观察孔盖、仪表灯罩及光学镜片，也可用作防弹玻璃、电视和雷达标图的屏幕、汽车风窗玻璃、仪器设备的防护罩等。

(10) 聚砜(PSF)。它是以透明微黄色的线型非晶态高聚物聚砜树脂为基的塑料。其强度高，弹性模量大，耐热性好，最高使用温度可达150～165℃，蠕变抗力高，尺寸稳定性好。其缺点是耐溶剂性差。

聚砜主要用于制作要求高强度、耐热、抗蠕变的结构件、仪表零件和电气绝缘零件。如精密齿轮、凸轮、真空泵叶片、仪器仪表壳体、仪表盘、电子计算机的积分电路板等。此外，聚砜有良好的可电镀性，可通过电镀金属制成印制电路板和印制线路薄膜。

2) 热固性塑料

热固性塑料的合成树脂，其分子结构是体型结构，通常用缩聚反应制成。固化前这类塑料在常温或受热后软化，树脂分子呈线型结构，继续加热时树脂变成既不熔融也不溶解的体型结构，形状固定不变。温度过高，分子链断裂，制品分解破坏。碎屑不可再加工。常用的热固性塑料有酚醛塑料、氨基塑料、环氧树脂、有机硅塑料等。

(1) 酚醛塑料(PF)。酚醛塑料是以酚醛树脂为基本组分，加入木粉、纸、布、玻璃布等填料、润滑剂、着色剂及固化剂等添加剂制成的塑料。分子结构式为

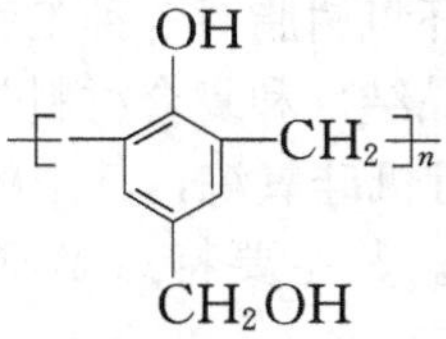

$$-\!\!\!\![\,C_6H_2(OH)(CH_2OH)-CH_2\,]_n$$

酚醛塑料有“电木”之称，经压制而成的电器开关、插座、灯头等，不仅绝缘性好，而且有较好的耐热性，较高的硬度、刚性和一定的强度；以纸片、棉布、玻璃布等为填料制成的层压酚醛塑料，具有强度高、耐冲击性好以及耐磨性优良等特点，常用于制造受力要求较高的机械零件，如齿轮、耐酸泵、轴承、汽车制动片等。

(2) 氨基塑料(UF)。氨基塑料是以具有氨基官能团的原料与醛类经缩聚反应制得的氨基树脂为基本组分，加入添加剂制成的塑料。

最常用的是脲—甲醛塑料，简称脲醛塑料，俗称“电玉”。分子结构式为

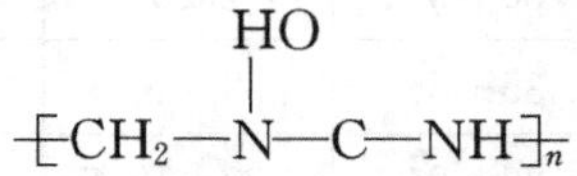

$$-\!\!\!\![CH_2-\overset{\overset{HO}{|}}{N}-C-NH]_n$$

密胺塑料，属线型代支链，固化后呈体型，塑料不溶、不熔，难弯，吸水性小，耐沸水煮、表硬、耐磨、无毒，可用来制作餐具，其纸质片状层压塑料，表面光洁，色泽鲜

艳、坚硬耐磨，并具有耐油、耐火、耐弱酸碱等性能，可用来制作塑料装饰板。密胺塑料分子结构式为

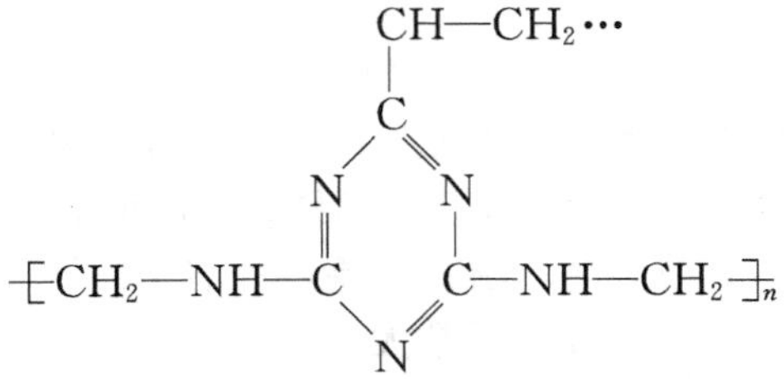

$$\left[CH_2-NH-C\!\left(\begin{array}{c} CH-CH_2\cdots \\ | \\ C \\ N\quad N \\ \end{array}\right)\!C-NH-CH_2\right]_n$$

氨基树脂无色，加入添加剂可制成各种颜色的塑料制品。氨基塑料硬度高，制品表面光洁，具有良好的耐电弧性，可作绝缘材料。主要用于制造各种颜色鲜艳的日用品、装饰品、仪表外壳、电话机外壳、开关、插座等。

(3) 环氧塑料(EP)。环氧塑料是环氧树脂加入固化剂等填料形成的塑料。环氧树脂属热塑性树脂，其分子结构式为

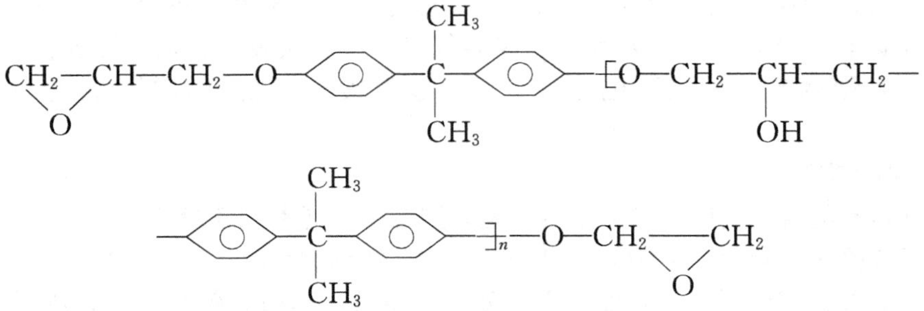

$$\underset{\diagdown O \diagup}{CH_2-CH}-CH_2-O-C_6H_4-C(CH_3)_2-C_6H_4-\left[O-CH_2-\underset{OH}{CH}-CH_2-C_6H_4-C(CH_3)_2-C_6H_4-\right]_n-O-\underset{\diagdown O \diagup}{CH_2-CH_2}$$

环氧塑料具有坚韧、收缩率小、耐水、耐化学腐蚀和优良的介电性能。经玻璃纤维增强后，称为环氧玻璃钠，是一种优良的工程材料。它的强度高、韧性好，并具有良好的化学稳定性、绝缘性及耐热耐寒性，长期使用温度为－80～150℃，成形工艺性好，可制作塑料模具、船体、电子零部件等。环氧树脂对各种工程材料都有突出的黏附力，是极其优良的黏结剂，广泛应用于各种结构黏结剂和复合材料如玻璃钢等。

(4) 有机硅塑料。有机硅即聚有机硅氧烷，其中的树脂状流体，称为硅树脂。有机硅塑料是以硅树脂为基本组分的塑料。其主要特点是不燃、介电性能优异、耐高温，可在300℃以下长期使用。

表 7－1 列出了常见塑料的性能。

表 7－1　常见塑料的性能

性能指标 / 塑料品种	密度/(g/cm³)	R_m/(N/mm²)	A/(%)	冲击韧度(缺口)/(kJ/m²)	体积电阻率/(Ω·cm)	线膨胀系数(10^{-5})/℃
低压聚乙烯	0.94～0.96	10～16	15～100	10～30	≥10^{16}	11～13
聚丙烯	0.90～0.91	30～39	≥200	2.2～2.5	≥10^{16}	10～12
硬质 PVC	1.35～1.45	35～56	2～40	22～108	≥10^{16}	5～18.5
聚苯乙烯	1.04～1.09	35～84	7.0～17.5	0.5～1.0	10^{18}	6～8
超高冲击型 ABS	1.05	35	5～70	53	1016	10

（续）

性能指标 / 塑料品种	密度/(g/cm^3)	R_m/(N/mm^2)	A/(%)	冲击韧度(缺口)/(kJ/m^2)	体积电阻率/(Ω·cm)	线膨胀系数(10^{-5})/℃
尼龙6	1.13～1.15	54～78	150～250	3.1	1014	7.9～8.7
均聚甲醛	1.43	70	15	7.6	1014	8～10
聚碳酸酯	1.18～1.20	66～70	50～100	64～75	1016	6～7
聚四氟乙烯	2.10～2.20	16～32	200～400	—	1017～1018	10
有机玻璃	1.17～1.19	55～77	2.5～6.0	12～14	≥1015	7.0

7.1.2 橡胶

橡胶在外力作用下，很容易发生极大的变形，当外力去除后，又恢复到原来的状态，并在很宽的温度(−50～150℃)范围内具有优异的弹性，所以又称高弹体。它还有较好的抗撕裂、耐疲劳特性。在使用中经多次弯曲、拉伸、剪切和压缩不受损伤。并具有不透水、不透气、耐酸碱和绝缘等特性，因而橡胶制品在工程上广泛用于密封、防腐蚀、防渗漏、减振、耐磨、绝缘以及安全防护等方面，这些良好性能使橡胶成为重要的工业原料，具有广泛的应用。但是，除某些品种外橡胶一般不耐油、不耐溶剂和强氧化性介质，而是容易老化。

根据原料来源，橡胶可分为天然橡胶和合成橡胶。天然橡胶是从自然界含胶植物中制取的一种高弹性物质。合成橡胶是用人工方法合成的高分子弹性材料。合成橡胶种类很多，按应用范围分为通用橡胶和特种橡胶。凡性能与天然橡胶相近，广泛用于制造轮胎及其他大量橡胶制品的，称为通用合成橡胶。凡具有耐寒、耐热、耐油、耐臭氧等特殊性能的合成橡胶，称为特种合成橡胶。

1. 工业橡胶的组成

橡胶是以生胶为主要原料，加入适量配合剂而制成的高分子材料。

1）生胶

生胶是橡胶制品的主要组分，其来源可以是天然的，也可以是合成的。生胶在橡胶制备过程中不但起着黏结其他配合剂的作用，而且是决定橡胶制品性能的关键因素。使用的生胶种类不同，则橡胶制品的性能也不同。生胶具有很高的弹性，但分子链间相互作用力很弱，强度低，易产生永久变形。此外，生胶的稳定性差，如会发黏、变硬，溶于某些溶剂等，为此，工业橡胶中还需加入各种配合剂。

2）配合剂

配合剂是为了提高和改善橡胶制品的各种性能而加入的物质，主要有硫化剂、硫化促进剂、防老剂、软化剂、填充剂、发泡剂及着色剂等。硫化剂的作用是使生胶分子在硫化处理中适度交联而形成网状结构，从而大大提高橡胶的强度、耐磨性和刚性，并使其性能在很宽的温度范围内具有较高的稳定性。软化剂可增强橡胶塑性，改善黏附力，降低硬度和提高耐寒性。填充剂可提高橡胶强度，减少生胶用量，降低成本和改善工艺性。防老剂可在橡胶表面形成稳定的氧化作用，防止和延缓橡胶发黏、变坏等老化现象。为减少橡胶制品的变形，提高其承载能力，可在橡胶内加入骨架材料。常用骨架材料有金属丝、纤维织物等。

2. 橡胶的性能特点

橡胶最显著的性能特点是具有高弹性，其高弹性主要表现为在较小的外力作用下，就能产生很大的可逆弹性变形，且当外力去除后，只需要千分之一秒便可恢复到原来的形状。高弹性的另一个表现为其宏观弹性变形量可高达100%～1000%。高弹变形时，弹性模量低，只有1MPa。橡胶具有良好的回弹性能，如天然橡胶的回弹高度可达70%～80%。同时橡胶具有优良的伸缩性和可贵的积储能量的能力，良好的绝缘性、隔音性和阻尼性，一定的强度和硬度。经硫化处理和炭黑增强后，其抗拉强度达25～35N/mm^2，并具有良好的耐磨性。橡胶成为常用的弹性材料、密封材料、减振防振材料、传动材料、绝缘材料。

3. 常用橡胶材料

1）天然橡胶

天然橡胶是橡胶树中采集出来的一种以聚异戊二烯为主要成分的天然高分子化合物，分子结构式为

$$\left[CH_2-\overset{\overset{\displaystyle CH_3}{|}}{C}=CH-CH_2 \right]_n$$

它具有很好的弹性，但强度、硬度低。为了提高强度并使其硬化，要进行硫化处理。经处理后抗拉强度为17～29N/mm^2，用炭黑增强后可达35N/mm^2。天然橡胶是优良的电绝缘体，并有较好的耐碱性，但耐油、耐溶剂性和耐臭氧老化性差，不耐高温，使用温度－70～110℃。主要用于制造轮胎、胶带、胶管等。

2）合成橡胶

① 丁苯橡胶(SBR)。它是以丁二烯和苯乙烯为单体形成的共聚物，分子结构式为

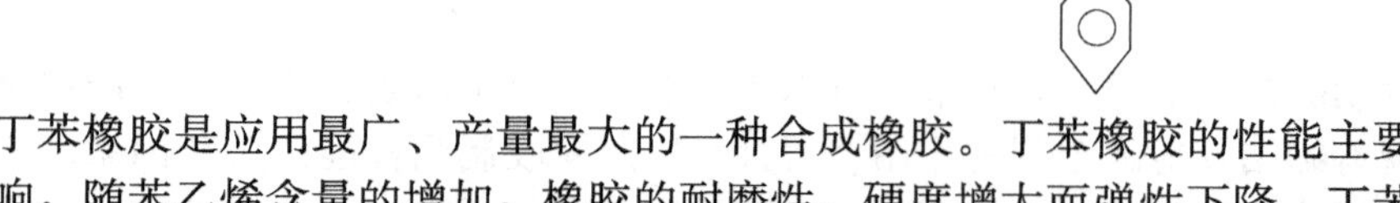

$$\left[(CH_2-CH=CH-CH_2)_x (CH_2-CH)_y \right]_n$$

丁苯橡胶是应用最广、产量最大的一种合成橡胶。丁苯橡胶的性能主要受苯乙烯含量的影响，随苯乙烯含量的增加，橡胶的耐磨性、硬度增大而弹性下降。丁苯橡胶比天然橡胶质地均匀，耐磨性、耐热性和耐老化性好，但加工成形困难，硫化速度慢。主要用于制造轮胎、胶布、胶板等。

② 顺丁橡胶(BR)。它是丁二烯的聚合物($\left[CH_2-CH=CH-CH_2 \right]_n$)，其原料易得，发展很快，产量仅次于丁苯橡胶。顺丁橡胶的特点是具有较高的耐磨性，比丁苯橡胶高26%，可制造轮胎、三角带、减振器、橡胶弹簧、电绝缘制品等。

③ 氯丁橡胶。它由氯丁二烯聚合而成$\left[CH_2-\overset{\overset{\displaystyle Cl}{|}}{C}=CH-CH_2 \right]_n$。氯丁橡胶不仅具有可与天然橡胶比拟的高弹性、高绝缘性、较高强度和高耐碱性，而且具有天然橡胶和一般通用橡胶所没有的优良性能，例如耐油、耐溶剂、耐氧化、耐老化、耐酸、耐热、耐燃

烧、耐挠曲等性能，故有“万能橡胶”之称。缺点是耐寒条件差、密度大，生胶稳定性差。氯丁橡胶应用广泛，它既可作通用橡胶，又可作特种橡胶。由于其耐燃烧，故可用于制作矿井的运输带、胶管、电缆；也可作高速三角带及各种垫圈等。

④ 乙丙橡胶。它是由乙烯和丙烯共聚而成的，具有结构稳定、抗老化能力强，绝缘性、耐热性、耐寒性好，在酸、碱中抗蚀性好等优点。缺点是耐油性差、黏着性差、硫化速度慢。主要用于制作轮胎、蒸汽胶管、耐热输送带、高压电线管套等。

3）特种橡胶

① 丁腈橡胶(NBR)。丁腈橡胶是丁二烯和丙烯腈的共聚物，分子结构式为

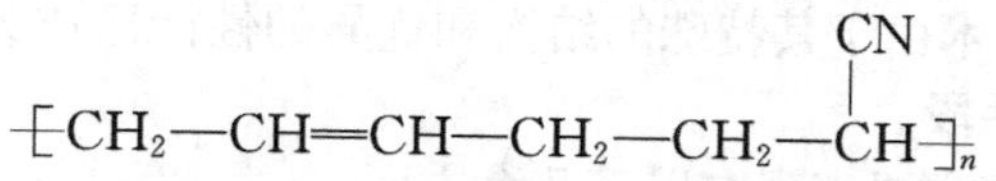

$$\left[CH_2-CH=CH-CH_2-CH_2-\underset{\textstyle|}{\overset{\textstyle CN}{\overset{|}{C}}}H \right]_n$$

丙烯腈的含量一般在15%～50%，过高会失去弹性，过低则不耐油。丁腈橡胶具有良好的耐油性及对有机溶剂的耐蚀性，有时也称为耐油橡胶。此外，还有较好的耐热、耐磨和耐老化性能等，但其耐寒性差，其脆化温度为－20～－10℃，耐酸性和电绝缘性较差，加工性能也不好。它主要用于制造耐油制品，如输油管、耐油耐热密封圈、储油箱等。

② 硅橡胶。它是由二甲基硅氧烷与其他有机硅单体共聚而成的，分子结构式为

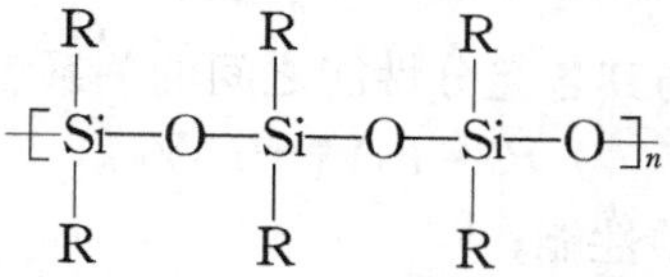

$$\left[\underset{R}{\overset{R}{Si}}-O-\underset{R}{\overset{R}{Si}}-O-\underset{R}{\overset{R}{Si}}-O \right]_n$$

硅橡胶具有高耐热性和耐寒性，在－100～350℃保持良好的弹性，抗老化能力强、绝缘性好。缺点是强度低，耐磨性、耐酸性差，价格较贵。由于硅橡胶具有优良的耐热性、耐寒性、耐候性、耐臭氧性以及良好的绝缘性，它主要用于制造各种耐高、低温的制品，如管道接头，高温设备的垫圈、衬垫、密封件及高压电线、电缆的绝缘层等。

③ 氟橡胶。它是以碳原子为主链，含有氟原子的聚合物，分子结构式为

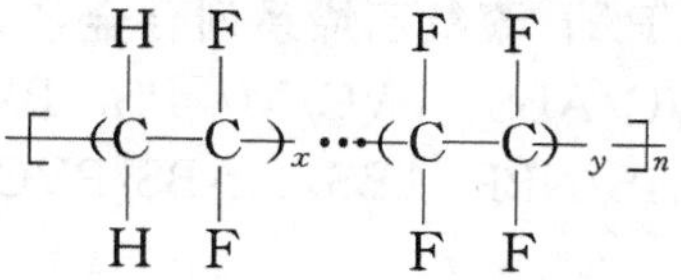

$$\left[\left(\underset{H}{\overset{H}{C}}-\underset{F}{\overset{F}{C}} \right)_x \cdots \left(\underset{F}{\overset{F}{C}}-\underset{F}{\overset{F}{C}} \right)_y \right]_n$$

氟橡胶化学稳定性高、耐腐蚀性能居各类橡胶之首，耐热性好，最高使用温度为300℃。缺点是价格昂贵，耐寒性差，加工性能不好。主要用于国防和高技术中的密封件，如火箭、导弹的密封垫圈及化工设备中的里衬等。

7.1.3 聚合物合金及互穿聚合物网络

1. 聚合物合金

“合金”一词在金属材料领域中，是指不同金属混熔制得具有优异特性的一类金属材料。在高分子材料领域中，是指两种或两种以上的聚合物通过物理的或化学的方法共同混合而形成宏观上均匀的连续多组分聚合物，又称聚合物共混物，这种聚合物共混物的结构和性能特征很类似金属合金，故称为聚合物合金。多组分之间可以彼此弥补性能上的缺点，或起协同作用，以显示出特有的优越性，这种材料更符合实际使用要求。

聚合物合金中各聚合物组分之间主要是物理结合，因此聚合物合金与共聚高分子是有区别的。聚合物合金的形态结构取决于聚合物组分的特性、共混方法及共混的工艺条件。聚合物合金的形态结构具有以下两种基本特征：一种聚合物组分分散于另一种组分中；或者两组分构成的两个相互贯穿的连续相形式存在。聚合物合金两相之间一般存在过渡区即界面层，它对聚合物合金的性能起着十分重要的作用。

目前，制备高分子合金的方法分为两类：一类是物理的，包括机械共混、溶液和乳液共混等；一类是化学共混，包括共聚－共混法及互穿网络聚合物。由于经济原因和工艺操作方便、组分比例容易控制的优势，机械共混法目前为制取高分子合金最常用的方法，而互穿网络聚合物(IPN)技术由于其特殊的结构和优异的性能已成为高分子材料改性、高分子合金制备的一种重要手段。

聚合物合金化的作用主要表现在以下几个方面：

① 均衡各聚合物组分的性能，获得综合性能较为理想的聚合物材料；

② 对聚合物进行改性；

③ 改善聚合物的加工性能：

④ 制备具有新性能的聚合物材料；

⑤ 降低原材料成本。

双组分聚合物合金的性能与其各组分性能之间的关系满足“混合法则”，即满足：

$$P_c = P_1 V_1 + P_2 V_2$$

式中　P_c——聚合物合金的某项性能；

P_1、P_2——各组分的相应性能；

V_1、V_2——各组分的相对百分含量。

对实际聚合物合金体系而言，由于形态结构等方面因素的影响，上述关系式只是很粗略的近似，有些情况下可能会有较大的出入，需要采用其他分析方法。

目前，应用较广泛的聚合物合金主要有聚丙烯系列合金，如PP/PE、PP/EPR及PP/EPDMPP/SBS、PP/NBR、PP/PA；聚氯乙烯系列合金，如PVC/EVA、PVC/E－VA－CO、PVC/CPE、PVC/NBRPVC/ABS、PVC/M、BS、PVC/ACR；聚苯乙烯(PS)系列合金，如PS/PPO、PS/SBR、AS/NBR(ABS)、ABS/PVC等。

2. *互穿聚合物网络*

互穿聚合物网络(以下简称IPN)是两种或两种以上交联聚合物相互贯穿而形成的交织网络聚合物。这是一种新型复相聚合物材料，是聚合物共混改性技术发展的新领域，近年来无论在理论上还是在实践上的发展都十分迅速，已形成聚合物共混与复合的一个独立分支，在聚合物改性中占有重要地位。

目前，IPN在塑料与橡胶改性、皮革改性中已得到迅速发展，就其应用前景而言，应特别提及在以下几个领域中的应用：

① 电子、电器工业是IPN应用前景广阔的一个重要领域；

② 在汽车工业中可以用来制造轻质壳体和部件；

③ 在医疗器械、防振、特种涂料、胶粘剂等方面拥有巨大的应用潜力。此外，在海水淡化及水处理等方面，IPN技术也起到了巨大的作用。

总之，作为聚合物共混改性的新技术领域，IPN的应用和发展前景极其广阔，有待于大力研究和开发。

7.1.4 胶粘剂

在工程中，工程材料的连接方法除焊接、铆接、螺纹连接外，还有一种连接工艺称为胶粘剂粘接，又称为胶接。其特点是接头处应力分布均匀，应力集中小，接头密封性好，而且工艺操作简单，成本低。

1. 胶粘剂的组成

胶粘剂又称为粘合剂或胶，是能把两个固体粘接在一起并在结合处有足够强度的物质。胶粘剂一般是以聚合物为基本组分的多组分体系，包括黏性料、固化剂、填料、溶剂和其他辅料。其中黏性料也称基料，是胶粘剂的主要组分，对粘接剂的性能起主要作用，如天然高分子物质、无机化合物、合成树脂以及合成橡胶等。固化剂是使胶粘剂交联、固化，用以形成具有网络结构坚固胶层的化学试剂。填料用以降低固化时的收缩率，降低成本，提高抗冲击强度、胶接强度和耐热性等性能，有时则可使胶粘剂具有某种指定性能，如耐湿性、导电性等。溶剂主要用于调节胶粘剂的黏度，便于施工，涂胶后即挥发，不会留在胶粘剂中。其他辅料主要有增塑剂、增韧剂、抗氧剂、防老化剂和防霉剂等。

根据胶粘剂的黏性基料的化学成分，胶粘剂可分为无机胶和有机胶；按其主要用途，可分为结构胶、非结构胶和特种胶粘剂。

2. 常用胶粘剂

1）有机胶粘剂

(1) 环氧胶粘剂。环氧胶粘剂是以环氧树脂为基料的胶粘剂，它对各种金属和大部分非金属材料都具有良好的粘接性能，俗称万能胶。目前常用的环氧树脂主要是双酚A型的，它对许多工程材料均有很强的黏附力，如金属、玻璃、陶瓷等。由于环氧树脂是线型高聚物，本身不会固化，所以必须加入固化剂，使其形成体型结构，才能发挥其优异的物理、力学性能。常用的固化剂有胺类、酸酐类、咪唑类和聚酰胺树脂等(如乙二胺、邻苯二甲酸酐等)。环氧树脂固化后会变脆，为了提高冲击韧度，常加入增塑剂和增韧剂，如加入对苯二甲酸二丁酯、丁腈橡胶等。环氧胶粘剂常用作各种结构用胶。

(2) 改性酚醛胶粘剂。酚醛树脂固化后有较多的交联键，因此它具有较高的耐热性和很好的黏附力，但脆性较大，为了提高韧性，需要进行改性处理。由酚醛树脂与丁腈混炼而成的改性胶粘剂称为酚醛-丁腈胶，它的胶接强度高，弹性、韧性好，耐振动、耐冲击，具有较广的使用温度范围，可在－50～180℃长期工作。此外，还耐水、耐油、耐化学介质腐蚀，主要用于金属及大部分非金属材料的结构中，如汽车制动片的粘合、飞机中铝和钛合金的粘合等。由酚醛树脂和缩醛树脂混合而成的胶粘剂称为酚醛-缩醛胶，它具有较高的胶接强度，特别是冲击韧度和耐疲劳性好，同时，也具有良好的耐老化性能和综合性能，适用于各种金属和非金属材料的胶接，但它们的耐热性比酚醛-丁腈胶差。

(3) 丙烯酸酯类胶粘剂。烯类聚合物用作胶粘剂可分为两类：一类是以聚合物本身作胶粘剂，例如溶液型胶粘剂、热熔胶、乳液胶粘剂等；另一类是以单体或预聚体作胶粘剂，通过聚合而固化，例如α一氰基丙烯酸酯胶粘剂和厌氧胶等。

(4) 聚乙酸乙烯酯胶粘剂。聚乙酸乙烯酯胶粘剂主要用于胶接木材、纸张、皮革、混凝土、瓷砖等，是一种用途很广的非结构型粘接剂。

(5) 聚氨酯胶粘剂。聚氨酯胶粘剂具有高度的极性和反应活性，耐冲击，有良好的耐低温性、耐油性与耐磨性等，对多种材料有很高的黏附性，可用于胶接金属、陶瓷、玻璃、木材等多种材料。

(6) 橡胶类胶粘剂。橡胶类胶粘剂是一类以氯丁、丁腈等合成橡胶或天然橡胶为主配制成的胶粘剂。其强度较低、耐热性不高，但具有良好的弹性，适用于粘接柔软材料以及热膨胀系数相差悬殊的材料。

(7) 有机硅胶粘剂。有机硅胶粘剂具有耐高温、耐低温、耐蚀、耐辐射、防水性和耐候性等特点，广泛用于飞机制造、电子工业、建筑、医疗等方面。

2) 无机胶

无机胶主要有磷酸型、硼酸型和硅酸型。目前在工程上最常用的是磷酸型。与有机胶粘剂相比，无机胶有下列特点：

(1) 优良的耐热性，长期使用温度为800～1000℃，并具有一定的强度，这是有机胶无法比拟的。

(2) 胶接强度高，抗剪强度可达100MPa，抗拉强度也有22MPa。

(3) 较好的低温性能，可在－196℃以下工作，强度几乎无变化。

(4) 耐候性、耐水性和耐油性良好，但耐酸、碱性较差。

3. 胶粘剂的应用

不同的材料需要选择不同的胶粘剂。金属材料是高强度材料，在粘接金属时，应考虑载荷、工作环境等因素选择适当的胶粘剂。对铁和铝，大多数混合型胶粘剂都能适用，铜、锌、镁、钛次之，而银、铂、金适用的胶粘剂甚少。胶接金属的胶粘剂主要有改性环氧胶、改性酚醛胶以及氨酯胶等。杂环化合物胶种以及聚苯硫醚也是较好的金属胶粘剂。由于金属是致密材料，不能吸收水分和溶剂，所以一般不宜采用溶剂型或乳液型胶粘剂。胶接金属时，表面处理至关重要。

橡胶与橡胶粘接可用橡胶胶泥、氯丁胶粘剂等。橡胶与其他非金属的粘接，如橡胶与皮革可用氯丁胶、聚氨酯胶。橡胶与塑料、橡胶与玻璃以及橡胶与陶瓷可用硅橡胶胶种。橡胶与玻璃钢、橡胶与酚醛塑料可用氰基丙烯酸酯、丙烯酸酯等胶种。橡胶与混凝土、橡胶与石材可用氯丁胶、环氧胶、氰基丙烯酸酯等。橡胶与金属可选用通过改性的橡胶胶粘剂，如氯丁－酚醛胶、氰基丙烯酸酯等。

粘接玻璃的胶粘剂除要考虑粘接强度外，还需考虑它的透明性以及与玻璃膨胀系数的匹配，常用的有环氧树脂胶、聚酯酸乙烯酯胶、有机硅橡胶等。在粘接前如能对玻璃进行适当的表面处理，粘接效果会更好。胶接混凝土一般采用环氧树脂粘接剂，对载荷不大的非结构件也可用聚氨酯胶。

7.2 工业陶瓷

陶瓷材料是指以天然矿物或人工合成的各种化合物为基本原料，经粉碎、配料、成形和高温烧结等工序而制成的无机非金属固体材料。当今的陶瓷材料与金属材料、高分子材料一起构成了工程材料的三大支柱。按成分和用途的不同，陶瓷可分为传统陶瓷、近代陶瓷、金属陶瓷和现代陶瓷四类。

7.2.1 普通陶瓷

普通陶瓷又称传统陶瓷，是用黏土($Al_2O_3 \cdot 2SiO_2 \cdot 2H_2O$)、长石($K_2O \cdot Al_2O_3 \cdot 6SiO_2$，$Na_2O \cdot Al_2O_3 \cdot 6SiO_2$)和石英($SiO_2$)为原料，经成形、烧结而成。其组织中主晶相为莫来石($3Al_2O_3 \cdot 2SiO_2$)，占25%～30%，次晶相为SiO_2，玻璃相占35%～60%。它是以长石为溶剂，在高温下溶解一定量的黏土和石英后得到的，气相占1%～3%。通过改变组成物的配比、熔剂、辅料以及原料的细度和致密度，可以获得不同特性的陶瓷。传统陶瓷质地坚硬，有良好的抗氧化性、耐蚀性和绝缘性。能耐一定高温，成本低，生产工艺简单。但由于含有较多的玻璃相，故结构疏松，强度较低，在一定的温度下会软化。耐高温性能不如近代陶瓷，通常最高使用温度在1200℃左右。传统陶瓷广泛应用于日用、电气、化工、建筑、纺织等部门，如耐蚀要求不高的化工容器、管道，供电系统的绝缘子、纺织机械中的导纱零件等。

7.2.2 特种陶瓷

特种陶瓷又称为新型陶瓷或精细陶瓷。特种陶瓷材料的组成已超出传统陶瓷材料的以硅酸盐为主的范围，除氧化物、复合氧化物和含氧酸盐外，还有碳化物、氮化物、硼化物、硫化物及其他盐类和单质，并由过去以块状和粉状为主的状态向着单晶化、薄膜化、纤维化和复合化的方向发展。

1. 氧化物陶瓷

氧化物陶瓷可以是单一氧化物，也可以是复合氧化物，目前应用量广泛的是氧化铝陶瓷，这类陶瓷以Al_2O_3为主要成分，并按Al_2O_3的含量不同可分为刚玉瓷、刚玉—莫来石瓷和莫来石瓷，其中刚玉瓷中Al_2O_3的含最高达99%。氧化铝陶瓷的熔点在2000℃以上，耐高温，能在1600℃左右长期使用，具有很高的硬度，仅次于碳化硅、立方氮化硼、金刚石等，并有较高的高温强度和耐磨性。此外，它还具有良好的绝缘性和化学稳定性，能耐各种酸碱的腐蚀，但氧化铝陶瓷的缺点是热稳定性差，氧化铝陶瓷广泛用于制造高速切削工具、量规、拉丝模、高温炉零件、火箭导流罩、内燃机火花塞等。此外，还可用作真空材料、绝热材料和坩埚材料。

2. 非氧化物陶瓷

难熔非氧化物陶瓷的特点是高耐火度、高硬度和耐磨性，但这些材料的脆性都很大。碳化物和硼化物的抗氧化温度为900～1000℃；氮化物略低些；硅化物的抗氧化温度为1300～1700℃，因为表面能形成氧化硅膜。碳化硅陶瓷应用最广泛，其密度为3.22g/cm^3，弯曲强度为200～250N/mm^2，压缩强度为1000～1500N/mm^2，硬度为莫氏硬度9.2级。它抗氧化而不抗强碱，主要用作加热元件、石墨的表面保护层以及用作砂轮、磨料等。氮化硼陶瓷具有石墨型六方结构，可用作介电体和耐火润滑剂。在高压和1360℃时，氮化硼转变为立方结构的BN，密度为3.45g/cm^3，具有极高的硬度，耐热温度可达2000℃，立方氮化硼可作为金刚石的代用品。

7.2.3 现代陶瓷

现代陶瓷在电子技术、空间技术、能源工程等新技术的发展中起着重要的作用。电子技术、大规模集成电路离不开压电陶瓷和磁性陶瓷；计算机的存储系统需要铁磁性陶瓷；火箭的鼻锥体要求采用具有高的高温强度和抗氧化性能的高温陶瓷材料；磁流体发电机需要新型陶瓷作为电极材料；燃料电池需要陶瓷型离子导体作为隔膜材料等。在现代陶瓷中，电子陶瓷和功能陶瓷是最大一类产品，其次为结构陶瓷和工具陶瓷。

1. 现代陶瓷的特点

(1) 现代陶瓷材料的组成超出了传统陶瓷的范围，新材料除了纯氧化物、复合氧化物和含氧酸盐外，还有碳化物、氮化物、硼化物、硅化物、硫化物、单质和金属陶瓷。

(2) 在应用上，已由原来主要利用材料固有的静态物理性质发展到利用各种物理效应和微观现象的功能性，材料可在各种极限条件下使用。

(3) 在材料的制备工艺上，也突破了传统的工艺，采用了其他领域的新技术，例如粉末冶金技术和热压技术等。

制品的形态除了传统的烧结体和粉料外，还有单晶体、薄膜和纤维等。

2. 氮化硅陶瓷

氮化硅陶瓷是以 Si_3N_4 为主要成分的陶瓷。根据制作方法可分为热压烧结陶瓷和反应烧结陶瓷。氮化硅陶瓷材料用作刀具时与硬质合金相比，热硬性高、化学稳定性好，适用于高速切削。它和氧化铝、氧化铝-碳化钛陶瓷材料相比硬度并不高，但它的抗弯强度高、导热性好、抗热振，因而适用性比氧化铝陶瓷材料广得多，氮化硅陶瓷材料可用反应烧结法、热压法、常压烧结法制造。热压烧结氮化硅陶瓷的强度、韧性都高于反应烧结氮化硅陶瓷，主要用于制造形状简单、精度要求不高的零件，如切削刀具、高温轴承等。反应烧结氮化硅陶瓷用于制造形状复杂、精度要求高的零件，用于要求耐磨、耐蚀、耐热、绝缘等场合，如泵密封环、热电偶保护套、高温轴套、电热塞、增压器转子、缸套、活塞顶、电磁泵管道和阀门等。作为高温、高强陶瓷材料，氮化硅陶瓷材料已成为当今的主流。氮化硅陶瓷还是制造新型陶瓷发动机的重要材料，实践证明用于柴油机汽车可节油 30%～40%，经济效益相当可观。

3. 氧化锆增韧陶瓷

ZrO_2 有三种晶体结构：立方结构(c 相)、四方结构(t 相)和单斜结构(m 相)。在 ZrO_2 中加入适量的 MgO、Y_2O_3、CaO、CaO_2 等氧化物后，可以显著提高氧化锆陶瓷的强度和韧性，形成的陶瓷称为氧化锆增韧陶瓷，如含 MgO 的 Mg - PSZ、含 Y_2O_3 的 Y - TZP 和 TZP - Al_2O_3 复合陶瓷。PSZ 为部分稳定氧化锆，TZP 为四方多晶氧化铬。氧化锆增韧陶瓷导热系数小，热膨胀系数大，强度及韧性好，是制造绝热内燃机的最合适的候选材料。氧化锆增韧陶瓷可用作气缸内衬、活塞和活塞环、气门导管、进气和排气阀、轴承等。陶瓷绝热内燃机的热效率已达 48%(普通内燃机为 30%)，而且省去了散热器、水泵、冷却管等 360 个零件，质量减少了 190kg。

4. 赛隆陶瓷(Sialon Ceramic)

赛隆陶瓷是 Si - Al - O - N 体系及其相关体系中的固溶体，即在 Si_3N_4 中添加有一定量的 Al_2O_3 构成 MgO、Y_2O_3 等氧化物形成的一种新型陶瓷。它是在 Si_3N_4 中添加 Al_2O_3，烧结时，Al_2O_3 固溶于 Si_3N_4 中，Al 和 O 原子部分地置换了 Si_3N_4 中的 Si、N 原子，由此形成由 Si-Al-O-N 元素构成的一系列物质，并有效地促进了 Si_3N_4 的烧结。它的主要组成元素为 Si、Al、O 和 N，基本结构单元为(Si，Al)$(O，N)_4$ 四面体。根据结构和组分的不同，又可分为 β'-赛隆、α'-赛隆和 O'-赛隆。赛隆陶瓷具有很高的强度，优异的化学稳定性和耐磨性，抗热振性好。赛隆陶瓷主要用于切削刀具，金属挤压模内衬，与金属材料组成摩擦副，汽车上的针形阀、底盘定位销等。

5. 陶瓷基复合材料

纤维增韧是解决陶瓷脆性的主要方法之一，因此陶瓷基复合材料越来越受到人们的重视。纤维增强陶瓷基复合材料是以纤维作增强体，把纤维与陶瓷基体通过一定的复合工艺结合在一起而组成的材料的总称。陶瓷基复合材料以其具有的高强度、高模量、低密度、耐高温性和良好的韧性等，已应用的领域和即将应用的领域有刀具、滑动构件、航空航天部件、发动机零件、能源构件等，而它潜在的有前景应用领域则是作为高温结构材料和耐磨、耐蚀材料，如航空燃气涡轮发动机的热端部件、大功率内燃机的增压涡轮、固体发动机燃烧室与喷管部件，也可以代替金属制成车辆用发动机、石油化工领域的加工设备和废物焚烧处理设备等。

6. 陶瓷涂层

陶瓷涂层既可作为结构材料，又可作为功能材料。它可涂覆在金属、聚合物、陶瓷及复合材料上，既避免了陶瓷的固有的脆性和较高成本的不足，同时又能对陶瓷优良的耐热、耐磨和耐腐蚀等优点加以利用。陶瓷涂覆在金属上可防止金属表面发生高温氧化和腐蚀，在强化传热时能避免金属性能的降低。陶瓷涂覆在耐火材料上，可使辐射系数随温度上升而提高，可节能15%～30%。陶瓷涂层在军事上可用于电磁吸收、红外辐射、防原子辐射、隐身与反隐身等。

7. 陶瓷薄膜

陶瓷薄膜的制备始于20世纪40年代，主要用于微滤、超滤和气体分离。陶瓷薄膜的优点是耐高温(1000℃)、耐磨蚀和耐大多数溶剂、酸碱等，能经受两侧高达1MPa的压力差，能完成大多数的过滤操作。陶瓷薄膜的主要应用领域之一是食品工业，用于牛奶和蛋品的浓缩和均化、果汁提纯、净化和消毒。陶瓷薄膜在制药工业中还可用于浓缩疫苗和酶、提纯氨基酸、维生素和有机酸等。陶瓷薄膜中的类金刚石碳膜在其硬度、导热性、化学稳定性、电、光学等方面的特点，可作为保护膜、散热元件、光学薄膜、光电和半导体器件等。

7.2.4 金属陶瓷

金属陶瓷是把金属的热稳定性和韧性与陶瓷的硬度、耐火度、耐蚀性综合起来而形成的具有高强度、高韧性、高耐蚀和高的高温强度的新型材料。

1. 碳化物基金属陶瓷(硬质合金)

碳化物基金属陶瓷是用一种或几种难熔的碳化物粉末与作为粘合剂的金属粉末混合，通常又称为硬质合金，常温加压成形，并在1400℃左右高温下烧结成各种不同的刀头。

图 7.1 所示为硬质合金组织。硬质合金应用较为广泛，常用作工具材料，另外也作为耐热材料使用，是一种较好的高温结构材料。

图 7.1 硬质合金组织

硬质合金的特点是：硬度很高，达 86～98HRA(相当于 69～81HRC)、热硬性好(可达 900～10000℃)、耐磨性优良。用硬质合金制作的刀具，切削速度可比高速钢高 4～7 倍，刀具寿命可提高 5～80 倍。另外，硬质合金抗压强度高，可达 $6000N/mm^2$，弹性模量为高速钢的 2～3 倍。

然而，硬质合金脆性大，抗弯强度只有高速钢的 1/3～1/2，把它制成形状复杂的刀具较困难，所以一般只制成各种不同形状的刀头，镶焊在刀体上使用。

硬质合金主要用于制造高速切削刃具及切削硬(50HRC 左右)、韧(如不锈钢)、导热性差(如塑料)等材料的刀具。此外，也可用于制作某些冷作模具、不受冲击及振动的高耐磨零件，如磨床顶尖等。

常用硬质合金分为一般硬质合金和钢结硬质合金。

1) 一般硬质合金

一般硬质合金是以 WC、TiC、TaC 等难熔金属碳化物为基本组成，以 Co 作为粘合剂的。按成分不同分为钨钴类、钨钴钛类、通用合金等，以前两类为常用。

(1) 钨钴类硬质合金。钨钴类硬质合金是以 WC 粉末和软的 Co 粉末混合制成的。Co 起黏结作用。牌号以 YG(“硬钴” 汉语拼音字首)表示。例如 YG3 是含 Co 量为 3%的硬质合金，其余为 WC 含量。随 Co 含量的增加其韧性升高，但硬度、耐磨性降低。常用牌号有 YG3、YG6、YG8 等。这种合金主要用作加工铸铁、有色金属及塑料等。

(2) 钨钴钛类硬质合金。钨钴钛类硬质合金是以 TiC、WC 和 Co 的粉末制成的合金。牌号以 YT(“硬钛” 汉语拼音字首)表示。如 YT5 表示含 TiC 为 5%，其余为 WC 和 Co 的含量。钨钴钛类硬质台金有很高的硬度、热硬性，但抗弯强度与韧性比 YG 类低。常用牌号有 YT5、YT10、YT15 等。主要加工合金钢，耐热钢等。表 7－2 列出了常用硬质合金的牌号、化学成分及性能。

表 7－2 常用硬质合金的代号、化学成分及性能

类别	代号	化学成分/(%)				物理、力学性能		
		碳化钨	碳化钛	碳化钽	钴	密度/(g/cm^3)	硬度/HRA 不低于	抗弯强度/(N/mm^2)
钨钴类合金	YG3X	96.5	—	<0.5	3	15.0～15.3	91.5	1100
	YG6	94	—	—	6	14.6～15.0	89.5	1450
	YG6X	93.5	—	<0.5	6	14.6～15.0	91	1400
	YG8	92	—	—	8	14.5～14.9	89	1500
	YG8C	92	—	—	8	14.5～14.9	88	1750
	YG11C	89	—	—	11	14.0～14.4	86.5	2100

（续）

类别	代号	化学成分/(%)				物理、力学性能		
		碳化钨	碳化钛	碳化钼	钴	密度/(g/cm^3)	硬度/HRA 不低于	抗弯强度/(N/mm^2)
钨钴钛类合金	YG15	85	—	—	15	13.9～14.2	87	2100
	YG20C	80	—	—	20	13.4～13.8	82～84	2200
	YG6A	91	—	3	6	14.6～15.0	91.5	1409
	YG8A	91	—	<1.0	8	14.5～14.9	89.5	1500
	YT5	85	5	—	10	12.5～13.2	89	1400
	YT15	79	15	—	6	11.0～11.7	91	1500
	YT30	66	30	—	4	9.3～9.7	92.5	900
通用合金	YW1	84	6	4	6	12.8～13.3	91.5	1200
	YW2	82	6	4	8	12.6～13.0	90.5	1300

上述硬质合金中，碳化物起坚硬耐磨作用，钴起黏结作用。含钴越高，强度及韧性越高，而硬度、耐磨性降低。

钨钴类硬质合金有较好的强度和韧性，宜作切削脆性材料的刀具，如切削铸铁。钨钴钛类硬质合金硬度高，热硬性较好，宜作切削韧性钢材的刀具。

通用合金以 TaC 取代部分 TiC，特点是抗弯强度高。牌号有 YW1、YW2 两种。这类硬质合金刀具主要用于加工不锈钢、耐热钢、高锰钢等难加工钢材。

2）钢结硬质合金

近年来发展起来的钢结硬质合金，仍以 TiC 或 WC 粉末为主要组成，但采用合金钢粉末(高速钢或铬钼钢)作粘合剂，且含量很高(50%～65%)，是一种新型工具材料。其热硬性与耐磨性比一般硬质合金稍低，但韧性好，并可与钢一样进行锻造、热处理和切削加工。钢结硬质合金一般用于制造各种形状复杂的刃具，如麻花钻头等，也可制造在高温下工作的模具和耐磨零件。

3）涂层硬质合金

涂层硬质合金是在高速钢或硬质合金的表面上用气相沉积法涂覆一层耐磨性高的金属化合物，以改善刀具的切削性能。常用的涂覆材料有 TiC、TiN、Al_2O_3、NbC 等。TiC 的硬度高(3200HV)，耐磨性好，可涂覆于易产生强烈磨损的刀具上；TiN 的硬度比 TiC 低些，但在空气中抗氧化性能好。涂层硬质合金比基底材料有更良好的性能，它的硬度高，耐磨性好，热硬性高，可显著提高刀具的切削速度及使用寿命。

高温结构材料中最常用的是碳化钛基金属陶瓷。其黏结金属主要是 TiC，含量高达 60%，以满足高温构件的韧性和热稳定性的需要，其特点是高温性能好，如在 900℃时，仍可保持较高的抗拉强度。碳化钛基金属陶瓷主要用作涡轮喷气发动机燃烧室、叶片、涡轮盘以及航空航天装置中的某些耐热件。

2. 氧化物基金属陶瓷

氧化物基金属陶瓷是目前应用最多的金属陶瓷。在这类金属陶瓷中，通常以铬作为粘合剂，其含量不超过 10%，由于铬能和 Al_2O_3 形成固溶体，故可将其粉粒牢固地粘接起来。此外，铬的高温性能较好，抗氧化性和耐腐蚀性较高，所以和纯 Al_2O_3 陶瓷相比，改善了韧性、热稳定性和抗氧化性。

Al_2O_3 基金属陶瓷的特点是热硬性高(达 1200℃)、高温强度高、抗氧化性良好，与被加工金属材料的粘着倾向小，可提高加工精度和降低表面粗糙度。但它们的脆性仍较大，且热稳定性较低，主要用作工具材料，如刃具、模具、喷嘴、密封环等。

7.3 复合材料

7.3.1 复合材料的增强机制与性能

根据国际标准化组织的定义，复合材料是“由两种以上在物理和化学上不同的物质组合起来而得到的一种多相固体材料。”由两种以上物理性质和化学性质不同的材料组合而成的复合材料，可以通过物理方法或化学方法获得。通常其中的一种作为基体起黏结作用，另一些作为增强材料，提高承载能力。复合材料能克服单一材料的弱点，发挥其优点。复合材料不仅性能优于组分的任意一种单独的材料，而且还可具有单独组分不具备的独特性能，从而使复合材料具有优良的综合性能。复合材料已在建筑、交通运输、化工、船舶、航空航天和通用机械等领域广泛应用。如先进的 B－2 隐形战略轰炸机的机身和机翼大量使用了石墨和碳纤维复合材料，这种材料不仅强度大，而且具有雷达反射波小的特点。

1. 复合材料的增强机制

复合材料的增强是指能够显著提高复合材料的基体相的力学性能的某些作用，而作为增强相的材料称为增强材料。由于增强相的材料不同，复合材料的增强原理也各不相同。

1) 纤维增强原理

在纤维增强复合材料中，承受主要载荷的是纤维增强体；相对于纤维而言，基体强度和模量低很多，基体的作用是把纤维黏结为整体，使之能协同起作用，并保护纤维不受腐蚀和机械损伤，传递和承受切应力。

在合理的纤维体积百分比条件下，纤维增强的复合原则如下。

$$E_c=E_fV_f+E_mV_m=E_fV_f+E_m(1-V_f)$$

$$R_c=R_fV_f+R_mV_m=R_fV_f+E_m(1-V_f)$$

式中 E_c——复合材料的纵向弹性模量；

E_f——增强纤维的纵向弹性模量；

E_m——基体材料的纵向弹性模量；

R_c——复合材料的抗拉强度；

R_f——增强纤维的抗拉强度；

R_m——基体材料的抗拉强度；

V_f——增强纤维的体积百分含量；

V_m——基体材料的体积百分含量。

上述两式表明，随着纤维体积含量 V_f 的增加，复合材料的性能将会提高，即复合材料的强化作用主要取决于增强纤维的弹性模量和抗拉强度。而当纤维体积含量V_f很小时，复合材料的性能则由基体相的性能决定。如果复合材料的强度一定要大于基体相时，必须使$V_f > V_{fmin}$（V_{fmin}为增强纤维的最小体积百分数）。但是，当$V_f > 40\%$时，由于增强行为与基体相材料的结合比较弱，各纤维间的相互接触以及因纤维含量过高，会使符合材料产生许多间隙，使其抗拉强度降低。

还须指出，由于复合材料的界面很多，微观结构也不均匀，加之受力的复杂性，上述公式的应用还比较困难。

2）微粒增强原理

在微粒增强复合材料中，承受主要载荷的是基体，微粒相在金属基体中的作用是阻碍位错运动，在高聚物基体中的作用是阻碍分子链运动，从而提高复合体材料总的强度和刚度。其增强效果与颗粒的尺寸、形状、体积含量以及分布状况等有关。一般情况下，颗粒的直径在0.01～0.1μm时的增强效果较好。微粒直径过大（大于0.1mm），容易造成应力集中而降低材料强度；微粒直径太小（小于0.01μm），难以阻碍基体位错或者分子链的运动，起不到增强作用。基体中当增强微粒的含量大于20%时，称为微粒增强复合材料；当增强微粒的含量较少时，则称为弥散强化复合材料。

2. 复合材料性能特点

1）比强度和比模量高

在复合材料中，由于增强相多数是强度很高的纤维，而且组成材料密度较小，所以复合材料的比强度、比模量要比其他材料高得多。一般比模量约为钢的4倍，比强度约为钢的8倍。这对宇航、交通运输工具，要求在保证性能的前提下，减轻自重具有重大的意义。如最先进的垂直起降战机AV－8B中27%左右的结构件采用了石墨/环氧树脂复合材料，使整机质量减少达3t多。

2）疲劳强度高

复合材料的基体中密布着大量的增强纤维等，而基体的塑性一般较好，而且增强纤维和基体的界面可阻止疲劳裂纹扩展，从而有效地提高复合材料的疲劳极限，具有较高的疲劳强度。碳纤维增强复合材料的疲劳极限是抗拉强度的70%～80%，而大多数金属材料的疲劳强度只有抗拉强度的40%～50%。

3）减振性好

当结构所受外力的频率与结构的自振频率相同时，将产生共振，容易造成灾难性事故。而结构的自振频率与材料比弹性模量的平方根成正比，由于复合材料的比模量大，自振频率很高，不易产生共振，同时纤维与基体的界面具有吸振能力，所以具有很高的阻尼作用。

4）高温性能好

增强相多有较高的弹性模量、较高的熔点和高温强度，因而复合材料的高温性能也比较高。例如，一般铝合金在400℃以上时强度仅为室温时的1/10，弹性模量接近于零，而用碳纤维或硼纤维强化的铝材，在400℃时强度和弹性模量几乎和室温一样。

5）断裂安全性高

纤维增强复合材料截面上分布着相互隔离的细纤维，当其受力发生过载时，其中部分纤维会发生断裂，但随即进行应力的重新分配，由未断纤维将载荷承担起来，不致造成构件在瞬间完全丧失承载能力而发生脆断，因此复合材料的工作安全性高。

除了上述几种特性外，复合材料还有良好的化学稳定性、自润滑和耐磨等性能，而且制造工艺简单。但它也有缺点，如断裂伸长率小、抗冲击性较差、横向强度较低、成本较高等。

7.3.2 常用复合材料

随着科学技术的发展，复合材料的种类越来越多，在国防工业和国民经济的各个领域的用途越来越广泛。下面介绍几种工程上常用的复合材料。

1. 纤维增强复合材料

1）纤维增强树脂复合材料

玻璃纤维增强复合材料俗称玻璃钢，按胶粘剂不同，分为热塑性玻璃钢和热固性玻璃钢。

以尼龙、聚烯烃类、聚苯乙烯类等热塑性树脂为胶粘剂制成的热塑性玻璃钢具有较高的力学、介电、耐热和抗老化性能，工艺性能也好。与热塑性塑料相比，当基体材料相同时，热塑性玻璃钢的抗拉强度和疲劳强度提高 2～3 倍，冲击韧性提高 2～4 倍，抗蠕变能力提高 2～5 倍，强度达到或超过了某些金属。这种玻璃钢用于制作轴承、齿轮、仪表盘、壳体、叶片等零件。

以环氧树脂、酚醛树脂、有机硅树脂、聚酯树脂等热固性树脂为胶粘剂制成的热固性玻璃钢，具有密度小，强度高，介电性、耐蚀性及成形工艺性好的优点，比强度高于铜合金和铝合金，甚至高于某些合金钢。但刚性较差，仅为钢的 1/10～1/5，耐热性不高(200℃)，易老化和蠕变。主要制作要求自重轻的受力构件，例如汽车车身、直升机旋翼、氧气瓶、轻型船体、耐海水腐蚀的构件、石油化工管道和阀门等。

碳纤维增强复合材料中以碳纤维/树脂复合材料应用最为广泛。碳纤维/树脂复合材料中采用的树脂有环氧树脂、酚醛树脂、聚四氟乙烯树脂等。

碳纤维增强复合材料与玻璃钢相比，其抗拉强度高，弹性模量是玻璃钢的 4～6 倍。玻璃钢在 300℃以上，强度会逐渐下降，而碳纤维的高温强度好。玻璃钢在潮湿的环境中强度会损失 15%，而碳纤维的强度不受潮湿影响。此外，碳纤维复合材料还具有优良的减摩性、耐蚀性、热导性和较高的疲劳强度。

机械行业中，碳纤维增强塑料用于制造磨床磨头、齿轮等，以提高精度及运转速度，并减少能耗。在航空、航天、航海等领域，碳纤维增强塑料也得到广泛应用。除玻璃纤维和碳纤维外，工程上尚可采用硼纤维与树脂组成的复合材料。硼纤维的抗拉强度与玻璃纤维差不多，但弹性模量是玻璃纤维的 5 倍。

近年来用晶须代替纤维组成的复合材料发展很快。晶须是一种单晶纤维，它是金属或陶瓷自由长大的针状单晶体，强度极高。由于它成本高，目前多用于尖端工程。

2）纤维增强金属复合材料

纤维增强金属复合材料是以金属为基体，纤维为增强材料组成的复合材料。它克服了单一金属及其合金性能上的某些弱点。常用的有碳化硅、氮化硅、氧化铝和钦酸钾晶须；硼、石墨、碳化硅、氧化硅、氧化铝和氧化硼纤维；钛、钼、钨、不锈钢和铍金属丝以及金属条带如被条带等。与树脂基复合材料相比，具有高强度、高模量、高韧性、横向力学性能好和层间剪切强度高等特点，而且工作温度高、耐磨、导电、导热。不吸湿、尺寸稳定、不老化等优点。目前以碳纤维、硼纤维和SiC纤维增增强复合材料发展较快，具有高的比强度、比模量、高温强度和模量，在温度较高时尺寸稳定性较好，因此提高了零件的使用温度。目前已广泛用于制造要求比强度、比模量高的飞行器结构件，如导弹的鼻锥体、火箭喷嘴、飞机尾翼等，还可制造重型机械的轴瓦、齿轮、化工设备的耐蚀件等。

图7.2和图7.3分别为SiC纤维增强Ti_3Al金属复合材料显微组织形貌和硼纤维增强铝基复合材料用于航天飞机主舱体龙骨桁架和支柱。

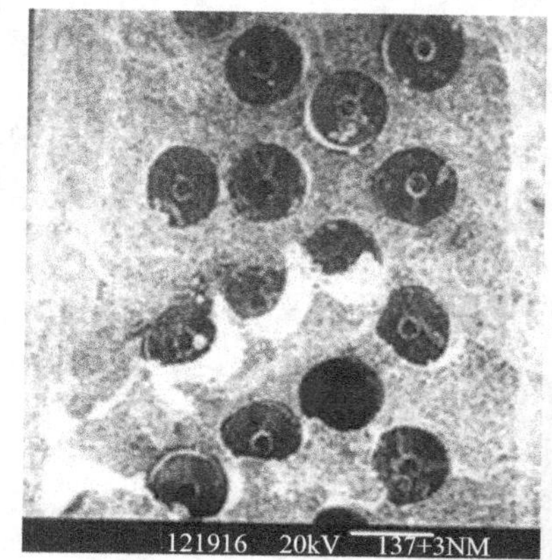

图7.2 SiC纤维增强Ti_3Al金属复合材料显微组织形貌

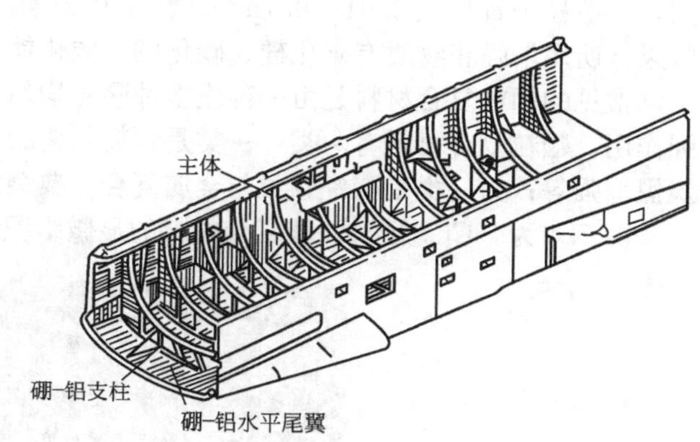

图7.3 硼纤维增强铝基复合材料用于航天飞机主舱体龙骨桁架和支柱

3）纤维增强陶瓷复合材料

用碳纤维和陶瓷组成的复合材料能大幅度提高陶瓷的断裂抗力和抗热振性能，降低其脆性。而陶瓷又保护了碳纤维，使它在高温下不被氧化。因而具有很高的高温强度和弹性模量。如碳纤维增强氮化硅陶瓷，长期使用温度为1400℃，可作喷气飞机的涡轮机叶片。

2. 层合复合材料

层合复合材料是由两层或两层以上不同性质的材料复合而成的，以达到增强的目的。层与层之间通过胶接、熔合、轧合、喷涂等工艺方法来实现复合，从而获得与层状组成材料不同性能的复合材料。用层叠法增强的复合材料可使强度、刚度、耐磨、耐蚀、绝热、隔声、减轻自重等性能分别得到改善。

常用的层合复合材料有双层金属复合材料，如不锈耐蚀钢-非合金钢、钢-黄铜、钢-巴氏合金等；塑料涂层复合材料，即在钢板上涂覆一层塑料，用以提高钢的耐高温腐蚀性能；塑料-金属多层复合材料和夹层结构复合材料等。SF型三层复合材料就是典型的塑料-金属多层复合材料，它以钢为基体，烧结铜网或小铜球为中间层，塑料为表面层的自润滑复合材料。这种材料的力学性能取决于钢基体，摩擦、磨损性能取决于塑料，中间层主要起粘接作用。这种复合材料比单一塑料承载能力提高20倍，热导率提高50倍，热线膨胀因数下降75%，改善了尺寸稳定性，可制作工作在高应力(140N/mm^2)、高温(270℃)、低温(−195℃)和无油润滑条件下的轴承以及机床导轨、衬套、垫片等。夹层结构复合材料由两层薄而强的面板(或称蒙皮)中间夹着一层轻而弱的芯子组成，面板与芯子用胶接或焊接的方法连接在一起，夹层结构密度小，可减轻构件自重。面板一般由强度高、弹性模量大的材料组成，如金属板、玻璃等。而心料结构有泡沫塑料和蜂窝格子两大类，这类材料的特点是密度小、刚性和抗压稳定性好、抗弯强度高。这种复合材料有较高的刚度和抗压稳定性，可绝热、隔声、绝缘。常用于航空、船舶、化工等工业，如飞机、船舱隔板、冷却塔、飞机机翼、火车车厢等装备。

3. 颗粒复合材料

颗粒复合材料是由一种或多种颗粒均匀分布在基体材料内而制成的。颗粒起增强作用，一般粒子直径在 0.01～0.1mm。粒子直径偏离这一数值范围，均无法获得最佳增强效果。所用增强相物质有碳化硅、碳化硼、碳化钛和氧化铝的颗粒等。

常见的颗粒复合材料是由一种或多种颗粒均匀分布在基体材料内而制成的。颗粒起增强作用，颗粒复合材料有两类：一类是颗粒与树脂复合，如塑料中加颗粒状填料，橡胶用炭黑增强等；另一类是陶瓷颗粒与金属复合，典型的有金属基陶瓷颗粒复合材料等。

图 7.4 为 SiCp 增强 Al 基复合材料的显微组织形貌的扫描电镜照片。

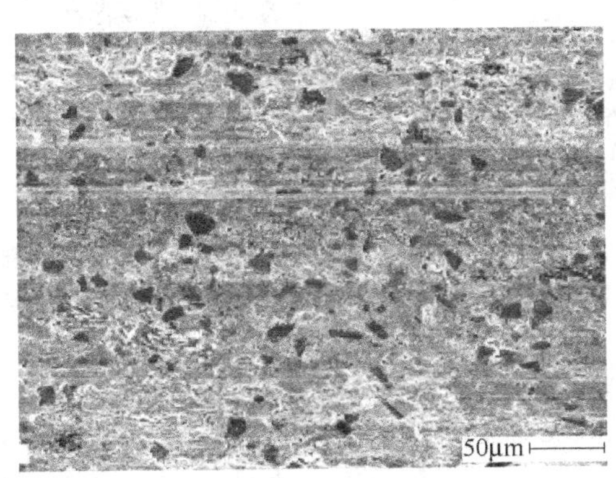

图 7.4 SiCp 增强 Al 基复合材料的显微组织形貌的扫描电镜照片

4. 复合材料的发展

1) 由宏观复合向微观复合形式发展

近期已研究出尺寸比一般增强体小得多的增强组元与基体复合的新型微观复合材料。所谓微观复合材料包括均质材料在加工过程中内部析出增强相和剩余基体相构成的原位复合材料或微纤维增强复合材料，也包括用纳米级增强体的纳米复合材料以及用刚强棒状分子增强的分子增强复合材料。其中树脂基原位复合材料已相当成熟。

2) 由双元混杂复合向多元混杂和超混杂方向发展

用两种增强纤维进行混杂来增强的混杂复合材料，已经取得良好的使用效果。因为在混杂复合材料中存在混杂效应，从而使某些性能明显优于用简单混合定则所估计的数值，而且还降低了原材料价格。目前混杂形式正朝着多元混杂方向发展。所谓多元混杂包括在混杂的纤维增强体中再加入颗粒填料，基体也可用混合体，如采用共混高聚物等，甚至还可混杂其他属性的材料。

近来出现的以铝合金板和纤维增塑交替层，称为超混杂复合材料(ARALL)。在此基础上又发展出铝－碳纤维/环氧(CALL)和铝－玻璃纤维/环氧(GLALL)等超混杂复合材料。

3）由结构复合材料为主向功能复合材料并重的局面发展

所谓功能复合材料是指具有除力学性能以外的其他物理、化学性能的复合材料。功能复合材料涉及面极为广泛，是一类具有重要使用价值的新型材料。在机械学上有振动阻尼、自润滑、高摩擦系数、抗磨损和复合装甲等功能。此外，在电子学、磁学、光学、热学等方面都有一定的应用。

4）由被动复合材料向主动复合材料方向发展

目前使用的人工材料基本上属于被动材料，即在外界环境作用下，材料只能作出被动响应。目前正在致力于研究具有主动性即有源材料。它的初级形式称为机敏材料，具有感觉、处理和执行功能，起到自诊断、自适应和自修复(自愈合)的作用。它的高级形式称为智能材料，即不仅具有上述功能，而且能够根据环境适时的作用大小作出优化反应，起到自决策的作用。这类材料基本上是把敏感材料作为传感器，执行作用的材料作为驱动器的支持材料复合在一起，成为机敏(智能)复合材料。然后与外接电路装置构成系统，因此也成为机敏(智能)系统。

5）由复合材料的常规设计向仿生和CAD发展

生物材料绝大多数是复合材料，由于在与自然界的长期抗争和演化过程中，形成了优化的复合组成与结构形式。例如，竹、木、动物骨骼、甲壳等都是很好的复合材料。各种生物材料都有许多值得借鉴的结构特点，通过对它们的分析、归纳和仿造是非常有效的复合材料设计手段。如风力发电机和直升机的旋翼，其结构为内层是硬泡沫塑料，中层是玻璃纤维增强复合材料，外层是刚度、强度高的碳纤维复合材料。这就是借鉴骨骼的中心为疏松的泡沫组织，中层是质地较柔韧的骨纤维与骨质素的复合体，而外层是质地坚硬的骨纤维含量高的骨表组织。

由于复合材料不仅具有可设计性，而且设计自由度宽广，所以采用计算机辅助设计势在必行。估计不久的将来，复合材料的CAD将会逐步普及到各种复合材料的结构件设计中，下一步的目标将是功能复合材料的计算机辅助设计。

知识要点提醒

本章与第1、2章联系密切，如果前叙内容掌握得不好，学习时往往会感到枯燥无味，不易学懂和不便记忆，因此学习时应注意：

1. 联系前述有关章节的有关知识，以材料的“化学成分(化学组成)→结构、组织→性能→应用”这一主线索为纲，指导本章学习。

2. 搞清有关基本概念，如高分子材料的组成、陶瓷材料的组织特征以及复合材料的分类与复合增强机制等，将有助于理解、深入认识其性能特点。

3. 尽可能联系加工工艺现场生产和生活实际，以加深理解与增强记忆。有条件的地方应适当组织参观、调研等，以增加感性认识，将十分有助于学习与记忆本章内容。

现代化生产与科学技术的突飞猛进、日新月异，对材料提出了更高、更迫切的要求，传统的金属材料已远远不能满足，因而促进了高分子、陶瓷与复合材料的日益广泛应用与发展。本章简要介绍了有关非金属材料与复合材料的初步知识，以便为深入学习非金属材料与复合材料知识奠定基础。

本章学习的重点是常用工程塑料与工业陶瓷材料的特性与应用。

知识链接

形状记忆聚合物

和形状记忆合金相比，形状记忆聚合物以质量小、加工容易、变形率大、成本低的优点，引起人们的注意，目前在以下几方面得到一定的应用。

(1) 变形物的复原：形状记忆聚合物用于汽车的缓冲器、保护罩等，当汽车受冲击使保护装置变形后，只需加热即恢复原形状。此外，各种携带用容器、玩具等，用形状记忆聚合物制作，二次成形压成平板，使用时加热即恢复原形。

(2) 建筑、施工材料：如热收缩管用于异径管的接合。先将管状形状记忆聚合物加热软化，插入大于管内径的棒，冷却后取走插入棒，得热收缩管径。使用时，将不同直径的金属管插入热收缩管中加热，使其收缩而紧固在不同直径的金属管上。广泛用于管路接头以及包覆和衬里材料、销钉等。

(3) 医疗材料：用作固定器具替代石膏，具有质小、强度好的特点，容易制成复杂的形状，易于卸下，如图 7.5 所示。

图 7.5　医疗固定器具示意图

形状记忆聚合物这一新型功能材料，尚处于起步阶段，还不能满足各种使用条件对材料回复温度、回复力等的要求，有待开发新品种、开拓新用途。

纳米结构材料

纳米结构材料又称纳米固体，是由颗粒为 1～100nm 的粒子凝聚而成的块体、薄膜、多层膜和纤维。

纳米结构材料的基本构成是纳米微粒以及它们之间的分界面。由于纳米粒子尺寸小，界面所占的体积百分数几乎可与纳米粒子所占的体积百分数相比拟。因此纳米材料的界面不能简单地看成一种缺陷，它已成为纳米材料的基本构成之一，对其性能的影响起着举足轻重的作用。因此，可以预期纳米微晶材料的力学性能比常规大块晶体有许多优点。

目前世界上的材料有近百万种，而自然的材料仅占 1/20，这就是说人工材料在材料科学发展中占有重要的地位。纳米尺度的合成为人们设计新型材料，特别是人类按照自己的意志设计和探索所需要的新型材料打开了新的大门。例如，在传统相图理论上根本不相溶的两种元素在纳米态下可以合成在一起制备出新型的材料，铁铝合金、银铁和铜铁合金等纳米材料已在实验室获得成功。利用纳米微粒的特性，人们可以合成原子排列状态完全不同的两种或多种物质的复合材料。人们可以把过去难以实现的有序相和无序相、晶体和金属玻璃、铁磁相和反铁磁相、铁电相和顺电相合成在一起，制备成有特殊性能的新型材料。纳米微粒的诞生也为常规的复合材料的研究增添了新的内容。把金属的纳米颗粒放入常规陶瓷中大大改善了材料的力学性质；纳米 Al_2O_3 粒子放入橡胶中提高了橡胶的介电性和耐磨性，放入金属或合金中可以使晶粒细化，大大改善力学性质；纳米 Al_2O_3 弥散到透明的玻璃中既不影响透明度，又提高了高温冲击韧性……美国已成功地把纳米粒子用于磁制冷上，8nm 的铁粒子分散到钆铝石榴石或钆镓石榴石中形成的新型磁制冷材料使制冷温度达到 20K。

有人用溅射法制造了多层金属/金属纳米复合材料。在溅涂中由高能氩离子束轰击金属靶，产生的原子沉积于基体。用两种不同金属靶交替溅涂，可制成每层0.2nm共有几百或几千层的纳米复合材料，这种多层纳米复合材料的强度已达理论强度的50%，且有望增至65%～70%。

纳 米 管

1. C_{60}

C_{60}具有高稳定的新奇结构，即一种由60个C原子组成的大分子，成为一个封闭的足球形。它是由32面体构成，包括20个六边形(类似于苯环)和12个五边形。人们称之为烯球(Fullerce)或巴基球(Bucky ball)。图7.6所示为具有化 学键分辨率的C_{60}单分子STM图像和由不同取向C_{60}分子形成的二维畴结构。

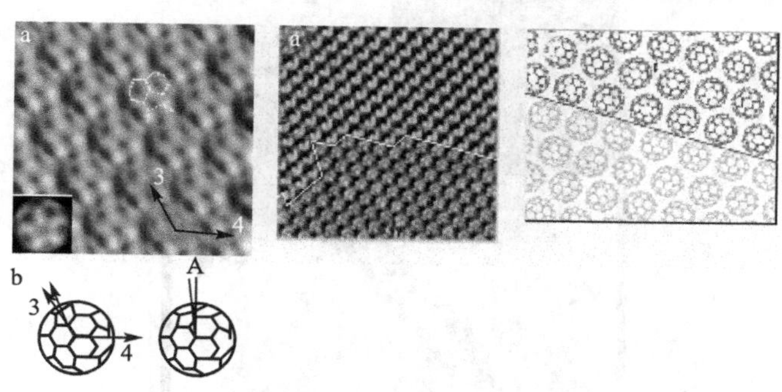

图7.6 具有化学键分辨率的C_{60}单分子STM图像和由不同取向C_{60}分子形成的二维畴结构

进一步研究又指出C原子的团簇在幻数(构成cluster的原子数)为20、24、28、32、36、50、60和70时具有高稳定性。

C_{60}有许多奇异的特性，如极大的比表面使它具有异常高的化学活性和催化活性、光的量子尺寸效应和非线形效应、电导的几何尺寸效应、C_{60}掺杂及掺包原子的导电性和超导性等。它是合成金刚石的理想原料；掺后为超导材料；C_{60}和C_{70}溶液具有光限性；它也是治疗癌症药物的载体；C_{60}紧密堆垛组成了第三代碳晶体，C_{60}的发现大大丰富了人们对碳的认识。

2. 纳米管

碳纳米管是非常细的空心碳丝，因为其直径为分子数量级，细到只有几十个或几个分子那么大(图7.7和图7.8是碳纳米管示意图及碳纳米管的高分辨透射电镜像)。碳纳米管是一个重要的研究方向。它的直径仅1.4nm，或只有十个原子大小，仅相当于现在晶体管的1/500。

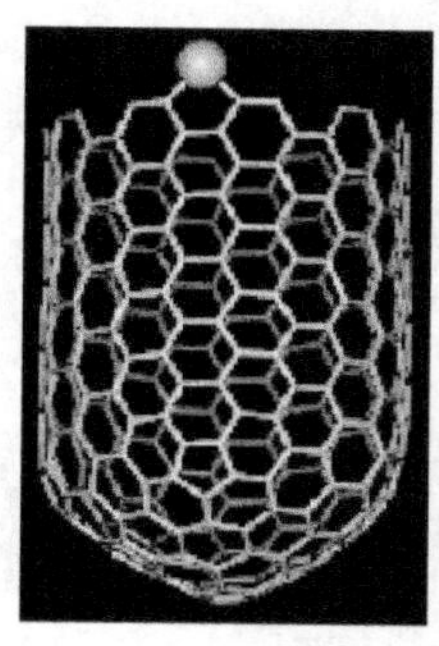

图7.7 碳纳米管示意图

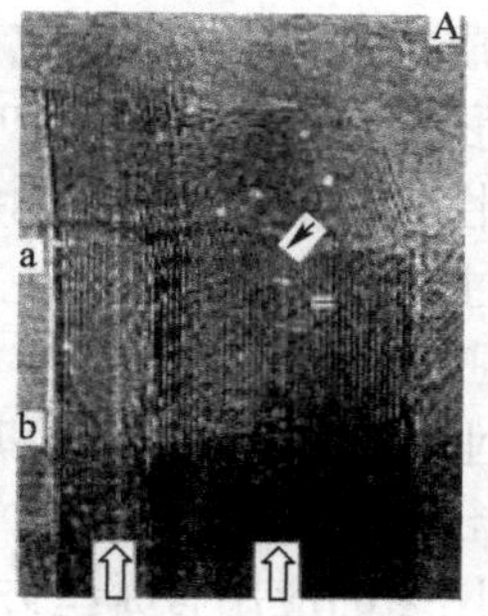

图7.8 碳纳米管的高分辨透射电镜像

在理论上，碳纳米管的最小直径应是0.4nm、0.6nm。但在实验上，文献报道的最小的碳纳米管是0.7nm，与C_{60}直径相当。

纳米管具有独特的电学性质，这是由于电子的量子局域所致，电子只能在单层石墨片中沿纳米管的轴向运动、径向运动受限制。碳纳米管具有金刚石相同的热导和独特的力学性质，其抗张强度比钢高100倍，单壁碳纳米管可承受扭转形变并可弯成小圆环，应力卸除后可完全恢复原状，压力不会导致管的断裂，其优良的力学性能使其具有潜在的应用前景。

除了碳纳米管外，人们已制备了其他材料的纳米管，如 WS_2 纳米管、MoS_2 纳米管、$NiCl_2$ 纳米管、水铝英石纳米管、氮化碳等纳米管等。图 7.9 所示为 MoS_2 纳米管的电镜像。

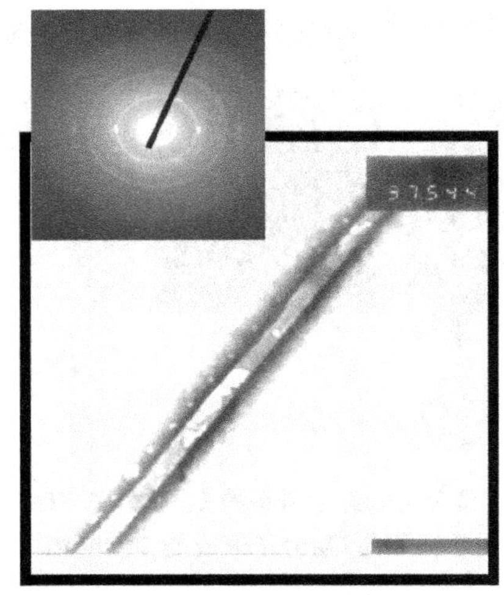

图 7.9　MoS_2 纳米管的电镜像

习　　题

1. 名词解释

热塑性工程塑料、热固性工程塑料、聚合物合金、互穿聚合物网络、普通陶瓷、特种陶瓷、氧化锆增韧陶瓷、赛隆陶瓷、金属陶瓷、复合材料、玻璃钢、硬质合金、叠层复合材料、层合复合材料。

2. 简答题

(1) 塑料的主要成分是什么？它们各起什么作用？

(2) 简述常用工程塑料的性能特点和应用实例。

(3) 试比较热塑性工程塑料和热固性工程塑料的性能特点、应用。

(4) 工业橡胶的主要成分是什么？它们各起什么作用？

(5) 简述工业橡胶的性能特点。

(6) 简述常用工业橡胶的性能特点和应用实例。

(7) 制备聚合物合金的方法有哪些？

(8) 互穿聚合物网络的应用有哪些方面？

(9) 简述胶粘剂的组成以及各组分的作用。

(10) 简述常用胶粘剂的性能特点和应用实例。

(11) 简述氧化物陶瓷、非氧化物陶瓷的性能特点及其应用实例。

(12) 说明现代陶瓷的特点，并举例说明它的应用实例。
(13) 复合材料的增强机制包括哪两方面？并详细说明。
(14) 复合材料有哪些性能特点？
(15) 说明工程上常用的复合材料的应用现状。
(16) 比较热塑性玻璃钢和热固性玻璃钢的性能特点。

第8章 材料的选用

知识要点	掌握程度	相关知识
选材的三项基本原则	熟悉	使用性原则、工艺性原则、经济性原则及它们之间的关系，根据零件的工作条件和失效形式，对材料的性能正确地提出要求，合理地选择和使用材料
常用金属材料的应用情况	掌握	参见第5、6章等
典型零件的选材	掌握	尤其是轴类零件的选材分析方法，同时也应了解机器零件的设计不单是结构设计，还应该包括材料与工艺的设计
典型零件的热处理工艺和加工工艺路线	熟悉	参见第4章等

导入案例

南极探险队的覆没

1910年，英国的极地研究者罗别尔格·斯科特船长准备出发探险。这次探险的目的是为了到达当时还没人到过的南极。勇敢的探险队员们沿着南极洲大陆的雪原艰难地向前推进了几个月。为了以备万一，他们在自己的旅程中设置了几个存放物品和煤油的小仓库，以供归途上用。

1912年，由五个人组成的探险队终于到达南极。但是斯科特竟在那里发现了一本旅行笔记，这使他感到极其失望。原来著名的挪威探险家鲁阿里·阿孟逊已经在一个月前来过这里。而真正的灾祸还在归途上等待着斯科特。第一个仓库里的煤油没有了，盛煤油的洋铁捅全空了。这些疲倦的、冻得打颤的城里人无法生火，也不能准备什么食物。他们克服了极大困难到达了下一个仓库。但在那里遇到的也是空桶，所有的煤油都流光了。他们无力抵抗南极洲的严寒和突然出现的暴风雪。罗别尔格·斯科特和他的朋友们很快就死去了。

煤油神秘地流走的原因究竟是什么呢？为什么考虑周密的探险队结局会这样悲惨？

一位研究者推测，由于酷寒引起温度急剧下降，煤油桶的密封皮垫开裂，桶内的煤油逐渐蒸发掉；另一种说法是，焊接铁桶用的锡是煤油流失的原因。探险家们并不知道，在严寒下锡会“生病”，由发亮的白色金属转变成暗灰色，化作一杯齑粉。这是因为，在温度低于13℃时，锡的晶格会重新排列，以便原子能够紧密地分布在较小的空间内。这时形成了新的异型体——灰锡。它失去了金属的特性而成为半导体，在各个金属晶格的连接处引起破裂并散成粉末。周围环境温度越低，同素异形体的转变就越快。

这种被称为“锡瘟”的现象，看来在探险队的覆灭中起了致命的作用。

挑战者号航天飞机灾难

美国东部时间1986年1月28日礼拜二上午11时39分(世界标准时间16时39分)，在美国佛罗里达州上空才刚起飞飞行73秒的挑战者号航天飞机随即解体，导致机上7名机组人员丧命。最后解体后的太空飞行器残骸掉落在美国佛罗里达州中部的大西洋沿海处。

图8.01 挑战者号航天飞机灾难

挑战者号航天飞机升空后，因其右侧固体火箭助推器(SRB)的O形圈失效，使得原本应该是密封的固体火箭助推器内的高压高热气体泄漏。这些气体影响了毗邻的外储箱，在高温的烧灼下开始发生结构失效的现象，同时也让右侧固体火箭助推器尾部脱落分离。最后，高速飞行中的航天飞机在空气阻力的作用下于发射后的第73秒解体，机上7名机组人员全部罹难。挑战者号的残骸则散落在大海中，在之后被远程搜救队打捞了上来。尽管无法确切知悉机组人员的死亡时间，现在已知在航天飞机初步解体时仍有几个幸存者。但无论如何，没有完善逃生措施以及事发所处环境仍使得7名机组人员全数罹难。

经过这次灾难性事故后，导致美国的航天飞机飞行计划被冻结了长达32个月之久。同时美国总统罗纳德·里根下令组织一个特别委员会——罗杰斯委员会，负责对该事故进行了调查。罗杰斯委员会发现，美国国家航空航天局(NASA)的组织与决策过程中的缺陷与错误，是导致这次事件的关键因素。他们发觉自1977年开始，NASA的管理层事前已经知道承包商莫顿·塞奥科公司所设计的固体火箭助推器在O形圈处存在着潜在的缺陷，但却未曾提出过改进意见来妥善解决这一问题。他们也忽视了在当天清晨时，工程师对于低温下进行发射的危险性发出的警告，且未能充分地将这些技术隐患报告给他们的上级。最后罗杰斯委员会向NASA提出了9项建议，并要求NASA在继续航天飞机飞行计划前贯彻这些建议。

值得注意的是，在该事故中遇难的宇航员克丽斯塔·麦考利夫是太空教学计划的第一名成员。她原本准备在太空中向学生授课，因此有许多学生观看了挑战者号的发射直播。这次事故的媒体报道的覆盖面也极为广泛，一项民意调查的研究报告显示有85%的美国人在事故发生后一个小时内，就已经听闻这次事件的新闻。同时，挑战者号灾难也成为此后工程安全教育中的一个常见案例，并在之后许多安全研究讨论中被提起。

魂断银桥

1967年12月15日，美国俄亥俄河上的银桥边排满了等待过桥的人。这时正是圣诞节的采购高峰期，很多人手里拎着大包小包，正在往家赶。

当时正下着雨雪，刮着大风，河面上涌起了道道白色波浪。气温已降至接近0℃。

这座桥连接着俄亥俄州和西弗吉尼亚州。它长约540米，坐落在俄亥俄河与卡纳瓦河的交汇处。它把俄亥俄州的卡纳加和加利波利斯与对岸的波恩特普莱森特小镇连接了起来。

下午5点，正值下班高峰期。圣诞购物和下班回家的人们挤满了这座桥。谁也没有想到，悲剧就在这时发生了。

坍塌的速度是惊人的——短短一分钟之内，银桥就彻底倒塌了。汽车、货车、卡车和上面的人一起坠入了俄亥俄河冰冷的河水中。剩下的两个桥台隔河相望，就像是两座墓碑，而这条河简直就变成了一块墓地。

银桥倒塌事件直接导致50余辆汽车坠入俄亥俄河中，46人丧生，其中两具尸体始终没能找到。

这一事件引起了美国全国上下的关注。调查工作由美国国家运输安全委员会负责。最后，人们把注意力集中到了桥梁的设计上面。

西弗吉尼亚州共有两座采用了这种“眼杆”型设计方案的桥梁，银桥就是其中的一座。这里所说的“眼杆”型，就是把桥设计成自行车链条的样式，中间交织连接并固定在支撑塔上，而两端则被牢牢钉死在两个桥台上。横穿整个桥体的巨大链条是用“眼杆”贯穿起来的。在桥的每一侧，每个链条节都由两组“眼杆”组成。而每一个“眼杆”的两端各有一个孔眼。在孔眼之间加上螺栓，就把“眼杆”固定在垂直的吊架上了。吊架上还有许多这样的螺栓，它们从“眼杆”之间穿过，使它们一节一节地固定在

图 8.02 银桥倒塌事件

桥的吊架上。这种“眼杆”桥已经有近600年的历史，最早是由中国人发明建造的。在欧洲也有这种桥，英国最有名的这种桥可能要数布里斯托港的克利夫顿吊桥了，它是由布鲁诺建造的。这座桥与银桥有所不同，关键在于它的每侧链条都是由四根“眼杆”组成一组，而银桥的每侧链条是由两根“眼杆”组成一组。

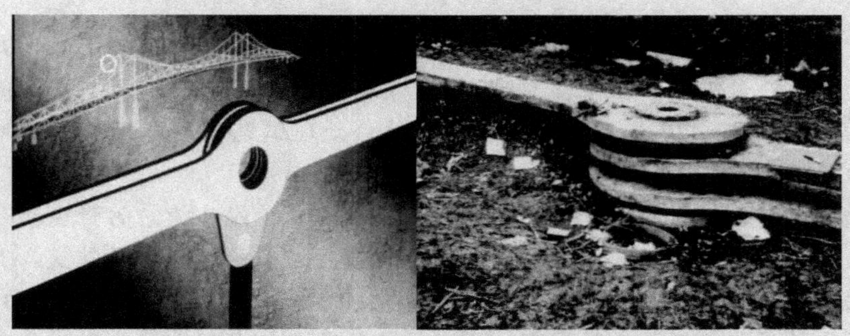

图 8.03 “眼杆”结构示意图及失效的“眼杆”

由查克·斯斯杰夫担任组长的技术调查专家小组对超载、碰撞、强风及蓄意破坏等多种可能造成银桥坍塌的原因进行调查。他介绍说，在这之前，他从来没有见过这座桥的照片或草图。所以，他首先要弄清楚的是：它在倒塌前是什么样子的？当他来到俄亥俄河岸边，见到那些孔眼链条之后，心里有数了。当时他就怀疑是不是链条的连接处出了问题。于是，他们询问了那些居住在西弗吉尼亚州和俄亥俄州的河两岸地区的目击者，在目击者对12月15日黄昏时分银桥所发生的崩塌事件的描述中，几乎无一例外地报告说，在桥倒塌的时候，他们听到了一声类似于爆炸的巨大响声。这些描述意味着人为破坏的可能性。联邦特工介入了此事，但没有发现任何有关的证据。于是问题又回到了设计上面。

调查组发现，在河上游俄亥俄州这一端的链条，已经跑到了离这边的支撑塔大约有30米远的河边去了。可见，桥梁链条的最后两节“眼杆”，或至少其中的一节“眼杆”，肯定早已从塔身上脱落了。另外，调查组还发现，还有一条链条的末端，也就是在入水处的一根“眼杆”上，插入孔眼的螺栓和孔眼只连着那么一点点，孔眼的边沿磨损很厉害，就像经过锤子敲打一般。由此可以肯定，是这里的接合处出了问题。当时，这组“眼杆”的另一根“眼杆”失踪了，几个月之后才在一个桥墩架子中被发现。调查人员马上就把它送进了实验室，并且用不会伤及表面的清洁液把它彻底清洗干净。经检查发现，在“眼杆”一侧本来应该与直径9in的螺栓接合的一个角上，有一个1/16in宽的裂缝。尽管这是一个很小的缝隙，但它使调查人员把注意力集中到建筑材料上面。

图8.04 “眼杆”上发现的裂缝

制造“眼杆”链条所用的钢材是一种非常特殊的钢。它是在建桥之前的几年间才研制出来的。这是一种碳钢，但它不像普通钢材那样只含0.2%的碳，它的含碳量高达0.6%；并且，本来是用来提高钢材设计应力的热处理工艺，在这里被用来增加这种特殊钢材的承受力。

一般来说，增加钢材中的含碳量确实能够改进它的性能，使它的强度和硬度有所提高。但是，随着钢中含碳量的增多，它的属性又会反过来向铁的方面转变，其脆性也会提高。这次银桥坍塌事件中所发生的问题，实际上就是一个所谓“应力反向”的问题。如果桥体发生了弯曲或者是上下震颤，那么桥体的某些特定部位就会发生承载量的快速改变。也就是说，桥的某些部位很快就会断裂，而这对一座桥来说无疑是毁灭性的。

调查组人员一致认为，一定是接合部位发生了问题，才发生了后来的一系列问题，并最终导致了桥梁的坍塌。但是，在这个接合部位有两个“眼杆”，其中一个有断裂的痕迹，而另一个，有证据表明它从螺栓上脱落下来了。这时，调查小组的成员之间发生了分歧。有一部分人认为，是桥体不断震颤导致了螺栓逐渐松脱，并使其中的一个“眼杆”首先脱落，如果真是这样的话，另一个“眼杆”就得承担双倍的重量，断裂也就再自然不过了。而另一派则持相反意见。他们认为，首先发生了断裂。而一旦一个“眼杆”发生了断裂，螺栓就会松动，另一根“眼杆”也就随之脱落。

问题最终在实验室得到解决。研究人员把银桥出问题的这一部分做了个缩小的模型。结果证明：是金属先发生断裂，引起螺栓滑脱，最后才导致桥梁崩塌的。

调查结果表明：正是只有两根“眼杆”组成一组的链条设计和脆弱的钢材，导致俄亥俄州一端的C13号接合处发生了断裂。而链条与桥塔之间的不合理关系，也是导致灾难发生的原因之一。

从工程学的角度看，对那些有钢绳悬吊的桥梁来说，桥塔本身是可以自我支撑的，就算有一股或多股，甚至一百股钢绳都断了，桥梁依然能够保持不倒，因为桥塔还在支撑着它。而对像银桥这样的“眼杆”型桥梁来说，它的设计方式决定了桥塔就是链条的主要支撑物。反过来，“眼杆”以及由它组成的链条也在支撑着桥塔。也就是说，它们是相互支撑的。一旦一方面出了问题，另一方面也就难以为继了。所以，当“眼杆”发生断裂，桥塔就无法支撑，此时，整个桥体当然也就全面崩塌。

但是，人们不禁要问，银桥在事发两年之前还检修过一次，为什么当时没能设法解决这些问题呢？

建筑工程技术人员是这样解释的：要知道，这种类型的桥一旦建好，那些测试和检修手段所能起到的作用是非常有限的。而且，像这样一个非常非常小的裂缝，在一次仅凭肉眼进行的检测中是很难被发现的。如今，技术的发展，使人们掌握了更多更先进的检测手段。而且，经历了各种事故后，现在的桥梁在设计的时候就已经考虑到为未来检修提供便利这个问题了。现在的检修已经完全可以做到，在不影响桥梁的正常使用和桥上正常交通的情况下进行。

8.1 零件的失效分析

一个机械零件无论质量多好，都不可能无限期使用，总有一天会因各种原因而失效报废。到达或超过正常设计寿命的失效是不可避免的，但也有许多零件，其运行寿命远远低于设计寿命而发生早期失效，给生产造成很大影响，甚至酿成重大安全事故。因此，必须给予足够的重视。在零件选材初始，就必须对零件在使用中可能产生的失效方式、原因及对策进行分析，为选材及后续加工的控制提供参考依据。

8.1.1 失效的概念

失效是指零件在使用中，由于形状、尺寸的改变或内部组织及性能的变化而失去原有设计的效能。零件在工作时，由于承受各种载荷，或者由于运动表面间长时间地相互摩擦等原因，零件的尺寸、形状及表面质量会随着时间延长而改变。如果零件尺寸由于磨损超过了零件设计时的尺寸公差范围，表面由于磨损或外界介质的侵蚀等造成表面质量下降，这些都是零件失效。

一般机械零件存在下列 3 种情况中的任何一种可认为已失效：零件完全不能工作；零件虽能工作，但已不能完成设计功能；零件已有严重损伤，不能再继续安全使用。由此可见，零件失效不等于零件坏了。

零件在达到或超过设计的预期寿命后发生的失效，属于正常失效；在低于设计预期寿命时发生的失效，属于非正常失效。另外，有突发性失效，例如，化肥厂爆炸、图 2.11 所示的油轮断裂、图 8.1 所示飞机的损坏等。

图 8.1　737 喷气式飞机座舱突然破裂
(事故原因与铝合金座舱罩在含盐大气环境中大面积腐蚀有关)

8.1.2　零件失效类型及原因

1. 零件失效类型

零件在工作时的受力情况一般比较复杂，往往承受多种应力的复合作用，因而造成零件的不同失效形式。机械零件常见的失效形式可归纳为以下几种类型。

(1) 断裂失效。断裂是零件最严重的失效形式，是因零件承载过大或因疲劳损伤等发生的破断。例如，钢丝绳在吊运中的断裂及在交变载荷下工作的轴、齿轮、弹簧等的断裂。断裂方式有塑性断裂、疲劳断裂、蠕变断裂、低应力脆性断裂等。

(2) 过量变形失效。过量变形失效是指零件变形量超过允许范围而造成的失效。它主要有过量弹性变形失效和过量塑性变形失效。例如，高温下工作时，螺栓发生松脱，就是过量弹性变形转化为塑性变形而造成的失效。

(3) 表面损伤失效。表面损伤失效是指零件的表面及附近材料造成尺寸变化和表面破坏的失效现象。它主要有表面磨损失效、表面腐蚀失效、表面疲劳失效。例如，齿轮经长期工作轮齿表面被磨损，而使精度降低的现象，即属表面损伤失效。

同一零件可能有几种失效形式，例如，轴类零件，其轴颈处因摩擦而发生磨损失效，在应力集中处则发生疲劳断裂，两种失效形式同时起作用。但一般情况下，总是由一种形式起主导作用，很少同时以两种形式使零件失效。另外，各类基本失效方式可以互相组合，形成更复杂的复合失效方式，如腐蚀疲劳断裂，蠕变疲劳，腐蚀磨损等。但它们在特点上都各自接近于其中某一种方式，而另一种方式是辅助的。

2. 零件失效原因

引起零件失效的因素很多且较为复杂，它涉及零件的结构设计、材料选择、材料的加工、产品的装配及使用保养等方面，通常与下列因素有关。

(1) 设计不合理。设计上导致零件失效的最常见原因是结构或形状不合理，即在零件的高应力处存在明显的应力集中源，如各种尖角、缺口、过小的过渡圆角等。另一种原因是对零件的工作条件估计错误，如对工作中可能的过载估计不足，因而设计的零件的承载能力不够。发生这类失效的原因在于设计，但可通过选材来避免，特别是当零件的结构与几何尺寸基本固定而难以作较大的改动时，更是如此。

(2) 选材不合理。选材不当是材料方面导致失效的主要原因。问题出在材料上，但责任在设计者身上。最常见的情况是，设计中对零件失效的形式判断错误，使所选材料的性能不能满足工作条件的要求，或者选材时所根据的性能指标不能反映材料对实际失效形式的抗力，从而错误地选择了材料。另外，所用材料的冶金质量太差，如含有过量的夹杂物、杂质元素及成分不合格等，这些都容易使零件造成失效。

(3) 加工工艺不当。零件或毛坯在加工和成形过程中，由于工艺方法、工艺参数不正确等，常会出现某些缺陷，导致失效。如热加工中产生的过热、过烧和带状组织等；冷加工不良时粗糙度太低，产生过深的刀痕、磨削裂纹等；热处理中产生的脱碳、变形及开裂等。

(4) 安装使用不正确。机器在装配和安装过程中，不符合技术要求，如安装时配合过松、过紧，对中不准，固定不稳等，都可能使零件不能正常工作，或工作不安全；使用中不按工艺规程操作和维修，保养不善或过载使用等，均会造成早期失效。

8.1.3 失效分析方法

失效分析方法是指对零件失效原因进行分析研究的方法。一般来说，零件的工作条件不同，发生失效的形式也不一样，防止零件失效的相应措施也就有所差别。分析零件失效原因是一项复杂、细致的工作，其合理的工作程序为以下几步。

1. 收集历史资料

仔细收集失效零件的残体，详细整理失效零件的设计资料、加工工艺文件及使用、维修记录。根据这些资料全面地从设计、加工、使用各方面进行具体的分析。确定重点分析的对象，样品应取自失效的发源部位，或能反映失效的性质或特点的地方。

2. 检测

对所选试样进行宏观(用肉眼或立体显微镜)及微观(用高倍的光学或电子显微镜)断口分析，以及必要的金相剖面分析，找出失效起源部位和确定失效形式。对失效样品进行性能测试、组织分析、化学分析和无损探伤，检验材料的性能指标是否合格，组织是否正常，成分是否符合要求，有无内部或表面缺陷等，全面收集各种必要的数据。

3. 综合分析

对上述检测所得的数据进行综合分析，在某些情况下需要进行断裂力学计算，以便于确定失效的原因。如零件发生断裂失效，则可能是零件强度、韧性不够，或疲劳破坏等。综合各方面分析资料作出判断，确定失效的具体原因，提出改进措施。

4. 写出失效分析报告

失效分析报告是失效分析的最后结果。通过它，可以了解材料的破坏方式，这就可以作为选材的重要依据。

必须指出，在失效分析中，有两项工作很重要。一是收集失效零件的有关资料，这是判断失效原因的重要依据，必要时作断裂力学分析；二是根据宏观及微观的断口分析，确定失效发源地的性质及失效方式，这项工作最重要，因为它除了告诉人们失效的精确地点和应该在该处测定哪些数据外，同时还能对可能的失效原因作出重要指示。例如，沿晶断裂应该是材料本身、加工或介质作用的问题，与设计关系不大。

8.2 材料选用的原则与方法

机械零件的选材是一项十分重要的工作。选材是否恰当，特别是一台机器中关键零件的选材是否恰当，将直接影响到产品的使用性能、使用寿命及制造成本。要做到合理选用材料，就必须全面分析零件的工作条件、受力性质和大小，以及失效形式，然后综合各种因素，提出能满足零件工作条件的性能要求，再选择合适的材料并进行相应的热处理以满足性能要求。

选材的原则首先是要满足使用性能要求，然后再考虑工艺性和经济性。

8.2.1 使用性能与选材

材料的使用性能是指机械零件在正常工作条件下应具备的力学、物理、化学等性能，是保证该零件可靠工作的基础，是选材时考虑的最主要根据。不同零件所要求的使用性能是不一样的，有的零件主要要求高强度，有的则要求高的耐磨性，而另外一些甚至无严格的性能要求，仅仅要求有美丽的外观。因此，在选材时，首要的任务就是准确地判断零件所要求的主要使用性能。

1. 分析零件工作条件，提出使用性能要求

在分析零件工作条件和失效的基础上，提出对所用材料的性能要求。零件的工作条件包括3方面：

(1) 受力状况。它主要包括载荷的类型(如静载、动载、循环载荷或单调载荷等)、载荷的作用形式(如拉伸、压缩、弯曲、扭转等)、载荷的大小以及分布特点(如均布载荷或集中载荷)。

(2) 环境状况。它主要是指温度(如低温、室温、高温、交变温度)及介质情况(如腐蚀或摩擦)。

(3) 特殊功能。如要求导电性、磁性、热膨胀性、相对密度、外观等。

一般地，零件的使用性能主要是指材料的力学性能，其性能参数与零件尺寸参数、形状相配合，即构成零件的承载能力。零件工作条件不同，失效形式也不同，它的力学性能

要求也不同。

2. 常用力学性能在选材中的意义

(1) 强度 R_{eL}($R_{r0.2}$)、R_m 和疲劳强度 R_{-1}。它们可直接用于定量设计计算。R_{eL} 可直接用于承受拉、压或剪切零件的计算。对于承受弯、扭的零件，其心部的 R_{eL} 不应要求过高，但要求有一定的有效淬硬层深度；对表面强化件，其心部 R_{eL} 值应视失效形式而定；易发生脆断的零件，应适当降低 R_{eL} 值，以利于提高塑性；易在过渡层或热影响区产生裂纹的零件，应适当提高 R_{eL} 值。一般，$R_{eL}<250\text{N/mm}^2$ 属于低强度金属材料，它的应用极为广泛，首先是价格便宜、工艺简单；其次是低强度材料塑性成形性好，可进行各种冷冲压、冷锻；第三是各种小型、轻负荷大批量生产零件多数可用易切削钢制造，对要求表面耐磨的轻载零件可用低碳钢进行渗碳处理。

R_m 可用于脆性材料或对承载简单的一般零件的计算，也可用来估算材料的 R_{-1}，例如，对 $R_m\leqslant1400\text{N/mm}^2$ 的淬火钢，其 $R_{-1}\approx0.5R_m$。超过 1400N/mm^2 后，其 $R_{-1}<0.5R_m$，这是因为低应力幅下的疲劳裂纹扩展很慢，疲劳的控制因素是裂纹的萌生。随静强度提高，塑性变形难以进行，延缓了疲劳裂纹的萌生，使得疲劳极限得以提高。

屈强比(R_{eL}/R_m)越高，材料强度的利用率越高，但变形强化量小，过载断裂危险性大；R_{eL}/R_m 越小，零件工作时的可靠性越高，因为若超载也不会立即断裂。但屈强比太小，材料强度的有效利用率低。对碳素结构钢，$R_{eL}/R_m=0.5\sim0.6$，对合金结构钢 $R_{eL}/R_m=0.65\sim0.85$。

(2) 塑性和韧性。塑性和韧性一般不直接用于设计计算，但其对零件的工作性能都有很大的影响。较高的 A 和 Z 值能削减零件应力集中处的应力峰值，从而提高零件的承载能力和抗脆断能力，但由于是在单向拉伸状态下测得的，故其应用尚有局限性。A_k 值的实质是表征在冲击力和复杂应力状态下材料的塑性，它对材料的组织和缺陷，以及使用温度非常敏感，比 A 和 Z 值更接近零件实际工作状态，所以是判断材料脆断抗力的重要指标。一定的韧性，能保证零件承受冲击载荷及有效防止低应力脆断的危险，但也不能因此而片面追求材料的高塑性和高韧性，因为塑性和韧性的提高，必然以牺牲材料的强度和硬度为代价，反而会降低材料的承载能力和耐磨性。

断裂韧性 K_{1C}，表示裂纹起始扩展抗力，可用于设计计算，以防止低应力脆断的危险。

(3) 硬度。硬度是综合性能指标，与强度之间存在一定关系，而强度又与其他力学性能存在一定关系，因而可通过硬度来定性判断零件的 R_m、A、A_k、R_{-1}。而且，测定硬度的方法简便，又不损坏零件，但要直接测定零件的其他力学性能数值就很困难，所以在零件图样上一般只标出所要求的硬度值，来综合体现零件所要求的全部力学性能。

确定硬度值时，可根据零件工作条件、结构特点、失效，先确定材料应有的强度(考虑 A 和 A_k)，再将其折算成硬度值。如承载均匀、无应力集中处，可取较高硬度值；有应力集中的零件，硬度值要适当；对精密件，硬度值要大些，这样可提高耐磨性，保持高精度。对于相互摩擦的配合零件，应使两零件的硬度值合理匹配(一般轴的硬度比轴瓦高几个 HBC)。

表 8-1 列举了常用零件的工作条件、主要失效方式及所要求的主要力学性能。

表 8-1 常用零件的工作条件、主要失效方式及所要求的主要力学性能

零件（工具）	工作条件			常见失效形式	要求的主要力学性能
	应力种类	载荷性质	其他		
重要螺栓	交变拉应力	静	—	过量变形、断裂	屈服强度、疲劳强度、塑性、HRC
曲轴、轴类	弯、扭应力	循环、冲击	轴颈处摩擦、振动	疲劳破坏、过量变形、轴颈磨损、咬蚀	屈服强度、疲劳强度、HRC
传动齿轮	压、弯应力	循环、冲击	强烈摩擦、冲击振动	磨损、疲劳麻点、齿折断	表面硬度及弯曲疲劳强度、接触疲劳抗力，心部屈服强度、韧性
弹簧	交变拉应力	循环、冲击	振动	弹力丧失、疲劳破断	弹性极限、屈强比、疲劳强度
冷作模具	复杂应力	循环、冲击	强烈摩擦	磨损、脆断	硬度、足够的强度、韧性
滚动轴承	交变压应力、滚动摩擦	循环、冲击	强烈摩擦	疲劳断裂、磨损、麻点剥落	抗压强度、疲劳强度、HRC

从表 8-1 可见，零件实际受力条件是较复杂的，而且选材时还应考虑到短时过载、润滑不良、材料内部缺陷等影响因素，因此力学性能指标经常成为材料选用的主要依据。

3. 选材注意事项

零件性能要求指标化完成后，即可进入具体选材的阶段。各种材料的力学性能指标数值，一般可从机械设计手册中查到，但是在利用具体性能指标时，必须注意以下几个问题：

(1) 同种材料，若采用不同工艺，其性能指标数值不同。如同种材料采用锻压成形比用铸造成形强度高；使用调质处理比用正火的力学性能沿截面分布更均匀。

(2) 从手册上查到的性能指标是小尺寸光滑试样或标准试样，在规定载荷下测定的。实际使用的零件尺寸一般较大，大尺寸零件上存在缺陷的可能性增加(如孔洞、夹杂物、表面损伤等)，另外，零件在实际使用中所承受的载荷一般是复杂的，零件形状、加工面粗糙度值与标准试样有较大差异，所以实际使用的数据不能直接采用手册上的数值，可对性能指标作适当的修改。

(3) 对于在复杂条件下工作的零件，必须采用特殊实验室性能指标作选材依据，如高温强度、抗磨蚀性等。

(4) 因测试条件不同，测定的性能指标数值会产生一定的变化。

8.2.2 工艺性与选材

任何零件都是由不同的工程材料通过一定的加工工艺制造出来的。因此材料的工艺性能，即加工成零件的难易程度，自然应是选材时必须考虑的重要问题，它直接影响到零件的加工质量和费用。所以，熟悉材料的加工工艺过程及材料的工艺性能，对于正确选材是相当重要的。材料的工艺性能包括以下内容。

1. 铸造性能

铸造性能是指材料在铸造生产工艺过程中所表现出来的性能，包括流动性、收缩性、疏松及偏析倾向、吸气性、熔点高低等。不同材料其铸造性能不同。在常用的几种铸造合金中，铸造铝合金、铸造铜合金的铸造性能优于铸铁和铸钢，而铸铁优于铸钢。在铸铁中以灰铸铁的铸造性能最好。

2. 压力加工性能

压力加工性能是指材料的塑性和变形抗力，包括锻造性能、冷冲压性能等。塑性好，则易成形，加工面质量优良，不易产生裂纹；变形抗力小，则变形比较容易，变形功小，金属易于充满模腔，不易产生缺陷。一般低碳钢的压力加工性能比高碳钢好，非合金钢的压力加工性能比合金钢好。

3. 焊接性能

焊接性能指材料对焊接成形的适应性，即在一定焊接工艺条件下材料获得优质焊接接头的难易程度。它包括焊接应力、变形及晶粒粗化倾向，焊缝脆性、裂纹、气孔及其他缺陷倾向等。通常低碳钢和低合金钢具有良好的焊接性能，碳与合金元素含量越高，焊接性能越差。

4. 切削加工性能

切削加工性能指材料接受切削加工而成为合格工件的难易程度，通常用切削抗力大小、零件表面粗糙度、排除切屑难易程度及刀具磨损量等来综合衡量其性能好坏。一般地，材料硬度值在170～230HBW，切削加工性好。

5. 热处理工艺性能

热处理工艺性能指材料对热处理工艺的适应性能，常用材料的热敏感性、氧化、脱碳倾向、淬透性、回火脆性、淬火变形和开裂倾向等来评定。一般地，碳钢的淬透性差，强度较低，加热时易过热，淬火时易变形开裂，而合金钢的淬透性优于碳钢。

6. 黏结固化性能

高分子材料、陶瓷材料、复合材料及粉末冶金材料，大多数靠粘合剂在一定条件下将各组分黏结固化而成。因此，这些材料应注意在成形过程中，各组分之间的黏结固化倾向，才能保证顺利成形及成形质量。

综上所述，零件选材应满足生产工艺对材料工艺性能的要求。与使用性能的要求相比，工艺性能处于次要地位；但在某些情况下，工艺性能也可成为主要考虑的因素。当工艺性能和力学性能相矛盾时，从工艺性能的考虑，使得某些力学性能显然合格的材料有时不得不舍弃，此点对于大批量生产的零件特别重要。因为在大量生产时，工艺周期的长短和加工费用的高低，常常是生产的关键。例如，为了提高生产效率，而采用自动机床实行大量生产时，零件的切削性能可成为选材时考虑的主要问题。此时，应选用易切削钢之类的材料，尽管它的某些性能并不是最好的。

8.2.3 经济性与选材

除了使用性能与工艺性能外，经济性也是选材必须考虑的重要问题。所谓经济性是指所选用的材料加工成零件后，它的生产和使用的总成本最低，经济效益最好。经济性原则主要从以下几方面来考虑。

1. 材料的价格

不同材料的价格差异很大，而且在不断变动，设计人员在对材料的市场价格有所了解的基础上，应尽可能选用价格比较便宜的材料。通常，材料的直接成本为产品价格的30%～70%，因此，能用非合金钢制造的零件就不用合金钢，能用低合金钢制造的零件就不用高合金钢，能用钢制造的零件就不用有色金属等，这一点对于大批量生产的零件尤为重要。表8-2给出了常见金属材料的相对价格。

表8-2　常见金属材料的相对价格

材料	相对价格/元	材料	相对价格/元
碳素结构钢	1	铬不锈钢	约6
低合金高强度结构钢	1.2～1.7	铬镍不锈钢	12～14
优质碳素结构钢	1.3～1.5	普通黄铜	9～17
易切削钢	约1.7	锡青铜、铝青铜	15～19
合金结构钢(Cr-Ni钢除外)	1.7～2.5	灰铸铁	约1.4
铬镍合金结构钢(中合金钢)	约5	球墨铸铁	约1.8
滚动轴承钢	约3	可锻铸铁	2～2.2
碳素工具钢	约1.6	碳素铸钢件	2.5～3
低合金工具钢	3～6	铸造铝合金、铜合金	8～10
高速钢	10～18	铸造锡基轴承合金	约23
硬质合金(YT类刀片)	150～200	铸造铅基轴承合金	约10
钛合金	约40	镍	约25
铝及铝合金	5～10	金	约50000

2. 材料的加工费用

零件的生产工艺与数量直接影响零件的加工费用，因此，应当合理地安排零件的生产工艺，尽量减少生产工序，并尽可能采用无切削或少切削加工新工艺，如精铸、模锻、冷拉毛坯等。对于单件生产，尽量不采用铸造方法。

3. 资源供应状况

随着工业的发展，资源和能源的问题日益突出，所选材料应立足于国内和货源较近的地区，并尽量减少所选材料的品种、规格，以便简化采购、运输、保管及生产管理等各项工作。另外，所选材料应满足环境保护方面的要求，尽量减少污染。另外，还要注意生产所用材料的能源消耗，尽量选用耗能低的材料。

4. 使用非金属材料

在条件允许的情况下，可用工程塑料代替金属材料，这样可降低零件成本，性能可更加优异。

此外，零件的选材应考虑产品的实用性和市场需求。某项产品或某种机械零件的优劣，不仅仅要求能符合工作条件的使用要求。从商品的销售和用户的愿望考虑，产品还应当具有质量小、美观、经久耐用等特点。这就要求在选材时，应突破传统观点的束缚，尽量采用先进科学技术成果，做到在结构设计方面有创新、有特色。在材料制造工艺和强化工艺上有改革、有先进性。

零件的选材还应考虑实现现代生产组织的可能性。一个产品或一个零件的制造，是采用手工操作还是机器操作，是采用单件生产还是采用机械化自动流水作业，这些因素都对产品的成本和质量起着重要的作用。因此，在选材时，应该考虑到所选材料能满足实现现代化生产的可能性。

8.2.4 选材的一般方法

材料的选择是一个比较复杂的决策问题。目前还没有一种确定选材最佳方案的精确方法。它需要设计者熟悉零件的工作条件和失效形式，掌握有关的工程材料的理论及应用知识、机械加工工艺知识以及较丰富的生产实际经验。通过具体分析，进行必要的试验和选材方案对比，最后确定合理的选材方案。一般，根据零件的工作条件，找出其最主要的性能要求，以此作为选材的主要依据。图 8.2 所示的机械零件选材的一般步骤仅供参考。

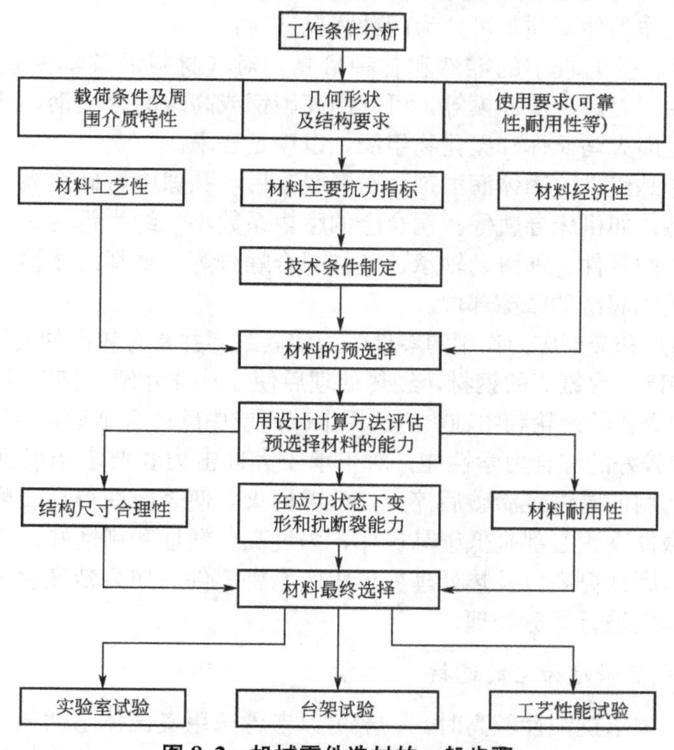

图 8.2 机械零件选材的一般步骤

1. 以综合力学性能为主时的选材

若零件工作时承受冲击力和循环载荷，如连杆、锤杆、锻模等，其主要失效形式是过量变形与疲劳断裂，对这类零件的性能要求主要是综合力学性能要好(R_m、R_{-1}、A、A_k较高)。对一般机械零件，根据零件的受力和尺寸大小，通常选用调质或正火状态的中碳钢或中碳的合金钢，调质、正火或等温淬火状态的球墨铸铁或选用淬火、低温回火的低碳钢等制造。当零件受力较小并要求有较高的比强度与比刚度时，应考虑选择铝合金、镁合金、钛合金或工程塑料与复合材料等。

2. 以疲劳强度为主时的选材

零件在交变应力作用下最常见的破坏形式是疲劳破坏，如发动机曲轴、齿轮、弹簧及滚动轴承等零件的失效，大多数是由疲劳破坏引起的。这类零件的选材，应主要考虑疲劳强度。

应力集中是导致疲劳破坏的重要原因。实践证明，材料强度越高，疲劳强度也越高；在强度相同时，调质后的组织比退火、正火后的组织具有更好的塑性和韧性，且对应力集中敏感性小，具有较高的疲劳强度。因此，对受力较大的零件应选用淬透性较高的材料，以便进行调质处理；对材料表面进行强化处理，且强化层深度应足够大，也可有效地提高疲劳强度。

3. 以磨损为主时的选材

机器运转中两零件发生摩擦时，其磨损量与其接触压力、相对速度、润滑条件及摩擦副的材料等有关。材料的耐磨性是抵抗磨损能力的指标，它主要与材料的硬度、显微组织有关。根据零件工作条件不同，可分为两种情况选材：

(1) 磨损较大、受力较小的零件和各种量具，对其材料的基本要求是耐磨性和高硬度，如钻套、顶尖、刀具、冷冲模等，可选用高碳钢或高碳的合金钢，并进行淬火和低温回火，获得高硬度回火马氏体和碳化物组织，以满足要求。

铸铁中的石墨是优良的固体润滑剂，石墨脱落后，孔隙中可储存润滑油，所以也常用铸铁制作耐磨零件，如机床导轨等。铜合金的摩擦系数小，约为钢的一半，也常用作在运动、摩擦部位工作的零件。如滑动轴承、丝杠开合螺母等。塑料的摩擦系数小，也常用于摩擦部件，甚至是无润滑的摩擦部位。

(2) 同时受磨损和交变应力作用的零件，为使其耐磨并具有较高的疲劳强度，应选用能进行表面淬火或渗碳、渗氮等的钢材，经热处理后使零件“外硬内韧”，既耐磨又能承受冲击。例如，机床中重要的齿轮和主轴，应选用中碳钢或中碳的合金钢，经正火或调质后再进行表面淬火，获得较好的综合力学性能；对于承受大冲击力和要求耐磨性高的汽车、拖拉机变速齿轮，应选用低碳钢经渗碳后淬火、低温回火，使表面获得高硬度的高碳马氏体和碳化物组织，耐磨性高。心部是低碳马氏体，强度高，塑性和韧性好，能承受冲击。

要求硬度、耐磨性更高以及热处理变形小的精密零件，如高精度磨床主轴及镗床主轴等，常选用氮化用钢进行渗氮处理。

4. 以抗蚀性或热强度为主的选材

当受力不大，要求抗蚀性较高时，一般可以考虑选用奥氏体不锈钢，例如，发动机尾锥体和飞机蒙皮。选用奥氏体不锈钢，不仅耐蚀，而且具有一定的耐热性，同时成形工艺性好。当零件受力较大，又要求抗蚀性时，如汽轮机叶片，则以选用马氏体不锈钢为宜。为减轻结构质量，也可考虑选用钛合金。

不同类型的材料，具有不同水平的耐热性，从热强度角度选用材料，必须了解零件的工作温度、介质的性质、所受载荷的大小和性质。耐热铝合金和镁合金，一般只能在300～400℃以下工作，而且能够承受的工作应力较小，往往是为了减轻结构质量，或因零件形状较复杂，需要铸造成形时选用。不锈钢和钛合金的耐热水平相近，大致都可在500～600℃以下工作，但不锈钢零件的结构质量较大。在工作应力、温度和腐蚀条件允许时，选用钛合金可以减小结构质量。

零件材料的合理选择通常按照以下步骤进行：

(1) 对零件的工作条件进行周密的分析，找出主要的失效方式，从而恰当地提出主要性能指标。一般地，主要考虑力学性能，特殊情况还应考虑物理、化学性能。

(2) 调查研究同类零件的用材情况，并从其使用性能、原材料供应和加工等方面分析选材是否合理，以此作为选材的参考。

(3) 根据力学计算，确定零件应具有的主要力学性能指标，正确选择材料。这时要综合考虑所选材料应满足失效抗力指标和工艺性的要求，同时还需考虑所选材料在保证实现先进工艺和现代生产组织方面的可能性。

(4) 决定热处理方法或其他强化方法，并提出所选材料在供应状态下的技术要求。

(5) 审核所选材料的经济性，包括材料费、加工费、使用寿命等。

(6) 关键零件投产前应对所选材料进行试验，可通过实验室试验、台架试验和工艺性能试验等，最终确定合理的选材方案。

(7) 最后，在中、小型生产的基础上，接受生产考验。以检验选材方案的合理性。

8.3 常用材料的性能比较

材料的用途是由材料的性能决定的，在初选材料时，首先考虑的就是性能，价格只能作为参照，但价格又是制约高性能材料使用的主要因素。性能不合格的材料，可靠性也不高，缺少可靠性，其他方面也就无从谈起。常用的材料主要有金属、陶瓷、高分子材料、复合材料等，本节主要从力学性能、物理性能几方面进行比较。

8.3.1 材料的力学性能比较

一般来说，材料的力学性能主要包括强度、韧性、延展性、弹性模量等，这些性能在国家标准中都有明确的规定，一般可从机械设计手册中查到，在厂家的产品说明书中也有详细的说明。

1. 强度

在分析零件工作条件和失效的基础上，提出对所用材料的强度要求，是极限强度还是屈服强度以及疲劳强度，是拉伸强度还是压缩强度。金属材料的拉伸强度比陶瓷要好；聚合物的拉伸强度最低；铸铁、陶瓷、石墨等属于脆性材料，它们的化学键比较强，在拉伸过程中，这些材料容易产生裂缝而断裂。但在压缩应力作用下，裂缝倾向于弥合，所以这些材料具有较高的压缩强度。在动态应力作用下，必须考虑疲劳强度，显然金属材料抗疲劳断裂的性能比聚合物和复合材料都要好。表8-3列出了一些常用材料的屈服强度或抗拉强度。

表 8-3　常用材料的屈服强度或抗拉强度

材料	屈服强度/(N/mm²)	材料	拉伸强度/(N/mm²)
无氧 99.95%退火铜	70	玻璃钢	1.04×103
无氧 99.95%冷拉铜	280	碳纤维环氧	1.37×103
99.45%退火铝	28	硼纤维/环氧	1.35×103
99.45%冷拉铝	170	低压聚乙烯	21.5～38
经热处理铝合金	350	聚苯乙烯	34.5～61
可锻铸铁	310	ABS	16～61
低碳钢	240～280	聚丙烯	33～41.4
高碳淬火钢	700～1300	PVC	34.6～61
退火合金钢(4340)	450～480	尼龙-66	81.4
淬火合金钢(4340)	900～1600	聚甲醛	61.2～66.4
马氏体时效钢(300)	2000	聚四氟乙烯	13.9～24.7

2. 韧性

材料在工作过程中发生振动或者冲击，就必须考虑断裂韧性。高分子材料的断裂韧性普遍较低，复合材料中的玻璃纤维增强型塑料有较高的断裂韧性。陶瓷基复合材料也有较高的断裂韧性。金属材料中的淬火、回火中碳钢具有最高的断裂韧性。表 8-4 列出了常用材料的断裂韧性值。

表 8-4　常用材料的断裂韧性值

材料	$K_{1c}/(MN\cdot m^{-\frac{3}{2}})$	材料	$K_{1c}/(MN\cdot m^{-\frac{3}{2}})$
纯塑性金属(Cu，Ni，Al 等)	96～340	木材(纵向)	11～14
压力容器钢	～155	聚丙烯	～2.9
高强钢	47～149	聚乙烯	0.9～1.9
低碳钢	～140	尼龙	～2.9
钛合金(Ti6Al4V)	50～118	聚苯乙烯	～1.9
玻璃纤维复合材料	19～56	聚碳酸酯	0.9～2.8
铝合金	22～43	有机玻璃	0.9～1.4
碳纤维复合材料	31～43	聚酯	～0.5
中碳钢	～50	木材(横向)	0.5～0.9
铸铁	6～19	Si_3N4	3.7～4.7
高碳工具钢	～19	SiC	～2.8
钢筋混凝土	9～16	Al_2O_3	2.8～4.7
硬质合金	12～16	水泥	～0.2
MgO 陶瓷	～2.8	钠玻璃	0.6～0.8

3. 弹性模量

金属材料通常是晶态结构，具有较高的弹性模量；复合材料的弹性模量比较容易提高，尤其是树脂基复合材料，基体本身的模量很低，但与高模量纤维复合后，就能使弹性模量几十倍乃至上百倍的提高；陶瓷材料的比模量(弹性模量与密度之比)最高，聚合物的比模量最低。表 8 - 5 列出了常用材料的弹性模量。

表 8 - 5　常用材料的弹性模量

材料	*E*/GPa	*G*/GPa	泊松比 *n*
铸铁	110.3	51.0	0.17
软钢	206.8	81.4	0.26
铝	68.9	24.8	0.33
铜	110.3	44.1	0.36
黄铜	100	36.5	
镍(冷拔)	213.7	79.4	0.30
钛	106.9		
铅	17.9	6.2	0.40
花岗岩	46.2	19.3	0.20
碳酸钠石灰玻璃	68.9	22.1	0.23
混凝土	10.3～37.9		0.11～0.21
橡木(纵向)	12.5	0.6	
橡木(横向)	0.7		
尼龙	2.8		0.4
苯酚树脂	5.2～6.9		
硬橡胶	2.8		0.43

8.3.2　材料的物理性能比较

材料的物理性能包括热性能、光电性能，这些性能主要体现在热导率、热胀系数与电导率等方面。

1. 热导率与热膨胀系数

金属材料的热导率最大；聚合物的热导率几乎为零；复合材料的热导率变化很大；陶瓷材料的热导率较低。如设计导热设备时，尽可能选择热导率大的材料；若选择保温材料时，尽可能选择热导率小的材料。

聚合物与大多数金属材料和陶瓷材料相比有较大的热膨胀系数。热膨胀系数小，在升温和降温时易开裂。选择陶瓷材料考虑抗热冲击性能时，需同时考虑陶瓷的热导率与热膨胀系数，热导率越大，热膨胀系数越小，抗热冲击性能越高。表 8 - 6 列出了常用材料的热导率。

表 8-6 常用材料的热导率

材料	热导率/(W/(m·K))	材料	热导率/(W/(m·K))
铝	247	氧化铝	30.1
铜	398	氧化镁	37.7
金	315	尖晶石	15.0
铁	80.4	钠钙玻璃	1.7
镍	90	聚乙烯	0.38
银	428	聚丙烯	0.12
钨	178	聚苯乙烯	0.13
1025 钢	51.9	聚四氟乙烯	0.25
316 不锈钢	16.3	苯酚树脂(电木)	0.15
黄铜	120	尼龙—66	0.24
硅	150		

2. 电导率

电导率是衡量材料导电能力的表观物理量，金属材料的电导率最高，而非金属材料的电导率一般较低，在选材时要考虑影响电导率变化的因素，如温度、晶体结构、晶格缺陷等。表 8-7 列出了常用材料的电导率。

表 8-7 常用材料的电导率

材料	电导率/(S/m)	材料	电导率/(S/m)
银	6.3×10^7	SiC	10
工业纯铜	5.85×10^7	纯锗	2.2
金	4.25×10^7	纯硅	4.3×10^{-4}
工业纯铝	3.45×10^7	苯酚甲醛(电木)	$10^{-11}\sim10^{-7}$
钠	2.1×10^7	窗玻璃	$<10^{-10}$
工业纯钨	1.77×10^7	氧化铝	$10^{-12}\sim10^{-10}$
黄铜(70%Cu-30%Zn)	1.66×10^7	云母	$10^{-15}\sim10^{-11}$
工业纯镍	1.46×10^7	有机玻璃	$<10^{-12}$
工业纯铁	1.03×10^7	聚乙烯	$10^{-15}\sim10^{-12}$
工业纯钛	0.24×10^7	聚苯乙烯	$<10^{-14}$
不锈钢，301 型	0.17×10^7	金刚石	$<10^{-14}$
镍铬合金(80%Ni-20%Cr)	0.14×10^7	石英玻璃	$<10^{-14}$
石墨	0.093×10^7	聚四氟乙烯	$<10^{-16}$

8.4 典型零件的选材

金属材料、高分子材料、陶瓷材料及复合材料是目前最主要的工程材料，它们各有自己的特性，所以各有其最合适的用途。但金属材料具有优良的使用性能，能满足绝大多数机械零件的工作要求，且金属材料具有良好的加工工艺性能，能方便地通过各种成形加工方法加工成所需产品，还能通过多种热处理途径提高和改善材料性能，充分发挥材料的潜力。因此金属材料广泛用于制造各种重要的机械零件和工程结构。下面以轴类、齿轮类、箱体类、工模具零件为例介绍典型机械零件的选材。

8.4.1 轴类零件的选材

轴是机器中的重要零件之一，一切回转运动的零件都装在轴上。根据轴的作用与所承受的载荷，可分为心轴和转轴两类。心轴只承受弯矩不传递扭矩，可以转动，也可以不转动。转轴按负荷情况有以下几种：只承受弯曲负荷的，如车辆轴；承受扭转负荷为主的传动轴；同时承受弯曲和扭转负荷的，如曲轴；还有同时承受弯、扭、拉、压负荷的，如船舶螺旋桨推进轴。

1. 轴类零件的工作条件及失效形式

轴主要用于支承传动零件并传递运动和动力，是影响机械设备运行精度和寿命的关键零件。轴类零件工作时主要承受弯曲应力、扭转应力或拉压应力；轴颈处及与其他零件相配合处承受较大的摩擦和磨损作用；大多数轴类零件还承受一定的冲击力，若刚度不够，会产生弯曲变形和扭曲变形。

轴类零件失效形式有疲劳断裂、过量变形、过度磨损等。

2. 轴类零件的性能要求

根据工作条件和失效形式，轴类零件的材料必须具有良好的综合力学性能：足够的强度、刚度、塑性和一定的韧性，以防止过载和冲击断裂；高的硬度和耐磨性，以提高轴的运转精度和使用寿命；高的疲劳强度，对应力集中敏感性小，防止疲劳断裂；足够的淬透性，淬火变形小；良好的切削加工性；价格低廉。在特殊情况下工作的轴，要求具有特殊性能，如高温下工作的轴，抗蠕变性能要好；在腐蚀性介质中工作的轴，要求耐蚀性好等。

3. 轴类零件选材时考虑的因素

在特定应用场合的轴，选材时要考虑如下的几个因素。

(1) 载荷类型和大小。承受弯曲和扭转载荷时，轴的选材对淬透性要求不高，根据轴颈大小和负荷大小部分淬透就行；承受拉、压载荷或载荷中有拉、压成分，而且拉、压成分不能忽略时，如水泵轴，要根据轴颈大小选择保证能淬透的材料。

载荷大小的合理性，应根据轴的失效形式判断认定，工作载荷小，冲击载荷不大，轴颈部位磨损不严重，例如普通车床的主轴被认定为轻载；承受中等载荷，磨损较严重，有一定的冲击载荷，例如铣床主轴被认定为中载；工作载荷大，磨损及冲击都较严重，例如工作载荷大的组合机床主轴被认定为重载。

(2) 冲击载荷。冲击载荷大小反映了轴的材料对韧性的要求。在选材时，不能片面地追求强度指标。由于材料的强度和韧性往往是相互矛盾的，一般情况下，增加强度往往要牺牲韧性，而韧性的降低又意味着材料发生脆化。因此，在选材时，要寻求高强度同时兼有高韧性的材料，才能保证使用的可靠性。

(3) 疲劳强度。当疲劳失效的可能性大且成为主要的失效形式时，疲劳强度应成为选材的主要力学性能指标。

(4) 精度的持久性。精度的持久性是指轴经历相当长时间的运转后保持原有精度的能力。金属切削机床，尤其是高精度机床对此应有严格的要求。轴的精度持久性与使用过程中轴某些部位的磨损和热处理及切削加工引起的残余应力释放密切相关。热处理残余应力越小，精度持久性越高。

(5) 转速。高转速意味着运转总时间的缩短，且转速高易引起振动，故转速影响精度和精度的持久性。高转速时选用氮化主轴是有利的，其次是调质和正火。

(6) 配合轴承类型。配合的滑动轴承选用巴氏合金时，轴颈处硬度可略低；选用锡青铜时，轴颈处硬度不低于 50HRC；选用钢质轴承(如镗床主轴)，轴颈应有更高的表面硬度。

(7) 轴的复杂程度和长径比。轴越复杂和表面不连续性越严重，应力集中越高，此时提高塑性和韧性是有利的，选用调质、渗碳较好。

轴的长径比越大，热处理弯曲变形倾向越大，应选用淬透性好的材料以减少变形。同样，轴的截面越大，也应选用淬透性好的材料。

4. 轴的常用材料及热处理

常用轴类材料主要是经锻造或轧制的低、中碳钢或中碳的合金钢。如 35 钢、40 钢、45 钢、50 钢等，其中 45 钢应用最广。这类钢一般均进行正火、调质或调质＋表面淬火来改善力学性能。

对于受力小或不重要的轴，可采用 Q235 钢、Q275 钢等；当受力较大并要求限制轴的外形、尺寸和质量，或要求提高轴颈的耐磨性时，可采用 20Cr 钢、40Cr 钢、40CrNi 钢、20CrMnTi 钢、40MnB 钢等，并辅以渗碳、调质、调质＋高频表面淬火等相应的热处理。

近年来越来越多的采用球墨铸铁和高强度灰铸铁作为轴的材料，尤其是作曲轴材料。其热处理主要是退火、正火、调质和表面淬火。

5. 轴类零件的工艺路线

(1) 整体淬火轴的工艺路线：下料→锻造→正火或退火→粗加工→半精加工→调质→粗磨→去应力回火→精磨至尺寸。

(2) 调质后再表面淬火轴的工艺路线：下料→锻造→退火或正火→粗加工→调质→半精加工→表面淬火→粗磨→时效→精磨或精磨后超精加工。

(3) 渗碳轴的工艺路线：下料→锻造→正火→粗加工→半精加工→渗碳→去除不需渗碳的表面层→淬火并低温回火→粗磨→时效→精磨或精磨后超精加工。

(4) 氮化主轴的工艺路线：下料→锻造→退火→粗加工→调质→半精加工→去应力回火→粗磨→氮化→精磨或研磨到尺寸。

6. 轴类零件的选材示例

(1) 机床主轴。主轴是机床中最主要的零件之一，工作时高速旋转，传递动力。它的工作条件及失效形式决定了主轴应具有良好的综合力学性能，但还应考虑主轴上不同部位的不同性能要求。下面以C6132车床主轴(图8.3)为例，介绍其选材方法并进行热处理工艺分析。

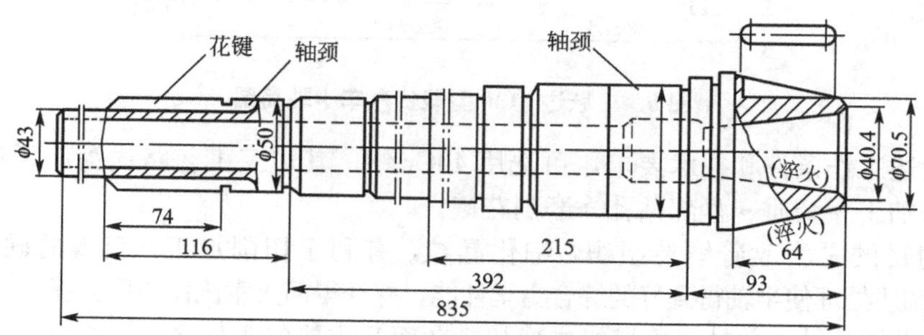

图8.3 C616车床主轴简图

该轴工作时承受弯曲和扭转应力作用，有时受到冲击载荷的作用，运转较平稳，工作条件较好。主轴大端内锥孔和锥度外圆经常与卡盘、顶针有相对摩擦；花键部分与齿轮有相对滑动，故要求这些部位有较高的硬度和耐磨性。该主轴在滚动轴承中运转，轴颈处硬度要求220～250HBW。

根据上述工作条件分析，该主轴可选45钢。热处理工艺及应达到的技术条件是：整体调质，硬度为220～250HBW；内锥孔和外锥面处硬度为45～50HRC；花键部位高频感应淬火，硬度为48～53HRC。该主轴加工工艺路线如下：下料→锻造→正火→粗加工→调质→半精加工(除花键外)→局部淬火、回火(内锥孔及外锥面)→粗磨(外圆、外锥面及内锥孔)→铣花键→花键高频感应淬火、回火→精磨(外圆、外锥面及内锥孔)。

正火主要是消除锻造应力，并获得合适的硬度(180～220HBW)，改善切削加工性能及组织，为调质处理作准备；调质处理是使主轴得到好的综合力学性能和疲劳强度；内锥孔和外锥面采用盐浴炉快速加热并淬火，经过回火后可达到所要求的硬度，以保证装配精度和耐磨性；花键部位采用高频感应淬火、回火，以减少变形并获得表面硬度要求。

45钢价格低，锻造性能和切削加工性能比较好，虽然淬透性不如合金调质钢，但主轴工作时应力主要分布在表面层，结构形状较简单，调质、淬火时一般不会出现开裂，所以能满足性能要求。

也有用球墨铸铁制造机床主轴的，如用球墨铸铁代替45钢制造X62WT万能铣床主轴，使用结果表明，球墨铸铁的主轴淬火后硬度为52～58HRC，而且变形比45钢小。

(2) 汽车半轴。汽车半轴是驱动车轮转动的直接驱动件，也是典型的受扭矩的轴件。半轴材料与其工作条件有关，中、小型汽车的半轴目前选用40Cr钢，而重型载重汽车用40CrMnMo钢。下面以跃进—130型载货汽车(载重量为2500kg)的半轴(图8.4)为例，介绍选材方法并进行热处理工艺分析。

该轴工作时传递扭矩，承受冲击、反复弯曲疲劳和扭转应力的作用，所以要求材料有足够的抗弯强度、疲劳强度和较好的韧性。杆部硬度为37～44HRC；盘部外圆为24～

34HRC，并具备回火索氏体与回火托氏体组织。

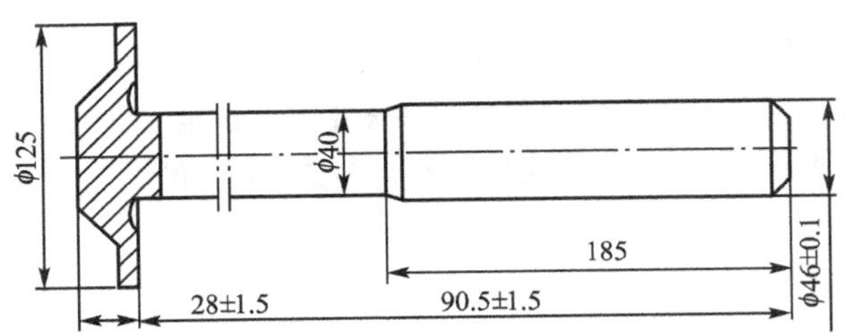

图 8.4　跃进- 130 型载货汽车半轴简图

根据上述工作条件和技术要求，可选用 40Cr 钢。其加工工艺路线为：下料→锻造→正火→机械加工→调质→盘部钻孔→磨削花键。

正火的目的是为改善锻造组织，细化晶粒，有利于切削加工，获得的硬度为 187～241HBW。调质处理使半轴得到好的综合力学性能，并获得回火索氏体与回火托氏体组织。

(3) 内燃机曲轴。曲轴是内燃机中形状复杂而又重要的零件之一，它通过连杆与内燃机气缸中的活塞连接在一起，其作用是在工作中将活塞连杆的往复运动变为旋转运动，驱动内燃机内其他运动机构。气缸中气体爆发压力作用在活塞上，使曲轴承受冲击、扭转、剪切、拉压、弯曲等复杂交变应力，还可造成曲轴的扭转和弯曲振动，使之产生附加应力。因曲轴形状极不规则，所以应力分布很不均匀；另外，曲轴颈与轴承发生滑动摩擦。因此，曲轴的主要失效形式是疲劳断裂和轴颈严重磨损。

根据曲轴的失效形式，要求制造曲轴的材料必须具有高的强度，一定的冲击韧性，足够的弯曲、扭转疲劳强度和刚度，轴颈表面还应有高的硬度和耐磨性。

实际生产中，按制造工艺把曲轴分为锻钢曲轴和铸造曲轴两种。锻钢曲轴主要由优质中碳钢和中碳合金钢制造，如 35 钢、40 钢、45 钢、35Mn2 钢、40Cr 钢、35CrMo 钢等。铸造曲轴主要由铸钢(如 ZG230－450)、球墨铸铁(如 QT600－3、QT700－2)、珠光体可锻铸铁(如 KTZ450－06、KTZ550－04)以及合金铸铁等。

内燃机曲轴选材原则，主要根据内燃机的类型、功率大小、转速高低和相应轴承材料等而定。同时也需考虑加工条件，生产批量和热处理工艺及制造成本等。目前，高速大功率内燃机曲轴，常用合金调质钢制造，中、小型内燃机曲轴，常用球墨铸铁或 45 钢制造。

图 8.5 是 175A 型农用柴油机曲轴简图。该柴油机为单缸四冲程，气缸直径为 75mm，转速为 2200～2600r/min，功率为 4.4kW。因功率不大，故曲轴承受的弯曲、扭转、冲击等载荷也不大。由于在滑动轴承中工作，故要求轴颈处有较高的硬度和耐磨性。一般，性能要求是 $R_m \geqslant 750\text{N/mm}^2$，整体硬度在 240～260HBW，轴颈表面硬度≥625HV，$A \geqslant 2\%$，$A_k \geqslant 12\text{J}$。

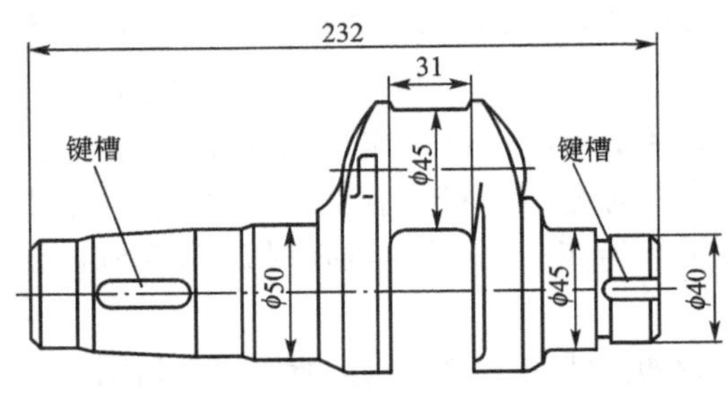

图 8.5　175A 型农用柴油机曲轴简图

根据上述要求，曲轴材料可选用 QT700－2 球墨铸铁，其加工工艺过程如下：铸造→高温正火→高温回火→切削加工→轴颈气体渗氮。

高温正火(950℃)是为了获得基体组织中珠光体的数量并细化珠光体，提高强度、硬度和耐磨性。高温回火(560℃)是为了消除正火时产生的内应力。轴颈气体渗氮(渗氮温度570℃)是在保证不改变组织及加工精度的前提下，提高轴颈表面硬度和耐磨性。也可采用对轴颈进行表面淬火来提高其耐磨性。还可对轴颈进行喷丸处理和滚压加工，以提高疲劳强度。

8.4.2 齿轮类零件的选材

齿轮是现代工业应用最广的一种机械传动零件，它们在汽车、拖拉机、机床、冶金、起重机械及矿山机械等产品中起着重要作用。与其他机械传动零件相比，齿轮传动效率高，使用寿命长，结构紧凑，工作可靠，且保证恒定不变的传动比。它的缺点是传动噪声较大，对冲击比较敏感，制造和安装精度要求高，成本较高，一般不用于中心距较大的传动。

1. 齿轮类零件的工作条件和失效形式

齿轮工作时，通过齿面接触传递扭矩和调节速度，在啮合齿表面既有滚动又有滑动，因而表面受到接触压应力及强烈的摩擦和磨损。在齿根部则受到较大的交变弯曲应力的作用；此外，在启动、运动过程中的换挡、过载或啮合不良，会使齿轮受到冲击载荷；因加工、安装不当或齿轮轴变形等引起的齿面接触不良，以及外来灰尘、金属屑末等硬质微粒的侵入，都会产生附加载荷，使工作条件恶化。所以，齿轮的工作条件和载荷情况是相当复杂的。

齿轮的失效形式是多种多样的，主要有轮齿折断(疲劳断裂、冲击过载断裂)、齿面损伤(齿面磨损、齿面疲劳剥落)、过量塑性变形等。

2. 齿轮类零件的性能要求

为保证齿轮的正常工作，要求齿轮材料经热处理后，具有高的接触疲劳强度和抗弯强度，高的表面硬度和耐磨性，适当的心部强度和足够的韧性，以及最小的淬火变形。同时，具有良好的切削加工性能，以保证所要求的精度和表面粗糙度值；材质符合有关的标准规定，价格适中，材料来源广泛。

3. 齿轮的常用材料及热处理

根据齿轮工作条件、运转速度、尺寸大小的不同，常用的材料主要有钢、铸钢、铸铁、非铁金属、非金属材料。

(1) 钢。钢应用于多种工作条件，是齿轮最主要的用材，包括中碳钢、合金调质钢、合金渗碳钢等。中碳钢、合金调质钢(如40钢、45钢、40Cr钢、40MnB钢、35SiMn钢等)制成的齿轮，经调质或正火后再进行精加工，然后表面淬火、低温回火，有时经调质和正火后也可直接使用。因其表面硬度、心部韧性不是很高，故不能承受大的冲击力，一般用于中、低速和载荷不大的中、小型传动齿轮。

合金渗碳钢(如20CrMnTi钢、20MnVB钢、18Cr2Ni4WA钢等)制成的齿轮，经渗碳并淬火、低温回火后，齿面具有很高的硬度和耐磨性，心部有足够的韧性和强度，这些钢主要用于高速、重载、冲击较大的重要齿轮。

(2) 铸钢和铸铁。铸钢可用于制造力学性能要求较高，形状复杂难以锻造成形的大直径齿轮，常用的材料有ZG270-500、ZG310-570、ZG40Cr等，在机械加工前应进行正火，以消除铸造应力和硬度不均，改善切削加工性能，在机械加工后，一般进行表面淬火；对于耐磨性和疲劳强度要求较高，而冲击载荷较小的齿轮，可用球墨铸铁制造，如QT500－7、QT600－3等；对于轻载、低速、不受冲击的低精度齿轮，可选用灰铸铁制造，如HT200、HT250、HT300等。铸铁齿轮一般在铸造后进行去应力退火、正火或机械加工后表面淬火。

(3) 有色金属。仪器、仪表以及在某些腐蚀介质中工作的轻载齿轮，常选用耐蚀、耐磨的有色金属材料，如黄铜、铝青铜、锡青铜、硅青铜等。

(4) 非金属材料。随着塑料的发展与性能的提高，采用尼龙、ABS、聚甲醛等塑料制造的齿轮已得到越来越广泛的应用。塑料齿轮用于受力不大，以及在无润滑条件下工作的小型齿轮。

4. 齿轮类零件的选材示例

(1) 机床齿轮。各种机床中大量采用齿轮来传递动力和改变速度。一般地，受力不大、运动平衡，工作条件较好，对齿轮的耐磨性及抗冲击能力要求不高，常选用中碳钢制造，为了提高淬透性，也可选用中碳的合金钢，经高频感应淬火后，虽然在耐磨和耐冲击方面比渗碳钢齿轮差，但能满足要求，且高频感应淬火变形小，生产效率高。例CA6140车床主轴箱齿轮。

齿轮工作中受力不大，转速中等，工作平稳，无强烈冲击，工作条件较好，因此，对轮齿的耐磨性及抗冲击性要求不高。心部要具有较好的综合力学性能，调质后硬度为200～250HBW；表面具有较高的硬度、耐磨性和接触疲劳强度，采用高频淬火后，齿面硬度为45～50HRC。

由以上分析，选用40Cr钢可满足性能要求。其加工工艺路线为：下料→锻造→正火→粗加工→调质→精加工→轮齿高频感应淬火→低温回火→拉花键孔→精磨。

正火是锻造齿轮毛坯必要的热处理，它可改善齿面加工质量，便于切削加工，均匀组织，消除锻造应力，一般齿轮正火处理，可作为高频感应淬火前的预备热处理；调质可使齿轮具有较高的综合力学性能，改善齿轮心部强度和韧性，使齿轮能承受较大的弯曲应力和冲击力，并减小淬火变形；高频感应淬火及低温回火是决定齿轮表面性能的关键工序，高频感应淬火可提高齿面的硬度和耐磨性，且使轮齿表面具有残留压应力，从而提高疲劳抗力；低温回火可以消除淬火应力，防止产生磨削裂纹，提高抗冲击能力。

(2) 汽车、拖拉机齿轮。汽车、拖拉机齿轮主要安装在变速箱和差速器中。在变速箱中齿轮用于传递转矩和改变发动机、曲轴和主轴齿轮的传动速比。在差速器中齿轮用来增加扭转力矩并调节左右两车轮的转速，将动力传递到主动轮，推动汽车、拖拉机运行。这类齿轮受力较大，超载与受冲击频繁，工作条件远比机床齿轮恶劣。因此，对耐磨性、疲劳强度、心部强度和韧性等要求比机床齿轮高。下面以解放牌载货汽车(载重量为8t)变速箱中的一速齿轮(图8.6)为例进行分析。

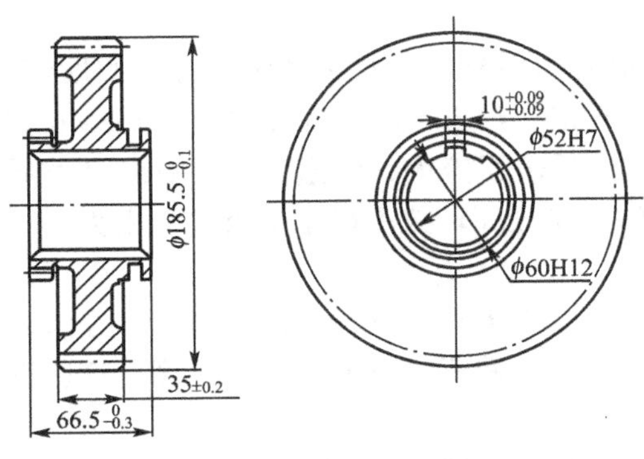

图8.6 解放牌载货汽车变速箱中的一速齿轮简图

该齿轮工作中承受载荷较大，磨损严重，并且承受较大的冲击力。因此，要求齿面硬度和耐磨性高，心部具有较高的强度与韧性，即齿面硬度为58～62HRC，心部硬度为33～48HRC，心部强度R_{m}>1000N/mm^2，心部韧性A_{ku}>47J。

为满足上述要求，可选用合金渗碳钢20CrMnTi，经渗碳、淬火和低温回火处理。其加工工艺路线：下料→锻造(模锻)→正火→切削加工→渗碳→淬火及低温回火→喷丸→校正花键孔→精磨齿。

正火是为了均匀和细化组织，消除锻造应力，获得好的切削加工性能；渗碳后淬火及低温回火是使齿面具有高硬度和高耐磨性，心部具有足够的强度和韧性，渗碳层深1.2～1.6mm；喷丸处理可增大渗碳表层的压应力，提高疲劳强度，同时也可以清除氧化皮。

8.4.3 箱体支承类零件的选材

箱体支承类零件是构成各种机械的骨架，它与有关零件连成整体，以保证各零件的正确位置和相互协调地运动。一般箱体类零件多为铸件，外部或内腔结构较复杂，常见的箱体支承类零件有机床上的主轴箱、变速箱、进给箱和溜板箱，内燃机的缸体、缸盖等。

1. 箱体支承类零件的工作条件、失效形式和对材料的性能要求

箱体支承类零件一般起支承、容纳、定位及密封等作用，这类零件外形尺寸大，板壁薄，通常受力不大，多承受压应力或交变拉压应力和冲击力。故要求有较高的刚度、强度和良好的减振性。还应具有高的尺寸和形状精度，才能起到定位准确、密封可靠的作用。另外，还须具有较高的稳定性，以便箱体零件在长期使用过程中产生尽可能小的畸变，满足工作性能要求。

箱体支承类零件在使用中主要失效形式有：变形失效，大多是由于箱体零件铸造或热处理工艺不当造成尺寸、形状精度达不到设计要求以及承载力不够而产生过量弹、塑性变形；断裂失效，箱体零件的结构设计不合理或铸造工艺不当造成内应力过大而导致某些薄弱部位开裂；磨损失效，主要是箱体零件中某些支承部位的硬度不够而造成耐磨性不足，工作部位磨损较快而影响了工作性能。

根据上述工作条件和失效形式，箱体支承类零件对材料的主要性能要求是：具有较高的硬度和抗压强度，具有较小的热处理变形量，同时还应具有良好的铸造工艺性能。

2. 箱体支承类零件的选材及热处理工艺

箱体支承类零件及热处理工艺的选择，主要根据其工作条件来确定。常用的箱体支承类零件材料有铸铁和铸钢两大类。

对于受力较大，要求强度、韧性高，甚至在高压、高温下工作的箱体支承类零件，如汽轮机机壳等，应选用铸钢。铸钢零件应进行完全退火或正火，以消除粗晶组织和铸造应力。

受力较大，但形状简单，数量少的箱体支承类零件，可采用钢板焊接而成。

对于受力不大，主要承受静载荷，不受冲击的箱体零件可选用灰铸铁，如HT150、HT200。若在工作中与其他零件有相对运动，相互间有摩擦、磨损，则应选用珠光基体灰铸铁，如HT250。铸铁零件一般应进行去应力退火，消除铸造内应力，减少变形，防止开裂。

受力不大，要求自重轻或导热好的箱体零件，可选用铸造铝合金，如ZAlSi5Cu1Mg

(ZL105)、ZAlCu5Mn(ZL201)。

受力小，要求自重轻、耐磨蚀的箱体零件，可选用工程塑料，如ABS塑料、有机玻璃和尼龙等。

8.4.4 工模具的选材

工模具在切削加工工业中应用非常广泛，主要指各种刃具、模具和量具等。

1. 常用刃具的选材

1）刃具的工作条件

刃具主要是指车刀、铣刀、钻头、锯条、丝锥、板牙等工具，它的任务就是切削。刃具在切削过程中，受到被切削材料的强烈挤压，刃部受到很大的弯曲应力，某些刃具(如钻头、铰刀)还会受到较大的扭转应力作用。刃部与切屑之间相对摩擦，产生高温，切削速度越大，温度越高，有时可达500～600℃。一般冲击作用较小，但机用刃具往往承受较大的冲击与振动。

2）刃具的失效形式

刃具主要的失效形式是磨损、断裂、刃部软化。由于磨损增加了切削抗力，降低了切削零件表面质量，也由于刃部形状变化，使被加工零件的形状和尺寸精度降低。又由于刃部温度升高，导致刃具材料的红硬性低或高温性能不足，使刃部硬度显著下降，丧失切削加工能力。

3）刃具材料的性能要求

根据上述工作条件和失效形式，要求刃具有高的硬度(一般在62HRC以上)和耐磨性，还要求有高的热硬性。为了承受切削力、冲击和振动，刃具材料必须有足够的强度、韧性和塑性，以免刃部在冲击、振动载荷作用下，突然发生折断或剥落。刃具材料还要求有高的淬透性，可采用较低的冷速淬火，以防止刃具变形和开裂。

4）常用刃具材料

制造刃具的材料通常有碳素工具钢、低合金刃具钢、高速钢、硬质合金和陶瓷等。碳素工具钢价格较低，但淬透性差。简单、低速的手用刃具，如手锯锯条、锉刀、木工用刨刀、凿子等对热硬性和强韧性要求不高，它的主要使用性能是高的硬度和耐磨性。故可用碳素工具钢(如T8、T10、T12钢)制造。

低速切削、形状较复杂的刃具，如丝锥、板牙、拉刀等，可用低合金刃具钢9SiCr、CrWMn制造。因钢中加入了Cr、W、Mn等元素，使钢的淬透性和耐磨性大大提高，热硬性和韧性也有所改善，可在温度低于300℃的情况下使用。

高速切削使用的刃具，选用高速钢(W18Cr4V钢、W6Mo5Cr4V2钢等)制造。高速钢具有高硬度、高耐磨性、高的热硬性、好的强韧性和高的淬透性，因此，在刃具制造中广泛使用，用来制造车刀、铣刀、钻头和其他复杂、精密的刀具。高速钢的硬度为62～68HRC，切削温度可达500～550℃，价格较贵。

硬质合金是由硬度和熔点很高的碳化物(TiC、WC)和金属用粉末冶金方法制成的，常用硬质合金的牌号有YG6、YG8、YT6、YT15等。硬质合金的硬度非常高，可达89～94HRA，且耐磨性、耐热性好，使用温度可达1000℃。它的切削速度比高速钢高几倍。硬质合金制造刃具时比高速钢的工艺性差。一般制成形状简单的刀头，用钎焊的方法将刀头焊接在碳钢制造的刀杆或刀盘上。它用于高速强力切削和难加工材料的切削。硬质合金的抗弯强度较低，冲击韧性较差，价格贵。

陶瓷因为硬度极高、耐磨性好、热硬性极高，可用来制造刃具。热压氮化硅(Si_3N_4)陶瓷显微硬度为5000HV，耐热温度可达1400℃。立方氮化硼的显微硬度可达8000～9000HV，允许的工作温度达1400～1500℃。陶瓷刀具一般为正方形、等边三角形，制成不重磨刀片，装夹在夹具中使用。用于各种淬火钢、冷硬铸铁等高硬度难加工材料的精加工和半精加工。另外，陶瓷刀具抗冲击能力较低，易崩刃。

下面以丝锥和板牙为例分析选材。

丝锥加工内螺纹，板牙加工外螺纹。它们的刃部要求硬度达到59～64HRC，为防止使用中扭断(指丝锥)或崩齿，心部和柄部应有足够的强度、韧性及较高硬度(40～45HRC)。丝锥和板牙的失效形式主要是磨损和扭断。

丝锥和板牙分为手用和机用两种。手用丝锥和板牙，切削速度低，热硬性要求不高，可选用T10A钢、T12A钢，并淬火、低温回火；机用丝锥和板牙，切削速度高，所以热硬性要求较高，常选用9SiGr钢、CrWMn钢，并淬火、低温回火；高速切削用丝锥和板牙，热硬性要求高，常选用W18Cr4V钢、W6Mo5Cr4V2钢，并经适当热处理。

2. 常用模具的选材

模具按使用条件不同分为冷作模具、热作模具和塑料模具等。用于在冷态下变形或分离的模具称为冷作模具，如冷冲模、冷挤压模等；用来使热态金属或合金在压力下成形的模具称为热作模具，如热锻模、压铸模等。下面以冷作模具为例进行分析。

1) 冷作模具的工作条件与失效形式

冷作模具通常在循环冲击力的作用下，承受复杂的应力作用，并具有强烈的摩擦。因此它的主要失效形式是磨损、脆断。

2) 冷作模具的主要性能要求

由上述工作条件和失效方式可知，冷作模具所要求的性能主要是高的硬度、良好的耐磨性以及足够的强度和韧性。一般，薄钢板冲模要求的硬度为58～60HRC，厚钢板冲模为56～58HRC等。

3) 选材

冷作模具的选材应考虑冲压件的材料、形状、尺寸及生产批量等因素。一般，尺寸较小、载荷较轻的模具可采用T10A、9SiCr、9Mn2V等钢制造；尺寸较大、重载的或性能要求较高、热处理变形要求小的模具，采用Cr12、Cr12MoV等Cr12型钢制造。冷作模具材料最终热处理一般为淬火和回火，回火后的组织为回火马氏体，硬度可达到60～62HRC。

3. 常用量具的选材

量具指的是各种测量工具，它工作时主要受摩擦、磨损的作用，承受外力很小，因而，其工作部分要有高的硬度(62～65HRC)、耐磨性和良好的尺寸稳定性，并要求有好的加工工艺性。

精度较低、尺寸较小、形状简单的量具，如样板、塞规等，可采用T10A钢、T12A钢制作，经淬火、低温回火，或用50钢、60钢、65Mn钢制作，经高频感应淬火，也可用15钢、20钢经渗碳、淬火、低温回火后使用。

精度高、形状复杂的精密量具，如块规等，常用热处理变形小的钢制造，如CrMn钢、CrWMn钢、GCr15钢等，经淬火、低温回火。若要求耐蚀的量具可用不锈钢3Cr13钢等制造。

下面以块规为例进行分析：

块规是机械制造工业中的标准量块，常用来测量及标定线性尺寸，因此，要求块规硬度达到62～65HRC，淬火不直度≤0.05mm，并且要求块规在长期的使用中，能够保证尺寸不发生变化。

根据上述分析，选用CrWMn钢制造是比较合适的。其加工工艺路线如下：锻造→球化退火→机加工→粗磨→淬火→冷处理→低温回火→时效处理→精磨→低温回火→研磨。

球化退火可改善切削加工性能，为淬火作组织准备。冷处理和时效处理的目的是为了保证块规具有高的硬度(62～66HRC)和尺寸的长期稳定性。冷处理后的低温回火是为了减小内应力，并使冷处理后的过高硬度(66HRC左右)降至所要求的硬度。时效处理后的低温回火是为了削除磨削应力，使量具的残余应力保持在最小程度。

8.5 常用机械用材

常用机械有汽车、机床、仪器仪表、热能设备、化工设备等，这些机械用材以金属材料为主，塑料、橡胶、陶瓷等非金属材料也占有相当大的比例。随着科技的进步，大量新技术、新结构、新材料被采用，开发了大量适应我国市场需要的机械产品，实现了产品的更新换代。但材料的有效利用，是解决我国资源缺乏的有效途径之一。

8.5.1 常用机械用材情况与趋向

下面介绍汽车的发动机、机床等机械的主要零件的用材情况，供机械设计选材时参考。

1. 汽车的发动机

汽车的发动机提供动力，主要由缸体、缸盖、活塞、连杆、曲轴等系统组成。缸体是发动机的骨架和外壳，在缸体内外安装着发动机主要的零部件。缸体在工作时，承受气压力的拉伸和气压力与惯性力联合作用下的倾覆力矩的扭转和弯曲以及螺栓预紧力的综合作用。因此，缸体材料应有足够的强度和刚度，良好的铸造性和切削性，价格低廉。常用的缸体材料有灰铸铁和铝合金两种。铝合金的密度小，但刚度差、强度低及价格贵，除了某些发动机为减轻质量而采用外，一般均用灰铸铁HT200。

缸盖主要用来封闭气缸构成燃烧室，它承受高温、高压、机械负荷、热负荷的作用，所以，缸盖应用导热性好、高温机械强度高、能承受反复热应力、铸造性能良好的材料来制造。目前，使用的材料有两种：一种是灰铸铁或合金铸铁；另一种是铝合金。铸铁缸盖具有高温强度高、铸造性能好、价格低等优点，但其热导性差、质量大。铝合金缸盖的主要优点是导热好、质量小，但其高温强度低，使用中容易变形、成本较高。

我国汽车工业在铝和铝镁合金的应用方面已接近世界先进水平，同时也解决了铝焊接工艺。发动机缸体、缸盖等已成功地应用蠕墨铸铁，与钢制零部件相比，可使质量下降15%～20%。

活塞用材要求热强度高、导热性好、吸热性差、膨胀系数小、密度小，减摩性、耐磨性、耐蚀性和工艺性好等。常用的材料是铝硅合金。连杆一般用45钢、40Cr或40MnB，合金钢虽具有很高的强度，但对应力集中很敏感。目前，非调质钢成功用于大批量生产的汽车连杆等零件上，提高了国产钢材使用率，同时也降低了生产成本。曲轴一般用球墨铸铁QT600－2，也可用锻钢件。

2. 机床

常用的机床零部件有机座、轴承、导轨、轴类、齿轮、弹簧、紧固件、刀具等，它们在工作时将承受拉伸、压缩、弯曲、剪切、冲击、摩擦、振动等力的作用，或几种力的同时作用。因此，机床用材应具有良好的热加工性能及切削加工性能。常用的机床材料有各种结构钢、轴承钢、工具钢、铸铁、有色金属、橡胶和工程塑料等。

随着对产品外观装饰效果的日益重视，1Cr13、1Cr18Ni10、1Cr18Ni9Ti等不锈钢，H62、H68等黄铜的使用也日趋增多。非金属材料，尤其是工程塑料和复合材料，机械性能大幅度提高，颜色鲜艳、不锈蚀、成本低，已经大量应用于机床行业中。

8.5.2 材料的代用与节材

我国是一个生产力不太发达的国家，资源又短缺，所以在机械设计中要考虑材料的代用与节约用材。尽量用国产钢材取代进口钢材，这不仅可以有效地利用我国资源，还可以大大降低成本。如在材料工艺、装备综合创新的基础上，非调质钢成功用于大批量生产的汽车齿轮、连杆、前轴等零件上，提高了国产钢材的使用率，同时也降低了生产成本。

表8－8列出了几种常见代用钢。

表8－8 常见代用钢

原钢种	代用钢种	原钢种	代用钢种
10	08D、Q235	60Si2Mn	65Mn
15	10、20、Q235	9SiCr	9Mn2V
35	Q275	CrWMn	9Mn2V
20Cr	20Mn2、20Mn2B	Cr12MoV	Cr4W2MoV
20CrMnTi	20Mn2Ti、20MnVB、20SiMnVB	W18Cr4V	W6Mo5Cr4V2
40Cr	45Mn2、45MnB、40MnB、42SiMn、35SiMn	5CrNiMo	5CrMnMo

用工程塑料取代金属，可减少钢材的使用，节约矿产资源，如用塑料制造汽车配件，可以直接取得汽车轻量化的效果，还可以改善汽车的某些性能，如防腐、防锈蚀、减振、抑制噪声、耐磨等。再如，用塑料轴承代替金属轴承，可以完成金属轴承不能完成的任务。表8－9列出了一些塑料代替金属的应用实例。

表 8-9 塑料代替金属的应用实例

零件类型		产品	零件名称	原用材料	现用材料	工作条件	使用效果
摩擦传动零件	轴承	4t 载货汽车	底盘衬套轴承	轴承钢滚针轴承	聚甲醛 F-4 铝粉	低速、重载、干摩擦	一万公里以上不用加油保养
		222 匹马力(163.8kW)柴油机	推力轴承	巴氏合金	喷涂尼龙 1010	在油中工作，平均滑动线速度 7.1m/s，载荷 1.5MPa	磨损量小，油温比用巴氏合金时低 10℃左右
		水压机	立柱导套(轴承)	9-4 青铜	MC 尼龙	~100℃，往复运动	良好，已投入生产
	齿轮	C3361 六角车床	走刀机械传动齿轮	45 钢	聚甲醛(或铸型尼龙)	摩擦但较平衡	噪声减少，长期使用无损坏磨损
		起重机	吊索绞盘传动蜗轮	磷青铜	MC 铸型尼龙	最大起吊质量 6~7t	零件质量减轻 80%，使用两年磨损很小
		M120W 万方能磨床	油泵圆柱齿轮	40Cr	铸型尼龙、氯化聚醚	转速高(1440r/min)载荷较大，在油中运转连续工作油压 1.5MPa	噪声小，压力稳定，长期使用无损坏
一般结构件	螺母	62W 铣床	丝杠螺母	Sn6-6-3 青铜	聚甲醛	对丝杠不起磨损作用或磨损极微，有一定强度、刚度	良好
	油管	M131W 万能外圆磨床	滚压系统油管	纯铜	尼龙 1010	耐压 0.8~2.5MPa、工作台换向等精度高	良好，已推广使用
	紧固件	M120W 外圆磨床	管接头	45 钢	聚甲醛	工作温度小于 55℃，耐 20℃机油压 0.3~8.1MPa	良好
		Z3052 摇臂钻床	上、下部管体螺母	HT150	尼龙 1010	室温、冷却液 3 个压力	密封性好，不渗漏水
		万能外圆磨床	罩壳衬板	铁皮	ABS	电器按钮盒	外观良好，制作方便
		D26 型电压表	开关罩	铜合金	聚乙烯	40~60℃，保护仪表	良好，便于装配
		电风扇	开关外罩	铝合金	改性有机玻璃	有一定强度，美观	良好
		195-2 柴油机	摇手柄套	无缝钢管	聚乙烯	一般	良好
		3MB144 磨床	手柄	35 钢	尼龙 6	一般	良好
		电焊机	控制滑阀	铜	尼龙 1010	0.6MPa	良好

通常在机械设计中，材料的许用应力根据 R_r0.2 来确定，因此对于承受静载的零件，使用球墨铸铁比铸钢还节省材料，质量更小。在实际应用中，大多数承受动载的零件是带孔和台肩的，因此完全可以用球墨铸铁代替钢制造某些重要零件，如曲轴、连杆、凸轮轴等。另外，采用精铸、精锻、套裁、机械零件表面处理，均可节约材料。

知识要点提醒

本章实际上是前几章知识的综合应用，学习时应熟悉已学过的知识，注重所学知识的灵活运用。

本章的关键在掌握前几章知识的基础上，进一步了解常规零件的工作条件、主要损坏形式及主要力学性能指标，重点是常规零件的选材分析方法和步骤。

在机械制造中，为生产出质量高、成本低的机械或零件，必须从结构设计、材料选择、毛坯制造及切削加工等方面进行全面考虑，才能达到预期的效果。合理选材是其中的一个重要因素。

知识链接

选材的定量方法

选材时还必须考虑材料的可靠性。材料可靠性的定义为：材料在预计的有效期内完成预定的工作而不破坏的概率。尽管评价可靠性有许多困难，但它仍然是必须考虑的一个重要选择因素，而且越来越被人们重视。前面介绍的失效分析，常用于预计产品可能发生的失效形式，也可看作是可靠性评价的一个系统方法。

对材料的要求分为硬要求(即是或否)和软要求(即相对要求)，这在材料的初选时十分有用，见表8-10硬要求就是所选材料必须满足的要求，是一些不许打折扣的参数。可获得性和可加工性是硬要求。因为，如果一种材料不易获得或不能制得所需形状，那么，一开始就不应考虑。某些性能特性规定的最低指标也可视为硬要求。

软要求是可以妥协或折中的要求，力学性能、密度和成本均属软要求。软要求的相对重要性取决于应用场合，可根据软要求的相对重要性对材料进行比较。

在以硬要求为准则，筛选出备选材料之后，即可着手寻找满足要求的一种或几种最佳材料。

表8-10　对材料的硬要求和软要求

材料	设计要求					成本	判断
	硬要求			软要求			
	1	2	3	4	5		
M_1	a	O	a	a	a	E	淘汰
M_2	a	a	a	O	a	a	可选
M_3	U	a	a	a	a	a	淘汰
M_4	a	O	a	a	O	a	可选
M_5	a	a	a	a	a	E	淘汰
M_6	a	a	a	U	a	a	可选

注：U 措施不足；O 完全符合要求；E 要求过高；a 可允许。

一、选材的定量方法

这里介绍的定量方法，可用来分析选材过程中所遇到的大量数据，从而能进行系统的评价。而且，所介绍的步骤都能容易地采用计算机从数据库或信息检索设备中进行自动选择。

1. 单位性质成本法

单位性质成本法可用于估算不同材料达到某一性能要求所花的费用。单位拉伸强度成本通常是最重要的指标之一，其表达式为

$$c=\frac{P_m\times\rho}{R}$$

式中 P_m——坯料成本和加工成本之和；

ρ——材料的密度；

R——拉伸强度，也可以看作弹性模量、疲劳强度、蠕变强度等性能(参见表 8-11)；

c 是单位性质成本，c 值越低，材料越理想。

表 8-11 计算单位性质成本的典型公式

结构和加载类	单位强度成本	单位刚度成本
拉伸或压缩的实心圆柱	P_ρ/R	P_ρ/E
弯曲实心圆柱	$P_\rho/R^{2/3}$	$P_\rho/E^{1/2}$
扭转实心圆柱	$P_\rho/R^{2/3}$	$P_\rho/G^{1/2}$
弯曲实心矩形断	$P_\rho/R^{1/2}$	$P_\rho/E^{1/3}$
实心细长圆	—	$P_\rho/E^{1/2}$
薄壁圆柱压力容	P_ρ/R	—

既然材料的比较是材料选择的基本部分，那么可以选择一种基准材料，其他候选材料与它进行比较。下式给出了单位性质相对成本(RC)：

$$RC=\frac{P_i}{P_b}\times\frac{\rho_i}{\rho_b}\times\frac{R_b}{R_i}$$

式中的下标 i 代表候选材料，b 代表基准材料。此式在图 8.7 中用来比较普通工程材料的成本。$RC<1$ 时，表明候选材料比基准材料合理。

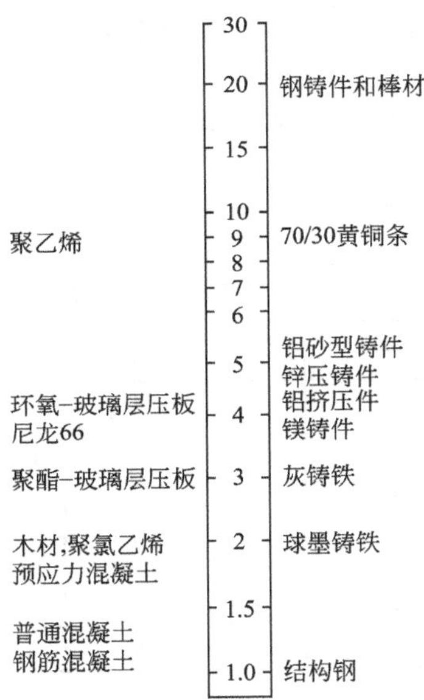

图 8.7 以成本/体积/拉伸强度为基础的几种工程材料成本对比

单位性质成本法在依据力学性能选材方面是有用的，但是它只把一个性质当作关键性质，而忽略了其他性质，这就使它具有一定的局限性。在许多工程应用场合，情况要复杂得多，材料要求的重要性质往往不止一个。

2. 加权性质法

加权性质法可用于评价多种材料和多种性能的复杂组合。应用这种方法时，根据每种性质的重要性，分配一定的加权值。材料性能的数值乘以加权因子(α)即得出对比材料的性能指数(γ)，γ 值最高的材料被认为是最好的材料。

简单加权性质法的缺点是必须把不同量纲单位(物理的、化学的、力学的)组合为一体，这样会产生一种无理结果。为克服这个缺点，引入一个定标因子，以便把材料的真实性质数值转化成无因子量纲值。对于一种给定的候选材料，某个已知性质的定标值 β 为

$$\beta=\frac{\text{性质的数值}\times 100}{\text{一组材料中最高的性质数值}}$$

当评价一组性质总数为 n 的候选材料时，一次考虑一个性质，该性质最好的材料定标值为 100，其他材料的性质数按比例定标(可由上式得出)。引入定标值后，材料的性能指数 γ 由下式给出

$$\gamma=\sum_{i=1}^{n}\alpha_i\times\beta_i$$

能用数字表示的材料性质，采用上述步骤是很方便的，但像耐磨性、耐蚀性、工作寿命等一类性质，很少有数值，这就需要根据试验数据和过去的经验导出材料性质的定标值。

加权因子(α)可用数字逻辑法决定。这种方法需要两个步骤：一是确定每个性能要求的相对重要性；

二是对照每个要求，评定每一种解决办法。按这两个步骤评定时，每次只考虑两个选择对象，比较所有可能的组合。要求对每个评定做出是或否的判定。为确定每个性能要求的相对重要性，编制一张表格，表格左边一行是性能要求，右边几行做比较，见表8-12。

表8-12 用数字逻辑法决定每种性能要求的相对重要性

性能要求	可能的判定数 $=n(n-1)/2=5\times4/2=10$										正判定	相对重要性系数 α
	1	2	3	4	5	6	7	8	9	10		
要求1	1	1	0	1							3	$\alpha_1=0.3$
要求2	0				1	0	1				2	$\alpha_2=0.2$
要求3		0			0			1	0		1	$\alpha_3=0.1$
要求4			1			1		0		0	2	$\alpha_4=0.2$
要求5				0			0		1	1	2	$\alpha_5=0.2$
	正判定总数=10											$\sum\alpha=1.0$

比较两个要求时，较重要的记为1，较不重要的记为0，可能的判定总数为 $C_n^2=n(n-1)/2$，式中 n 是要研究的性能总数。如果每个要求的正判定总数为 m，则有 $\sum m=C_n^2$，每个性能要求的相对重要性系数(即加权因子) $\alpha=m/C_n^2$，在这种情况下，$\sum\alpha=1$。

如果把加权性质法的各个阶段编写简单的计算机程序，则整个过程便可进行计算机操作。

二、应用举例

1. 轴类零件的选材

轴类零件的选材前面已作了较详细的论述，在此基础上，我们利用定量方法，对其进行进一步的分析。

1) 加权因子分配

强度、疲劳强度及耐磨性等，对各类轴用材料来说，都是重要的，因为它们决定了轴的承载能力和寿命；刚度和切削加工性对轴用待选材料而言，变化不大；塑性是较容易满足的性能；淬透性因材料不同，变化较大，但可通过工艺复杂性归入成本；对于一般轴类零件，价格低廉是非常重要的，而对于承受较大冲击载荷的轴，韧性指标不容忽视。表8-13给出了部分材料的有关性能，按数字逻辑法确定的相应加权因子见表8-14。为了讨论方便，这里主要考虑小冲击受弯、扭和较大冲击两种情况。

表8-13 部分轴用材料性能及定标值

材料	屈服点		疲劳强度		硬度		韧性		成本指数
	R_{eL}/MPa	β	R_{-1}/MPa	β	HRC	β	A_k/J	β	
35	320	38	232	44	50	85	55	100	100
45	745	88	463	88	55	93	39	71	90
40Cr	800	94	485	92	55	93	47	85	70
40CrNi	800	94	485	92	55	93	55	100	40
20CrMnTi	850	100	525	100	59	100	55	100	20
QT600—3	420	49	215	41	55	93			100

注：1. 试样直径≤25mm。

2. 材料状态：调质后表面淬火或渗碳淬火处理。

2) 轴用材料的评定

根据表8-13所列轴用材料的性能和表8-14的加权因子，可用加权性质法对所给轴用材料进行评价，结果列于表8-15。

表 8-14　不同工作条件各种性能加权因子

性能	小冲击	较大冲击
R_{eL}	0.20	0.10
R_{-1}	0.15	0.10
HRC	0.35	0.25
A_k	0	0.40
成本	0.30	0.15

表 8-15　轴用材料的评价及分级

材料	小冲击		较大冲击	
	γ	优先权	γ	优先权
35	73.95	6	84.45	4
45	90.35	1	82.75	5
40Cr	86.15	2	86.35	3
40CrNi	77.15	4	87.85	2
20CrMnTi	76	5	88	1
QT600-3	78.5	3		

由表 8-15 可以看出，对于主要承受弯、扭载荷的轴来说，45 钢是首选材料，40Cr 和 QT600-3 次之。45 钢的主要吸引力是成本低。对形状较复杂的轴，考虑到锻造成本高于铸造成本及材料的缺口敏感性，QT600-3 也许会成为首选材料。这与工业实践是一致的。

对于承受弯、扭及较大冲击载荷的轴，20CrMnTi 是最好的选择，40CrNi 次之。这是因为 20CrMnTi 经渗碳淬火后，不仅表面硬度高、耐磨，而且心部的低碳马氏体具有良好的综合力学性能。

应该指出，为了讨论的方便，这里只列出了有限几种轴用材料，而实际可备选用的材料比表 8-15 所列的要多。有些情况下甚至还可考虑选用弹簧钢(如 65Mn)、轴承钢(如 GCrl5)和合金工具钢(如 9Mn2V)。而且，对于具体的轴，限制条件也许要多一些。

2. 切削刀具材料的选择

1) 切削刀具的工作条件及性能要求

对切削刀具的性能要求列于表 8-16。

表 8-16　对切削刀具材料的要求

种类	切削刀具的性能要求	相应刀具材料的性能
功能要求	刀具使用寿命	室温硬度
		高温硬度
	允许的最大切削速度	高温硬度
		韧性
	刀刃的韧性	韧性
	刚度	弹性模量

（续）

种类	切削刀具的性能要求	相应刀具材料的性能
可加工性要求	可热处理性	淬硬性(对于钢)
		尺寸变化(对于钢)
	使刀具具有复杂形状的可能性	成形性、可切削性、可磨削性
成本	刀具制成后总成本	材料成本
		加工成本
可靠性	刀具突然损坏和偶然折断的概率	韧性
		均匀性
耐用性	抗振性	韧性、弹性模量
	抗机械冲击性	韧性
	抗热振性	热膨胀系数、导热率、塑性

根据刀具的工作特点，其主要失效形式有：

(1) 刀具磨损。切削时，刀具的刃部与被加工工件之间作高速相对运动，引起刀刃的磨损，切削过程中的温度升高，更加剧了刀刃的磨损。

(2) 崩刃。刀具的前角太大、背吃刀量过大时，脆性材料制造的刀具刃部易发生突然断裂；当被加工材料含有硬的夹杂物时，刀具受到冲击也引起刀刃突然断裂。

(3) 热裂。使用抗热振性差的刀具材料，刀刃常会发生热裂剥落。导热性差、塑性低、热膨胀系数大的刀具材料，易产生热裂。

2) 加权因子分配

本例涉及多种材料和多种性能的复杂组合，所以用加权性质法进行定量分析。

由表8-16可知，选择刀具材料时，涉及许多要求，如室温硬度、高温硬度、韧性、塑性、热导率、热膨胀性、弹性模量、成本等。前三个要求对各种刀具都是重要的，因为它们决定了刀具的使用寿命和切除金属的速率，塑性、热导率、热膨胀性和可靠性密切相关，对于脆性刀具材料来说，这三个性能才是非常有意义的，所以把它们合并为一个破裂倾向参数，并按1～9级定标，脆性材料定标级别低，塑性好、热导率高的材料定标级别高，弹性模量决定了刀具的刚度，但刀体大多由钢制造，所以，选择刀具材料时，不必把它作为一个参数；成本是根据每单位体积的成品成本计算成本指数的，最便宜的成本指数为100。表8-17给出了部分切削刀具材料的性能数值。

表8-17　切削刀具材料的性能数值

材料	室温硬度		830K硬度		韧性		破裂倾向		成本指数
	HRC	β	HRC	β	A_k/J	β	1～9	β	
T10	63	15	10	1	68	71.58	8	88.9	100
Cr12MoV	62	10	35	40.32	30	31.58	7	77.8	98
W18Cr4V	66	30	52	67.75	61	64.21	8	88.9	85
W6Mo5Cr4V2	65	25	52	67.75	68	71.58	9	100	88
耐冲击钢	60	1	20	16.13	95	100	9	100	100
硬质合金	76	80	69	95.17	0.97	1.02	3	33.3	29
氧化铝陶瓷	80	100	72	100	0.7	0.74	1	11.1	80

根据以上分析，用数字逻辑法估算的加权因子见表8-18。这里考虑两种不同的切削条件：其一是被加工工件表面粗糙并含有坚硬的夹杂物，这将使切削刃遭受冲击，因而韧性是最重要性能；其二是工件材料组织均匀、切削速度高，这时，热硬性是最重要性能。

表8-18　不同切削条件下各种性能的加权因子

性能	表面粗糙并有夹杂物	金属切削速度高
室温硬度	0.15	0.25
高温硬度	0.25	0.40
韧性	0.40	0.15
破裂倾向	0.10	0.10
成本	0.10	0.10

3. 对刀具材料的评定

本例假定工件材料的切削允许刀具材料的最低室温硬度为60HRC，温度为830K时最低硬度为10HRC，并将其定标值取为1(不同于前述方法)；同时将室温硬度为80HRC和830K时72HRC的定标值取为100，中间的各种候选材料的硬度值按比例分级。成本指数是相对成本，不需要再定标。韧性和破裂倾向用前述方法定标(表8-17)。

根据表8-17及表8-18即可求得每种材料的每项性能的性能指数，进而求得每种材料的性能指数总和(如表8-19中的γ)，γ最高的候选材料即为最佳材料或最可取的选材对象，几种切削刀具材料的评定结果和分组见表8-19。

表8-19　切削刀具材料的评定结果和分级

刀具材料	表面粗糙并有夹杂物		金属切削速度高	
	γ	优先权	γ	优先权
T10	50.02	4	33.78	7
Cr12MoV	41.99	7	40.95	6
W18Cr4V	64.41	2	61.52	5
W6Mo5Cr4V2	68.12	1	62.89	3
耐冲击钢	64.18	3	41.70	5
硬质合金	42.42	6	64.46	2
氧化铝陶瓷	48.41	5	74.22	1

由表8-19可以看出，假定工件材料的表面粗糙，并含有坚硬的夹杂物时，高速钢出现最高的性能指数，合适的材料是W6Mo5Cr4V2，其次是W18Cr4V。当要求高速切削时，陶瓷刀具的性能指数最高，其次是硬质合金。

习　　题

1. 思考题

(1) 什么是零件的失效？零件的失效类型有哪些？分析零件失效的主要目的是什么？

(2) 材料选用的一般原则有哪些？在选用材料时有哪些方法？

(3) 怎样才能做到材料的代用与节材？

2. 练习题

(1) 有一轴类零件，工作中主要承受交变弯曲应力和交变扭转应力，同时还受到振动和冲击，轴颈部分还受到摩擦磨损。该轴直径 30mm，选用 45 钢制造。试拟定该零件的加工工艺路线；说明每项热处理工艺的作用；分析轴颈部分从表面到心部的组织变化。

(2) ZG45、B3、Q235－A.F、42CrMo、60Si2Mn、T8、W18Cr4V、HT200、20CrMnTi、65 请从上列材料中选择合适的材料用于：

① 机车动力传动齿轮(高速、重载、大冲击)

材料：　　　　加工工艺路线：

② 大功率柴油机曲轴(大截面、传动大扭矩、大冲击、轴颈处要耐磨)

材料：　　　　加工工艺路线：

③ 机床床身

材料：

(3) JN－150 型载货汽车(载重量为 8t)变速箱中的第二轴二、三挡齿轮，要求心部抗拉强度为 $\sigma_b \geqslant 1100$MPa，$A_k \geqslant 70$J；齿表面硬度≥58～60HRC，心部硬度≥33～35HRC。试合理选择材料，制定生产工艺流程及各热处理工序的工艺规范。

(4) 已知一轴尺寸为 $\phi 30 \times 200$mm，要求摩擦部分表面硬度为 50～55HRC，现用 30 钢制作，经高频表面淬火(水冷)和低温回火，使用过程中发现摩擦部分严重磨损，试分析失效原因，如何解决？

(5) 某工厂用 CrMn 钢制造高精度块规，其加工路线如下：锻炼→球化退火→机械粗加工→调质→机械精加工→淬火→冷处理→低温回火并人工时效→粗磨→人工时效→研磨。

试说明各热处理工序的作用。

(6) 原由 40Cr 钢制作的拖拉机 $\phi 12$mm 连杆螺栓，其工艺路线如下：下料→锻造→退火→机加工→调质→机加工→装配。现缺 40Cr 材料，试选择代用材料，说明能代用的理由，并确定代用材料制作时的热处理方法。

(7) 由 W18Cr4V 钢制的螺母冲头(图 8.8)，经正常的热处理后使用，使用过程中 A 处断裂，分析断裂原因，如何改进(经分析材质无问题)？

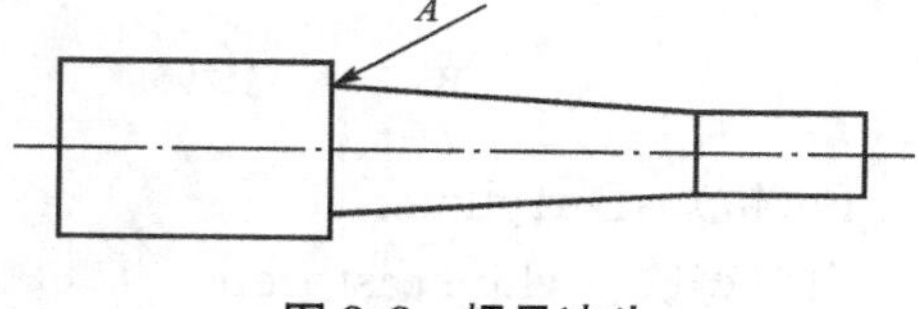

图 8.8　螺母冲头

附录
机械工程材料常用词汇汉-英对照表

A

A_1 温度　A_1 temperature
A_3 温度　A_3 temperature
A_{cm}温度　A_{cm} temperature
ABS 树脂　ABS
埃　Angstrom
胺　amine
奥氏体　austenite
奥氏体本质晶粒度　austenite inherent grain size
奥氏体化　austenization，austenitizing

B

Be(铍)　Berryllium
白口铸铁　white cast iron
白铜　white brass，copper - nickel alloy
板条马氏体　lathe martensite
板织构　sheet texture
半导体　semiconductors
半固态成形/加工　semi - solid forming or processing
棒材　bar
包晶反应　peritectic reaction
薄板　sheet
薄膜技术　thin film technology
爆炸连接　explosive bonding
贝氏体　bainite
本质晶粒度　inherent grain size
苯环　benzene ring
比热　specific heat
比刚度(模量)　stiffness - to - weight ratio，specific modulus
比强度　strength - to - weight ratio，specific strength
变形加工　deformation processes
变质处理　modification，inoculation
变质剂　modifiers，modifying agent，modificator
表面技术　surface technology
表面粗糙度　surface roughness
表面淬火　surface quenching
表面腐蚀　surface corrosion
表面硬化　surface hardening
玻璃　glass
玻璃化　vitrification
玻璃化转变温度　glass transition temperature
玻璃钢　fiberglass；glass fiber reinforced plastics
玻璃态　vitreous state，glass state
玻璃形成剂　glass formers
玻璃纤维　glass fiber
不饱和键　unsaturated bond
不可热处理的　non - heat - treatable
不锈钢　stainless steel
布氏硬度　Brinell hardness
布拉菲(维)点阵　Bravais lattice

C

Co(钴)　Cobalt
材料强度　strength of material
残余奥氏体　residual austenite, restrained austenite
残余变形　residual deformation
残余应力　residual stress
层片状珠光体　lamellar pearlite
层片间距　interlamellar spacing
长石　feldspar
超导金属　superconducting metal
超级(耐热)合金　superalloy
超导体　superconductors
超声波检验　ultrasonic testing
超声波加工　ultrasonic machining
超塑性　superplastivity
过饱和固溶体　supersaturated solid solution
穿晶断裂　transgranular fracture
沉淀相　precipitate
沉淀硬化　precipitation hardening
成核　nucleate, nucleation
成形　forming, shaping
成长　growth, growing
持久极限　endurance limit
磁性材料　magnetic materials
冲击能　impact energy
冲击性能　impact properties
冲击试验　impact test
冲击韧性　impact toughness
触变成形　thixoforming
淬火　quench, quenching
淬透性　hardenability
淬透性曲线　Hardenability curve
淬硬性　hardenability, hardening capacity
吹塑成形　blow molding
纯铁　pure iron
磁感应强度　inductance
磁畴　domain
磁力(粉)检验　magnetic particle test
瓷器　china
粗晶粒　coarse grain
脆性　britlleness
脆性断裂　brittle fracture

D

钽(Ta)　Tantalum
带材　baud, strip
单晶　single crystal, unit crystal
单体　monomer, element
氮化层　nitration case
氮化物　nitride
刀具　cutting tool
导磁性　magnetic conductivity
导电性　electric conductivity
导热性　heat conductivity, thermal conductivity
导体　conductor
等离子堆焊　plasma surfacing
等离子弧喷涂　plasma spraying
等离子增强化学气相沉积　plasma chemical vapour deposition(PCVD)
等温转变曲线 isothermal transformation curve
等温淬火　austempering
等轴区　equiaxed zone
涤纶　dacron
低合金钢　low alloy steel
低碳钢　low carbon
低碳马氏体　low carbon martensite
低温回火　low tempering
第二阶段石墨化　second - stage graphitization
点腐蚀　pitting corrosion
点缺陷　point defect
点阵　lattice
点阵常数　grating constant, lattice constant
电场(强度)　electric field
电镀　electroplating, galvanize

电流密度　current density
电弧喷涂　electric arc spraying
电负性　electronegativity
电化学腐蚀　electrochemical corrosion
电化学原电池　electrochemical cell
电火花加工　electro - discharge machining
电极电位　electroed potential
电解质　electrolyte
电刷镀　brush electro - plating
电位差　potential difference
电泳涂装　electro - coating
电子显微镜　electron microscope
电子束焊　electron beam welding
电致伸缩(反压电效应)　electrostriction
电阻率　electrical resistivity
顶端淬火距离　jominy distance
(顶)端淬(火)试验　jominy test, end quenching test
丁二烯　butadiene
定向结晶　directional silidification
等温退火　isothermal anneal
等温转变　isothermal transformation
断裂(口)　fracture
断口分析　fracture analysis
断裂力学　fracture mechanics
断裂强度　fracture strength, breaking strengh
断裂韧性　fracture toughness
断面收缩率　contraction of cross sectional area
锻造　forge, forging, smithing
锻模　forging dies
锻造温度范围　forging temperature interval
对苯二甲酸二甲酯　dimethyl terephthalate
钝化过程　passivation
钝化(腐蚀中)　passive (in corrosion)
多边形组织　polygonization
多晶体　polycrystal

E

二次键　secondary bond
二次硬化　secondary hardening
二化硬次峰　secondary hardening peak
二元合金　binary alloy, two - component alloy

F

钒(V)　Vanadium
发泡剂　blowing agents
反(抗)铁磁性　antiferromagnetism
反射　reflection
反射系数　reflectivity
范德瓦耳斯键　Van der Waals bond
非晶态　amorphous state
沸腾钢　rimmed steel
分解　disintergrate
分子键　molecular bond
分子结构　molecular structure
分子量　molecular weight
酚醛树脂　resole, phenolic, phenolic resin, bakelite
粉末冶金　powder metallurgy(MA)
粉末复合材料　puticulate composite
粉末静电喷涂　electrostatic powder spraying
蜂窝　honey comb
腐蚀　corrosion, corrode, etch, etching
腐蚀剂　corrodent, corrosive, etchant
复合材料　composite materials

G

感应淬火　induction quenching
刚度　stiffness, igidity
钢　steel
钢板　steel plate
钢棒　steel bar
钢锭　steel ingot
钢化玻璃　tempered glass

钢管　steel tube，steel pipe
钢筋混凝土　reinforced concrete
钢丝　steel wire
钢球　steel ball
杠杆定律　lever law，lever rule，lever principle
高分子聚合物　superpolymer，high polymer
高合金钢　high alloy steel
高锰钢　high manganese steel
高频淬火　high frequence quenching
高速钢　high speed steel，quick－cutting steel
高碳钢　high－carbon steel
高碳马氏体　high carbon matensite
高弹态　elastomer
高温回火　high temper
锆合金　zinc alloys
各向同性　isotropy
各向异性　anisotropy，anisotropism
工程材料　engineering material
工具钢　tool steel
工业纯铁　industrial pure iron
功率　power
工艺　technology
共聚物　copolymer
共价键　covalent bond
共晶体　eutectic
共晶反应　eutectic reaction
共析体　eutectoid
共析钢　eutectoid steel
功能材料　functional materials
固溶体　solid solution
固溶处理　solid solution treatment
固溶强化　solid solution strengthening；solution strenghening
固相　solid phase
硅酸盐　silicate
光子　photon
光电导性　photoconduction
光亮热处理　bright heat treatment
滚轧连接　roll bonding
滚珠轴承钢　ball bearing steel
过饱和固溶体　supersaturated solid solution
过共晶合金　hypereutectic alloy
过共析钢　hypereutectoid steel
过冷　undercooling，over－cooling，supercooling
过冷奥氏体　supercooled austenite
过冷度　degree of supercooling
过热　overheat，superheat

H

焊接　weld，welding
航空材料　aerial material
合成纤维　synthetic fiber
合成橡胶　synthetic rubber
合金钢　alloy steel
合金化　alloying
合金结构钢　structural alloy steel
黑色金属　ferrous metal
红硬性　red hardness
滑　移　slip，glide
滑移方向　slip direction，glide direction
滑移面　glide plane，slip plane
滑移系　slip system
化合物　compound
化学气相沉积　chemical vapour deposition（CVD）
化学热处理　chemical heat treatment
化学预处理　chemical pretreatment
化学腐蚀　chemical corrosion
化学还原法　chemical redaction
化学转变涂层　chemical conversion coating
环氧树脂　epoxy
还原反应　reduction reaction
灰铸铁　gray cast iron
回复　recovery
回火　temper；tempering

回火马氏体　tempered martensite
混合铸造　compocasting
混凝土　concrete

J

基体　matrix
机械混合物　mechanical mixture
激光　laser
激光热处理　heat treatment with a laser beam
激光熔凝　laser melting and consolidation
激光表面硬化　surface hardening by laser beam
激光加工　laser beam maching
激冷深度　chill depth
激冷区　chill zone
激冷铸铁　chilled iron
极性　polaring
加聚物　addition polymer
加　热　heating
甲　烷　mthane
检　验　inspection
间隙原子　interstitial atom
降解温度　degradation temperature
交叉滑移　cross - slip
交联　cross - linking
胶接　gluing
胶粘剂　adhesive
浇注温度　pouring temperature
矫顽场强，矫顽力　coercive field
结构材料　structural material
结合能　binding energy
结晶　crystallize，crystallization
结晶度　crystallinity
结晶型(态)聚合物　crystalline polymer
解理作用　cleavage
界面能　interfacial energy
介电材料　dielectrics
介电常数　dielectric constant
介电强度　dielectric strength
介电损耗　dielectric loss
剪切模量　shear modulus
金刚石　diamond
金属材料　metal material
金属化合物　metallic compound
金属间化合物　intermetallic compounds
金属键　metallic bond
金属组织　metal structure
金属结构　metallic framework
金属塑料复合材料　plastimets
金属塑性加工　metal plastic working
金属陶瓷　metal ceramic
金相显微镜　metallographic microscope，metalloscope
金相照片　metallograph
晶胞　cell
晶胞中的原子数　atoms per cell
晶格　crystal lattice
晶格常数　lattice constant
晶格空位　lattice vacancy
晶核　nucleus
晶间腐蚀　intergranular corrosion
晶界　grain boundary
晶粒　crystal grain
晶粒度　grain size
晶粒度强化　grain size strengthening
晶粒细化　grain refining
晶粒细化剂　grain refinement
晶长粒大　grain growth
晶胚　embryo
晶体结构　crystal structure
晶体管　transistor
晶内偏析　coring
晶须　whiskers
居里温度　Curie temperature
聚苯乙烯　polystyrene
聚丙烯　polypropylene
聚丙烯腈　polyacrylonitrile

聚丁二烯　polybutadiene
聚丁烯　polybutylene
聚合度　degree of polymerization
聚合反应　polymerization
聚合物　polymer
聚甲基丙烯酸甲酯　polyinethyl methacrylate (PMMA)
聚氯乙烯　polyvinyl chloride
聚四氟乙烯　polytetrafluoroethylene(PTFE)
聚碳酸酯　polycarbonate(PC)
聚酰胺　polyamide(PA)
聚乙烯　polyethlence(PE)
聚异戊二烯　polyisoprene
聚酯　polyester
聚酯薄膜　mylar
绝热材料　heat-insulating material
绝缘体　insulator
绝缘材料　insulating material
均质形核　homogeneous nucleation
均匀化热处理　homogenization heat treatment

K

开环　ring scission
抗拉强度　tensile strength
抗压强度　compression strength
抗磁性　diamagnetism
可锻铸铁　malleable cast iron
可焊性　weldability
可靠性　reliability
可铸性　castability
颗粒状复合材料　particulate (particle) composite
空位　vacancy
扩散　diffusion，diffuse
扩散连接　diffusion bonding
扩散系数　diffusion coefficient

L

老化　aging
莱氏体　ledeburite
冷变形　cold deformation
冷加工　cold work，cold working
冷却　cool，cooling
冷却速率　cooling rate
冷变形强化　cold deformation strengthening
冷作硬化　cold hardening
冷隔　cold shut
离子　ion
粒状珠光体　granular pearlite
力学性能　mechanical property
连续浇注　continuous casting
连续冷却转变图　continuous cooling transformation diagram
连续转变曲线　continuous cooling transformation(CCT) curve
链节　mer
裂纹　cracking
临界温度　critical temperature
临界分剪应力　critical resolved shear stress
流变成形　rheoforming
流动性　fluidity
硫化　vulcanization
孪晶　twin crystal
孪晶晶界　twin boundaries
孪生　twinning，twin
螺(旋)型位错　screw dislocation，helical dislocation
洛氏硬度　rockwell hardness
氯丁橡胶　polychloroprene
氯化钠　sodium chloride
铝合金　aluminum alloys
铝青铜　aluminum bronze

M

马氏体　martensite(M)
马氏体时效钢　maraging steel
马氏体淬火　marquench
马氏体回火　martemper

马口铸铁　mottled cast iron
弥散的　disperse
弥散强化　dispersion strengthening
密排方向　close－packed directions
密排晶面　close－packed planes
密排六方晶格　close－packed hexagonal lattice(C. P. H.)
面心立方晶格　face－centered cubic lattice(F. C. C.)
面间距　interplanar spacing
面缺陷　surface defects
敏感性　sensitization
镁　Magnesium
钼　Molybdenum
摩擦　friction
磨损　wear，abrade，abrasion
磨料　abrasve
磨料磨损　abrasive wear
模具钢　die steel
M_f 点　martensite finshing point
M_s 点　martensite starting point

N

纳米材料　nanostructured materials
耐火材料　refractories
耐磨钢　wear－resisting steel
耐磨性　wearability，wear resistance
耐热钢　heat resistant steel，high temperature steel
内耗　internal friction
内应力　internal stress
尼龙　nylon
铌(Nb)　Niobium
黏弹性　viscoelasticity
黏土　clay
凝固　solidify，solidification
凝固范围　freezing range
凝结　coagulation
扭转强度　torsional strength
扭转疲劳强度　torsional fatigue strength
浓度梯度　concentration gradient

O

偶联剂　coupling agent
偶极子　dipoles

P

泡沫塑料　foamplastics，expanded plastics
配位数　coordination number
喷丸(硬化)处理　shot peening; shot blasting
硼(B)　Boron
疲劳强度　fatigue strength
疲劳寿命　fatigue life
疲劳断裂　fatigue fracture (fatigue failure)
偏析　segregation
片状马氏体　lamellar martensite，plate type martensite
平面长大　planar growth
泊松比　poissons ratio
普通碳钢　plain carbon steel，ordinary steel

Q

气体渗碳　gas carburizing
切变　shear
切削　cut，cutting
切应力　shearing stress
氰化　cyaniding
倾斜晶界　tilt boundaries
氢电极　hydrogen electrode
球化退火　spheroidizing annealing
球化　nodulizing
球墨铸铁　nodular graphite cast iron，spheroidal graphite castiron
球状珠光体　globular pearlite
球状渗碳体　spheroidite
区域精练　zone refining

屈服强度 yield strength，yielding strength
屈强比 yield－to－tensile ratio
托氏体 troostite(T)
去应力退火 stress－relief annealing，relief annealing
缺陷 defect，imperfection

R

热处理 heat treatment
热加工 hot work，hot working
热喷涂 thermal spraying
热弹性 thermoelasticity
热固性 thermosetting
热固性塑料 thermosets
热塑性 hot plasticity
热塑性塑料 thermoplastics
热脆性 hot shortness
热硬性 thermohardening
热膨胀系数 coefficient of thermal expansion
热偶 thermocouple
热容 heat capacity
热影响区 heat－affected zone
热滞(热驻) thermal arrest
柔顺性 flexibility
人工时效 artificial ageing
刃具 cutting tool
刃型位错 edge dislocation，blade dislocation
韧性 toughness
溶化温度(熔点) melting temperature(Tm)
融化 melt，thaw
熔化区 fusion zone
溶质 solute
溶剂 solvent
溶解度线 solvus
蠕变 creep
蠕变速率 creep rate
蠕变抗力 creep resistance
蠕虫状石墨 vermicular graphite
蠕墨铸铁 quasiflake graphite cast iron
软磁 soft magnet
软氮化 soft nitriding

S

三元相图 ternary phase diagram
扫描电镜 scanning electron microscope(SEM)
闪锌矿结构 zincblende structure
上贝氏体 upper bainite
烧结 sintering
少无氧化加热 scale－less or free heating
渗氮 nitriding
渗硫 sulfurizing
渗碳 carburizing，carburozation
渗碳体 cementite(Cm)
渗(壳)层厚度 case depth
失效 failure
石墨 graphite(G)
石墨化 graphitization
时间-温度转变曲线(C曲线) time temperature transformation (TTT) curve
时效硬化 age－hardening
实际晶粒度 actual grain size
使用寿命 service life
使用性能 usability
始锻温度 start－forging temperature
收缩 shrinkage
树枝状晶 dendrite
树脂 resin
双金属 bimetal，bimetallic，duplex metal
水淬 water quenching，water hardening，water quench
水泥 cement
顺磁性 paramagnetism
松弛 relaxation
塑料 plastics

塑性　ductile，ductility
塑(延)性断裂　ductile fracture
塑性变形　plastic deformation
缩聚物　condensation polymer
缩醛　polyether
索氏体　sorbite

T

Ti(钛)　Titanium
太阳能电池　solar cell
TTT 图(时间-温度-相变图)　TTT diagram
弹簧钢　spring steel
弹性　elasticity，spring
弹性变形　elastic deformation
弹性极限　elastic limit
弹性模量　elastic modulus；modulus of elasticity
弹性体(橡胶)　elastomer
碳素钢　carbon steel
碳含量　carbon content
碳化物　carbide
碳素工具钢　carbon tool steel
炭黑　carbon black
碳当量　carbon equivalent
碳氮共渗　carbonitriding
炭化　carbonizing
陶瓷　ceramics
陶瓷材料　ceramic material
陶器　earthenware
体心立方结构　body-centered cubic lattice(B. C. C.)
体型聚合物　three-dimensional polymer
调质处理　quenching and tempering
调质钢　quenched and tempered steel
铁碳平衡图　iron-carbon equilibrium diagram
铁素体　ferrite
铁氧体磁性　ferrimagnetism
铁电体　ferroelectric
铁磁性　ferromagnetism
透明(结晶)陶瓷　crystalline ceramics
同素异构转变　allotropic transformation
铜合金　copper alloys
涂层　coat，coating
透射　transmission
退火　annealing
退火织构　annealing texture
脱碳　decarburization
脱氧　deoxidation
脱硫　desulfurization
托氏体　troostite (T)

W

外部失效　external failure
外延长大　epitaxial growth
网状聚合物　network polymer
稳定化处理　stabilization
稳定剂　stabilizer
无定形的　amorphous
无定形聚合物　amorphous polymers
无规(聚合物)　atactic
雾化法　atomization

X

X 射线　X-ray
X 射线结构分析　X-ray structural analysis
X 射线照相技术　X-ray radiography
析出　precipitation
吸收(作用)　absorption
锡青铜　tin bronze
下贝氏体　lower bainite
夏氏(比)冲击试验　charpy test
纤维　fiber，fibre
纤维织构　fiber texture
纤维增强复合材料　fiber-reinforced composites，filament reinforced

composites
显微照片　metallograph，microphotograph，micrograph
显微组织　microscopic structure，microstructure
线型聚合物　linear polymer
相对磁导率　relative permeability
相　phase
相变　phase transition
相图　phase diagram
橡胶　rubber
消(去)应力退火　stress relief annealing
小角度晶界　small angle grain boundaries
形状记忆合金　shape memory alloys
形变　deformation
形变强化　deformation strengthening
形变热处理　ausforming
性能　property

Y

一次键　primary bond
乙烯　ethylene
压电体　piezoelectric
压力加工　press work
压延成形　calendering
压缩模注法　compression molding
亚共晶铸铁　hypoeutectic cast iron
亚共析钢　hypoeutectoid steel
衍射　diffraction
延伸率　elongation
延(展)性　ductility
延性铸铁　ductile iron
氧化反应　oxidation reaction
氧化物陶瓷　oxide ceramics
阳离子　cation
阳极　anode
阳极电势　anode potential
阳极反应　anode reaction
阳极保护　anodic protection
阳极化　anodizing
杨氏模量　Young's modulus
延伸率　elongation percentage
盐浴淬火　salt bath quenching
验证试验　proof test
液相　liquid phase
液相线　liquidus
阴离子　anion
阴极　cathode
阴极极化　cathode polarization
应变　strain
应变硬化　strain hardening
应变硬化系数　strain hardening coefficient
应力　stress
应力场强度因子　stress intensity factor
应力断裂失效　stress - rupture failure
应力腐蚀　stress corrosion
应力松弛　stress relaxation，relaxation of stress
硬磁　hard magnet
硬质合金　carbide alloy，hard alloy
油淬　oil quenching，oil hardening
有机玻璃　methyl - methacrylate，plexiglas(s)
有色金属　nonferrous metal
原子间距　interatomic spacing
原子键　atomic bonding
匀晶　uniform grain
孕育处　inoculation，modification
孕育期　incubation

Z

再结晶退火　recrystallization annealing
再结晶温度　recrystallization temperature
载荷　load
淬火　quench，quenching
淬透性　hardenability
淬透性曲线　hardenability curve
淬硬性　hardenability，hardening

capacity
择优取向　preferred orientation
增强塑料　reinforced plastic
增塑剂　plasticizer
渣　slag
黏着磨损　adhesive wear
真空成形　vacuum forming
针状的　acicular
针状马氏体　acicular martensite
镇静钢　killed steel
正火　normalizing，normalize，normalization
终锻温度　finish-forging temperature
支化　branching
织构　texture
致密度(性)　tightness，soundness
滞弹性　anelasticity
支链型聚合物　branched polymer
智能材料　intelligent materials
中合金钢　medium alloy steel
周期表　periodic table
轴承钢　bearing steel
轴承合金　bearing alloy
珠光体　pearlite (P)
柱状晶体　columnar crystal
柱状区　columnar zone
铸　造　cast，foundry
注模(射)成形　injection molding
转变温度　transition temperature
自然时效　natural ageing
自由能　free energy
阻燃剂　flame retardant
组元　component，constituent
组织　structure
钛合金　α-titanium alloy

参 考 文 献

[1] 傅敏士，肖亚航．新型材料技术［M］．西安：西北工业大学出版社，2001.
[2] 顾宜．材料科学与工程基础［M］．北京：化学工业出版社，2002.
[3] 周凤云．工程材料及应用［M］．武汉：华中科技大学出版社，2002.
[4]（美）唐纳德・R・阿斯克兰．材料科学与工程［M］．刘海宽，译．北京：宇航出版社，1988.
[5] 杨瑞成，丁旭，季根顺，等．机械工程材料［M］．重庆：重庆大学出版社，2000.
[6] 赵品，谢辅洲，孙振国．材料科学基础教程［M］．哈尔滨：哈尔滨工业大学出版社，2002.
[7] 周达飞．材料概论［M］．北京：化学工业出版社，2001.
[8] 戴启勋，赵玉涛．材料科学研究方法［M］．北京：国防工业出版社，2004.
[9] 高为国．机械工程材料基础［M］．长沙：中南大学出版社，2004.
[10] William D Callister，Jr. Fundamentals of Materials Science and Engineering［M］．北京：化学工业出版社，2004.
[11]（英）E・保罗・迪加莫．机械制造工艺及材料［M］曹正铨，译．北京：机械工业出版社，1985.
[12] 戈晓岚，赵茂成．工程材料［M］．南京：东南大学出版社，2004.
[13] 戈晓岚，杨兴华．金属材料与热处理［M］．北京：化学工业出版社，2004.
[14] 邵红红，纪嘉明．热处理工［M］．北京：化学工业出版社，2004.
[15] 张洁，王建中，戈晓岚．金属热处理及检验［M］．北京：化学工业出版社，2005.
[16] 杨瑞成，蒋成禹，初福民．材料科学与工程导论［M］．哈尔滨：哈尔滨工业大学出版社，2002.
[17] 师昌绪．材料科学进展［M］．北京：科技出版社，1986.
[18] 刘智恩．材料科学基础常见题型解析及模拟题［M］．西安：西北工业大学出版社，2001.
[19] 王晓敏．工程材料学［M］．北京：机械工业出版社，1999.
[20] Donald R Askeland，Pradeep P Phulè. Essentials of Materials Science and Engineering［M］．北京：清华大学出版社，2005.
[21] Schaffer，Saxena，Antolovich，et al. The Science and Design of Engineering Materials［M］．北京：高等教育出版社，2003.
[22] 郑子樵．材料科学基础［M］．长沙：中南大学出版社，2005.
[23] 朱张校．工程材料［M］．北京：清华大学出版社，2003.
[24] 康永林，毛卫民，胡壮麒．金属材料半固态加工理论与技术［M］．北京：科学出版社，2004.
[25] 王运年．机械工程材料［M］．2 版．北京：机械工业出版社，2002.
[26] 戴枝荣．机械工程材料及机械制造基础（Ⅰ）——机械工程材料［M］．北京：高等教育出版社，2003.
[27] 北京农业机械化学院．金属材料及热处理［M］．北京：农业出版社，1982.
[28] 西安交通大学金相专业委员会．金相图谱［M］．西安．西安交通大学出版社，1983.
[29] 沈莲．机械工程材料［M］．北京：机械工业出版社，2001.
[30] 徐自立．工程材料［M］．武汉：华中科技大学出版社，2003.
[31] 丁厚福，王立人．工程材料［M］．武汉：武汉理工大学出版社，2001.
[32] 梁耀能．工程材料及加工工程［M］．北京：机械工业出版社，2004.
[33] 戈晓岚，许晓静．SiCp 含量和尺寸对 Al 基复合材料摩擦学特性的影响［J］．有色金属学报，

2005，15（3）：458－462.

[34] 戈晓岚，许晓静. 微米 SiCp 增强 Al 基复合材料摩擦磨损性能研究［J］. 中国机械工程，2004，15（20）：1871－1875.

[35] Zhong－Ze Gu，Hiroshi Uetsuka，Kazuyuki Takahashi，et al. Structural Color and the Lotus Effect Angew［J］. Chem. Int. Ed.，2003，42(8)：894－897.

[36] Lei Jiang，Yong Zhao，Jin Zhai. A Lotus－Leaf－like Superhydrophobic Surface：A Porous Microsphere/Nanofiber Composite FilmPrepared by Electrohydrodynamics Angew［J］. Chem. Int. Ed.，2004，43：4338－4341.

[37] 徐祖耀. 形状记忆合金［M］. 上海：上海交通大学出版社，2000.

[38] 冯端，师昌绪，刘治国，等. 材料科学导论：融贯的论述［M］. 北京：化学工业出版社，2002.

[39] 林栋梁. 有序金属间化合物研究新进展［J］. 机械工程材料，1994，18（1）：8－15.

[40] 张立德. 纳米材料学［M］. 沈阳：辽宁科学技术出版社，1994.

[41] 王昆林. 材料工程基础［M］. 北京：清华大学出版社，2003.

[42] 张联盟. 材料学［M］. 北京：高等教育出版社，2005.

[43] 石安富. 工程塑料手册［M］. 上海：上海科学技术出版社，2003.

[44] 曾正明. 机械工程材料手册——非金属材料［M］. 北京：机械工业出版社，2004.

[45] 郭瑞松，蔡舒，季惠明，等. 工程结构陶瓷［M］. 天津：天津大学出版社，2002.

[46] 倪礼忠，陈麒. 复合材料科学与工程［M］. 北京：科学出版社，2002.

[47] 平郑骅，汪长春. 高分子世界［M］. 上海：复旦大学出版社，2005.

[48] 王放民. 材料家族的发展［M］. 上海：上海科学技术文献出版社，2000.

[49]（俄）С И 维涅茨基. 漫话金属世界［M］. 徐川，译. 北京：冶金工业出版社，1986.

[50] 李景德，沈韩. 神妙材料神在何处？妙在何方？［M］. 北京：科学出版社，2000.

[51] 蒲军. 魂断银桥［J］. 湖南安全与防灾，2009(03)：36－38.

[52] 夏琴香. 模具设计及计算机应用［M］. 广州：华南理工大学出版社，2003.

北京大学出版社教材书目

✧ 欢迎访问教学服务网站www.pup6.com，免费查阅已出版教材的电子书(PDF版)、电子课件和相关教学资源。

✧ 欢迎征订投稿。联系方式：010-62750667，童编辑，13426433315@163.com，pup_6@163.com，欢迎联系。

序号	书　名	标准书号	主　编	定价	出版日期
1	机械设计	978-7-5038-4448-5	郑　江，许　瑛	33	2007.8
2	机械设计	978-7-301-15699-5	吕　宏	32	2013.1
3	机械设计	978-7-301-17599-6	门艳忠	40	2010.8
4	机械设计	978-7-301-21139-7	王贤民，霍仕武	49	2014.1
5	机械设计	978-7-301-21742-9	师素娟，张秀花	48	2012.12
6	机械原理	978-7-301-11488-9	常治斌，张京辉	29	2008.6
7	机械原理	978-7-301-15425-0	王跃进	26	2013.9
8	机械原理	978-7-301-19088-3	郭宏亮，孙志宏	36	2011.6
9	机械原理	978-7-301-19429-4	杨松华	34	2011.8
10	机械设计基础	978-7-5038-4444-2	曲玉峰，关晓平	27	2008.1
11	机械设计基础	978-7-301-22011-5	苗淑杰，刘喜平	49	2013.6
12	机械设计基础	978-7-301-22957-6	朱　玉	38	2013.8
13	机械设计课程设计	978-7-301-12357-7	许　瑛	35	2012.7
14	机械设计课程设计	978-7-301-18894-1	王　慧，吕　宏	30	2014.1
15	机械设计辅导与习题解答	978-7-301-23291-0	王　慧，吕　宏	26	2014.1
16	机械原理、机械设计学习指导与综合强化	978-7-301-23195-1	张占国	63	2014.1
17	机电一体化课程设计指导书	978-7-301-19736-3	王金娥　罗生梅	35	2013.5
18	机械工程专业毕业设计指导书	978-7-301-18805-7	张黎骅，吕小荣	22	2012.5
19	机械创新设计	978-7-301-12403-1	丛晓霞	32	2012.8
20	机械系统设计	978-7-301-20847-2	孙月华	32	2012.7
21	机械设计基础实验及机构创新设计	978-7-301-20653-9	邹旻	28	2014.1
22	TRIZ 理论机械创新设计工程训练教程	978-7-301-18945-0	蒯苏苏，马履中	45	2011.6
23	TRIZ 理论及应用	978-7-301-19390-7	刘训涛，曹　贺等	35	2013.7
24	创新的方法——TRIZ 理论概述	978-7-301-19453-9	沈萌红	28	2011.9
25	机械工程基础	978-7-301-21853-2	潘玉良，周建军	34	2013.2
26	机械 CAD 基础	978-7-301-20023-0	徐云杰	34	2012.2
27	AutoCAD 工程制图	978-7-5038-4446-9	杨巧绒，张克义	20	2011.4
28	AutoCAD 工程制图	978-7-301-21419-0	刘善淑，胡爱萍	38	2013.4
29	工程制图	978-7-5038-4442-6	戴立玲，杨世平	27	2012.2
30	工程制图	978-7-301-19428-7	孙晓娟，徐丽娟	30	2012.5
31	工程制图习题集	978-7-5038-4443-4	杨世平，戴立玲	20	2008.1
32	机械制图(机类)	978-7-301-12171-9	张绍群，孙晓娟	32	2009.1
33	机械制图习题集(机类)	978-7-301-12172-6	张绍群，王慧敏	29	2007.8
34	机械制图(第 2 版)	978-7-301-19332-7	孙晓娟，王慧敏	38	2014.1
35	机械制图	978-7-301-21480-0	李凤云，张　凯等	36	2013.1
36	机械制图习题集(第 2 版)	978-7-301-19370-7	孙晓娟，王慧敏	22	2011.8
37	机械制图	978-7-301-21138-0	张　艳，杨晨升	37	2012.8
38	机械制图习题集	978-7-301-21339-1	张　艳，杨晨升	24	2012.10
39	机械制图	978-7-301-22896-8	臧福伦，杨晓冬等	60	2013.8
40	机械制图与 AutoCAD 基础教程	978-7-301-13122-0	张爱梅	35	2013.1
41	机械制图与 AutoCAD 基础教程习题集	978-7-301-13120-6	鲁　杰，张爱梅	22	2013.1
42	AutoCAD 2008 工程绘图	978-7-301-14478-7	赵润平，宗荣珍	35	2009.1
43	AutoCAD 实例绘图教程	978-7-301-20764-2	李庆华，刘晓杰	32	2012.6
44	工程制图案例教程	978-7-301-15369-7	宗荣珍	28	2009.6
45	工程制图案例教程习题集	978-7-301-15285-0	宗荣珍	24	2009.6
46	理论力学（第 2 版）	978-7-301-23125-8	盛冬发，刘　军	38	2013.9
47	材料力学	978-7-301-14462-6	陈忠安，王　静	30	2013.4

48	工程力学(上册)	978-7-301-11487-2	毕勤胜，李纪刚	29	2008.6
49	工程力学(下册)	978-7-301-11565-7	毕勤胜，李纪刚	28	2008.6
50	液压传动（第 2 版）	978-7-301-19507-9	王守城，容一鸣	38	2013.7
51	液压与气压传动	978-7-301-13179-4	王守城，容一鸣	32	2013.7
52	液压与液力传动	978-7-301-17579-8	周长城等	34	2011.11
53	液压传动与控制实用技术	978-7-301-15647-6	刘　忠	36	2009.8
54	金工实习指导教程	978-7-301-21885-3	周哲波	30	2014.1
55	金工实习(第 2 版)	978-7-301-16558-4	郭永环，姜银方	30	2013.2
56	机械制造基础实习教程	978-7-301-15848-7	邱　兵，杨明金	34	2010.2
57	公差与测量技术	978-7-301-15455-7	孔晓玲	25	2012.9
58	互换性与测量技术基础(第 2 版)	978-7-301-17567-5	王长春	28	2014.1
59	互换性与技术测量	978-7-301-20848-9	周哲波	35	2012.6
60	机械制造技术基础	978-7-301-14474-9	张　鹏，孙有亮	28	2011.6
61	机械制造技术基础	978-7-301-16284-2	侯书林　张建国	32	2012.8
62	机械制造技术基础	978-7-301-22010-8	李菊丽，何绍华	42	2014.1
63	先进制造技术基础	978-7-301-15499-1	冯宪章	30	2011.11
64	先进制造技术	978-7-301-22283-6	朱　林，杨春杰	30	2013.4
65	先进制造技术	978-7-301-20914-1	刘　璇，冯　凭	28	2012.8
66	先进制造与工程仿真技术	978-7-301-22541-7	李　彬	35	2013.5
67	机械精度设计与测量技术	978-7-301-13580-8	于　峰	25	2013.7
68	机械制造工艺学	978-7-301-13758-1	郭艳玲，李彦蓉	30	2008.8
69	机械制造工艺学	978-7-301-17403-6	陈红霞	38	2010.7
70	机械制造工艺学	978-7-301-19903-9	周哲波，姜志明	49	2012.1
71	机械制造基础(上)——工程材料及热加工工艺基础(第 2 版)	978-7-301-18474-5	侯书林，朱　海	40	2013.2
72	机械制造基础(下)——机械加工工艺基础(第 2 版)	978-7-301-18638-1	侯书林，朱　海	32	2012.5
73	金属材料及工艺	978-7-301-19522-2	于文强	44	2013.2
74	金属工艺学	978-7-301-21082-6	侯书林，于文强	46	2012.8
75	工程材料及其成形技术基础（第 2 版）	978-7-301-22367-3	申荣华	58	2013.5
76	工程材料及其成形技术基础学习指导与习题详解	978-7-301-14972-0	申荣华	20	2013.1
77	机械工程材料及成形基础	978-7-301-15433-5	侯俊英，王兴源	30	2012.5
78	机械工程材料（第 2 版）	978-7-301-22552-3	戈晓岚，招玉春	59	2013.6
79	机械工程材料	978-7-301-18522-3	张铁军	36	2012.5
80	工程材料与机械制造基础	978-7-301-15899-9	苏子林	32	2011.5
81	控制工程基础	978-7-301-12169-6	杨振中，韩致信	29	2007.8
82	机械工程控制基础	978-7-301-12354-6	韩致信	25	2008.1
83	机电工程专业英语(第 2 版)	978-7-301-16518-8	朱　林	24	2013.7
84	机械制造专业英语	978-7-301-21319-3	王中任	28	2012.10
85	机械工程专业英语	978-7-301-23173-9	余兴波，姜　波等	30	2013.9
86	机床电气控制技术	978-7-5038-4433-7	张万奎	26	2007.9
87	机床数控技术(第 2 版)	978-7-301-16519-5	杜国臣，王士军	35	2014.1
88	自动化制造系统	978-7-301-21026-0	辛宗生，魏国丰	37	2014.1
89	数控机床与编程	978-7-301-15900-2	张洪江，侯书林	25	2012.10
90	数控铣床编程与操作	978-7-301-21347-6	王志斌	35	2012.10
91	数控技术	978-7-301-21144-1	吴瑞明	28	2012.9
92	数控技术	978-7-301-22073-3	唐友亮　佘　勃	56	2014.1
93	数控技术及应用	978-7-301-23262-0	刘　军	49	2013.10
94	数控加工技术	978-7-5038-4450-7	王　彪，张　兰	29	2011.7
95	数控加工与编程技术	978-7-301-18475-2	李体仁	34	2012.5
96	数控编程与加工实习教程	978-7-301-17387-9	张春雨，于　雷	37	2011.9
97	数控加工技术及实训	978-7-301-19508-6	姜永成，夏广岚	33	2011.9
98	数控编程与操作	978-7-301-20903-5	李英平	26	2012.8
99	现代数控机床调试及维护	978-7-301-18033-4	邓三鹏等	32	2010.11

100	金属切削原理与刀具	978-7-5038-4447-7	陈锡渠，彭晓南	29	2012.5
101	金属切削机床	978-7-301-13180-0	夏广岚，冯　凭	28	2012.7
102	典型零件工艺设计	978-7-301-21013-0	白海清	34	2012.8
103	工程机械检测与维修	978-7-301-21185-4	卢彦群	45	2012.9
104	特种加工	978-7-301-21447-3	刘志东	50	2014.1
105	精密与特种加工技术	978-7-301-12167-2	袁根福，祝锡晶	29	2011.12
106	逆向建模技术与产品创新设计	978-7-301-15670-4	张学昌	28	2013.1
107	CAD/CAM 技术基础	978-7-301-17742-6	刘　军	28	2012.5
108	CAD/CAM 技术案例教程	978-7-301-17732-7	汤修映	42	2010.9
109	Pro/ENGINEER Wildfire 2.0 实用教程	978-7-5038-4437-X	黄卫东，任国栋	32	2007.7
110	Pro/ENGINEER Wildfire 3.0 实例教程	978-7-301-12359-1	张选民	45	2008.2
111	Pro/ENGINEER Wildfire 3.0 曲面设计实例教程	978-7-301-13182-4	张选民	45	2008.2
112	Pro/ENGINEER Wildfire 5.0 实用教程	978-7-301-16841-7	黄卫东，郝用兴	43	2011.10
113	Pro/ENGINEER Wildfire 5.0 实例教程	978-7-301-20133-6	张选民，徐超辉	52	2012.2
114	SolidWorks 三维建模及实例教程	978-7-301-15149-5	上官林建	30	2012.8
115	UG NX6.0 计算机辅助设计与制造实用教程	978-7-301-14449-7	张黎骅，吕小荣	26	2011.11
116	CATIA 实例应用教程	978-7-301-23037-4	于志新	45	2013.8
117	Cimatron E9.0 产品设计与数控自动编程技术	978-7-301-17802-7	孙树峰	36	2010.9
118	Mastercam 数控加工案例教程	978-7-301-19315-0	刘　文，姜永梅	45	2011.8
119	应用创造学	978-7-301-17533-0	王成军，沈豫浙	26	2012.5
120	机电产品学	978-7-301-15579-0	张亮峰等	24	2013.5
121	品质工程学基础	978-7-301-16745-8	丁　燕	30	2011.5
122	设计心理学	978-7-301-11567-1	张成忠	48	2011.6
123	计算机辅助设计与制造	978-7-5038-4439-6	仲梁维，张国全	29	2007.9
124	产品造型计算机辅助设计	978-7-5038-4474-4	张慧姝，刘永翔	27	2006.8
125	产品设计原理	978-7-301-12355-3	刘美华	30	2008.2
126	产品设计表现技法	978-7-301-15434-2	张慧姝	42	2012.5
127	CorelDRAW X5 经典案例教程解析	978-7-301-21950-8	杜秋磊	40	2013.1
128	产品创意设计	978-7-301-17977-2	虞世鸣	38	2012.5
129	工业产品造型设计	978-7-301-18313-7	袁涛	39	2011.1
130	化工工艺学	978-7-301-15283-6	邓建强	42	2013.7
131	构成设计	978-7-301-21466-4	袁涛	58	2013.1
132	过程装备机械基础（第 2 版）	978-301-22627-8	于新奇	38	2013.7
133	过程装备测试技术	978-7-301-17290-2	王毅	45	2010.6
134	过程控制装置及系统设计	978-7-301-17635-1	张早校	30	2010.8
135	质量管理与工程	978-7-301-15643-8	陈宝江	34	2009.8
136	质量管理统计技术	978-7-301-16465-5	周友苏，杨　飒	30	2010.1
137	人因工程	978-7-301-19291-7	马如宏	39	2011.8
138	工程系统概论——系统论在工程技术中的应用	978-7-301-17142-4	黄志坚	32	2010.6
139	测试技术基础(第 2 版)	978-7-301-16530-0	江征风	30	2014.1
140	测试技术实验教程	978-7-301-13489-4	封士彩	22	2008.8
141	测试技术学习指导与习题详解	978-7-301-14457-2	封士彩	34	2009.3
142	可编程控制器原理与应用(第 2 版)	978-7-301-16922-3	赵　燕，周新建	33	2011.11
143	工程光学	978-7-301-15629-2	王红敏	28	2012.5
144	精密机械设计	978-7-301-16947-6	田　明，冯进良等	38	2011.9
145	传感器原理及应用	978-7-301-16503-4	赵　燕	35	2014.1
146	测控技术与仪器专业导论	978-7-301-17200-1	陈毅静	29	2013.6
147	现代测试技术	978-7-301-19316-7	陈科山，王燕	43	2011.8
148	风力发电原理	978-7-301-19631-1	吴双群，赵丹平	33	2011.10
149	风力机空气动力学	978-7-301-19555-0	吴双群	32	2011.10
150	风力机设计理论及方法	978-7-301-20006-3	赵丹平	32	2012.1
151	计算机辅助工程	978-7-301-22977-4	许承东	38	2013.8

如您需要免费纸质样书用于教学，欢迎登陆第六事业部门户网(www.pup6.com)填表申请，并欢迎在线登记选题以到北京大学出版社来出版您的大作，也可下载相关表格填写后发到我们的邮箱，我们将及时与您取得联系并做好全方位的服务。